U0271317

水论丛　WATER FORUM

Watershed Ecosystem Processes and Management

(Second Edition)

流域生态系统过程与管理

（第二版）

■ 魏晓华　孙　阁　著

中国教育出版传媒集团

高等教育出版社·北京

内容简介

本书首次把流域作为一个完整的生态系统，强调生态系统的综合性和复杂性，以生态水文过程为中心，从流域科学、研究、规划、恢复、管理与政策等多个方面论述流域生态系统过程之间的相互作用，对包括全球变化在内的人为干扰与自然干扰的系统响应提出了对应的流域管理策略。书中引用大量国内外研究与管理实例及最新研究成果，便于读者快速、全面了解流域生态系统及相关学科进展，适合相关专业的高年级本科生、研究生、科研工作者和政府规划与管理人员阅读参考。

图书在版编目（CIP）数据

流域生态系统过程与管理/ 魏晓华,孙阁著. -- 2 版. -- 北京 ： 高等教育出版社,2023.3
    ISBN 978-7-04-059704-2

Ⅰ.①流⋯ Ⅱ.①魏⋯ ②孙⋯ Ⅲ.①流域环境-生态环境-研究 Ⅳ.①X321

中国国家版本馆 CIP 数据核字（2023）第 013114 号

策划编辑 李冰祥　柳丽丽　　责任编辑　柳丽丽　殷　鸽　　封面设计　王凌波　　版式设计　李彩丽
责任绘图 黄云燕　　　　　责任校对　窦丽娜　　　　责任印制　赵义民

出版发行	高等教育出版社	网　　址	http://www.hep.edu.cn
社　　址	北京市西城区德外大街 4 号		http://www.hep.com.cn
邮政编码	100120	网上订购	http://www.hepmall.com.cn
印　　刷	北京中科印刷有限公司		http://www.hepmall.com
开　　本	787mm×1092mm　1/16		http://www.hepmall.cn
印　　张	30		
字　　数	560 千字	版　　次	2009 年 6 月第 1 版
插　　页	5		2023 年 3 月第 2 版
购书热线	010-58581118	印　　次	2023 年 3 月第 1 次印刷
咨询电话	400-810-0598	定　　价	168.00 元

LIUYU SHENGTAI XITONG GUOCHENG YU GUANLI

再版前言

本书第一版自 2009 年出版以来,得到了读者厚爱。十数年一瞬间。这期间,国际上流域生态系统科学研究与应用都得到了蓬勃发展。高等教育出版社建议我们对第一版进行修订再版。的确,如何及时、系统地总结最新发展,为中国流域生态系统的保护与可持续发展更好地服务是再版本书的重要原因。

过去的十余年,由于气候变化与人类活动的双重压力增大,生态问题(例如,生物多样性不断下降、自然灾害的频率与强度增加、土地退化、水资源短缺、水质下降)在许多国家与地区日益严峻,有些问题已达到威胁国家安全的程度。为了更好地应对这些全球性的问题,联合国也在 2015 年建立并采纳了到 2030 年实现 17 个可持续发展目标(Sustainable Development Goals,SDGs)的宏图。其核心是通过全球共同努力,实现保护环境,有效地应对气候变化,促进可持续发展。与此同时,世界各国也在气候变化以及其他重大环境问题方面加大研究力度,取得了一系列的成果。全球变化和可持续发展对当代流域生态科学提出了挑战,也为再版本书提供了良好的契机。

在中国,近几十年的高速经济发展带来许多严峻的生态问题,而这些生态问题已经在一定程度上限制了中国的可持续发展。正因如此,生态文明建设已成为目前发展的主旋律。长江与黄河是中华民族的"母亲河",是中国最重要的流域生态经济系统,它们的可持续发展事关国家发展全局的重大战略,然而它们的生态环境形势依然严峻。针对这两大流域的重要性及存在的环境问题,政府明确提出长江经济带发展不搞大开发,走生态优先、绿色发展、生态大保护之路,让长江休养生息,恢复生机活力。黄河流域生态保护和高质量发展也上升到了国家重大战略。可见,流域的生态保护与可持续发展已成为一项重大的战略举措。另外,流域生态系统在学科建设上也越发受到重视,国内与流域生态系统相关的机构不断涌现(例如,中国生态学学会流域生态专业委员会),对流域生态系统的研究与可持续发展起到了有力的助推作用。目前正处在国家生态建设的关键时期,我们希望本书能为国内的流域生态科学研究、教育和应用提供借鉴和参考。

此次再版主要在以下几方面做了修订。第一,新增加两章:流域水生生物过程(第 8 章)及城市化对流域生态系统的影响与城市流域管理(第 17 章)。水生生物过程是第一版的不足,只谈物理过程而忽视水生生物过程对流域生态系统影响的研究是不完整的。另外,城市往往是大流域中的一部分,高速城市化对流域生态系统的影响必定是深远的、长期的,因此,新增加这两章十分必要。第二,在已有的章节中,更新了一些近期发展的新内容,例如,大气与植被的反馈与相互作用、水文情势、水生生物、重大生态工程的生态意义、大数据在流域生态系统中的应用、大流域中森林变化与水文的关系,等等。第三,更新了参考文献。全书共包括 28 章,第 1 章由孙阁与魏晓华撰写;第 2～5、10、14、15、24～27 章由孙阁撰写;第 6、7、9、11～13、16、18～23、28 章由魏晓华撰写;第 8 章由南昌工程学院李威及中国科学院武汉植物园谭香撰写;第 17 章由南京信息工程大学郝璐撰写。

魏晓华　孙阁
2022 年 1 月

前　言

　　最近公布的联合国千年生态系统评估报告(Millennium Ecosystem Assessment)指出,随着世界性的人口爆炸而引起的全球变化(大气污染、气候变暖、土地变化等),地球上几乎任何角落都或多或少经历着生态系统失调,自然资源尤其是淡水资源短缺的危机。联合国最新公布的《全球环境展望报告》指出,最近 20 年(1987—2007 年)地球生态环境继续恶化,地球总人口增长了 34%,达到 67 亿。全球人均年收入增长 40%,达到 8162 美元。地球每年失去 7.3 万 km^2 森林,每年有 7.5 万人死于自然灾害。发展中国家每年有 300 万人死于与水有关的疾病,大部分是 5 岁以下的儿童。为了农业灌溉或发电需要,人类已在世界 60% 的主要河流兴建水坝或令其改道,造成淡水鱼数目下降 50%、河流生态系统功能退化等一系列生态问题。2007 年 11 月,联合国政府间气候变化专门委员会(Intergovernmental Panel on Climate Change,IPCC)发表了第四次评估报告,进一步肯定全球气候变暖并更明确地认为过去 50 年地球气候的变暖非常可能是由于人类排放"温室"气体所致。气候变化将引起海水水位升高、气候变异加剧、水资源短缺、生物多样性下降等一系列重要的全球性生态问题。这些问题都清楚地表明:21 世纪人类将面临前所未有的生态环境恶化的严峻挑战。

　　经过三十多年的改革开放,中国在经济与社会发展方面取得了举世瞩目的成就,但在环境方面付出的代价也是十分巨大的。中国在 21 世纪要有所作为并正朝着世界经济大国"和平崛起"。然而,实现这一宏伟目标的道路将不会平坦。不合理的自然资源开发利用造成局部和区域性日益加剧的生态环境破坏与恶化。例如,华北地下水严重超采,最大超采量达 150%,地下水位持续下降。中国近 700 个城市中约有 2/3 存在不同程度的缺水,由此带来的工农业年损失需以千亿计算。"母亲河"黄河污染严重,多次出现断流;长江水质恶化,污染与泥沙问题很严重。全国近一半城镇、农村约 3.6 亿人饮用水源的水质不符合标准。中国年大气污染 SO_2 排放为 1995 万 t,为世界第一;酸雨面积占全国国土面积的 30%。依据对 323 个城市的空气质量调查,仅有 116 个城市达二级空气质量标准。2003 年,全球 20 个空气严重污染城市,中国占 16 个。污染造成的经济损失巨大,例如,水污染和大气污染造成的损失相当于 GDP 的 3.5%~8%。全国有 356 万 km^2 面积有水土流失;干旱沙化土地 100 万 km^2,以每年 3436 km^2 扩张。中国近年来实施的"南水北调"工程将长江的水资源引入北方半干旱地区,对解决北方水资源不足有重要意义,但对环境的影响也不容忽视。中国在流域环境方面存在的严峻问题以及它的快速社会经济发展,更深刻地表明开展流域生态系统研究的必要性与重要性。

人类要实现可持续发展,就必须面对并解决诸多环境问题。环境问题往往不是孤立的,而是相互作用、相互联系的。例如,森林破坏会产生大量的水土流失,而水土流失又使河流中的泥沙含量增加,进而影响河流水生栖息地、河流形态及生物多样性等。事实上,从系统综合的角度来解决环境或生态问题已逐渐成为学术和资源管理界的共识。流域是自然系统中一个具有明显物理边界且综合性强的独特地理单元。"无论你走到哪里,你都在某一流域内,世界是由许多大小不同的流域所构成的。"从这个意义上讲,所有的生态环境问题都落入某一流域,都与流域资源被破坏或不合理管理有关。因此,从流域的角度来解决环境问题并实现社会的可持续发展是一条更有效的系统综合的途径。流域管理学近10年来在国际上得到迅猛发展,大量的著作与学术论文不断发表,世界上许多国家与地区也已成功地建立了适合各自流域特点的流域管理模型。然而,这些流域管理学著作,要么偏重于水资源的管理或评估,要么着重于流域管理的社会能力的配置(如法制、机构等方面的建设),而真正把流域作为一个完整的生态系统,从生态过程与管理策略方面来论述的很少。

流域生态与流域管理学的研究领域在近代得到加强和拓宽,主要表现在以下四个方面。① 研究内容从传统的自然流域拓展到人为或自然干扰条件下的水文规律及流域过程,研究如何管理流域并发挥其生态水文效益。如河滨植被带对净化水质的作用;森林道路对径流形成机制、径流流路、洪峰流量的影响;森林火灾、病虫害及森林采伐对水文的影响。② 研究尺度从传统的小流域向大流域、区域尺度乃至全球尺度扩展,同时重视研究小尺度水文径流过程(土壤水文)向其他更大的流域尺度转换。③ 多种学科领域的交叉与综合。由于水在流域生态系统中的主导与连接作用,流域生态系统中的一些主要功能(水循环、泥沙与河流形态等)过程都相互作用、相互影响。这就充分表明了流域生态系统是一门跨越众多学科的综合性学科。近年来建立起来的生态系统理论、耗散结构理论、系统动力学等为研究流域系统提供了理论基础与手段。④ 以遥感、地理信息系统、计算机模拟技术为主导的空间信息技术在流域资料获取、资料加工、水文预报、流域管理中得到广泛应用。随着这些技术的普及,流域管理者能够在决策时更加迅速、及时、高效。

流域生态系统管理作为一门以生态系统理论为基础,以新兴现代自然资源管理技术为手段的综合性学科,已经被包括中国在内的世界各地资源管理者所接受。"流域管理学"已是许多高等学校的相关专业(水利、环保、生态学等)学生的必修课。中国大面积水土流失治理规划、生态植被恢复、经济开发也多以小流域为单元开展。但是,由于流域生态系统科学是一门新的交叉学科并具有较强的地域特征,许多流域过程及管理基础理论并不完善。本书试图结合作者20年来在国内外流域生态系统教学及科学研究的经历,对国内外半个世纪以来流域科学最新进展进行总结。

本书共分六部分26章。第一部分是导论,重点介绍流域生态系统学科中的基本概念并阐述流域生态系统管理的重要性。第二部分是流域生态系统过程。该部分包括6章,主要讨论流域生态系统中的主要功能过程,包括水循环、养分循环、碳循环、土壤侵蚀、河流形态动态、溪流倒木。其中溪流倒木生态过程的内容对国内读者较新颖。第三部分是流域生态系统中的独特组成。这部分把河滨植被带、湿地、水库和湖泊作为流域系统中的独特的部分,通过对这几个独特系统的讨论,有机地将流域系统中的主要过程(第二部分)综合起来。第四部分是干扰与流域系统。既考虑自然干扰(火灾等)又考虑人为干扰(采伐森林、水资源开发等),也包括全球气候变化对流域生态系统的影响。这部分的重点在于探讨各种干扰对流域主要过程的影响。第五部分是流域生态系统管理。该部分从综合的角度,探索生态系统途径的必要性及应用前景,并以此为基础讨论如何应用生态系统的途径来进行流域的综合规划与管理。该部分还介绍了目前在北美较流行的流域恢复与重建及流域的最佳管理措施。第六部分是流域科学研究方法。这部分对科研人员有较高参考价值。主要包括流域实验设计、流域水文模型、地理信息系统与遥感的应用及生态需水的估算方法。另外,针对某一流域过程(例如,溪流倒木、泥沙、河流形态、碳循环等)的研究方法分散于各章节中。

本书具有以下几个特点:① 把流域作为一个完整的系统,运用生态系统的理论来讨论流域中的主要过程及管理问题;② 侧重于森林流域生态系统,尽管如此,书中许多概念、方法在满足一定的条件下也可应用于其他类型的流域或尺度更大的流域;③ 引用大量的国外实例、数据等(尤其是北美地区的);④ 突出介绍研究方法及研究前沿。本书第1章由孙阁和魏晓华撰写;第2、3、4、5、9、13、14、22、23、24、25章由孙阁撰写;第6、7、8、10、11、12、15、16、17、18、19、20、21、26章由魏晓华撰写。本书可作为高年级本科生、研究生、教师、科研人员以及自然资源管理人员的培训教材和较为详细的专业参考书。我们希望读者以本书作为窗口,对流域科学的最新发展和成果有更深入的了解与启迪,为促进该领域在中国的理论与实践发展而共同努力。

魏晓华　孙阁

目　录

第一部分　导　　论

第二部分　流域生态系统过程

第三部分　流域生态系统中的独特组成

第四部分　干扰与流域过程

第一部分

导　论

第 1 章 导　　论

1.1　流域生态系统科学中常用的基本概念

流域(watershed)或集水区(catchment)是指由地形确定的河流某一排泄段面以上的积水面积的总称。流域是一个有边界线的水文单元,但也可看作一个生态系统单元和社会-经济-政治单元,一个可以对自然资源进行综合管理的单元(图 1-1)。流域组成包括流域边界、河川径流、土壤与母质基岩、动植物、微生物以及人类社会经济成分。流域的物理边界通常由上边界的地表(地形及人为排水系统)和下边界的地下水文地质条件决定。流域面积可大可小,较大的大江大河流域(basin),如长江、黄河流域是由无数个小的流域组成。可以说,任何一个流域都会嵌套在另外一个大的流域中。尽管一个流域在降水-地表径流过程上是相对封闭的,但流域与周围其他流域通过地下水或大气与外界还是有能流、物流交换的,而人类活动更不只局限于一个流

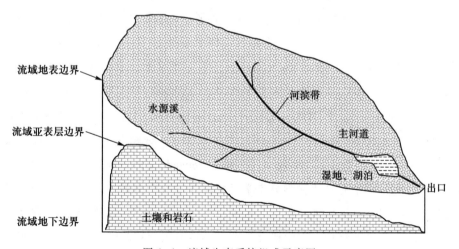

图 1-1　流域生态系统组成示意图

域物理边界内进行。本书在今后的讨论中所使用的流域多指以森林为主的小流域,涉及大流域时会另行标注。

尽管"小流域"(small watershed)和"大流域"(large watershed)在流域面积上没有严格的划分,但从流域水文过程和功能上对这两种类型流域还是有必要加以区分的,因为这种区分对管理两种类型流域有重要意义。例如,在美国历史上,为了控制大流域洪水,位于上游的小流域由美国土壤保持局负责管理,而下游则由美国陆军工程兵团(U. S. Army Corps of Engineers)负责实施大型水利工程。《流域水文学》(*Watershed Hydrology*)一书作者 Black(1996)认为,如果一个流域洪峰流量主要受天气和土地利用影响,其河道和地下水储存不足以减弱流域洪峰流量,该流域为小流域。相反,大流域河道和地下水储水功能对洪水过程影响显著。王礼先(1999)把小流域定义为面积<100 km² 的流域,不少研究者把面积>1000 km² 的流域定义为大流域,面积在100~1000 km² 的流域为中流域。流域的重要自然特征包括:面积、海拔、坡度、坡向、河道走向、流域形状、河道网络系统(河网密度)、河流类型[永久型(perennial)、间歇型(ephemeral)、流入型(influent)、流出型(effluent)]等。这些流域参数均可通过地理信息系统对流域的数字化高程(DEM)数据进行计算机处理获得。目前,许多流域的数字化高程的精度可达 10 m 或 5 m。全球性数字化高程资料可免费获得,但精度稍差(如 1 km)。流域自然特征对流域生态系统过程的影响很大,将在下一章详述。

流域生态系统过程(watershed ecosystem process)是指包括水循环、能量流动、养分循环、碳循环在内的生物、物理和地球化学过程,以及人类活动对这些过程的影响。值得强调的是流域水循环在整个生态系统过程中的主导作用。水是生态系统能流和物流的载体。只有真正了解并量化大气降水在流域中的运动途径和转换机制,才能搞清楚流域中其他生态过程及在干扰(disturbance)条件下的响应机制。

研究地球表面水的来源、循环、分布及其性质(如物理、化学、生物等)的学科称为水文学(hydrology)。由于关心的对象或尺度侧重不同,水文学的分支和叫法很多。如最传统的工程水文学(engineering hydrology)、农业水文学(agricultural hydrology)、城市水文学(urban hydrology)、地表水文学(surface hydrology)、地下水文学(groundwater hydrology or hydrogeology)、流域水文学(watershed hydrology)、区域水文学(regional hydrology)、全球水文学(global hydrology)、森林水文学(forest hydrology)、环境水文学(environmental hydrology)、湿地水文学(wetland hydrology)及生态水文学(ecohydrology)。所有这些水文学分支学科之间并没有严格的界线,都是研究流域科学的基础。早期以天然森林流域为单元研究流域水量、水质、侵蚀、泥沙过程及对植被变化的响应还属于森林水文学研究的范畴。在美国,与森林水文学齐名的野地水文学(wildland hydrology)主要研究灌木或草地生态系统的水文作用。由于这类生态系统多处于干旱、半干旱地区,水资源短缺,水是植被分布和演替中的主导限制环境因子,近年来针对这类生态系统的研究发展迅速。森林水文学研究领域并不局限于纯粹意义上的森林地带。农地退耕还林还草、城市植树造林、水库绿化对水循环的影响等都是森林水文学关心的领域。流域森林水文学是流域生态系统管理的最基础学科(张志强等,2004)。

流域管理(watershed management)在中国又称流域治理、流域经营或积水区经营(王礼先,1999)。流域管理一词多为林业、土壤保护部门使用(Hewlett,1982)。在美国,最早于 1944 年由美国林业者学会(Society of American Foresters)定义为:"流域管理就是管理流域内的自然资源,其主要目的是为了提供和保护以水为基础的资源,其中包括控制土壤侵蚀和洪水,保护与水有关的观赏价值。"

流域生态系统管理(watershed ecosystem management)就是以流域为生态系统单元,应用生态系统基本原理,合理保护,开发水、土及其他自然资源,兼顾流域上下游水文关系,提高生态系统生产力,实现生态效益、经济效益、社会效益同步可持续发展,达到资源永续利用。流域管理措施包括改变土地利用、土地覆盖在内的工程与生物措施、规划与经济法律手段等综合措施。流域生态系统管理强调陆地系统与水生系统的综合、地表水与地下水的统一管理、多项生态与服务功能的综合权衡,总体目标是要保证流域生态系统的长期可持续发展。

实践证明,以流域为单元管理自然资源最为合理,行之有效。这一措施已被欧洲和北美的环保、农业、林业、水土资源管理等机构普遍采纳。例如,《欧盟水框架指令》(*European Water Framework Directive*)明确提出水资源管理不能受国家边界限制。加拿大安大略省政府实施的饮用水源区保护方案都是以流域为管理单元制定的(Smith等,2004)。

以流域为单元进行资源管理的理论基础和主要优势可归纳为以下 4 点。

(1) 管理好流域水资源是管理好其他资源的基础,水分总是从坡地汇流后流入河道,然后从上游流向下游,最终流出流域出口。因此管理水资源必须从流域源头入手才能解决问题,诸如坡面水土流失面源污染造成的河道淤积,下游湿地、湖泊水生态系统退化等。同样,解决极端水文事件(洪水、干旱)对生态系统的影响更需以流域为单元协调上下游自然和人为供水、用水的关系。

(2) 以行政区划管理部门管辖的区域(如村、县界)为单元进行流域规划和治理会很难协调各部门的利益关系,不能实现资源最佳组合和实施流域综合保护措施。

(3) 以流域为单元进行环境监测和研究有利于各部门和各学科之间的合作与协调,减少重复劳动,增强互补性,从而节省时间和经济上的开支。

(4) 流域管理多数还属政府行为,涉及当地群众的切身利益,需要当地群众的直接参与来解决各方面的矛盾和冲突。该过程有利于提高当地群众自觉参与流域治理的积极性,提高集体意识,促进社会发展。最近国际上兴起的"参与式"流域管理模式(participatory watershed management)实践证明效果良好,尤其在发展中国家为解决农村贫穷与环境保护的矛盾,改善和加强人与自然的和谐关系开辟了一种新办法。

1.2 流域生态系统主要生物地球化学过程

流域生态系统生物地球化学过程主要包括水循环、养分循环等过程。了解水循环占主导地位的生物地球化学循环过程对理解流域生态系统的功能有重要意义,是流域管理科学的基础。本节对这些过程做概括性介绍,后文将分章详述。

1.2.1 水循环

受人为干扰较小的流域水循环是指流域接受大气降水,降水形成地表、地下径流,径流汇入河道,最终流出流域,以及土壤水分通过土壤表层和植物叶片以气态方式回归大气的整个过程。如图 1-2 所示,流域水循环主要包括以下过程:① 降水(如降雨、降雪)(precipitation,P);② 径流(如地表径流、地下径流)(surface flow,groundwater flow,R);③ 蒸散发(包括植物蒸腾、土壤或水面蒸发)(evaptranspiration,ET);④ 流域地表、地下储水量的变化(如土壤含水量变化、地下水位变化、人工水库蓄水量变化)(change in water storage,ΔS)。

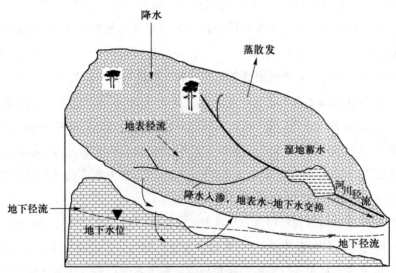

图 1-2 天然流域水循环中水文要素组成示意图

根据物质守恒定律,流域水文要素组成之间的关系可用水量平衡表达为:

$$\Delta S = P - R - ET \tag{1.1}$$

上述 4 个变量都随时间变化而变化。其中降水量在各种时间尺度上变化最大。气候(如降水、辐射、温度)是引起径流、蒸散发和流域地表及地下储水量变化的主要原因。而植被生长分布和土壤发育,以及岩石风化都受气候的控制,对流域蒸散发和径流分布有重要影响。对于一个未受干扰、植被相对稳定的流域来讲,流域蒸散发年际间总量变化不大,但短时间内(如日、月)变化很大。对于气候正常的水文年份,流域总储水量的变化较小。

图 1-2 描述的天然流域在地球上已不常见。越来越多的流域或多或少都受到人类的干扰影响,甚至渺无人烟的极地都不能幸免(如长距离的沙尘、污染物沉降)。可以想象,日益严重的全球变暖及土地利用变化已经直接改变了地球上任何角落的流域水循环过程及相关的生物地球化学过程。人为干扰条件下的水量平衡变化主要表现在:① 以森林植被变化为主要形式的土地利用变化改变了地表状况、流域总蒸散发及河流径流的水量和水质;② 人为过多抽取地下水造成地下水位下降、地下水资源枯竭;③ 修建水库改变河川径流;④ 农业及城市化过程造成的点源和非点源水污染,降低了水资源的可利用量和水质(图 1-3)。

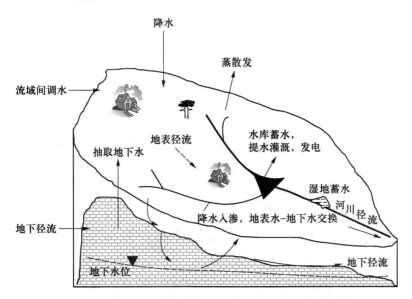

图 1-3　人类干扰下的流域水循环中水文要素组成示意图

1.2.2　碳循环

碳元素是生命组织的重要组成部分。碳循环、碳平衡是生物地球化学的中心议题(Schlesinger,1991)。最近 20 年来,不同尺度的生态系统碳循环、碳平衡研究是生态学研究最活跃的领域之一。其中最主要的原因是越来越多的科学证据显示全球气候变化与人类活动密不可分(详见第15章)。自工业革命以来,由于人口膨胀,人类大量开采、消耗、燃烧化石燃料,砍伐森林,城市化加剧,造成了大气中二氧化碳、一氧化碳及甲烷等温室气体浓度显著增加。空气化学成分的变化导致了地球表面能量平衡的改变,从而造成温室效应,引发全球气候变化,如大气变暖、降水强度变幅增大。另外,不同尺度的碳循环过程研究对于了解生态系统健康状况,探索人类活动影响生态系统结构和功能变化的机理至关重要。碳循环研究多以生态系统为单元,对植被相对一致的样地的碳吸收、转化和释放过程进行量化。然后,通过建立生态系统数学模型将包括碳循环在内的物质(水、养分)循环过程与环境因子(气候、土壤)联系起来。使用建立起来的数学模型就可以将小尺度的碳循环过程推演至景观(landscape)、区域(regional)或全球(global)的大尺度上。景观生态学家很少以流域作为单元来计算碳平衡,这可能与碳循环的特性有关。如图1-4所示,碳循环以垂直方向的大气-地表相互作用为主,与水循环不同,其横向流动通量(flux)相对较小。并且,流域上空又无物理边界,因此事实上很难确定通过这种"空气流域"(airshed)的横向流动通量。但必须指出的是,碳是流域中所有陆地生物、水生生物、微生物生命活动的能量来源。以碳为主的土壤有机质对土壤水文过程有重要影响,流域生态系统碳循环与水循环密不可分。首先,植物碳吸收和积累的过程与植物耗水,即蒸发过程同步进行。其次,碳在陆地表面的运移是通过土壤流失、径流等水文过程实现的。

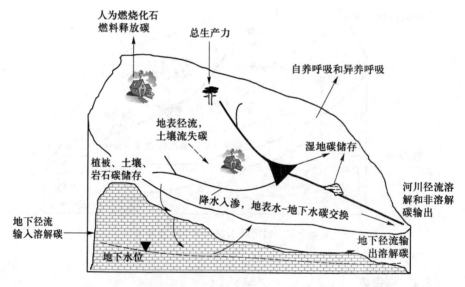

图1-4 人类干扰下的流域碳循环、碳平衡要素组成示意图

类似于流域水量平衡,根据物质守恒定律,流域碳要素组成之间的关系可用碳平衡表达为

$$\Delta C = GPP - R_t - Q - H_c \qquad (1.2)$$

或者

$$\Delta C = NPP - R_h - Q - H_c \qquad (1.3)$$

式中:ΔC 为一定时段内流域碳储量变化($g \cdot m^{-2} \cdot time^{-1}$)[①];$GPP$ 为绿色植物由光合作用形成的总初级生产力(gross primary productivity)($g \cdot m^{-2} \cdot time^{-1}$);$NPP$ 为绿色植物净初级生产力,$NPP = GPP - R_a$,R_a 为植物自养呼吸(autorespiration);R_t 为生态系统总呼吸,$R_t = R_a + R_h$;R_h 为生态系统异养呼吸(heterorespiration)($g \cdot m^{-2} \cdot time^{-1}$);$Q$ 为碳以溶解和非溶解形式(如悬移质)随河川径流和地下水径流流出流域的总量($g \cdot m^{-2} \cdot time^{-1}$);$H_c$ 为由于人为活动释放到大气中的碳($g \cdot m^{-2} \cdot time^{-1}$)。

1.2.3 养分循环

尽管生物体主要由碳和水组成,但其他多种营养元素对生长发育、生化结构、功能发挥起到必不可少的作用。大气是碳(C)、氮(N)、硫(S)的主要来源,而其他主要生物化学元素,如钙、镁、钾、铁、磷则来自岩石风化、分解。流域养分循环就是指生态系统中各种元素经历大气沉降、矿物风化、生物吸收、积累、转化、分解及排放回大气或随河流流出流域的整个过程(图 1-5)。如图 1-5 所示,因为水是流域物质、养分的

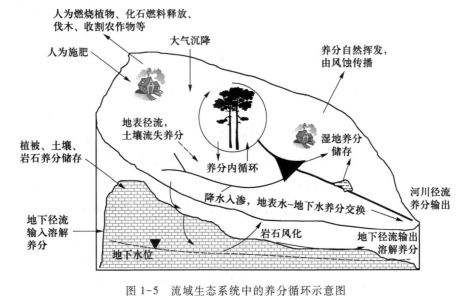

图 1-5 流域生态系统中的养分循环示意图

---

① time 可代表日、月、年等单位。

携带者,且养分必须溶解后才可为植被所吸收,所以它们往往同步进行。将水通量乘以水中养分的浓度就得到养分循环过程中的养分通量。

与流域水量平衡相似,根据物质守恒定律,流域养分平衡表达为

$$\Delta S \cdot \rho_s = P \cdot \rho_p + I - V - R \cdot \rho_r \tag{1.4}$$

式中:ρ_s 为流域中蓄水库(土壤、地下水等)养分浓度($mg \cdot L^{-1}$);$\Delta S \cdot \rho_s$ 为养分储量变化($kg \cdot hm^{-2} \cdot time^{-1}$);$\rho_p$ 为大气降水中养分浓度($mg \cdot L^{-1}$);$P \cdot \rho_p$ 为总的养分沉降量($kg \cdot hm^{-2} \cdot time^{-1}$);$I$ 为人类活动(如施肥或收割作物、木材)引起的从流域外输入/输出流域内的养分量($kg \cdot hm^{-2} \cdot time^{-1}$);$V$ 为自然挥发(volatilization)释放返回大气的养分($kg \cdot hm^{-2} \cdot time^{-1}$);$\rho_r$ 为河川径流中的养分浓度($mg \cdot L^{-1}$);$R \cdot \rho_r$ 为通过径流输出的总养分量($kg \cdot hm^{-2} \cdot time^{-1}$)。

1.2.4 水、碳、养分循环的相互作用

值得强调的是,流域中水、碳、养分循环并非独立存在,它们相互依存、相互反馈。首先,碳循环与养分循环相互作用。除了光照和土壤水分之外,养分是影响生态系统光合作用、净初级生产力和碳循环的主要因子之一。其次,因为养分主要是通过水传输,所以流域水循环控制着养分循环的速率,是了解养分循环的基础。虽然大多数自然生态系统都缺乏氮、磷,但是受人为干扰(氮沉降、化学肥料使用等)的流域,这些元素及其化合物常常过剩而造成对环境的污染。因此,研究氮、磷循环不仅是了解生态系统营养、生产力状况的基础工作,而且对了解水、土壤和空气污染(如酸雨)形成过程和来源有重要意义。反过来讲,植物光合作用固碳能力、生长力大小、生态系统结构(如叶面积指数)直接影响降水再分布、系统能量平衡和蒸散发,从而影响到流域径流过程。这种生态-水文交互作用是当代"生态水文学"(ecohydrology)研究的主要内容之一。

1.2.5 生物过程及其与理化过程的相互作用

流域生态系统中的生物通常有植物、动物、微生物等,也可粗分为陆生生物与水生生物。生物是流域系统的建设者、生产者、是结构与功能的主体。流域中的理化过程(水、碳、养分循环)与流域的生物过程不断发生作用,进而影响水生栖息地与生物多样性。这些相互作用是动态的,往往由干扰(包括自然与人类干扰)所驱动,在时间上呈现干扰—恢复—再干扰—再恢复的规律。另外,这些相互作用也有明显的空间尺度性。随着流域或河流大小(size)的增加,流域中各种生态过程及其作用会呈现尺度效应,表现为各尺度上的结构与功能的差异及可能存在的尺度转换规律(scaling property)。可以讲,流域中的主要生态过程及其相互作用的时空变化以及它们对结

构与功能的影响是流域生态系统的核心(图 1-6)。

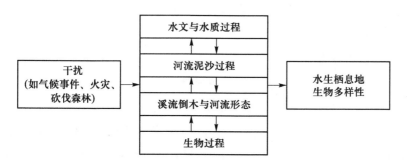

图 1-6 流域中主要生态过程的相互作用及其影响

1.3 流域生态系统的自然功能和对人类社会的服务功能

流域作为受地形和水流限制而相对封闭的景观系统具有独特的水文生态功能(Black,1996)。Black 认为,从水文角度看,流域最基本的 5 种功能是:① 收集流域范围内的降水;② 蓄存地表、地下径流;③ 释放储存的水形成河川径流;④ 流域为各种环境化学元素及其反应提供了场所与渠道;⑤ 流域为生态系统重要组成部分的动植物提供了多种多样的栖息地。以上 5 种功能实际上综合体现了任何水生生境的基本特征,而流域管理对所有这些功能都会产生影响。首先,流域的存在大大减缓了由降雨或降雪引起的不规则、起伏不定的能流和物流输入,使流域的水文过程基本稳定。正因为如此,每个流域都具有自身独特的水文特征。其次,流域水分对各蓄水介质的冲洗(flushing)作用控制了水生环境中化学物质与悬移物质的浓度及排放量。流域水文过程与水质的紧密联系也是流域功能特征之一。值得强调的是人为干扰,如森林破坏,土壤侵蚀,氮、硫沉降形成的酸雨,臭氧层破坏,全球变暖,水污染等都会对流域功能造成破坏。下面对流域主要功能做进一步阐述(部分材料引自 Black,1996)。

1.3.1 集水功能

流域集水功能表现在将时空变化、分布无常的降雨和降雪收集,再通过与流域物理特征相互作用而转化成河川径流的过程。流域面积越大,平均坡度越小,汇流所需时间越长,径流需要更长的时间流出河口,因此在同样降水条件下,大流域水文过程线比小流域的相对平缓,单位面积洪峰值较小。流域集水功能还与降水特征,如降水强度及降水在流域上的空间分布关系密切。例如,流域大范围暴雨降水事件比局部或降水中心远离可变水源区(variable source area)的降水事件所形成的洪水要大,而且持续时间要长。流域可变水源区是产生暴雨径流的主要发生地。可见,流域集水功能主要受气候和流域特征(包括可变水源区附近土地利用)所控制。有关可变水源区的概念与流域产流机制将在第 2 章介绍。

1.3.2 蓄水功能

流域蓄水功能是指流域阻止水离开各种储水单元(如土壤、地下水库)而流出流域的作用。流域蓄水功能的特征包括蓄水库的性质(类型、所处流域空间位置与容量)、饱和状态及阻止水流出蓄水库的能力。土壤蓄水库的特征包括体积、土壤持水力和土壤排水能力。水分离开蓄水库的阻力受蓄水库的特征及流域出口控制结构影响,如流域内有无水塘、湿地,河道有无增强水流阻力的大块石头等。这种阻力大小随时间而变化。例如,在炎热的夏季,由于较高的蒸散发,土壤干燥,湿地等低洼地可能干枯,这时流域蓄水能力达到最大;相反,冬季地表结冰或形成冻土层,从而大大减少降水入渗能力和蓄水空间。总之,当流域蓄水库达到饱和状态,降水转化为径流速度加快,流域蓄水功能大大降低。

1.3.3 释水功能

流域释水功能是指在河流出口处径流的整个输出过程,如暴雨洪水或年水文过程线。水文过程线可被比喻为河流的日记、流域的指纹,它综合反映了流域降水-径流释放系统及其生物物理特征。流域释水功能主要受地表和亚表层自然属性控制,并与流域储水单元与排水系统的距离有关。流域河网密度、流域形状都会影响其释水功能。

1.3.4 化学功能

水具有特殊的物理性质(高比热、中等黏性、高表面张力)和化学性质(水分子偏极性、高电导率、强氢离子键),水是流域化学物质的主要载体,在从大气降水转化成径流最终流出河口的水循环过程中影响化学元素的来源(岩石风化)、淋洗、稀释、运移、沉积,同时对溶解气体(如二氧化碳)也有重要作用。

1.3.5 生命栖息功能

地球上任何形式的生命都离不开水。水作为流域重要组成部分为动植物及人类繁衍提供了必要条件。流域从坡上到坡下,从源头到出口,从支流到干流,由于受自然过程(如水循环、养分循环)及人为活动的影响,形成了多种多样的生命栖息地和生态系统。

1.3.6 生态系统服务功能

流域生态系统结构、组成和自然功能为地球上的人类社会提供各种各样有价值的产品和生态服务（Millennium Ecosystem Assessment,2005）。美国生态学会（ESA）对生态系统服务功能的定义为：自然环境为人类生存提供资源的过程。具体的生态系统服务功能包括：① 缓解极端天气的影响,对气候变化有减缓作用;② 传播种子;③ 减缓干旱及洪水的影响;④ 减少太阳紫外线对人类的副作用;⑤ 养分循环和运移;⑥ 防止河流溪岸及海岸侵蚀;⑦ 降解、分解废物中的有毒物质;⑧ 控制农业害虫;⑨ 保持生物多样性;⑩ 土壤发育、保护、肥力更新;⑪ 净化空气和水;⑫ 控制病原体;⑬ 农作物和天然植被授粉。

尽管以上所列出的生态系统服务功能是人类社会生存的基础,但是很多方面已被人类遗忘或被认为理所当然而常常被忽视。流域的生态系统服务的经济价值虽较难定量估算,但可以说价值连城（Liu 等,2008;Liu 和 Costanza,2010;Lu 等,2018）。人类活动所造成的水、大气和土壤污染,森林和湿地破坏,水土流失,外来种入侵等都会大大降低流域生态系统的服务功能。流域生态系统管理的目的就是通过优化生态系统结构和功能,最大限度地实现流域生态系统的服务功能。生态系统的价值、结构、功能与人类行为活动关系密切（National Research Council,2005）（图 1-7,图1-8）。

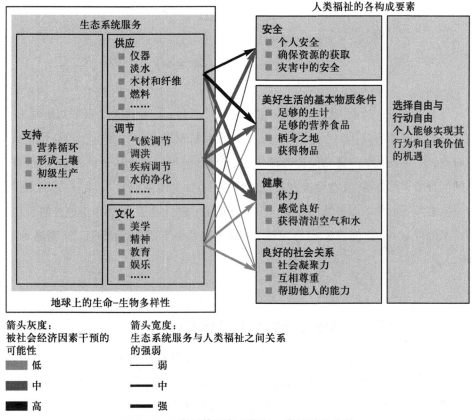

图 1-7　生态系统服务功能与人类福祉的关系

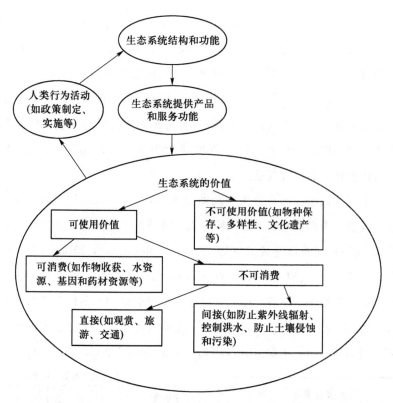

图 1-8　生态系统的价值、结构和功能与人类行为活动的关系

（National Research Council,2005）

生态系统服务功能研究主要集中在以下几个方面：① 生态系统服务功能概念、内涵及分类体系的研究；② 生态系统服务功能变化机制及与生物多样性相互作用关系的研究；③ 生态系统服务功能价值评估技术研究，包括经济价值评估方法、以能量为基础的价值评估方法、效益转换方法等；④ 不同方法和不同情境下，全球、地区、区域、单个生态系统或单项服务功能经济价值评价研究；⑤ 生态系统服务功能经济价值评估结果的可靠性、评价方法的局限性、评价过程中的尺度问题等研究（谢高地等，2007）。

1.4　流域生态系统管理的主要目标及内容

人类剧烈活动造成的流域生态系统功能过程紊乱是当代生态环境问题的根源。而生态环境问题，如水、土、气的污染，能源、资源短缺又会引发一系列社会问题。因此，流域生态系统管理科学不仅仅是因为解决自然生态环境问题而得到发展，更重要的是其涉及的领域与人类生存息息相关。流域生态系统管理是一门新型、综合的学科,近年来正在实践中得到迅速发展、完善。

流域生态系统管理的总体目标如其定义所述,就是实现流域生态系统能流、物流良性循环,自然资源可持续利用,从而达到社会经济可持续发展的目的。具体来讲,在实践中,流域生态系统管理就是以生态系统理论为指导,规划、保护和恢复流域生态系统自然和服务功能的过程(Black,1996)。实现流域生态系统恢复、保护和功能强化的手段很多,运用中要针对需解决的问题和生态系统类型灵活使用。水是流域生态系统中最活跃的因素,流域生态系统管理的核心内容是协调好陆地系统与水生系统的相互作用,管理好水资源,包括水量、水质和径流过程(如季节上的分布)。在北美,针对减少非点源水污染的管理方法统称为最佳管理措施(best management practices,简称 BMPs)。BMPs 一词在美国 20 世纪 40 年代提出,70 年代《清洁水法》实施后在林业、农业、环保等部门得到广泛应用。简单地讲,任何经济上可行的、有利于减少环境污染、促进流域生态系统发挥其良好功能的生物或工程措施都可称为BMPs。美国各州有关部门(如林业、农业部门)都根据行业特征为具体执行《清洁水法》制定了相当详细严格的规范手册。

世界各国所面临的流域生态系统管理问题各有不同(Brooks 等,1997;王礼先,1999)。表 1-1 探讨了中国流域生态系统管理面临的主要问题及干扰根源,流域生态系统管理的措施、方法、效益和意义。

表 1-1　中国流域生态系统管理面临的主要问题、管理措施、效益和意义

流域生态环境问题	生态过程干扰根源	管 理 措 施	管理效益和意义
水体、土壤污染(水质差)	非点源污染(土壤养分流失,使用化肥、农药)	采取水土保持措施(植被恢复,陡坡退耕还林、还草、还牧,修建等高梯田,等高耕作),使用农家肥,减少化肥、农药使用;采用免耕法;在水体周围建立林草缓冲带,或建造人工湿地系统,沉积泥沙,净化水质	提高土壤肥力,增加粮食产量,增加可饮用水总量,降低饮用水造价;改善水生生境;减少进入河床、水库的泥沙,有利于航运、水库正常运行
	大气化学沉降,酸雨	改造、关闭高污染排放企业	
	点源污染	关闭高污染企业,提高污水处理能力	

流域生态环境问题	生态过程干扰根源	管 理 措 施	管理效益和意义
水资源短缺(水量少)	农业灌溉用地表水、地下水过多(无效蒸发损失大)	增加水库蓄水,引水,利用深层地下水,调整土地利用结构,采用节水技术(滴灌、薄膜覆盖等)	保证水资源永续利用,生态系统良性循环,社会可持续发展
	人工林植被用水过多	采用蒸腾量小、浅根性树种,保持合理密度	有利于大面积营林
	工业、商业提水过度,导致地下水不能得到补给	使用循环水,调整产业结构,合理规划地下水补给区	促进经济可持续发展
洪水灾害(水量过多)	气候异常(气候变化形成的降水强度增加,厄尔尼诺现象)	居民迁移,修建堤防,在上游建水库	减少生命财产损失
	居住在洪泛区,河网、湿地、湖泊、水库泥沙淤积	上游山区采取植被、工程相结合的水土保持措施,减少泥沙输送	有利于整个流域上下游协调发展
粮食、能源短缺	自然或人为造成的生态环境恶化、资源贫乏	居民迁移,降低人口数量,减少对自然生态环境压力;从外流域调配粮食或能源,或用林副产品换取粮食;营造薪炭林、封山育林,开展以水土保持为中心的生态恢复工程;发展小水电	有利于社会均衡发展,防止生态环境进一步恶化,保证生态安全
森林流域病虫害、火灾	全球变暖、干旱;外来种入侵;树种单一,长期累积倒木、枯落物	严格生物检疫、引种;尽可能使用本地树种;有计划焚烧林内枯落物,定期择伐	促进森林健康发展,有利于森林资源保护,永续利用

参 考 文 献

王礼先. 1999. 流域管理学. 北京:中国林业出版社.

谢高地,肖玉,鲁春霞. 2007. 生态系统服务功能研究现状及发展趋势. 见:邬建国主编. 生态学讲座(Ⅲ):学科进展与热点论题. 北京:高等教育出版社,344-361.

张志强,王礼先,王盛萍. 2004. 中国森林水文学研究进展. 中国水土保持科学,2(2):68-73.

Black,P. E. 1996. Watershed Hydrology,2nd Ed. CRC Press.

Brooks, K. N., Efolliott, P. F., Gregersen, H. M., et al. 1997. Hydrology and the Management of Watersheds, 2nd Ed. Ames: Iowa State University Press, 502.

Hewlett, J. D. 1982. Principles of Forest Hydrology. Athens, GA: The University of Georgia Press, 183.

Liu, J. G., Li, S. X., Ouyang, Z. Y., et al. 2008. Ecological and socioeconomic effects of China's policies for ecosystem services. Proceedings of the National Academy of Sciences of the United States of America, 105 (28): 9477-9482.

Liu, S. A. and Costanza, R. 2010. Ecosystem services valuation in China. Ecological Economics, 69 (7): 1387-1388.

Lu, Y., Xu, J. H., Qin, F., et al. 2018. Payments for watershed services and practices in China: Achievements and challenges. Chinese Geogrophical Science, 28 (5): 873-893.

Millennium Ecosystem Assessment (MEA). 2005. Ecosystem and Human Well-being: Current State and Trend. Washington, D.C.: Island Press, 815.

National Research Council. 2005. Valuing Ecosystem Services: Toward Better Environmental Decision-Making. Washington, D. C. 277.

Schlesinger, W. H. 1991. Biogeochemistry: An Analysis of Global Change. San Diego: Academic Press, Inc. 443.

Smith, J., Wood, G., Holysh, S., et al. 2004. Watershed-based source protection planning, science-based decision-making for protecting Ontario's drinking water resources: A threats assessment framework, a report to the Ontario Ministry of the Environment, Canada. Queen's Printer for Ontario, PIBs4935e, 320.

第二部分

流域生态系统过程

第 2 章　流域水循环

第 1 章简要介绍了流域生态系统的一些重要过程,接下来的第 2~4 章将在此基础上展开,详细讨论水循环过程,围绕水质讨论污染物、土壤侵蚀规律,以及流域碳循环机理。这几章的目的是使读者对流域生态系统的主要概念、过程、观测方法有一个较为深入的了解,为理解后面的章节打下坚实基础。本章介绍流域尺度水量平衡的基本要素。

2.1　流域水循环中常用的基本概念

如第 1 章所述,流域水循环是指包括降水、蒸散发、径流和流域储水量变化的整个过程。这 4 个变量都随时间、空间变化,它们之间相互影响制约,从而形成了自然界变幻莫测、多种多样的水文现象。当然,这 4 个变量中降水起主导作用,是流域水循环中最大的输入项,而蒸散发往往是最大的输出项或损失项。径流和流域储水量的变化受降水和蒸散发共同影响。但是,如果考虑人为影响,这种排序也许并不准确。例如,干旱地区常需要跨流域调水以满足自然生态或人类用水。在这种情况下,流域输入项中调水量就可能比天然降水更加重要。对于以冰川融雪水为径流主要来源的流域,融雪水量同样比天然降水在水量平衡中更占主导地位。值得指出的是,水量平衡中各水文要素之间的相对重要性还会随时间而变化。例如,对于干旱年份或夏季月份,蒸散发就可能超过降水量;而在极端湿润年份,径流量就有可能超过蒸散发而成为流域水分主要的输出项。干旱地区的河川径流对降水变化要比温度变化更敏感。这种关系对湿润地区可能正好相反。较为详细的流域水量平衡、水循环如图 2-1 所示。图 2-2 展示了一个典型的陆地-水生生态系统的山坡土壤剖面中水分的垂直和横向分布、地下水流动以及与水循环的关系。水循环就是降水、蒸发、径流和流域地表、地下水动态变化的过程。

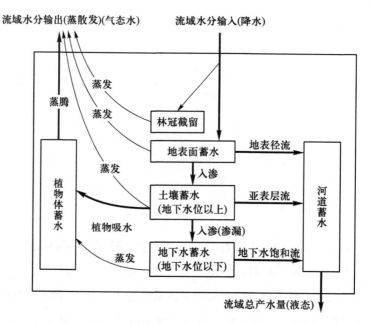

图 2-1 流域水循环示意图(Brooks 等,1997)

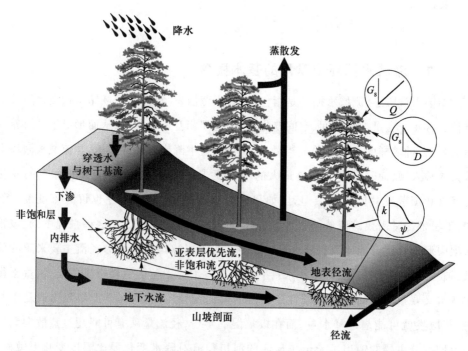

Q:光照强度;D:水汽压差;G_s:树冠导度;ψ:土壤水势;k:树干导水能力

图 2-2 典型山坡土壤剖面的水分动态与水循环的关系(修改自 Noormets 等,2006)

2.2 降水

2.2.1 降水的形成机制

降水是大气中水汽饱和后凝结,以雨、雪、冰雹、冻雨或雾滴等形态降落到地面过程的总称。降水的形成需满足空气湿度饱和、凝结核存在及水滴抬升使其直径变大的 3 个条件。造成空气湿度饱和的主要机制是气团受外力影响而抬高,由于温度下降,而使大气压达到饱和水汽压临界值,空气相对湿度达到 100 %。气团抬升的主要情形有以下 3 种。

(1) 锋面降水。这种类型的降水由大气环流控制,空气运动使暖气团与冷气团相遇,暖气团在两个气团相遇的锋面处抬高,形成降水。冷锋降水是指冷气团侵入暖气团而形成的高强度、短历时、小面积的降水。在中国东南部和美国东南部,当冬季冷空气南下,就会形成这类降水。暖锋降水是指暖气团侵入并覆盖冷气团而形成的大面积、低强度的降水。中国南方春天的“梅雨”就属于这种类型。

(2) 对流降水。这种类型的降水多在夏天以雷阵雨形式出现。夏天局部区域地表受热而带动周围湿润空气迅速垂直上升降温,冷凝而形成降水。这种降水强度大,历时短,范围多在直径 30 km 以内。

(3) 地形降水。地形雨是指空气运动受山脉阻挡抬升,随海拔高度升高而气团温度降低,逐渐达到饱和状态,最终在山的迎风面(windward)形成大量降水,同时释放出大量的潜能。当气团翻过山顶,受重力作用下沉,在山脉的背风面(leeward),空气温度随海拔高度降低而气团进一步升高。由于气团在迎风面已失去了大量水分,因此背风面空气干燥,相对湿度较低,造成雨影(rain shadow)。

2.2.2 观测降水时空分布

降水量以降水深度计,多采用毫米(mm)为单位。描述降水量的参数有一段时间内(如小时、日、月、季、年)的降水总量、降水强度($mm \cdot min^{-1}$)、降水历时(分、小时、天)、降水出现频率等。对于某一流域而言,其降水季节分布主要受大气环流控制,有一定的循环规律性。中国内地受季风和大陆性气候影响,年降水量从南向北、从东往西呈明显减少趋势。如图 2-3 所示,内蒙古多伦的降水明显少于东部的北京。但是,短时段内,如日、月甚至年尺度的降水量由于受多种自然因素影响,如厄尔尼诺现象,在空间和时间上的分布变化无常。因此,精确估算、测定大流域的降水量实际上会很困难。图 2-4 显示了根据长期观测得到的位于美国东南部 Coweeta 流域的日降水概率分布。该图说明 Coweeta 地区 7 月平均日降水概率最高。11 月 13 日降水概率最低,为 11%;2 月 6 日最高,为 57%。图 2-5 为降水量在流域内空间上的分布,又叫等雨量线图。该图说明生长季期间的降水量随海拔升高而增加。

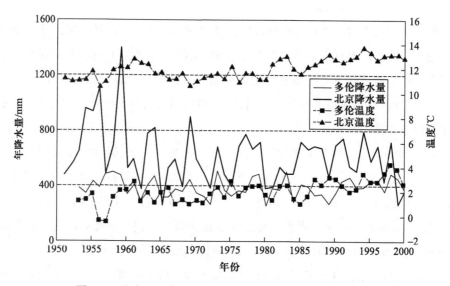

图 2-3 北京和内蒙古多伦的降水和温度(1951—2000 年)

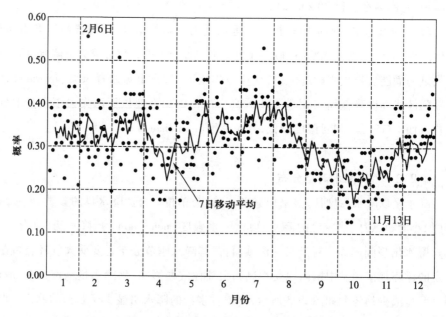

图 2-4 美国 Coweeta 流域日降水(>1 mm)概率分布图

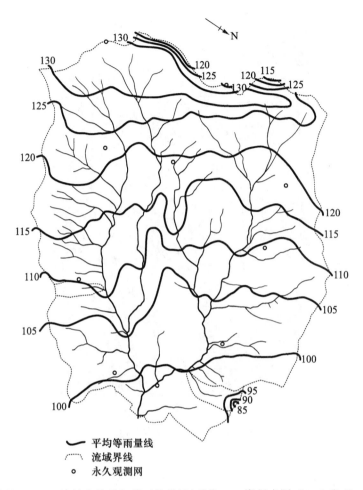

图 2-5 美国 Coweeta 流域生长季年等雨量线图(单位:cm;资料来源:Swank 和 Crossley,1988)

  降水是流域研究最重要的常规气象观测项目(图 2-6)。测量降水量最常用的办法就是采用一系列雨量器。雨量器可以是人工读取雨量数据,或将降水过程记录在纸上或数据采集器上。前者造价低,但是不能了解降水过程,在流域水文研究中起辅助作用;后者在流域研究中是必要的设备之一。由于大流域降水的空间变异性,只有布设大量雨量器才能反映降水的真实空间分布情况。但是,布设大量雨量器实际操作起来受经济和地形条件限制。快速估计大面积的降水和暴雨运动情况可以采用雷达测试的办法。如美国的 WSR-88D 多普勒雷达网(NEXRAD)已广泛应用于短期天气、洪水预报,但是准确估计一个流域的降水量需要用地面实际观测资料对雷达数据进行校正。

  值得指出的是降水在冬季以冰雨(ice rain)形式出现时,可以对森林,尤其是针叶林造成严重损害。例如,1998 年 12 月 23 日发生在美国北卡罗来纳州的一场罕见冰

(a) Hubbard Brook试验站，新罕布什尔州

(b) Coweeta试验站，北卡罗来纳州

图 2-6　典型水文试验站气象观测布设

雨造成几个城市断电数天，树木破坏严重（图 2-7）。同样，2008 年 1 月中国南方遭遇 50 年一遇的雪灾，湖南、湖北、贵州、安徽等 10 省（区）3287 万人受灾，倒塌房屋 3.1 万间，直接经济损失 62.3 亿元。

图 2-7　林冠截持的冰雨导致大量火炬松树冠折断（地点：美国北卡罗来纳州 Cary 市）

2.2.3 流域尺度上平均降水量的估算

估算流域尺度上的平均降水量对于理解整个流域的水量平衡有十分重要的意义,也可为模拟流域水文提供必需的水文输入。由于流域内地形差异较大,且大多数测定降水的气象站设在交通便利、人口密度较大的低海拔地区,这就往往造成高海拔地区的降水资料不足,给估计整个流域的平均降水量带来困难。下面简要介绍几种常见的方法(图 2-8)。

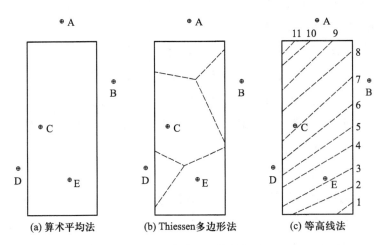

图 2-8 流域尺度上平均降水量的估算方法(McCuen,2004)

(1) 算术平均法。将流域内和流域附近合格的降水资料进行算数平均。

(2) Thiessen 多边形法。首先确定可用的气象站(流域内或流域附近的),做每两个临近的气象站点连线的垂线。延长所有垂直线使之相交并以此划分为不同区域,再以各区域占整个流域面积的比例作为各气象站的权重,从而算出流域的平均降水量。

(3) 等高线法。把流域按等高线并根据气象站的空间分布划分为不同区域,然后用各区域所占流域面积的比例作为各气象站的权重,从而算出流域平均降水量。

(4) 其他空间内差方法。除了 Thiessen 多边形的空间内差方法外,其他空间方法,例如 Kriging 方法(Cressie,2003)与 Splines 手段也得到较多的应用。Kriging 方法是一种地统计学方法。该方法利用在空间上的已知值及半方差图(semivariogram)来预估其他空间上的未知值。Splines 手段是空间上的一种平滑(smoothing)技术。Hutchinson(2003)根据 Splines 手段开发了一套软件用于空间内差分析(Australia Na-

tional University Spline,ANUSPLINE)。该软件可用于根据有限数据估算空间尺度上的参数,例如降水量、温度、辐射等。

2.2.4 森林对降水的截持作用

森林林冠对降水的截持作用是指降水(降雨、降雪)被林冠表面截持的一部分。这部分截持的降水通常以蒸发的方式返回大气。严格来讲,森林的截持作用是蒸散发的一部分。由于森林截持量占整个降水中较重要的一部分,且截持量与森林类型、结构及降水特征有关,故森林对降水的截持作用得到了较为广泛的关注与研究。森林的截持量可用下列公式来表述:

$$I(截持量) = P(林外降水量) - T(林内穿透水) - S(树干茎流) \qquad (2.1)$$

因此,要测定森林截持量就必须测定林外降水量、林内穿透水及树干茎流。林外降水量可按常规的测定降水量的气象方法来测定。林内穿透水可在林内有代表性的地方放置若干水槽、雨量筒等容器来测定,而树干茎流则可用打开的塑料管环绕树干来测量。林冠对降雨的截持不同于对降雪的截持。林冠截持的降雪往往可存留在树冠上较长的时间,而截持的降雨存留时间很短。这种存留时间的差异可导致最终截持量上的区别。中国学者对森林截持作用进行了大量研究,涉及几乎全部主要用材树种和典型气候带植被。但对林冠降雪截持作用的研究非常有限,这对理解中国森林的水文作用(特别是以降雪、融雪为主要水文过程的生态系统)有不利之处。

森林截持率(截持量占降水量的百分比)一般介于 15 % ~ 30 %(表 2-1)。一般来讲,降水量较小时,截持比例高,随着降水强度的增加及林冠表面持水量的增加,截持率会下降。叶面积指数高、郁闭度大的森林的截持量要高于叶面积指数低、郁闭度小的森林。

森林截持作用的生态意义在于,在绝大多数情况下,通过拦截降雨,降低降雨的动能,降低雨滴对土壤的击溅作用,从而有效地保护土壤。同时也有助于降雨在土壤系统中的下渗作用,降低地表径流,增加壤中流及地下水补给。它的消极方面在于其对水量的影响,它使近 1/4 的降水在未到达土壤之前就"损失"了。完整地评估森林的截持作用除了研究主要树种林冠外,还应考虑灌木、地面植被甚至枯枝落叶层对降水的截持作用。

表 2-1　中国典型气候带植被的森林截持率

森 林 类 型	树冠截持率/%	树干茎流截持率/%
落叶松	17.5	3.3
橡木	20.0	15.5
桦木	25.9	4.6
红松	25.3	3.8
油树	20.0	2.6
华山松	19.0	5.0
橡树	17.9	2.3
杉木	24.0	—
杉木人工林	25.8	0.2
季风常绿阔叶林	31.8	8.3
混合阔叶松	25.2	6.5
季风松林	14.7	1.9
半落叶季风森林	29.1	3.0

引自 Wei 等,2005。

2.3　蒸散发

蒸散发(evapotranspiration)是指植物蒸腾(transpiration),水(陆)面蒸发(evaporation),包括植被截留(canopy interception)的水量的总和。对大多数流域来讲,蒸散发是最大的水分"损失"或输出量。蒸散发被称为"必要的魔鬼"。之所以称之为"魔鬼",因为它使宝贵的降水以气态形式返回了大气,降低了自然生态系统和人类对降水的可利用量,这对干旱地区危害更为严重。但是,蒸散发在生态系统能量平衡和水循环中必不可少。例如,正是蒸散发通过消耗大量的潜能,才使地球不至于太热,使海洋的水汽源源不断输送给陆地,从而使地球更适合人类居住和生命繁衍。同时由于植被的蒸腾作用使水分由土壤进入植被(并最终进入大气),水分的运动带动可溶性的土壤养分并使它们被植物所吸收。由于蒸散发从大的时间尺度反映了流域水量平衡,它与生态系统生产力关系密切,是影响生物多样性的重要因子之一。

蒸散发在耦合生态系统能量平衡和水量平衡中的表现形式可用下面的公式表达。
水量平衡:

$$P = ET + Q \pm \Delta S \qquad (2.2)$$

式中:P 为降水量(mm);ET 为蒸散发(mm);Q 为河川径流(mm);ΔS 为储水量变化(mm)。

能量平衡:

$$R_n = ET \times L + H + G \qquad\qquad (2.3)$$

式中:R_n 为净辐射(net radiation);L 为水分汽化热;H 为显热(sensible heat);G 为土壤热通量(soil heat flux)。

因为以上水量平衡和能量平衡有一个共同的蒸散发项(ET),使能量和水循环要素得到耦合。流域蒸散发项可以采用下述水量平衡或能量平衡法进行估算:

$$ET = P - Q \pm \Delta S = (R_n - H - G)/L \qquad\qquad (2.4)$$

2.3.1 影响流域蒸散发的主要因素

由蒸散发定义可以看到,蒸散发包括物理和生物两方面过程。物理过程包括水分子由液态转化成气态,水分在土壤-大气、植物-大气等界面的扩散运动;生物过程方面包括植物根系吸收土壤水分,水分在植物体内运输,最终由植物叶片气孔溢出的过程(Sun 等,2016)。

美国大陆多年年平均实际蒸散发分布显示其主要受降水量和气温控制(图 2-9)。蒸散发在小的时间和空间尺度上变异性极大,主要原因是影响其变化的因子众多。由能量平衡原理推导出来的彭曼-蒙替思(Penman-Monteith)方程很好地表达了蒸散发与气象因子、土壤热传导、植被气孔导度特征的紧密关系。影响蒸散发的气象因子主要有光照、净辐射、空气水汽压差和风速;影响蒸散发的植被因子主要包括叶面积指数、植物根茎导水能力及叶片气孔导度。气孔导度受很多因子控制,既

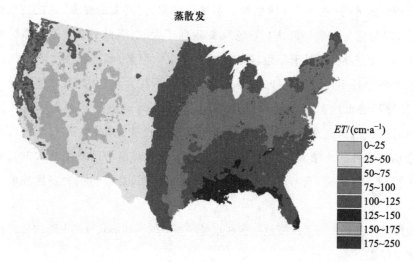

图 2-9 美国大陆多年年平均实际蒸散发分布(参见文后彩插)

有物理因素,如空气水汽压差、土壤含水量,也有植物生理因素,如叶片水势、叶片内部 CO_2、O_2 浓度。因此,森林生态系统蒸散发随树木年龄、树木组成和森林结构而变化(Irvine 等,2004)。

蒸散发在大的时间和空间尺度上,相对于降水来说变异性要小一些(图 2-10)。蒸散发主要受影响气候的地理因素如纬度、海拔高度控制。降水量、光照、气温和植被类型是影响大流域蒸散发的主要因子。

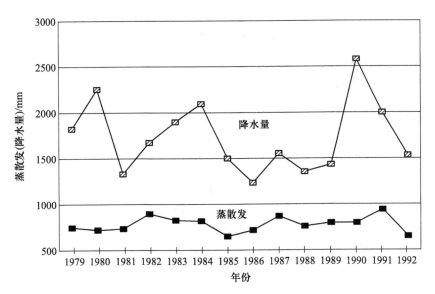

图 2-10 美国 Coweeta 试验站 14 号流域年平均蒸散发(Sun 等,2002)

2.3.2 估算流域蒸散发的方法

由于蒸散发在时间和空间上的变异很大,影响蒸散发的因素很多,实际测定蒸散发难度很大,对于直接准确测定短历时流域尺度的蒸散发就更为困难。流域尺度的蒸散发多采用流域水量平衡或根据气象资料通过计算机模型模拟得到。更大空间尺度的蒸散发则可采用遥感技术。表 2-2 比较了几种常用的估算蒸散发的方法。

表 2-2 几种常用的估算蒸散发的方法

方 法	原 理	优 点	缺 点	参考文献
水量平衡法 (包括蒸发皿 法、渗透仪法、 流域径流场 法)	将蒸散发视为水 量平衡(降水量、 径流,包括地下 水位在内的系统 蓄水量)的剩余 项	适用于各种尺度,各 种不同类型地形条 件;方法简单易行	受土壤含水量观 测精度和频率限 制;在大尺度上受 降水测定精度限 制;不适用于了解 蒸散发过程	McCarthy 等, 1991 Wilson 等,2001 Maidment,1993

方　法	原　理	优　点	缺　点	参考文献
小气象学方法:波文比法	陆面能量平衡	适用于小尺度;方法简单易行	造价较高,受气象条件限制	Bowen,1926 Malek和Bingham,1993
空气动力学涡度相关法	通过实时所测的垂直风速与水汽浓度和温度的协方差,计算陆面与大气水汽交换量	适用于平坦地形、景观尺度,能够获得较小时间尺度的潜热和显热通量;与植物生理生态相结合,适用于短历时蒸散发、碳-水循环机理研究	造价较高;受地形、植被冠层均一性和风速、降水等气象因素干扰;尚未解决系统能量不平衡问题	Baldocchi等,1996
树干液流法	追踪测定由探针发射的能量扩散来估算树干液流的移动方向和流量,即植物蒸腾量	适用于测定单株植物蒸腾量,通过量化液流导水面积可以计算出整个生态系统的总蒸腾量;有助于研究植物蒸腾机理,植被截流和干流需另外测定	尺度转化受测定液流导水面积精度限制	Granier,1987
遥感技术	利用安装在卫星或其他遥感接收器上收集到的地面物体反射,吸收光波而间接推算能量平衡各分量,从而推算蒸散发	适用于估计大流域、区域或全球范围蒸散发量;较大面积上应用比较经济实用	精度不高,需要地面实际测定校正;不适用于短历时估算	Nishida等,2003 Mu等,2007
模型估算	采用各种不同类型的数学模型描述蒸散发的组成(降水截留、土壤蒸发、植物蒸腾)和过程	适用于估计各种不同尺度范围的蒸散发	模型是真实系统的简化,因此常需要采用实际观测数据,如小流域水量平衡或涡度相关法测定值进行率定模型参数,修正模型算法	Allen等,1994,1998 Jensen等,1990 Lu等,2003

2.3.3　实际蒸散发、潜在蒸散发与作物参考蒸散发

由于生态系统蒸散发通量受到多种因子控制,尤其是植物和土壤传导水的过程

对蒸腾的影响,很难直接量化流域或更大尺度上的实际蒸散发(actual ET)。为此提出了许多方法(如彭曼方程)来间接估算生态系统在不受植物气孔和土壤含水量限制影响下的蒸散发,即潜在蒸散发(potential ET, PET)。在估算潜在蒸散发的基础上,通过观测到的潜在蒸散发与实际蒸散发的经验关系,可获得实际蒸散发(Sun 等,2011;Fang 等,2006;Liu 等,2017)。

彭曼(H. L. Penman)最早于 1948 年采用能量平衡和水汽扩散原理建立了具有较好物理意义的计算潜在蒸散发的方法(Penman,1948)。彭曼把潜在蒸散发定义为单位时间内某种高度均一、完全覆盖地表土壤、供水充足绿色矮作物(草)蒸腾的总量。由该定义可以看出,潜在蒸散发作为实际蒸散发的"指标"只是反映了气候对生态系统蒸散发能力的影响。彭曼方程的缺点是:① 描述风对水汽扩散影响的方程无物理基础,是经验性的;② 没有考虑边界层空气动力阻力和植物气孔阻力。为此 Monteith(1981)又在彭曼方程的基础上加入了气孔阻力和空气动力阻力对蒸散发的控制,形成了著名的 Penman-Monteith 方程,它是较为准确描述影响蒸散发过程、计算潜在和实际蒸散发的数学模型。同样,Penman-Monteith 方程由于需要参数较多,对于无完整气象站地区,应用较为困难。为此,世界各地根据具体气候及应用情况开发了各种不同类型、适应于不同尺度的简化的潜在蒸散发模型。这些模型或基于空气温度(如著名的 Thornthwait 方法,Hamon 方法),或基于空气温度与太阳辐射两者结合(Priestley-Taylor 方法,Hargreaves-Samani 方法)。Lu(2005)等人对常用的 PET 计算方法做过比较,发现不同的方法对同一地区给出的 PET 值有较大差异,建立在辐射基础上的 PET 方法较为可靠。

人们逐渐意识到彭曼的潜在蒸散发定义在实际应用中很容易造成混乱。例如,定义中的"绿色矮作物"没有明确说明作物的具体特征。很明显,不同作物有不同的气孔阻力,在同样土壤供水充足条件下,其蒸散发量应该不同。为此,目前多采用针对某一作物的"作物参考蒸散发"(reference crop ET)来衡量一个系统在土壤水分充沛条件下的潜在蒸散发(Jensen 等,1990)。典型参考作物为草地和苜蓿。联合国粮食及农业组织(FAO)进一步统一了作物参考蒸散发的计算方法,根据 Penman-Monteith 方程,选择了高度为 0.12 m 的草地作为标准的参考作物,建议采用下式(FAO-56)(式 2.5)计算作物日尺度参考蒸散发。

$$PET = \frac{0.408\Delta(R_n - G) + \gamma \dfrac{900}{T + 273.16}V_2(e_a - e_d)}{\Delta + \gamma(1 + 0.34V_2)} \qquad (2.5)$$

式中:PET 为作物参考蒸散发(mm · d^{-1});R_n 为净辐射(MJ · m^{-2} · d^{-1});G 为土壤热通量(MJ · m^{-2} · d^{-1});T 为 2 m 高度日平均气温(℃);V_2 为 2 m 高度日平均风速(m ·

s^{-1});Δ 为饱和水汽压-气温曲线坡度($kPa \cdot ℃^{-1}$);e_a 为空气饱和水汽压(kPa);e_d 为空气水汽压(kPa);γ 为干湿计常数,$0.00657\ kPa \cdot ℃^{-1}$。$G$ 在日尺度上通常可被忽略不计。R_n 可由太阳光辐射间接计算。其他高度上测定的风速可转化成 V_2。

图 2-11 比较了 FAO-56 日参考蒸散发与涡度相关法测定的实际蒸散发。该例资料来自美国东海岸一片有排水系统的湿地阔叶林采伐迹地。当地湿润多雨,夏季炎热。年均降水量为 1400 mm,年均气温 10.5 ℃。2005 年利用 FAO-56 计算的草地参考蒸散发为 1030 mm,由涡度相关法测定的采伐迹地实际蒸散发为 710 mm,而相邻的 14 年生火炬松人工林测定的实际蒸散发为 960 mm,分别约为草地参考蒸散发的 69 % 和 93 %。可以看出湿地实际蒸散发并没有达到参考蒸散发。可见,森林即使是在湿地条件下,其实际蒸散发还是要低于草地参考蒸散发的,这正体现了植物生理过程(如气孔开关)对生态系统蒸腾的控制作用。

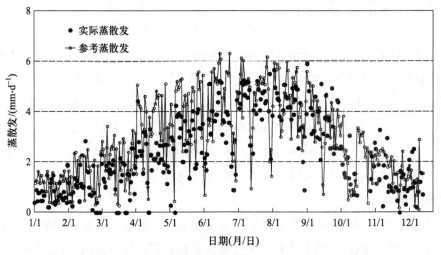

图 2-11　由涡度相关法测定的 14 年生火炬松林实际蒸散发
和用 FAO-56 计算的草地参考蒸散发

2.3.4　蒸散发对降水的影响

蒸散发对降水的影响是指蒸散发增加大气中的水汽,进而影响降水量。这种影响常被看作是陆地下垫面(如森林、农田)的改变对气候的反馈过程。这种反馈过程还能影响气温、地面反射率(α)等。森林对降水的影响一直是一个有争议的、比较难研究的科学问题,根本原因是水汽通过蒸散发进入大气后,何时成为降水、何地降落并以何种方式降落都具有很大的不确定性。水汽转变成降水受许多因素的影响,例如,地形、风向与风速、降水的成因机制(如对流降雨、锋面雨、地形雨)等。

近年来,森林改变对降水的影响得到进一步的关注。Ellison 等(2012)强调把蒸散发看作是水量的损失(因为蒸散发高,其流域的径流就少)是不对的,因为蒸散发会增加大气中的水汽,加速水分循环,进而增加降水并影响气温。他们列举了世界上许多地方(例如 Amazon 热带雨林)有森林多、降雨多,而砍伐森林会减少降雨量的案例。van der Ent 和 Tuinenburg (2017)估算水汽在大气中的滞留时间(residence time)平均为 8~9 天,但其变化范围很大,因地而异。滞留时间在一定程度决定了水汽在大气中移动的距离。

2.4 径流

2.4.1 河川径流组成和一些重要概念

河川径流也称为流域产水、集水区产水等,是某一河流断面一定时间内流出水的总称。河川径流可以说是水量平衡中最容易测量的变量。河川径流由河道降水、地表径流和地下径流组成。

河道降水:降落在河道的降水,直接贡献给河川径流。

地表径流:没有入渗进土壤的降水,通过地表流入河道而贡献给河川径流。

以上两种径流成分之和被称为地表暴雨径流。与之相对应的来自土壤内的快速径流为亚表层暴雨径流。因为林地土壤入渗能力很强,土壤快速径流对于森林流域水文过程线影响较大。

与地表径流相对应的是地下径流,又称为基流,主要来自埋藏较深的地下水。值得指出的是,流域地下水除了区域地下水补给外,大部分来自地下水位以上的非饱和层的土壤水。因此,地表水和地下水不能截然分开。

Hewlett(1982)给出了美国东南部湿润地区典型阔叶林小流域详细的水量平衡比例及各径流成分在流域中的滞留时间范围(图 2-12)。

流域的河道径流有时间与空间的变化。在时间尺度上,有日变化、月变化及年变化。根据这个特征及社会的需要,我们常用不同的变量或参数来表达径流。最常见的径流变量是年径流量(或月径流量)、洪峰径流及枯水径流。不同的径流变量所包含的生态及社会经济意义是不一样的。年径流量或月径流量表达一个特定流域所具有的水资源量,而洪峰径流及枯水径流往往与可能的水灾与旱灾联系在一起,对生态与经济都有十分重要的意义。不论何种径流变量,它的表达都与时间连在一起,只是长短不一。表达年(季或月)径流量的时间较长,而用于表达洪峰径流的时间很短(例如,瞬时洪峰、最大日径流量),这是因为即使短暂的洪峰(几个小时甚至几十分钟)就可能产生巨大的生态与经济影响。相对洪峰径流而言,用于表达枯水径流的时间要长一些(例如,最常用的 7 天枯水流量),这可能与一个系统对较低枯水流量或旱灾的

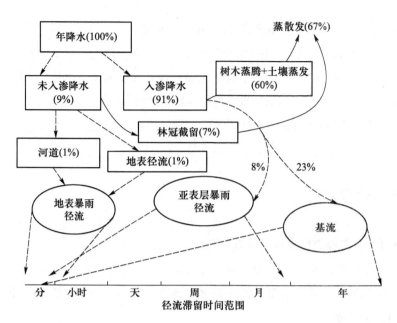

图 2-12　美国东南部湿润地区典型森林流域水通量特征(Hewlett,1982)

承受时间相对长一些有关。认识表达径流的时间尺度对理解森林变化与径流的关系有一定作用。一般来讲,由较长时间尺度表达的径流量(年径流量)具有较好的稳定性,它与森林变化的关系也易呈现一致性或可预估性。而由较短时间表达的径流量(洪峰径流)稳定性差且受制于时间等因素,森林与径流的关系更易呈现复杂性。

2.4.2　河川径流水文过程线及产生机理

定量描述河川径流过程及组成常用的是水文过程线。影响水文过程线的因素很多,主要有降水(前期和本次),流域特征(面积、河网密度、形状、坡度),地质,土壤厚度,植被状况等。例如,在面积相同、形状相似的条件下,植被良好、土壤深厚的流域与水土流失严重、土层薄、植被较差的流域相比较,前者起峰时间晚,洪峰流量要小些,退水时间一般会长一些。但是,对于较大降水事件,这种差别可能会变小。图 2-13 比较了位于美国东南部湿润地区两个森林小流域的水文过程线,显示出气候对流域产水的绝对控制作用。

水文过程线为描述和量化各种径流组成提供了方便。但是,弄清径流来源和流路并不容易。探讨降水-径流过程一直是流域水文机理研究的核心问题。只有正确了解径流产生的来源,才能使流域管理措施有针对性。20 世纪 60 年代中期,由美国森林水文学家 John Hewlett(1922—2004)等人创立的"可变水源区概念"(the variable source area concept,VSAC)学说,打破了传统的 Horton 降水-径流理论,更好地解释了

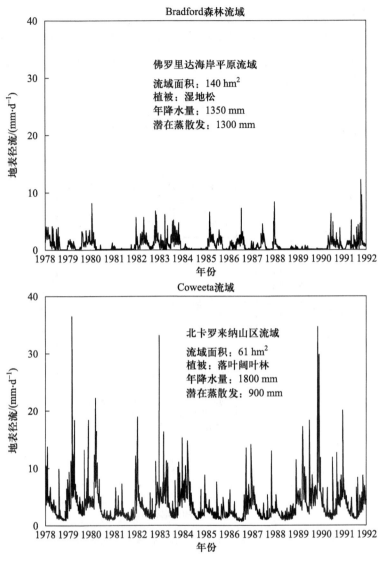

图 2-13　美国东南部湿润地区两个典型森林小流域水文过程线对比

包括森林流域在内的流域暴雨产流过程,被称为水文学上的一场革命。

VSAC 理论主要包括三个方面:① 水源区,也叫作饱和区或地表径流排放系统,它直接贡献暴雨径流,其范围随时间而变化。该水源区扩张的速度要比收缩的速度快;② 包括非饱和土壤水在内的亚表层流是基流和暴雨径流的主要贡献者;③ 直接降水对暴雨径流的贡献随水源区的扩展而增加。

VSAC 理论的核心是暴雨径流产生的源区并非整个流域,而且在历次降水事件中径流产生源区的区域和面积都是变化的。因此,对于以超渗产流为主(降水强度大于土壤入渗速率)的地区,如干旱、半干旱、水土流失严重的我国黄土高原地区,流域产水的"可变水源区"就会很大,可能包括整个流域坡面。相反,植被土壤良好的湿润地区,降水强度很少超过土壤入渗强度,除非土壤达到饱和,地表径流极少发生。在这种情形下,流域产水的"可变水源区"就会很小,主要集中于河道附近或坡面突然凹进地带,这里土壤湿润,暴雨造成的集中降水可使浅层地下水露出地表,从而促进局部地表径流产生。图 2-14 总结了气候、地理类型、植被对径流产生的影响,并比较了不同径流产生的机制。

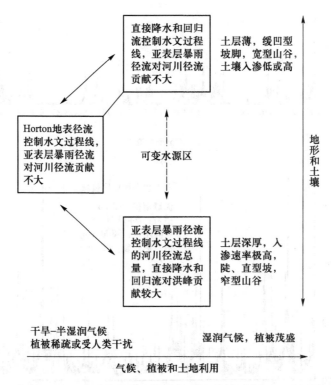

图 2-14 河川径流产生机制与气候、植被和土地利用的关系

2.4.3 河川径流观测方法

根据物质守恒原理,单位时间内从任一河流段面流出的径流总量等于河水流速与过水断面面积的乘积:

$$Q = V \times A \tag{2.6}$$

式中:Q 为流量($m^3 \cdot s^{-1}$);V 为流速($m \cdot s^{-1}$);A 为过水断面面积(m^2)。

河流某一段面流速主要与水深、河流比降(沟道河床坡度)和过水断面粗糙程度有关。过水断面面积则与断面形状和水深控制有关。河流流速与河道坡度、水深及断面粗糙度的关系可用 Manning 方程来表示:

$$V = \frac{1}{n} \times R^{2/3} \times S^{1/2} \tag{2.7}$$

式中:R 是水力半径(m),它等于河流断面面积除以湿周长,在河流较宽情况下,可用水深来代替;S 是河道的坡度。

对于自然流域,河流流速变化较大,测定费时费力。测定过水断面面积相对较容易,只需要观测水深。由于测流断面受冲刷和淤积影响并不固定,在实际常规水文观测,尤其是在水文研究中为了提高流量测定精度,常采用的办法是修建测流堰或径流槽。其目的是根据水利学原理,建立稳定的水位-流量关系,即水位-流量率定曲线。这样,只需记录水位就能根据建立的公式计算出相应的流量。测定水位传统上采用浮标移动带动记录笔将水位记录在纸上,随着计算机技术的发展,目前水文观测多采用依据水压力或超声波测距原理制作的传感器并与自动数据采集系统连接来测定高精度水位动态。图 2-15 是美国 Coweeta 试验站采用的梯形测流堰。图 2-16 展示了由水位转换成流量的计算过程。

图 2-15　梯形测流堰用于观测试验流域沟口处径流量

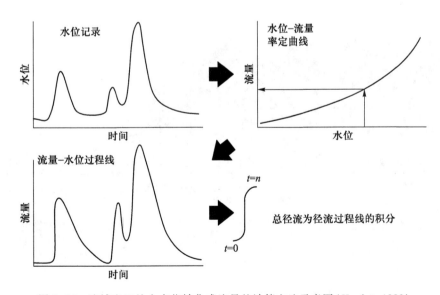

图 2-16　流域出口处由水位转化成流量的计算方法示意图(Hewlett,1982)

2.5 流域储水变化

流域储水变化包括土壤非饱和水、饱和水(即地下水)和河流地表水(如水塘、沟道中的水)的净变化,在水量平衡方程中表示流域生态系统中单位时间内的进出水总量的差值。其综合反映了降水、蒸散发和径流之间相对的动态变化,以及流域水分的盈亏状态。在大的时间尺度上,流域储水变化也许很小,但是在时间小尺度上变化很大。在自然和人为干扰环境下,流域储水变化会更为强烈。

流域储水是生态系统存在的基础。正是通过地表水,生物与非生物相互作用,水分在流域中的空间分布控制着植被的分布和组成;同时,植被变化改变了不同尺度上的水循环。实际上,所谓的森林水源涵养作用很大程度上是通过土壤及土壤下面风化物、岩石层发挥作用。流域管理的许多措施都是通过改变地表土壤入渗状况进而影响径流过程。因此,了解土壤非饱和水和地下水的状态及运动规律对完整理解、量化流域水量平衡各个要素很有必要。

值得指出的是,水文学上通常所说的土壤范围与土壤学和生态学上所讲的略有不同。水文学家关心的是水流在多孔介质中的运动,因此需要了解整个土壤剖面,即从地表至不透水层的整体性质。而土壤学和生态学多关注的是生物活动频繁的植物根系层。虽然有些植物根能生长很深,但多数根系仅集中于土壤表层,通常在100 cm以内。图2-17展示了一个典型的陆地流域生态系统土壤剖面中,土壤水分形态、垂直和横向分布、地下水流动情况。

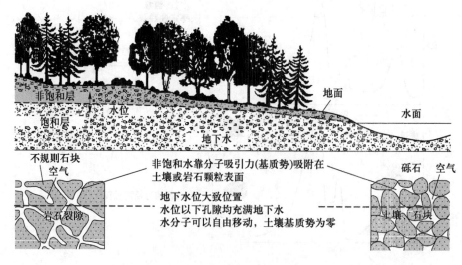

图2-17 典型陆地流域生态系统土壤非饱和水、地下水的形态和相互作用

2.5.1 土壤非饱和层水分状态和运动规律

土壤非饱和层水分状态和运动受其质地和结构控制。土壤质地主要与土壤发生的地球化学过程有关,而土壤结构主要受土壤颗粒空间镶嵌组成影响,受人为土地利用的影响较大。

描述土壤水文性质的主要参数有以下 5 个。

(1) 土壤含水量(θ)。单位土壤体积内水分所占体积,单位:$cm^3 \cdot cm^{-3}$。

$$\theta = V_w/V = V_w/(V_a + V_w + V_s) \tag{2.8}$$

式中:V_s、V_w、V_a 分别为土壤中固体、水分和气体体积。

(2) 容重(B)。单位土壤体积中固体的质量(M_s),单位:$g \cdot cm^{-3}$。

$$B = M_s/V = M_s/(V_a + V_w + V_s) \tag{2.9}$$

(3) 孔隙度(f)。土壤中空气在土壤总体积中所占的比例。

$$f = (V_a + V_w)/V \tag{2.10}$$

假定土壤固体为常见的矿质,其相对密度为 $2.56\,g \cdot m^{-3}$,那么,由上公式,

$$f = (V - V_s)/V = 1 - B/2.56 \tag{2.11}$$

(4) 质地。土壤固体颗粒粒径分布,如砂砾、粗沙、细沙、黏粒、粉粒所占的比例。

(5) 结构。土壤固体颗粒的团聚情况。土壤固体颗粒团聚体发育越发达,孔隙度就越高,容重越小。如森林土壤结构比农地要好,前者容重要小,孔隙度高一些。土壤结构亦受其质地影响。

2.5.2 土壤水分运动的基本原理

俗话说"水往低处流"。从严格的科学意义上讲,这种说法并不准确,因为控制土壤水分运动的是水的总水势(H),而不是取决于其所处的地势高低和土壤含水量。

土壤水的总水势(H)主要包括土壤基质势(ψ)和重力势(Z),具有能量和功的单位,即:

$$H = \psi + Z \tag{2.12}$$

土壤基质势(ψ)是指克服水分子与土壤颗粒吸附力(adhesion)、水分子之间的凝聚力(cohesion)所需做的功。这两种力使非饱和土壤中的水趋向于吸附在土壤空隙之间,使得水的压强低于空气大气压。土壤基质势 ψ 习惯上用负值表示。

土壤重力势(Z)是指使分子为克服重力移动某一距离所做的功。相对于土壤基质势,土壤重力势趋向于使土壤水"离开"土壤颗粒的束缚,所以其值常取正值。

土壤基质势与土壤孔隙大小分布有关。对于某种土壤,土壤含水量越高其基质

41

势越低。例如,黏土与沙土相比,在同样含水量条件下,黏土的基质势(负值)要比沙土小,即黏土的吸水能力要比沙土大。同样,在同一基质势条件下,黏土的土壤含水量要比沙土高。

土壤含水量与土壤基质势密切相关,某一含水量对应一个基质势的值。土壤含水量与土壤基质势的定量关系曲线在土壤物理学中被称为土壤水分特征曲线(soil moisture characteristic curve)或土壤水分释放曲线(soil moisture release curve)。

描述土壤水分运动常采用著名的达希定律。达希定律指出,通过单位面积的土壤介质水分通量与水势梯度和土壤导水度(k)呈正比,即:

$$q = -k(\theta) \cdot \frac{\mathrm{d}H}{\mathrm{d}L} \tag{2.13}$$

式中:q 为单位面积上通过的土壤水的量,即每平方厘米土壤截面在单位时间(h)内通过的水体积(m^3),单位为 $\mathrm{cm} \cdot \mathrm{h}^{-1}$。$k(\theta)$ 为土壤导水率,常用单位为 $\mathrm{cm} \cdot \mathrm{h}^{-1}$。土壤导水率随土壤含水量增加(即基质势减少)而增大。当土壤达到饱和时,土壤含水量等于土壤孔隙度,基质势为零,$k(\theta)$ 达到最大值,被称为饱和导水率,常用 k_s 表示。$\mathrm{d}H/\mathrm{d}L$ 为土壤水势梯度($\mathrm{cm} \cdot \mathrm{cm}^{-1}$),即单位距离内总水势的变化。

2.5.3 土壤水在流域中的分布

土壤含水量在流域中的分布综合反映了地形、地貌、植被以及小气候对土壤水量平衡的影响。例如,由于蒸散发的差异,阴坡土壤含水量要比阳坡高;而受重力作用,坡底接近沟道的土壤含水量要比坡顶高。这种空间上的差异在干旱和半干旱地区更为明显。

土壤含水量在不同土层中的分布,除了受土壤质地影响外,还与植被根系分布、地下水水位有关。如在森林植被条件下,由于树木蒸腾"抽水机"的作用,根系密集层的土壤含水量常比土壤表层要低,也常比农地同层土壤含水量要低。土壤含水量在流域中的分布直接影响降水-径流转化过程。例如,干燥土壤的入渗速率比湿润土壤的要高,因此在一个流域中土壤较为湿润的地方(即河滨带)可能会先产流。这一基本推理是"可变水源区"产流理论的基础。前期土壤含水量对洪峰峰值也有很大影响。可以想象,如果一个流域在一场暴雨前土壤已饱和或接近饱和,所有降水大部分会形成地表径流,形成较大的洪峰。在这种情形下,森林(主要是土壤)拦蓄洪水的作用会锐减。

2.5.4 地下水基本概念和运动规律

地下水是指地表面以下土壤或岩石层完全充水饱和后的水的简称。图 2-18 介绍了地下水在流域中所处的基本位置和概念。地下水是河川径流中的基流,即低水流的主要贡献者。在美国南方湿润地区典型森林流域,基流在年总径流中的比例可高达 70 %(Hewlett,1982)。

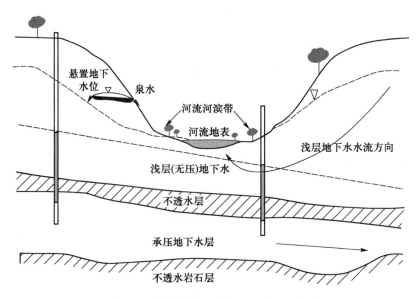

图 2-18　流域中地下水的基本位置和概念

　　饱和层和非饱和层的界面称为地下水位。这种地下水又称为无压水或潜水。地下水位受自然降水和蒸散发的影响而浮动变化。这种变化在湿地生态系统或河滨带尤为明显。事实上,许多靠地下水补给的湿地,如沼泽地,地表水是地下水在低洼地露头的表现。气候湿润、平坦的海岸平原地区,地下水位要浅一些,而干旱地区和山区,如黄土高原和沙漠地区地下水位就可能很深。与无压水或潜水相对应的另一类地下水由于受特殊地质条件影响,其水表面高于大气压力控制,这类地下水被称为承压水。承压水通常埋藏较深,水质较潜水要好,是重要的饮用水来源。

　　同土壤非饱和水运动规律类似,地下水的运动遵从达西定律。即地下水运动速率与导水介质的水力传导度和水压梯度呈正比。完整描述三维地下水运动过程和水量平衡可用以下方程:

$$\frac{\partial}{\partial x}\left(K_{xx}\frac{\partial h}{\partial x}\right)+\frac{\partial}{\partial y}\left(K_{yy}\frac{\partial h}{\partial y}\right)+\frac{\partial}{\partial z}\left(K_{zz}\frac{\partial h}{\partial z}\right)-Q=S_s\frac{\partial h}{\partial t} \qquad (2.14)$$

式中:h 表示水压;K_{xx},K_{yy},K_{zz} 表示 x、y、z 三个方向水力传导度;Q 是地下水从非饱和层接收(如降水入渗)或失去的量(如树木根系吸水、反渗入非饱和层、沟道人工排水、井水抽水);S_s 表示承压水层的储水系数,或者潜水层单位释水系数;t 为时间。

以上方程被地下水模拟模型,如 MODFLOW（Harbaugh 等,2000）和 MIKE SHE（DHI,2004）广泛采用,预测地下水位在空间上的动态分布。

值得强调的是,地表水和地下水的来源均为降水,是水循环中不可分割的组成部分,二者在多数情况下相互动态转换,通过物理、化学和生物过程相互作用。在干旱地区,地表水－地下水的相互作用表现在洪水对地下水的补给和植物对地下水的利用。这种情形在湿地流域、地下水埋藏较浅的湿润地区更为常见。近年来,由于社会对水资源的需求增加,地下水、湖泊污染以及土地利用变化引起的湿地消失等问题日趋严重,如何统筹管理水资源成为新的科学问题（Winter 等,1999）。

2.6 流域水量平衡的理论方程

基于长期稳定状态下的气候与能量平衡,研究者在 Budyko 方程（Budyko,1961）的基础上又提出几个表达影响径流变化或响应的理论方程,包括 Fuh 方程（Fuh,1981）、Choudhury－Yang 方程（Choudhury,1999）等。

Fuh 方程：
$$\frac{R}{P} = \left[1 + \left(\frac{P}{PET} \right)^{-m} \right]^{\frac{1}{m}} - \left(\frac{P}{PET} \right)^{-1} \tag{2.15}$$

Choudhury－Yang 方程：
$$\frac{R}{P} = 1 - \left[1 + \left(\frac{P}{PET} \right)^{n} \right]^{-\frac{1}{n}} \tag{2.16}$$

式中:P、PET 和 R 分别为年平均降水量、潜在蒸散发与径流量,R/P 是径流系数,P/PET 是湿润指数（或 PET/P 为干燥指数）。参数 m 或 n 是指流域特征参数,可以看作是流域持水或蓄水的能力（Zhou 等,2015）。从这些方程可以看出,一个流域的径流响应或变化取决于气候（P/PET）及流域特征（m 或 n）,而流域特征参数则取决于流域本身的特征（如流域的大小、形状、平均坡度、地貌及构成等）及流域土地利用的改变。应该特别强调的是,这些方程只适合于计算较长期（如年径流量或多年平均径流量）的水文变量,而不适合时间尺度较短的变量（如洪峰或枯水流量）。例如,Wei 等（2017）就根据这些方程评估全球范围内森林改变与气候变异对年径流量变化的相对贡献。

参 考 文 献

Allen,R. G.,Smith,M.,Pereira,A.,et al. 1994. An update for the definition of reference evapotranspiration. ICID Bulletin,43(2):1−34.

Allen,R. G.,Pereira,L.S.,Raes,D.,et al. 1998. Crop evapotranspiration:Guidelines for computing crop water requirements,FAO Irrig. and Drain. Paper No. 56. Rome,Italy:United Nations FAO.

Baldocchi, D., Valentini, R., Running, S., et al. 1996. Strategies for measuring and modeling carbon dioxide and water vapor fluxes over terrestrial ecosystems. Global Change Biology, 2:159-168.

Bowen, I. S. 1926. The ratio of heat losses by conduction and by evaporation from any water surface. Physical Review, 27:779-787.

Brooks, K. N., Efolliott, P. F., Gregersen, H. M., et al. 1997. Hydrology and the Management of Watersheds, 2Ed. Ames: Iowa State University Press, 502.

Budyko, M. I. 1961. The heat balance of the earth's surface. Soviet Geography, 2:3-13.

Choudhury, B. J. 1999. Evaluation of an empirical equation for annual evaporation using field observations and results from a biophysical model. Journal of Hydrology, 216: 99-110.

Cressie, N. 2003. Statistics for Spatial Data, Revised Edition. New York: John Wiley & Sons.

Danish Hydraulic Institute (DHI). 2004. MIKE SHE An Integrated Hydrological Modelling System—User Guide. Edition.

Ellison, D., Futter, M. N. and Bishop, K. 2012. On the forest cover-water yield debate: From demand- to supply-side thinking. Global Change Biology, 18: 806-820.

Fang, Y., Sun, G., Caldwell, P., et al. 2016. Monthly land cover-specific evapotranspiration models derived from global eddy flux measurements and remote sensing data. Ecohydrology, 9(2): 248-266.

Fuh, B. H. 1981. On the calculation of the evaporation from land surface. Chinese Journal of Atmospheric Sciences, 1: 002.

Granier, A. 1987. Evaluation of transpiration in a Douglas-fir stand by means of sap flow measurements. Tree Physiology, 3:309-320.

Harbaugh, A. W., Banta, E. R., Hill, M. C., et al. 2000. MODFLOW-2000. The U. S. Geological Survey modular ground-water model—User guide to modularization concepts and the Ground-Water Flow Process: U. S. Geological Survey Open-File Report 00-92:121.

Hewlett, J. 1982. Principle of Forest Hydrology. University of Georgia Press.

Hutchinson, M. F. 2003. ANUSPLIN Version 4.3. Canberra, Australian National University. Centre for Resource and Environmental Studies.

Irvine, J., Laws, B. E., Kurpius, M. R., et al. 2004. Age related changes in ecosystem structure and function and water and carbon exchange in ponderosa pine. Tree Physiology, 24:753-763.

Jensen, M. E., Burman, R. D. and Allen, R. G. 1990. Evapotranspiration and irrigation water requirements. ASCE Manuals and Reports on Engineering Practice, 70:332.

Lu, J., Sun, G., Amatya, D. M., et al. 2003. Modeling actual evapotranspiration from forested watersheds across the Southeastern United States. Journal of American Water Resources Association, 39(4):887-896.

Lu, J., Sun, G., Amatya, D. M., et al. 2005. A comparison of six potential evapotranspiration methods for regional use in the Southeastern United States. Journal of American Water Resources Association, 41:621-633.

Liu, Ch. W., Sun, G., McNulty, S. G., et al. 2017. Environmental controls on seasonal ecosystem evapotranspiration/potential evapotranspiration ratio as determined by the global eddy flux measurements. Hydrology and

Earth System Sciences,21(1):311-322.

Maidment,D. R.1993.Handbook of Hydrology.McGraw-Hill,1400.

Malek,E. and Bingham,G. E. 1993. Comparison of the Bowen ratio-energy balance and the water balance methods for the measurement of evapotranspiration. Journal of Hydrology,146:209-220.

McCarthy,E. J.,Skaggs,R. W. and Famum,P. 1991. Experimental determination of the hydrologic components of a drained forest watershed. Transactions of the ASAE,34(5):2031-2039.

McCuen,R. H. 2004. Hydrologic Analysis and Design,3ed. Pearson Prentice Hall.

Monteith,J. L. 1981. Evaporation and surface temperature. Quarterly Journal of the Royal Meteorological Society, 107:1-27.

Mu,Q.,Heinsch,F. A.,Zhao,M. ,et al. 2007. Development of a global evapotranspiration algorithm based on MODIS and global meteorology data. Remote Sensing of Environment,111(4):519-536.

Nishida,K.,Nemani,R.,Glassy,J.M.,et al. 2003. Development of an evapotranspiration index from Aqua/MODIS for monitoring surface moisture status. IEEE Transactions on Geoscience and Remote Sensing,41(2):493-501.

Noormets,A.,Ewers,B.,Sun,G.,et al. 2006. Water and carbon cycles in heterogeneous landscapes:An ecosystem perspective. In:Linking Ecology to Landscape Hierarchies (Eds. Jiquan Chen, Sari C. Saunders, Kimberly D. Brosofske,and Thomas R. Crow).Carbondale:Nova Publishing,89-123.

Penman,H. L. 1948. Natural evaporation from open water,bare soil,and grass. Proceedings of the Royal Society of London,A193:120-146.

Sun,G., McNulty, S. G., Amatya, D. M., et al. 2002. A comparison of the hydrology of the coastal forested wetlands/pine flatwoods and the mountainous uplands in the southern US. Journal of Hydrology,263:92-104.

Swank, W. T., Crossley, D. A. 1988. Forest Hydrology and Ecology at Coweeta. New York: Springer-Verlag, 297-312.

Sun,G.,Alstad,K.,Chen,J. Q.,et al. 2011. A general predictive model for estimating monthly ecosystem evapotranspiration. Ecohydrology,4(2):245-255.

Sun,G.,Domec,J. C.,Amatya,D. M. 2016. Forest evapotranspiration:Measurements and modeling at multiple scales. In:Amatya,D. M.,Williams,T. M.,Bren,L.,et al. Forest Hydrology:Processes,Management and Assessment. U. K. : CABI Publishers,32-50.

van der Ent,R. J. and Tuinenburg,O. A. 2017. The residence time of water in the atmosphere revisited. Hydrology and Earth System Sciences,21(2): 779.

Wei,X. H.,Liu,S.,Zhou,Z. ,et al. 2005. Hydrological processes of key Chinese forests. Hydrological Process,19 (1):63-75.

Wilson,K. B.,Hanson,P. J.,Mulholland,P. J.,et al. 2001. A comparison of methods for determining forest evapotranspiration and its components:Sap-flow, soil water budget, eddy covariance and catchment water balance. Agricultural and Forest Meteorology,106:153-168.

Winter, T. C., Harvey, J. W., Franke, O. L. , et al. 1999. Groundwater and surface water: A single resource. U. S. Geological Survey Circular,1139:79.

Wei,X. H.,Li,Q.,Zhang,M. F.,et al. 2017. Vegetation cover—Another dominant factor in determining global water resources in forested regions. Global Change Biology,24(2):786-795.

Zhou,G. Y.,Wei,X. H.,Chen,X. Z.,et al. 2015. Global pattern for the effect of climate and land cover on water yield. Nature Communications,6:5918.

第 3 章　流域养分循环

3.1　流域地球化学过程与水文过程的相互作用

大气降水在流域中通过与植被、土壤、岩石相互作用,并参与整个生态系统地球化学循环过程后,流出流域的水化学成分发生了本质变化。地球化学循环包括矿物质和有机物在生物圈、水圈和陆地内的整个运动过程。由图 3-1 可以看到,流域生物化学物质(包括植物养分)的循环过程与水循环相似。事实上,养分循环受水循环的控制。了解养分的运动途径必须首先搞清楚水分的运动机理。同水和碳一样,养分是所有生命存在的基础,是流域生态系统的重要组成部分。自工业革命以来,人类活动,如农业上大量施用化学肥料、燃烧化石燃料、砍伐森林等,已经大范围改变了许多

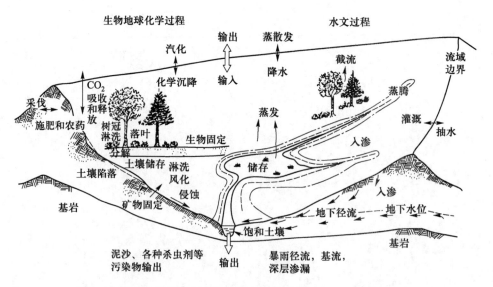

图 3-1　流域地球化学循环和水循环的紧密关系(Riekerk 等,1989)

养分元素的循环过程。土壤"氮饱和"、酸化、空气污染、酸雨、水体富营养化等污染和环境恶化现象都是生态系统养分平衡失调的重要标志。流域中土壤养分的多寡直接影响植物的光合能力,从而影响净初级生产力和整个流域的碳平衡。养分对植物生长的决定性作用,直接影响流域蒸散发能力。而土壤养分随水分运动而移动,在流域中的分布、通量和循环途径与水循环密不可分。了解流域养分循环规律对认识流域生态系统功能有重要意义,是流域水质管理的基础。探讨流域尺度养分循环过程对深入了解全球变化有重要的生态学意义(图 3-2)。

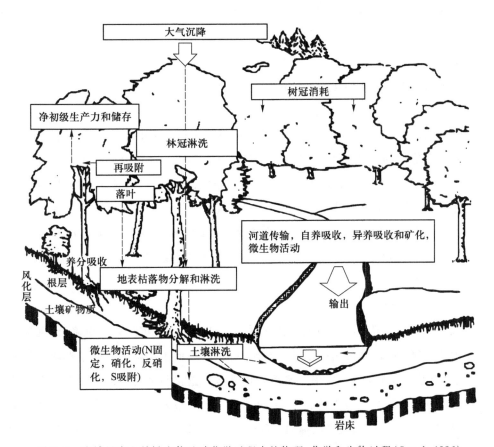

图 3-2 流域尺度上关键生物地球化学过程中的物理、化学和生物过程(Swank,1986)

同样,本章采用流域养分平衡方程作为基本指导方针来详细讨论流域尺度上的养分输入输出、内部循环规律、控制因素、人为干扰及流域管理对其影响和作用。在所有养分元素中,氮最重要。多数自然生态系统生产力都受到氮元素的限制,而受人为干扰的流域径流中氮的浓度又往往超过水质标准,常成为主要污染物。因此,本章讨论养分循环主要以氮循环为例。

空气中 78 % 为氮气,但是不能直接为植物生长所用。在天然流域中,氮元素作为植物养分输入（input），最主要的来源是大气沉降和植物固氮作用。流域氮输出（output）以径流形式为主，还包括垂直方向上挥发的部分。与碳循环不同的是，在自然条件下，氮的输入和输出量以及氮储量的变化要比流域生态系统内部循环，如植物吸收的通量变化小得多。下面分别对流域养分输入、输出及其动态变化、转化途径、影响因子逐一介绍。

3.2 流域养分（氮）输入途径和形式

3.2.1 氮

进入流域生态系统的途径主要为生物固氮和大气沉降。

（1）生物固氮

在自然条件下，由土壤中固氮菌所固定的氮是生态系统中氮的主要来源。例如，在美国西北部俄勒冈州带有根瘤菌的某种灌木（*Ceanothus velutinus*）年固氮量高达 100 kg·hm^{-2}。生物固氮作用很大程度上是由固氮菌将 N_2 转化成 NH_4^+ 的过程决定。固氮菌在自然界以各种形式存在，包括异养固氮菌（共生或非共生，自由生活）、光合营养菌和自由菌。固氮过程要消耗能量，每固定 1 g 的氮，需要损失 4~10 g 的碳。影响生态系统固氮量的主要因素包括固氮菌类型、生态系统净初级生产力、土壤肥力、土壤有机质含量等。

（2）大气沉降

大气沉降是了解流域生物地球化学循环的基础。大气沉降以湿沉降、干沉降和雾水形式出现。湿沉降是由降水输入溶解性的养分，而干沉降为无降水期随大气灰尘、气溶胶等降落在流域上的氮。雾沉降由雾水滴直接与植物叶面接触向生态系统中输入养分。在无空气污染情况下，氮沉降的浓度一般随距大海的远近而变化。通常在海岸无污染地区，大气氮沉降输入量很小，在 1~2 kg·hm^{-2}·a^{-1}。海岸地区氮的来源包括海水蒸发携带的硝酸盐和汽化的氨。在内陆，氮来源于从土壤和植被挥发的氨，以及由于风蚀形成的灰尘中的氮。另外，雷电产生的硝态氮也是大气沉降的来源之一。

大气沉降的化学成分在很大程度上依赖于流域特征，如海拔、坡度、坡向、植被覆盖状况及流域地点等。例如，高海拔流域普遍有较大一部分化学物质经云沉积而不是湿沉降。在污染严重的地区，气态二氧化硫往往以干沉降的形式在森林流域的硫沉降中占主导作用。在较原始的环境中，SO_4^{2-} 湿沉降占主导地位（Lindberg，1992）。

在空气污染影响下，氮沉降中的氮浓度由污染源的大小、污染程度和所在方向控制。湿沉降总量是浓度与降水的乘积,因此湿沉降总量与降水总量有关。据报道,美国东北部工业发达地区氮年沉降值为 10 ~ 20 kg · hm^{-2},欧洲中部为 50 ~ 100 kg · hm^{-2},中国某些地区高达 200 kg · hm^{-2}。

3.2.2 岩石矿物风化:生态系统养分重要来源

岩石矿物风化是除氮元素以外其他养分的最初来源。土壤母质决定了土壤最基本的肥力、质地、离子交换量和对酸雨的缓冲能力(Waring 和 Running,1998)。矿物风化过程可分为物理风化和化学风化两类。物理风化是指基岩在机械外力作用下破碎成碎石块,新鲜矿物表面暴露到大气圈和水圈中。化学风化是指水、二氧化碳和其他酸性成分相互作用,导致基岩矿物风化成土壤矿物并改变矿物的化学组成。物理风化在岩石破碎过程中无化学变化,而化学风化过程中水和矿物成分有化学反应并释放矿质养分。化学风化是岩石释放矿质养分的主要方式。例如,森林生态系统中80 % ~ 100 %的 Ca、Mg、K 和 P 来自化学风化。物理风化和化学风化作用,外加生理和生化过程使基岩形成土壤,强烈改变了天然水体的化学组成。流水和风的动力通过侵蚀作用使流域内的风化物搬运、迁移。

一般来讲,气候是控制岩石风化速率的决定性因子。热带森林化学风化速率比温带或寒带森林快,森林生态系统比草地和沙漠快。化学风化速率和养分释放还与岩石类型密切相关。变质岩类(片麻岩、片岩、石英)和许多火成岩(花岗岩、辉长岩)通常埋藏较深,由水晶结构的初级硅酸盐类矿物组成。在化学风化过程中,初级矿物被改变成更稳定的形式,离子得到释放,并形成了二级矿物。陆地上 75 %的地表下存在沉积岩,如页岩、砂岩、石灰岩。这类岩石距地球表面较浅,常在水底以泥沙沉积的形式存在。多数情况下,沉积岩易受水力侵蚀,但矿物成分较稳定,形成的土壤养分含量并不高。

小流域系统非常适合于研究影响风化和侵蚀的因素,以及人为扰动对这些过程的影响。在小流域积累的知识可以广泛应用于较大的系统。人类活动及大量燃烧化石燃料所造成的污染对风化和侵蚀影响深远。酸沉降大大增加了流域活性基岩岩石的化学风化速率,并造成水体和土壤酸化。农业、伐木、采矿和土地开发可显著提高土壤侵蚀速率。

3.3 流域养分输出的途径和形式——以氮为例

3.3.1 氮以气态形式损失

生态系统中以气体形式流失的氮主要来源为氨挥发、硝化和反硝化作用及火烧。

这些以 NH_3、N_2O、NO_2、N_2O_3 气态形式出现的氮通量主要受土壤环境特性决定的土壤生物地球化学过程控制。

对于大多数生态系统来说，植物生长可利用的 NH_4^+ 浓度均很低并牢固地固定在土壤中，从土壤和衰老植物叶表面释放的 NH_3 通常量很小。但是，施肥的农地和动物饲养场能够大量释放 NH_3。NO 和 N_2O 是将 NH_4^+ 转化成 NO_3^- 硝化过程的副产品。因此，其向大气的释放量取决于硝化速率。反硝化作用是将硝酸盐（NO_3^-）或亚硝酸盐（NO_2^-）还原成气态氮的过程。反硝化作用需要满足 3 个基本条件：较低的氧气浓度、较高的硝酸盐浓度、足够的有机碳来源。湿地生态系统通过反硝化作用起到净化水质的作用。森林火烧也能造成大量氮以气态形式挥发损失。火在许多生态系统的氮循环中起重要作用，抑制火烧或降低可燃物的人工防火措施都会改变天然氮循环过程。

3.3.2 氮以水土流失形式损失

氮以硝态氮和溶解有机氮的形式随径流从流域中输出。在无人为干扰流域，输出极少量的溶解性有机氮。流动性较大的硝态氮通常被植物和微生物吸收，只有少量能够穿过根系层，进入地下水和河流。然而剧烈的人为活动，如森林砍伐、大气污染形成的酸沉降、农田过量施肥，都会使河流中的氮浓度远远超出自然本底。水土流失是农地中包括氮在内的养分损失的主要动力，也是流域非点源污染的根源。水土保持措施通过降低土壤流失和径流量而减少养分损失。

3.4 小流域养分循环观测

同观测水循环一样，要量化某一养分在流域尺度的平衡同样要观测其输入、输出和动态变化。网络化研究小流域地球化学循环应包括如下观测项目。

3.4.1 流域特征

（1）植被。观测主要植被类型及其空间分布、地上生物量。每三年测定一次主要树种的碳、氮、磷、钠、镁、钙等化学指标。

（2）土壤。观测主要土壤类型及其分布情况；测定土壤阳离子交换容量、盐基饱和度、交换性阳离子量、有机质含量、总碳、总氮、硫酸根离子吸附能力和土壤质地、矿物母质。

（3）地质。观测主要岩石类型及其空间分布。

3.4.2 气象资料

月平均气温、周降水量,以及根据流域内海拔和走向变化确定雨量器个数。

3.4.3 空气污染和干沉降

利用简单的吸附技术测定大气中的 NH_3、NO_2 和 SO_2 浓度。采样间隔取决于这些物质在每个网站空气中的浓度。

3.4.4 养分总输入量

(1)总降水。由周降水样本进行月分析。

(2)穿透水。利用流域内每一森林类型每周采集样品进行月分析。如果森林所处方向、海拔或林龄变化较大,可能需要设立几个穿落水采集点。

(3)对所有样本分析的内容包括 pH、电导率、钙、镁、钠、钾、NH_4^+、NO_3^-、氯化物、硫酸盐、碱度。对某些样本还需测定二氧化硅、溶解碳(DOC)、磷、锰、有机氮、铁、铝。

3.4.5 养分总输出量

每日平均流量,分析每周现场采集径流的样本,分析的内容与分析总降水和穿透水一致。

3.5 水质及水污染的基本概念

3.5.1 水质的基本概念

流域水化学成分在时间和空间上的变化幅度在人为活动频繁的流域最为明显。人类活动,如施用有机化肥和农药、城市化以及破坏天然植被造成的水土流失等使得河流水质大大降低,从而影响了流域生态系统服务功能的正常发挥,与人类的需要出现种种冲突。

评价水质的好坏都是相对于水的使用目的而言的。例如,饮用水的标准就会远远高于农田灌溉用水或电站冷却用水。农田灌溉用水主要考虑水的盐分,而电站冷却用水对水温有一定的要求。评价水质参数通常根据水的物理、化学和生物学特征。

3.5.2 水质参数

(1)物理性质参数

水温:水温尤其对水生动物生境有显著影响。

颜色:水的颜色影响透明度、光的吸收和反射。

悬移质:由浑浊度(turbidity)来评价总的悬浮颗粒物。

泥沙:由总悬浮泥沙(total suspended sediment,TSS)含量来评价。

(2) 化学性质参数

总溶解固体(total dissolved solid,TDS)含量:由总电导率来评价。

溶解氧(dissolved oxygen,DO)含量和生物需氧量(biological oxygen demand,BOD):说明水中的氧含量。

pH:反映水的酸碱性。

溶解物质:有机和无机营养元素和化合物。无机溶质如 NO_3^- 和 HN_4^+,有机物为由光合作用、动植物新陈代谢形成的复杂化合物。通常也需计算有机和无机溶解物的总量,如总氮、总磷、总碳等。

有毒物质:如除草剂、杀虫剂,汞等重金属。

地表水主要离子成分受降水量、地表地质和生物相互作用的影响。因此,决定水化学的重要因素包括降雨的数量和质量、蒸发、矿物风化、流域地形、植被和生物活动。表3-1列出了世界河流水化学组成平均值。

表3-1 世界河流水化学组成平均值(Brownlow,1979)

成 分	浓度/(mg·L^{-1})
HCO_3^-	58.4
SO_4^{2-}	3.7
Cl^-	7.8
NO_3^-	0.2
总阴离子	78.4
Ca^{2+}	15.0
Mg^{2+}	4.1
Na^+	6.3
K^+	2.3
总阳离子	27.7

(3) 生物学参数

病原菌:包括细菌、病毒和真菌,由大肠杆菌数量来评价。

动植物。

3.5.3　水污染的基本概念

水污染是用于管理水资源的概念,它与水的用途密切相关。当被评价的水体水质参数低于人为确定的标准时,称该水体受到污染。1972 年美国颁布了《清洁水法》,在很大程度上控制了水污染,尤其是扼制了工业导致的河流水污染的扩张。水污染通常分为点源污染和非点源污染两大类。表 3-2 对比了两类污染的特征和控制方法。美国环境保护局(EPA)采用"最大日负荷量"(total maximum daily load,TMDL)来确定流域污染程度和治理目标。TMDL 是指在不影响水质基础上,污染物可进入水体的最大值,主要用于计算污染物源区可排放量,采用以下方程计算:

某一污染物的 TMDL＝点源和非点源污染允许输入＋安全临界值＋自然背景输入值

湖泊和河流水污染的最典型现象就是"水华",又称"富营养化"(eutrophication),是由水中养分(尤其是氮和磷)过多导致浮游生物生长过剩所致。

表 3-2　点源污染和非点源污染特征和控制对照比较(Black,1996)

点 源 污 染	非点源污染
污染物在排污管道、排水沟道末端测定;污染源容易确定和量化	污染物在水体中测定;多种污染源,不容易确定和量化
控制方法: 　环境工程技术 　实施排污标准 　采用奖惩措施 　通过废物处理实现目标	控制方法: 　管理措施 　实施最佳管理措施(best management practices,BMPs) 　采用鼓励措施 　通过 BMPs 实现目标
实施费用由纳税人或客户支付	实施费用主要由土地所有者、纳税人和土地产品购买者支付

在美国,农地是大流域的主要污染源。例如,美国地质勘探局(USGS)最近的一项研究表明,从密西西比河流入墨西哥湾 66％的氮来源于栽培作物地,大多是玉米地和大豆地。大气沉降也很重要,占了氮总贡献的 16％。农地和牧地是最大的磷贡献者,分别占 43％和 37％。非圈养的动物对密西西比河流域磷的贡献也很大。运送到墨西哥湾的氮和磷超过 70％来自农业,只有 12％来自城市。这些调查结果显示出城市地区以外的农业非点源污染对密西西比河流域的影响占主导地位(图 3-3)。

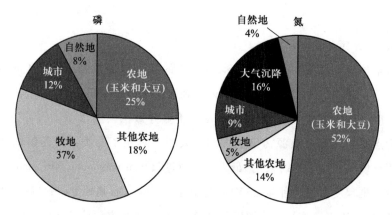

图 3-3 从密西西比河流域输入墨西哥湾养分的来源分布(Alexander 等,2007)

3.6 美国水质标准

美国《清洁水法》(*Clear Water Act*)授权制定的水质标准是水质管理的基础。通过设计水体的用途,建立水质标准予以保障这些用途,并制订条令防止污染物破坏水质,最终建立水质标准,确定某水体所要达到的终极目标。《清洁水法》为获得高质量的饮用水和人民健康提供了基本保障(图 3-4)。

图 3-4 美国公共场所随处可见的喷泉式饮水机

EPA 在 2007 年 12 月发布了第九个水质标准数据库(Water Quality Standard Database)。EPA 根据最新的有关污染物对水生生物和人类健康影响的科学证据,不定期制订和更新水质标准。在制订上述标准时,EPA 要审查具体污染物对浮游生物、鱼类、贝类、野生动物、植物等的影响。这方面的调查还包括污染物的浓度,以及通过生物、物理和化学过程的扩散对生物群落的整体影响。各州可使用 EPA 确定的标准以保护和利用所辖水域,也可在此基础上开发自己的水质标准。EPA 公布了人类健康和水生生物标准,并正在发展沉积物和生物标准。这些标准都是相辅相成的,每种标准都是为了保护特定类型的生物体或生态系统免受环境污染造成的不良影响。

3.7 水质测定方法

水质监测与水量测定应同时进行,才能最终确定总的化学物质输出量:

$$输出量 = 浓度 \times 水通量$$

由于测定水中各物质化学浓度费用高昂,在水质变化不大(如基流)的情况下,多采用手动取样法,即间歇性地提取水样,测定各种参数。这种方法取样频率小,但对于水质变化较大的水文事件,精度就会较低。相反,采用自动采样器,根据水文过程线抽取水样,会大大提高水样的代表性。这种方法对于水质变化较大的时间段尤为重要。图 3-5 为小流域水质监测仪器安置示意图。该项研究用于测定流域森林采伐时河滨带对水质的影响。其中,浊度计用于测定径流瞬时浑浊程度,建立水浑浊度与自动采样器测到的泥沙浓度之间的经验关系。根据此关系和连续记录下的浑浊度就可推算任何时间的泥沙浓度。测流槽中的水位由水位计每 10 分钟记录一次。Sigma 自动水样采集器(图 3-6)采样启动时间由水位变化控制。水温每小时记录一次。每周将自动采集的水样送实验室测定如下水质参数:泥沙浓度、硝酸盐、氨、总氮、总磷、总碳。

图 3-5　小流域水质监测仪器安置示意图

主机(包括数据采集器、水压传感器类型的水位计)

真空抽水管

取样桶用于抽取混合样品

24个475 mL取样瓶

图 3-6　Sigma 自动水样采集器

　　为排除样品污染,水样采集要在其他相关活动(如流量测定)之前进行。只要天气条件许可,应在实地测量 pH、电导率、溶解氧和温度。现场通过使用过滤盒或压力室过滤水样,进一步确保溶解化学物质的代表性。同样,如果能够在野外对样品采取各种保护技术,也有利于避免污染。正确选择样品容器及样品保存技术也是确保化学物质从样品采集到分析过程中保持稳定的重要步骤(表 3-3)。

表 3-3　水样采集容器、处理、储存方法(Semkin 等,2008)

水质参数	容器材质	保鲜剂	储存时间
pH、电导率、总无机碳、总有机碳	聚乙烯	不需要	6 h
NH_4^+、NO_3^-、NO_2^-、总凯氏氮(TKN)、主要离子	聚乙烯	4 ℃冷藏	20 h,主要离子 7 d
无机磷、正磷酸类、总磷	玻璃	0.45 μm 滤膜过滤,4 ℃冷藏	24 h,无机磷要就地分析,正磷酸类要在 24 h 内分析
重金属	聚乙烯	每升水样添加 2 mL HNO_3	6 个月

参 考 文 献

Alexander, R. B., Smith, R. A., Schwarz, G. E., et al. 2007. Differences in Phosphorus and Nitrogen Delivery to the Gulf of Mexico from the Mississippi River Basin. USGS Report.

Black, P. E. 1996. Watershed Hydrology, 2Ed. CRC Press, 449.

Brownlow, A. J. 1979. Geochemistry. New Jersey: Prentice-Hall, 498.

Lindberg, S. E. 1992. Atmospheric deposition and canopy interactions of sulfur. In Johnson D. W. and Lindberg, S. E. (Eds). Atmospheric Deposition and Forest Nutrient Cycling. New York: Springer-Verlag, 72–90.

Riekerk, H., Neary, D. G. and Swank, W. T. 1989. The magnitude of upland silvicultural nonpoint source pollution in the South. In: Hook, D. D. and Lea, R. Proceedings of the symposium: The forested wetlands of the Southern United State. Gen Tech. Report SE-50. USDA Forest Service.

Semkin, R. G., Jeffries, D. S. and Clair, T. A. 2008. Hydrochemical Methods and Relationships for Study of Stream Output from Small Catchments. In SCOPE 51: Biogeochemistry of Small Catchments-A Tool for Environmental Research.

Swank, W. T. 1986. Biological control of solute losses from forest ecosystems. In Trudgill, S. T. Solute Processes. Chichester: John Wiley & Sons, 85–139.

Waring, R. H. and Running, S. W. 1998. Forest Ecosystems: Analysis at Multiple Scales. San Diego: Academic Press.

第4章 流域碳循环

同水一样,碳是所有生命存在的基础,是流域生态系统的重要组成部分。有机碳是自然界常见化合物形成的基本单元。碳还是影响水质好坏的因素之一。碳原子与氧和氢紧密结合形成的二氧化碳(CO_2)、甲烷(CH_4)和一氧化碳(CO)是重要的温室气体(green house gas)。近年来,人们逐渐认识到人类活动造成的空气中温室气体浓度升高是全球变暖的主要原因(IPCC,2007),因此,了解流域碳循环规律对定量评价全球变化对流域生态系统功能的影响和生态系统-气候之间的相互作用就更显重要。例如,人们试图通过提高碳汇来应对生态系统对全球变暖的响应,以期调整全球碳循环过程,从而减缓温室效应的进一步恶化。图4-1为全球尺度碳源和碳汇通量及碳储量。该图还说明目前科学家不能准确建立全球尺度的碳汇和碳源数据,每年有1.8 Gt的碳还属"失踪"范畴。

同样,本章采用流域碳平衡方程作为基础来详细讨论流域尺度上的碳循环规律、控制因素、人为干扰和流域管理对其影响和作用。流域碳输入(input)的最根本来源是植物的光合作用。流域碳输出(output)以植物呼吸和微生物、动物异养呼吸为主,还包括随地上、地下径流流出流域边界的部分。流域碳蓄积量的变化则表现为动植物生物量的变化,包括地上和地下两部分。

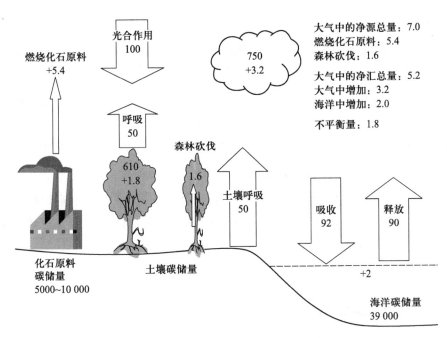

图 4-1 全球尺度碳源和碳汇通量及碳储量

（单位为 Gt，1 Gt = 10^9 t。数据来源：Griffin 和 Seemann，1996）

4.1 流域碳输入

植物叶片光合作用提供的碳和能量是流域中动物和微生物所需的最基本食物、能量来源。光合作用是酶通过光收集反应将光能转化成化学能，从而促成固碳反应，将 CO_2 转化成糖的生物化学过程。

叶片光合作用在吸收 CO_2 的同时通过呼吸消耗一定的碳。碳吸收与消耗的平衡称为净光合。CO_2 进入叶片叶绿体首先要经过气体扩散过程通过叶表面边界层，再穿过叶表面气孔。叶片通过调节气孔导度来控制叶片内的水分损失（即蒸腾）和 CO_2 的吸收量。可见，植物为了节水，势必降低光合速率；相反，较高的光合产量，需要消耗更多的水。

生态系统尺度上的光合作用常被称为总初级生产力（gross primary production，GPP），是叶面尺度上光合作用的总和。GPP 是流域碳的最主要的输入项。另一较小输入项来自河流上游水生生态系统或地下水。影响 GPP 的因素可分为大尺度间接性和小尺度直接性两个方面。两类因素交互作用，共同控制流域总的碳输入量。

（1）大尺度长历时因素：由生物区和干扰或演替决定的植物功能类型、土壤母质、气候类型。

（2）小尺度短历时因素：植物叶面积、叶氮含量、生长季长度、空气温度、土壤水分、光照、空气 CO_2 浓度。

一般来讲，决定生态系统碳吸收能力的最重要的环境因子包括：适于光合作用的时间长度、土壤水分和养分。这些因素对叶面积的生长和维护非常重要。环境胁迫（如干旱、极端气温和污染物）均会通过降低叶面积和氮含量进而降低植物吸收碳时的光能利用效率。因为不可能测定每片叶子光合作用的量，流域生态系统水平的GPP多根据生态系统过程模型来模拟，或根据生态系统碳平衡由输出项估算而得到。近年来发展起来的涡度相关法（eddy covariance）为估算生态系统陆地-大气碳水净交换和 GPP 提供了有力工具。

4.2 流域碳输出

流域碳输出包括呼吸（respiration）、挥发（volatilization）、径流输送（runoff）。流域中动植物、微生物为了生存生长需要大量消耗本身的碳储备。通过生物呼吸产生能量用于动植物吸收养分、生长发育、产生新组织或维护现有生物量。流域碳输出主要以植物呼吸（R_a）和生态系统异养呼吸（R_h）的形式出现。流域碳输出还包括受外界干扰（如火烧）大气中释放的碳。另外，碳损失还应包括由径流、动物迁移、土壤侵蚀、森林采伐引起的移出流域的碳成分。虽然以径流形式短时间内流失的碳总量不大，但对于水生生态系统意义重大，因为陆地上的碳是水生生态系统的能量来源。

按照环境对呼吸的控制作用，植物呼吸碳的消耗用于生长呼吸（R_g）、维护呼吸（R_m）和养分吸收（R_i）。

$$R_a = R_g + R_m + R_i \tag{4.1}$$

不同植物和生态系统将糖转化成新组织的效率相似。生态系统水热条件越好，生产力越高，R_g 越大。R_m 与活细胞蛋白质更新、转换活动密切相关，与生物体内蛋白质浓度呈正比。因此，植物组织体内氮含量越高，植物生物量越大，R_m 就会越高。R_m 约为植物总呼吸的一半。R_i 为植物根呼吸的 25% ~ 50%，与植物吸收养分的总量关系紧密，因此与生态系统净初级生产力呈正比。尽管对于某种植物来说，其呼吸速率随环境变化在时间上变化很大，但植物呼吸均为 GPP 的48% ~ 60%，相对较为稳定。

土壤呼吸是生物圈对大气贡献 CO_2 的主要途径（方精云，2000）。土壤呼吸包括植物根系呼吸、微生物分解、菌根呼吸。不同生态系统之间土壤呼吸差异很大，受生物本身、外界气候环境(温度、水分)、土地利用历史(碳含量、养分)等因素的影响和控制。

4.3 流域碳储量的净变化

4.3.1 生态系统净初级生产力(NPP)

(1) 基本概念

衡量流域碳储量的净变化可以用生态系统学中的几个重要的概念:净初级生产力(net primary productivity,NPP)、净生态系统生产力(net ecosystem productivity,NEP)和净生态系统碳交换量(net ecosystem exchange,NEE)。

NPP 是植物获得的碳净值,为总初级生产力(GPP)减去植物呼吸(R_a):

$$NPP = GPP - R_a \qquad (4.2)$$

NPP 的去向包括:植物地上和地下部分在一定时间内(常为年度)新增的生物量、根释放入土壤中的溶解性有机物、少量从叶子挥发到大气的部分、由草食类动物移走部分。通常,测定 NPP 的主要目的是了解生物量的动态变化,尤其是地上部分的生物量。确定地下部分根的生物量较为困难,因此常假设地上和地下生物量比例为 1∶1,来估算地下部分生物量。King 等(2005)采用收割法跟踪研究了一片白杨林 7 年中地下细根、粗根、地上树干、枝条和落叶生物量的变化(图 4-2)。从图中可以看出,白杨林的总生物量在 2002—2003 年最大,其中树干和枝条的生物量占主导。

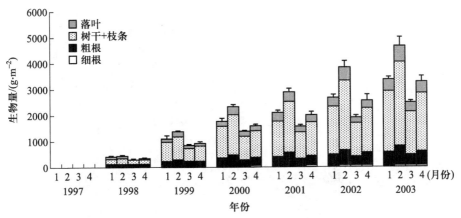

图 4-2　白杨林生物量 7 年间的动态变化(King 等,2005)

(2) 影响 NPP 的因素

生理因素:植物生长并非完全是由光合作用碳吸收控制的。植物本身能够对其生长资源(水分、养分)有主动反馈作用。植物所需资源越少,生长速率就会随之降低;生长速率降低,进而影响叶面积指数和植物光合能力。短时间内,光合作用对植物体内糖类数量和短历时的 NPP 有直接影响,而土壤资源对长历时(如年尺度)的 NPP 和碳积累起到主要控制作用。

环境因素:气候(降水、温度)是控制 NPP 的主要环境因子。土壤水分、养分等地下因素也有调节作用(表 4-1、图 4-3)。

表 4-1　由生物量法估计的全球主要生物群落的 NPP 值

(NPP 的单位为生物量干重 g·m⁻²·a⁻¹)

生物群落类型	地上 NPP	地下 NPP	NPP 总量	地上／总量
热带雨林	1400	1100	2500	0.56
温带森林	950	600	1550	0.61
寒带森林	230	150	380	0.61
地中海灌木林	500	500	1000	0.50
热带稀树大草原	540	540	1080	0.50
温带草原	250	500	750	0.33
沙漠	150	100	250	0.60
北极冻原	80	100	180	0.43
作物	530	80	610	0.87

资料引自 Saugier 等,2001。

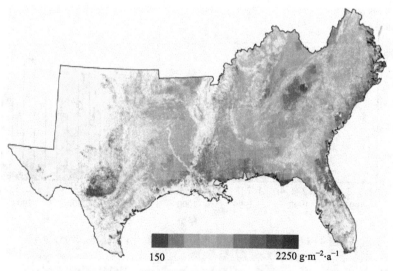

150　　　　　　　　　2250 g·m⁻²·a⁻¹

图 4-3　由森林生态系统模型 PnETII 估计的美国南方森林 NPP(NPP 与区域性的降水和温度分布关系密切)(参见文后彩插)

大气降水和温度代表了一个地区长期的水量平衡和蒸散发。在流域生态系统尺度上,NPP 与流域蒸散发密切相关。

4.3.2 净生态系统生产力(NEP)

NEP 是一个流域生态系统在一定时间内的净碳累积量。NEP 具有重要的生态学意义。当 NEP 为正值时,生态系统的碳吸收高于碳损失,碳储量在增加,该系统被称为碳汇;反之,当 NEP 为负值时,生态系统的碳储量在减少,该系统被称为碳源。人们试图通过增加碳汇,即所谓的碳吸收措施减少空气中 CO_2 含量,来延缓全球温室效应。

$$NEP = 总初级生产力-植物呼吸-生态系统异养呼吸-$$
$$随大气、径流输出流域部分(F_r) \tag{4.3}$$

即:
$$NEP = GPP-R_a-R_h-F_r \tag{4.4}$$

或:
$$NEP = NPP-R_h-F_r \tag{4.5}$$

NEP 代表着两个大的碳通量(光合碳累计和呼吸碳损失)之间的一个小的差值。NEP 在时间上有很高的变异性。在生长季,植物光合作用使 GPP 对 NEP 起主导作用,NEP 常为正值;而在非生长季,GPP 可忽略不计,NEP 取决于异养呼吸和碳流失量。外界干扰如采伐、火烧等突发事件会使 NEP 迅速变化。

4.3.3 测定方法

(1) 实测法。如湍流相关法(Baldocchi 等,2001)。世界各地建立了湍流通量观测塔(图 4-4),并已形成网络,如 FLUXNET。该方法是当前估算小尺度碳通量的最可

图 4-4 通量观测塔

靠方法。多数年份内,大多数观测塔均观测到森林为碳汇。通过结合遥感产品(如MODIS),通量塔的结果也可推广至区域和全球尺度(Zhao 等,2005)。

(2)生态系统模型模拟。估算大范围,如区域和全球尺度上的生态系统碳平衡和生态系统生产力,需要采用生态系统模型。常用的模型有 BIOME-BGC(Running 和Hunt,1993)、CASA(Potter 等,1993)、CENTURY(Parton 等,1992)和陆地生态系统模型(terrestrial ecosystem model,TEM)(Melillo 等,1993;Zhuang 等,2003)。这些生物地球化学模拟模型能在给定的生态系统空间分布基础上模拟生态系统的生物地球化学通量,但不能模拟生态系统类型的分布(彭少麟等,2005)。CENTURY 模型是较早出现的模拟农业生态系统土壤-植物-大气系统过程的模型,可以模拟作物生产力、植物、土壤系统 C、N、P、S 的分布格局及动态、土壤水及温度变化动态等。TEM 利用不同区域空间分布的系列参数,例如,气候、纬度、土壤类型、植被、水分利用效率等来估计生态系统中重要元素(碳和氮)的流通量和库的大小。该模型对碳、氮的估计仅适用于成熟的未被破坏的植被,没有考虑到土地利用方式。为此,科学家正在开发能够动态模拟植被变化、土地利用变化条件下的生态系统模型,为研究人类活动、气候变化、生态系统管理和生物地球化学平衡提供有力工具。这类模型包括 DLEM 模型(Chen 等,2006)等。同时,研究者将生态系统模型与其他植被模型进行耦合,使其功能更强,如BIOME3(Haxeltine 和 Prentice,1996)、MAPSS(Neilson,1995;Zhou 等,2019)等模型。Zhou 等(2019)利用 MC2 植被动态模型,在甘肃省黑河上游模拟了历史和未来气候变化条件下的碳水平衡。近年来,采用大气反演运输模型推算大尺度综合性的碳平衡也成为一种手段(Gurney 等,2002)。

4.4 径流碳通量

小流域非常适合用于研究生态系统尺度,包括河流径流碳通量在内的完整流域碳平衡。例如,世界上著名的 Hubbard Brook 生态站经过多年连续性研究建立了较为完整的北方硬木林碳循环模式,包括森林生态系统各组成的碳库和通量(Christophersen 等,2008)。

该流域森林碳储量为 304 000 kg(C)·hm^{-2},主要以有机碳为主。其中植物为146 000 kg(C)·hm^{-2},占 48%,枯枝落叶层 22 800 kg(C)·hm^{-2},占 7.5%,矿物土壤135 000 kg(C)·hm^{-2},占 44%。碳在不同库中的周转时间不同,枯枝落叶层为 5~9年,森林植被大致为 23 年,而矿物质土壤为 675 年。以气态形式存在的 CO_2 通量在碳循环中尤其重要。植物固定 CO_2 通量为 7180 kg(C)·hm^{-2}·a^{-1},由土壤有机质和根

系呼吸释放的 CO_2 量为 6000 kg(C)·hm^{-2}·a^{-1}。有机碳传输通量主要为生物量积累（3600 kg(C)·hm^{-2}·a^{-1}），土壤有机质积累（200 kg(C)·hm^{-2}·a^{-1}），死根（960 kg(C)·hm^{-2}·a^{-1}）和凋落物（2570 kg(C)·hm^{-2}·a^{-1}）。凋落物又细分为多年生组织（38%）、落叶组织（60%），以及灌木和草本植物（2%）。枯枝落叶层的有机碳含量基本处于稳定状态，即年际变化不大。

径流中的碳主要是以有机碳形式出现。大气降水中的溶解有机碳（DOC）和溶解无机碳（DIC）的浓度很低。尽管生态系统中的碳储量和内部转移通量很大，投入生态系统中的 DOC 基本上等于输出。在上述例子中，每年大量的 DOC 来自林地枯枝落叶层，但径流水通过与土壤矿物质和冰渍相互作用，碳通量逐层减退，目前对于这种类型的碳的运移过程研究不多（Christophersen 等，2008）。

4.5 河流和海岸蓝碳在流域碳循环中的作用

由化石燃料燃烧在大气中产生的 CO_2，被称为"褐碳"和"黑碳"，是全球升温的主要原因。相对应地，为应对气候变化，通过加强绿色能源的开发和利用，提高对排放二氧化碳的固定，可使"褐碳"转变为"绿碳"和"蓝碳"（章海波等，2015）。与黑碳相对应，通过光合作用去除并储存自然生态系统里的碳，被称为"绿碳"，全球超过一半的绿碳是由海洋生物捕获的，因此，这部分绿碳也被称为"蓝碳"。河岸和海岸带独特的植物生境中的森林湿地（如红树林）、盐沼、海草、浮游植物、大型藻类和海洋钙化物通过植物和微生物的相互作用可捕获和储存大量的碳，要远大于海洋沉积物的碳存储量。因此海岸带蓝碳作为海洋蓝碳的重要组成部分在应对全球气候变化中具有极其重要的地位（Tang 等，2018）。

高强度人类活动（如上游筑坝、修建水库）改变河流来水水质和水量，从而影响流域碳平衡。例如，滨河带城市化和围海造田造成的红树林的破坏直接影响河岸和海岸带系统的蓝碳沉积和埋藏。气候变化引起的海平面上升也会影响近海陆架中蓝碳的循环，包括垂直和横向流动交换过程。因此蓝碳研究成为全球变化碳循环与生态恢复研究的热点（Tang 等，2018）。研究表明，海岸带系统的年固碳量远远高于深海的固碳量（章海波等，2015）。其中红树林、盐沼和海草床等生态系统都具有较高的固碳效率。例如，红树林碳土壤埋藏为其主要的碳汇。富含有机质的红树林土壤厚度一般在 0.5~3 m，固定的有机碳占整个红树林系统的 49%~98%。中国现有红树林面积为 2.27 万公顷，分布在浙江及其以南的海岸带区域，其中广东、广西分布面积最大（Chen 等，2009）。

参 考 文 献

方精云主编 . 2000 全球生态学 : 气候变化与生态响应 . 北京 : 高等教育出版社 .

彭少麟 , 张桂莲 , 柳新伟 . 2005. 生态系统模拟模型的研究进展 . 热带亚热带植物学报 , 13 (1) : 85~94.

章海波 , 骆永明 , 刘兴华 , 等 . 2015. 海岸带蓝碳研究及其展望 . 中国科学 : 地球科学 , 45 (11) : 1641~1648.

Baldocchi, D., Falge, E., Gu, L., et al. 2001. FLUXNET: A new tool to study the temporal and spatial variability of ecosystem-scale carbon dioxide, water vapor, and energy flux densities. Bulletin of the American Meteorological Society, 82: 2415~2434.

Chen, H., Tian, H., Liu, M., et al. 2006. Effect of land-cover change on terrestrial carbon dynamics in the southern USA. Journal of Environmental Quality, 35: 1533~1547.

Chen, L. Z., Wang, W. Q., Zhang, Y. H., et al. 2009. Recent progresses in mangrove conservation restoration and research in China. Journal of Plant Ecology, 2: 45~54.

Christophersen, N., Clair, T. A., Driscoll, C. T., et al. 2008. Hydrochemical Studies, http://www.icsu-scope.org/downloadpubs/scope51/contents.html Accessed Feb. 11, 2008.

Griffin, K. L. and Seemann, J. R. 1996. Plants, CO_2 and photosynthesis in the 21st century. Chemistry and Biology, 3: 245~254.

Gurney, K. R., Law, R. M., Denning, A. S., et al. 2002. Towards robust regional estimates of CO_2 sources and sinks using atmospheric transport models. Nature, 415: 626~630.

Haxeltine, A. and Prentice, I. C. 1996. BIOME3: An equilibrium terrestrial biosphere model based on ecophysiological constraints, resource availability, and competition among plant functional types. Global Biogeochemical Cycles, 10 (4) : 693~710.

IPCC. 2007. Climate Change 2007. Synthesis Report. Cambridge: Cambridge University Press.

King, J. S., Pregitzer, K. S., Kubiske, M. E., et al. 2005. Tropospheric O_3 compromises net primary production in young stands of trembling aspen, paper birch, and sugar maple in response to elevated atmospheric CO_2. New Phytologist, 168: 623~636.

Melillo, J. M., McGuire, A. D., Kicklighter, D. W., et al. 1993. Global climate change and terrestrial net primary production. Nature, 363: 234~240.

Neilson, R. P. 1995. A model for predicting continental scale vegetation distribution and water balance. Ecological Applications, 5: 362~385.

Parton, W. J., McKeown, B., Kirchner, V., et al. 1992. CENTURY Users Manual, Colorado State University, NREL Publication, Fort Collins, Colorado, USA.

Potter, C. S., Randerson, J. T., Field, C. B., et al. 1993. Terrestrial ecosystem production—A process model based on global satellite and surface data. Global Biogeochemical Cycles, 7: 811~841.

Raich, J. W. and Schlesinger, W. H. 1992. The global carbon dioxide flux in soil respiration and its relationship to vegetation and climate. Tellus, 44B: 81~99.

Running, S. W. and Hunt, E. R. 1993. Generalization of a forest ecosystem process model for other biomes, Biome-

BGC, and an application for global-scale models. Scaling processes between leaf and landscape levels. In: (Ehleringer J. R., Field C. B., eds.) Scaling Physiological Processes: Leaf to Globe. San Diego: Academic Press, 141–158.

Saugier, B., Roy, J. and Mooney, H. A. 2001. Estimation of global terrestrial productivity: Converting toward a single number? In: Roy, J., Saugier, B. and Mooney, H. A. Terrestrial Global Productivity. San Diego: Academics Press, 543–557.

Tang, J., Ye, S., Chen, X., et al. 2018. Coastal blue carbon: Concept, study method, and the application to ecological restoration. Science China Earth Sciences, 61(6): 637–646.

Zhao, M., Heinsch, F. A., Nemani, R. R., et al. 2005. Improvements of the MODIS terrestrial gross and net primary production global data set. Remote Sensing of Environment, 95: 164–175.

Zhou, D. Ch., Hao, L., Kim, J. B., et al. 2019. Potential impacts of climate change on vegetation dynamics and ecosystem functions in a mountain watershed on the Qinghai–Tibetan Plateau. Climatic Change, 156(1–2): 31–50.

Zhuang, Q., McGuire, A. D., Melillo, J. M., et al. 2003. Carbon cycling in extratropical terrestrial ecosystems of the Northern Hemisphere during the 20th Century: A modeling analysis of the influences of soil thermal dynamics. Tellus, 55B: 751–776.

第5章　土壤侵蚀和泥沙运动过程

5.1　土壤侵蚀的危害和分布

如前文所述,泥沙含量是水质参数中一个非常重要的指标。EPA 把泥沙定为最常见的非点源污染物。首先,泥沙携带走大量的营养物质,降低土地生产力,造成下游水体富营养化。其次,泥沙常吸附某些重金属,使得改善水质的水处理过程更为困难。同时,泥沙还会淤积下游河道和水库,危害水生动植物的栖息地环境。土壤侵蚀的主要危害包括以下几方面。

(1) 造成当地土地退化、沙化、碱化,耕地减少。近 50 年来,中国因水土流失损失的耕地达 334 万 hm^2,平均每年损失土地约 6.7 万 hm^2。有 2000 万 hm^2 耕地遭受水土流失,导致耕作层变薄,土地生产力不断下降,土地退化严重。退化草地多达 100 万 km^2,占我国草地总面积的 50 %,并且还在以每年 0.5 %的速度递增。

(2) 造成泥沙淤积,加剧洪涝灾害。由于大量泥沙下泄,淤积江河湖库,降低了水利设施调蓄功能和天然河道的泄洪能力,加剧了下游的洪涝灾害。全国各类水利工程中淤积泥沙 200 多亿 t,相当于损失大型水库 200 多座。黄河年均 4 亿 t 泥沙淤积在下游河床,大大增加了防洪难度。洞庭湖湖面面积在 20 世纪的后半个世纪内萎缩了约 40 %,极大地削弱了蓄洪、调洪、减灾能力。1998 年,长江发生全流域性特大洪水,原因之一就是中上游地区水土流失严重,加速了暴雨洪流的聚集过程。

(3) 影响水资源的有效利用,加剧旱情发展。黄河流域 3/5 ~ 3/4 的雨水资源消耗于水土流失和无效蒸发。为了减轻泥沙淤积造成的库容损失,对于黄河的一些干支流水库不得不采取蓄清排浑的方式运行,大量宝贵的水资源随着泥沙下泄。黄河下游每年需用 200 亿 m^3 的水来冲沙入海,降低河床。全国耕地多年平均受旱面积

1900万 hm²,成灾面积 667 万 hm²,在水土流失严重的山丘地区尤其严重。

（4）导致生态恶化,加剧贫困。水土流失造成植被退化,蓄水保土能力减弱,水土资源得不到持续、高效的开发利用,区域特色产业在贫瘠的土地上难以发挥优势。我国水土流失严重地区基本上都是生态环境恶劣的地区,全国 70% 以上的国家级贫困县都处于水土流失地区。

在仅受自然地质活动影响,无人为干扰条件下,一个植被良好的 1 km² 的流域一年可输出 100~500 t 的泥沙。这种条件下的土壤侵蚀称为天然侵蚀或地质侵蚀(geo-logic erosion)。在人类活动频繁(如耕种或建筑活动)、植被稀少的流域,流域输沙量可高达自然侵蚀条件下的几十倍,甚至几百倍。由于人类活动,土壤侵蚀速率超过了天然侵蚀速率,这种侵蚀过程称为加速侵蚀。随着世界人口的不断增长,加速侵蚀已成为严重的全球环境问题。土壤侵蚀包括水力侵蚀、风力侵蚀、重力侵蚀、冻融侵蚀、冰川侵蚀、混合侵蚀等多种类型(图 5-1),以及面状侵蚀、沟状侵蚀、崩塌、滑坡、泥石流等多种形式(图 5-2 和图 5-3)。在世界范围内,亚洲是水蚀和风蚀较严重的地区,这与人口密度和人类活动强度密切相关。

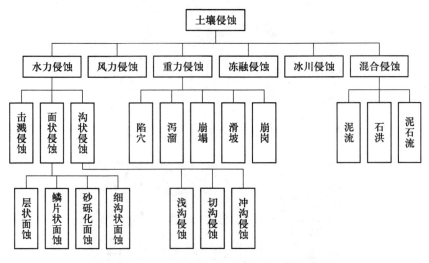

图 5-1　中国土壤侵蚀分类图(Yang 等,2002)

（5）土壤侵蚀对碳平衡的影响。虽然侵蚀对土壤肥力、生产力和非点源污染的影响已得到广泛关注,但对于侵蚀对土壤碳动态和有关土壤温室气体排放的影响关注不多(Berhe 等,2007)。侵蚀引起的向大气中排放的碳在全球碳平衡计算中很难量化。土壤有机碳(SOC)在土壤侵蚀过程中会受到影响。土壤侵蚀优先去除密度较轻的有机物。与未受侵蚀或受轻微侵蚀的土壤相比,有机质矿化和碳输出会使土壤 SOC 严

图 5-2　中国山西境内的大量严重沟状侵蚀（Lowdermilk，1953）

图 5-3　林区开矿破坏坡面植被，引发泥石流（刘雪华，2007）

重枯竭。此外,由于土壤团聚体遭受破坏,碳暴露于微生物之中,重新分布在景观上或沉积洼地的 SOC 也可能更易于矿化。土壤侵蚀对全球碳循环有很大影响(图 5-4),在评估全球碳平衡时必须考虑这一因素。采用有效的水土保护措施可以降低碳排放的风险,增强土壤和生物碳汇(Lal,2003)。

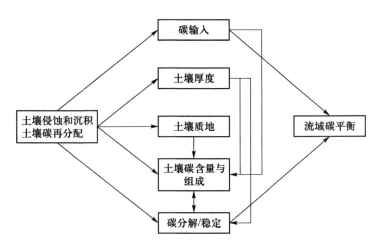

图 5-4　土壤侵蚀通过影响土壤水平分布改变流域碳循环（Berhe 等,2007）

5.2　土壤侵蚀的基本原理和类型

土壤侵蚀过程实际上是外界的能量先将土壤颗粒解体,然后通过地表水或风力将土壤搬运移动并沉积的过程。所以,土壤侵蚀的发生包括 3 个主要步骤:土壤颗粒解体、运移、沉积。土壤颗粒解体可以由各种外应力造成,如降水击溅、径流冲刷、风吹、冰川冻土溶解、化学分解等(图 5-5)。对于以水为能量的水侵蚀来讲,降雨的击溅作用是使土壤颗粒解体的第一步。降水的击溅作用直接取决于雨滴的动能,而雨

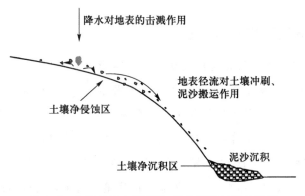

图 5-5　典型坡面土壤侵蚀、泥沙沉积过程示意图

滴的动能又取决于雨滴的直径及其速度。雨滴在空中形成后,会出现加速现象,经一段距离(高度)加速后达到最终稳定的速度。一般雨滴直径越大,需要达到稳定速度的下降距离越长。例如,对于中等直径(3~4 mm)的雨滴,下降的高度需要15 m左右;对于较小的雨滴(1.5 mm),6~7 m的高度便可;但对于较大的雨滴(6~7 mm),最低高度需接近20 m(Epema和Riezebos,1983;Zhou等,2002)。

当土壤颗粒被雨滴的动能解体后,便在坡面上发生移动,而存在的表面径流往往使侵蚀的动能不断加大,从而形成细沟侵蚀(rill erosion)。在细沟之间的侵蚀成为面蚀(sheet erosion)。随着径流的加大并在细沟中集中,侵蚀与搬运能力进一步加强。当径流携带足够量的侵蚀泥沙时,冲刷作用(abrasive action)得到加强,从而增大径流侵蚀的能量。因此,土壤侵蚀实际上就是一个外在能量作用于土壤的过程。

在完全郁闭与发育较好的森林中,森林树冠通过对降雨的拦截使降雨的动能大为降低。特别是在有不同高度的灌木、草本植被及枯枝落叶存在的情况下,雨滴的动能几乎被这些拦截作用所消耗,对土壤颗粒的击溅作用几乎不存在或很小,因此土壤侵蚀非常弱。可见,土壤侵蚀在很大程度上取决于雨滴作用于土壤颗粒的能量多少。这也意味着任何降低雨滴动能的措施,都有可能减弱土壤的侵蚀作用。

Zhou等(2002)在亚热带比较单层树冠的桉树林与空旷地的降雨动能的差异,发现如果单层树冠的高度较高时,树内的降雨总动能可能高于空旷地,因此林内土壤侵蚀的潜力要高于林外的空旷地。此结论与传统上的认识相反。大家通常的理解是:凡是有森林的地方,水土流失就会减少。Zhou等(2002)在解释他们的结果时认为,拦截的雨滴由于汇集作用,其直径增大;又由于树冠较高,从树冠上落下的雨滴得到加速。较高的速度及较大的直径就可使林内的雨滴总动能高于空旷地,甚至产生更大的土壤侵蚀。可见,多层植被及维护枯枝落叶层对控制土壤侵蚀非常重要。这个例子也进一步说明,只有雨滴的动能真正降低了,土壤侵蚀才可能减少。

5.3 河流泥沙产量与搬运

河流中的泥沙来源于陆地上的土壤侵蚀。尽管大量的土壤侵蚀进入河流系统,只有少于25%的土壤侵蚀最终经河流网络进入海洋,而多于75%的土壤侵蚀在河流网络、湖泊与湿地等水生系统中沉积下来。河流中的泥沙含量及迁移规律对水生生态系统的结构、功能具有十分重要的意义。首先,泥沙含量直接影响水的质量。许多地区与国家对水质中的泥沙含量均有指定的标准。其次,泥沙在河流系统中的运动与沉积直接影响河流形态与水生生物栖息地的质量与数量。大量的泥沙沉积使河道基质组成变细、河宽增加、水生栖息地质量退化。高泥沙含量还可直接导致水生生物

(如鱼类)窒息死亡。另外,大量的泥沙沉积可使水库与水坝的寿命缩短并降低河流的航运能力。

泥沙产量是指流域河道中某一特定地点在某一时段内随径流输出的泥沙总量。不同的流域由于自身特点及各种干扰(自然干扰或人类干扰)因素的影响,泥沙产量差异很大(表 5-1)。

表 5-1 不同流域的泥沙产量

流 域	面积/(10^6 km²)	年流量/(10^6 m³)	年泥沙总量/(10^6 t)
恒河	1.48	971	1670
黄河	0.77	49	1080
亚马孙河	6.15	6300	900
密西西比河	3.27	580	210
尼罗河	2.96	30	110
拉普拉塔河	2.83	470	92

资料来源:Milliman 和 Meade,1983。

根据泥沙颗粒的直径大小及在河道中的搬移方式可将泥沙区分为悬浮质(suspended sediment)和推移质(bed load)。顾名思义,悬浮质的泥沙颗粒直径很小,且悬浮在径流中,随径流流动而移动。而推移质泥沙,其直径较大,不能悬浮在水中,只能在河床。它通常包括石块、粗沙等基质,其在河床上的移动是由径流产生的牵引力、滚动力等综合作用所驱使。其移动的速度显然较慢。影响泥沙在河流中运输的因素较多,包括:① 泥沙的供应。一个流域泥沙的供应常受气候、地形、地质、土壤、植被与土地利用综合的影响。中国的黄河流域由于地质及土地利用的因素,其泥沙的供应是非常多的。相比之下,一些在高纬度的流域由于较长时间的积雪覆盖,其泥沙的供应自然就少。② 河道的特征。例如,河道的坡度、粗糙指数、形态等都影响泥沙的移动。坡度越大,河流的搬运能力越强;河道越粗糙,其搬运能力越低。③ 河流径流量的大小。泥沙的搬运量与河流径流量呈正比。④ 泥沙的物理特征。包括直径大小、组成及风化状况。

5.4 流域土壤侵蚀研究和量化方法

5.4.1 实验途径

由于土壤侵蚀、泥沙运动沉积发生在流域的不同位置,且受不同尺度的水文过程控制,所以在土壤侵蚀研究中要采取不同的方法。根据观测样地大小,大致可分为三种,即小小区,通用水土流失方程(universal soil loss equation,USLE)标准小区和单元小流域。

(1) 小小区。土壤侵蚀研究中采用的小小区面积多小于 1 m²,主要用于研究降雨入渗、沟间侵蚀规律,确定个别因素对降水-侵蚀的影响。实验常在室内进行,多采用降水模拟机模拟降水过程。小小区实验结果常被用于开发有物理意义的土壤侵蚀模拟模型。

(2) USLE 标准小区。USLE 标准小区是研究土壤保持措施对侵蚀影响的最为常用的方法。在美国,从 20 世纪 60 年代开始,采用这种标准小区获取了大量的数据,70 年代末采用统计的方法提出了著名的通用水土流失方程,为土壤保护规划提供了有力工具。下一节将详细介绍该方程的开发背景和实际应用。

(3) 单元小流域。以上两种方法都没有涉及沟道侵蚀和沟道泥沙沉积过程。另外,由于实验小区面积太小,很难用于测定水土保持措施(如等高耕作、梯田)的土壤保持效益。单元小流域的方法是将观测面积进一步扩大,包括坡面和天然沟道系统。坡面上种植统一的作物,可采用各种经营措施,间歇性水流沟道内的作物可与坡面上的不一致。以小流域为单元进行研究的最大用途是为水土保持管理部门提供科学数据和样板地,证明和展示水土保持措施的有效性。同时,在流域出口获得的水文和泥沙过程资料综合反映了流域尺度的降水-产沙关系,是构建大尺度流域水土流失模型的基础。单元小流域方法的缺点是造价贵,并且重复性较差,很难找到相似的天然流域进行对比研究。

5.4.2 模型途径

由于影响流域尺度上的土壤流失和泥沙产量的因素很多,大面积量化在各种水土保持措施情形下的水土流失情况,常需采用数学模型计算。土壤侵蚀模型的主要作用:① 评价水土保持规划、调查土壤侵蚀、制定项目实施和管理措施的有效工具;② 建立在物理机制基础上的模型能够预测土壤侵蚀在流域中的时空变化,帮助土地管理者在治理水土流失中明确治理目标;③ 有利于了解水土流失规律,确定研究重点,从而作为土壤侵蚀研究的一个有效工具。

水土流失模型可大致分为 3 种类型:① 建立在观测、统计基础上的经验性模型,如下面详细介绍的 USLE 模型;② 概念性模型,将整个流域集总化,并根据径流和泥沙的连续方程模拟;③ 建立在物理机制上的模型,分别考虑了影响侵蚀的个别过程和规律,综合了多因素之间的相互作用,如下面详细介绍的 WEPP 模型。

(1) 通用水土流失方程(USLE)模型

USLE 模型是根据美国几百个标准土壤侵蚀小区的资料,由美国农业部(USDA)在

20 世纪 70 年代建立的。在 1985 年又得到进一步修改完善,形成了 RUSLE。完善后的 RUSLE 更加计算机化,且与地理信息系统连接,使其应用更加方便。RUSLE 虽然主要是建立在农地水土流失观测资料基础上,但也被应用到林地上(Renard 等,1992)。

RUSLE 综合反映了气候、土壤、地形、植被和管理措施对土壤流失的影响,其数学表达式为

$$A = R \cdot K \cdot L \cdot S \cdot C \cdot P \tag{5.1}$$

式中:A 为单位面积上的土壤流失量($t \cdot hm^{-2} \cdot a^{-1}$);$R$ 为降雨因子($MJ \ mm \cdot hm^{-2} \cdot a^{-1}$),$R$ 为一年内累计暴雨动能与最大 30 分钟暴雨深的乘积;K 为土壤侵蚀性因子($hm^2 \cdot MJ^{-1} \cdot mm^{-1}$),由侵蚀小区观测的土然流失量和降雨因子计算;$L$ 和 S 分别为坡长因子和坡度因子,这两个因子没有单位,为某种地形条件下与标准小区条件下土壤流失量的比值,标准小区长 22.1 m,宽 4.1 m,坡度为 9%;C 为植被覆盖和管理因子,该因子没有单位,用来表示植被覆盖和管理措施对土壤侵蚀的影响;P 为支持措施,如等高耕作、条带耕作、梯田等。

由于 USLE 模型综合考虑了影响土壤流失的主要因子,适用于估算长期平均土壤流失量,所以建立在 USLE 基础上的模型被嵌套在非点源污染流域模型中,在世界各地广泛使用。其主要缺点是经验性强,需要长期观测资料才能确定有关参数,没有描述水蚀过程,没有考虑泥沙搬运过程。USLE 模型详细的计算方法可参考其使用手册。

(2)美国农业部水蚀预报(water erosion prediction project,WEPP)模型

在充分认识到传统的 USLE 模型在水土流失预报中的不足后,美国科学家在 20 世纪 80 年代末开始开发新一代建立在土壤侵蚀规律基础上,以预报水土流失为目的的计算机模拟模型,如 ANSWERS(Bouraoui,1994),WEPP(Foster 和 Lane,1987),AGNPS(Young 等,1989),KINEROS(Goodrich 等,2006),EPIC(Williams,1995)等。这些模型在深入了解水土流失机制,准确量化各种土地管理措施的水土保持效益,帮助政府建立科学决策上起到了重要作用。下面以 WEPP 模型为例,简要介绍建立流域尺度、具有物理意义的水土流失模型的基本方法。

WEPP 模型的开发建立在多个学科的基础理论之上,包括天气随机过程、入渗理论、水文学、土壤物理学、植物学、水力学和土壤侵蚀机理。该模型包括山坡和流域两个尺度类型。前者模拟坡面上降水入渗、径流、土壤侵蚀和泥沙沉积的过程。后者较为复杂,除了山坡坡面模型外,还包括径流和泥沙在沟道、灌溉地区、积水区(如水塘、淤地坝、梯田)等流域组成部分的运动(图 5-6)。WEPP 模型包括的主要物理过程有:细沟间和细沟内侵蚀、泥沙传输和淤积、入渗、土壤颗粒重组结合、植被残留和冠层对土壤解体和入渗的影响、土壤水深层渗漏、蒸发、蒸腾、融雪、冻土对土壤入渗和可蚀性的作用、气候和耕作对土壤性质的影响、土壤随机粗糙度和等高垄的作用。在

小流域尺度上,模型考虑了多个山坡坡面与沟道和积水区的联系。坡面上的水和泥沙作为沟道的输人项参与沟道内的土壤分散、运输和沉积过程,通过径流和泥沙演算最终流出沟口的量。下面简要介绍 WEPP 模型的主要组成模块。更为详细的数学描述可参考 WEPP 官方网址。

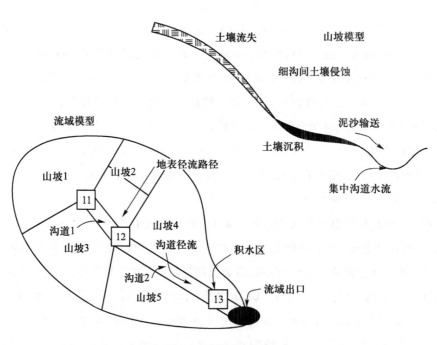

注:图中方框为沟道中的结点。

图 5-6　WEPP 模型所考虑的山坡和流域尺度土壤侵蚀和泥沙沉积过程示意图

① 气候生成模块。该模块可根据历史资料生成日降水、最高和最低温度、平均日辐射及日平均风速和风向。降水次数和分布由马尔科夫链模型生成。每次的降水历时、深度和雨强采用历史月资料,再根据一定的统计概率分布推算获得。日温度和辐射由历史月平均值假定正态分布生成。同样,风速和风向也是根据历史上的统计资料推算。

② 冬季水文模块。该模块主要是考虑到北(南)半球北(南)纬 40°地区的降雪和土壤冻融在水文和土壤侵蚀中的重要作用。在小尺度上,模型模拟降雪累计量、密度、融雪水量、土壤冻融深度和范围,同时调整土壤含水量和入渗速率。土壤冻融的模拟是建立在热传导理论基础上的。

③ 灌溉模块。WEPP 山坡尺度模型提供了灌溉模块,可模拟日尺度上喷灌和沟灌对坡面土壤流失的影响。提供的四种灌溉方法包括:a. 无灌溉;b. 按水分匮缺程度实施灌溉;c. 固定日期灌溉;d. 第二种和第三种方法结合。

④ 地表水文、水力学模块。该模块主要用于模拟形成地表侵蚀的原动力地表径

流的过程,即剩余降水的深度、历时、降雨强度、地表径流体积和洪峰值。同时该模块还计算土壤入渗,参与水量平衡演算,从而影响植物生长和凋落物分解。

地表层流模拟采用动力波方程的解析解和回归方程两种方法进行。细沟的面积动态变化根据细沟密度统计和估计的平均宽度进行计算。假定细沟的断面为长方形,对细沟内的水深、流速和剪切力进行计算。一旦径流峰值和径流持续时间确定,就可进行侵蚀计算。

水分在坡面上的动态入渗过程由 Green-Ampt 方程计算。入渗过程可分成地表积水和无积水两种类型。在积水状态,入渗速率与雨强无关,达到土壤入渗速率最大值。在无积水状态,所有的降雨全部入渗至土壤中,入渗速率等于雨强。雨强通常低于最大入渗速率。

⑤ 水量平衡模块。水量平衡模块模拟日尺度植物蒸散发、根系层土壤含水量、水分在土壤层中的再分布和深层渗漏量。该模块利用气候变量(如降水、温度、光照等),降水入渗为水分输入项,同时结合了植物生长动态、叶面积指数、根系分布、地面残留覆盖物量等。

⑥ 植物生长模块。植物生长模块用于连续模拟植物生长动态对水量平衡和土壤侵蚀的影响。首先根据作物生长量的积累与热量和有效光辐射的关系来预测植物生长能力,然后根据水和温度胁迫计算实际植物生长量。模拟的作物参数包括:生长积温、干生物量、冠层覆盖度和高度、根系生长、叶面积指数、植物根基面积等。作物管理措施可以是单季、双季、轮作和条状。对于野生植物,模拟的参数包括植物高度、枯落物、冠层覆盖度、地表覆盖度、裸露地和叶面积指数。

⑦ 植物残留物分解和管理模块。该模块模拟植物残留物的分解过程和残留物管理措施对其影响。残留物包括覆盖地表面的、地上站立的、混合在土内的植物死根。作物残留物管理方法包括搅碎、砍伐、火烧或收割移走植物残留。放牧地管理包括放牧牲畜、火烧和使用杀草剂。

⑧ 山坡土壤侵蚀和沉积模块。模型采用两种方式来代表土壤侵蚀:a. 雨滴击溅造成土壤颗粒的解体和细沟间地表层流对泥沙的传输;b. 细沟内集中径流对土壤颗粒的解体、运输和沉积作用。细沟间泥沙运输率与降水强度和径流速度呈正比,也与土壤粗糙度、坡度和土壤可蚀性有关。而细沟侵蚀则与径流的解体能力、运输能力和径流中泥沙载荷量有关。当水力剪切力超过土壤剪切力阈值时和径流中泥沙量小于最大泥沙携带能力时,产生净土壤解体,反之出现净淤积。

⑨ 流域沟道水文和侵蚀模块。该模块与坡面模块结合用于连续模拟小流域尺度(<260 hm²)水文和泥沙时空运动过程,评价农业管理措施对土壤侵蚀和泥沙淤积的影响。沟道模块由水文和侵蚀两部分组成,与山坡水文计算相似,沟道水文计算入

渗、蒸腾、土壤水渗漏、地表填洼过程。采用包括修改后的推理法(rational method)在内的两种方法计算流域沟口的洪峰径流。沟道水量平衡计算与山坡模型一样。流域模型土壤侵蚀部分假定流域产沙来自坡面上细沟和沟间侵蚀及沟道集中水流冲刷。沟道中的径流深和水力剪切力的计算采用的是建立在基于稳定状态、空间变化径流公式上的数值解。模型假定沟道为三角形,植物覆盖可有可无。泥沙在细沟、沟间和流域沟道中的运动由稳定状态的泥沙连续性方程描述。与上述坡面土壤流失规律相似,沟道内侵蚀-淤积动态关系随水流剪切力和径流泥沙载荷量变化而变化。

⑩ 流域积水区水文和侵蚀模块。流域内分布的典型积水区有梯田、农场水坑、淤地坝等。随径流流量大小、泥沙粒径分布、积水区面积不同,流域内分布的积水区最高能使 90% 输入的泥沙沉积下来。积水区模块可计算在各种水利设备条件下输出的水文过程线和泥沙浓度。

WEPP 模型由 FORTRAN 程序编译,采用模块结构,有利于模型对不同模拟组成的进一步完善。同时,WEPP 模型系统还提供了建立在 Windows 平台上的友好用户界面(图 5-7)。WEPP 模型已经与地理信息系统接口,为其广泛应用打下了良好基础。

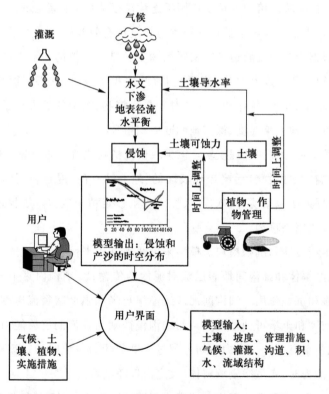

图 5-7 WEPP 模型用户界面示意图

5.5 土壤侵蚀的防治措施

水是流域中最活跃的、不可或缺的资源。但水也可侵蚀土壤、搬运泥沙,导致洪涝与干旱等灾害。有学者认为,河流管理的本质是将降水转变成下渗流。对这一论点的完整性也许有值得讨论的地方,但它确实说明了这样一个事实:如果大部分的降水逐渐通过下渗进入土壤,那么就意味着降雨的动能减少,土壤侵蚀的可能性降低,河流便具有较好的、较自然的径流特征(时间、洪峰值、变化率、枯水流量等),这样流域就处于一种健康的状态。

前面提到的土壤侵蚀是河流泥沙的来源。而要控制土壤侵蚀就必须找到降低外在能量对土壤侵蚀的方法。不管是工程措施,还是生物措施,只有降低降雨或风的动能,才有可能控制土壤侵蚀。应该特别强调的是,最有效的控制措施是预防,即通过有效的规划与措施将土壤侵蚀和泥沙控制到最低值。

5.5.1 土壤侵蚀的控制措施

(1)生物措施。生物措施包括在采伐森林或规划土地利用时维持一定的植被带。尽管植被带占的面积较少,但它可有效地控制坡面上土壤侵蚀的扩散。在具体采伐森林时,尽可能减少对灌木、草本植物和枯枝落叶层的破坏。对于被破坏或裸露的土壤应尽快恢复植被。选择生长快、适应性强的本地物种是恢复植被的最好策略。

(2)工程措施。工程措施往往是在土壤侵蚀较严重的地方,通过留住地表径流,降低地表径流对土壤的侵蚀能量,从而达到控制水土流失的目的。工程措施往往是为生物措施服务的。因此将工程措施与生物措施结合起来便可达到以短养长并最终控制土壤侵蚀的目的。工程措施包括沿坡面等高线挖沟、挖坑,以及将能量高的地表径流导入稳定的系统(低洼地、有林地等),从而降低地表径流的侵蚀能量。

5.5.2 河流泥沙的控制措施

(1)预防。预防是最好的策略。预防措施包括对河滨植被带的保护、道路设计时充分考虑排水、控制土壤侵蚀等。

(2)隔离水流。隔离水流可减少水流的汇集作用,从而降低或分散水流冲刷的力度。

(3)控制泥沙来源。控制泥沙的来源,就是抓住了河流泥沙控制的根本。

(4)建立泥沙塘、栅栏等工程设施。泥沙塘有助于控制泥沙流入重要的、敏感的水生系统。泥沙塘通过降低水流速度和延长水体滞留时间使泥沙沉积下来。泥沙塘在城区或农业区特别重要,它可将由于大范围的面蚀而产生的泥沙或污染物沉淀下来。在许多道路旁的小沟中,安置栅栏能有效地拦截路面和坡面冲刷下来的泥沙。

5.5.3 中国水土流失治理的总体策略

(1)强化依法行政。严格执行《中华人民共和国水土保持法》的有关规定,重点抓好开发建设项目水土保持管理,将水土流失防治纳入法制化轨道。

(2)做好科学规划。各地自然条件差异很大,应因地制宜,分类指导。西北黄土高原区应以建设稳产、高产基本农田为突破口,突出沟道治理,退耕还林还草;东北黑土区,主要是大力推行保土耕作,保护和恢复植被;南方红壤丘陵区,重点是推行封禁治理,提高植被覆盖度,发展以电代柴,解决农村能源问题;北方土石山区,重点是改造坡耕地,发展水土保持林和水源涵养林;西南石灰岩地区,重点是实施陡坡退耕,大力改造坡耕地,蓄水保土,控制石化;北方风沙草原区,重点实行围栏封育、轮牧、休牧,建设人工草场,防止土地沙化。

(3)完善激励机制。建立适应市场经济要求的水土保持发展机制,逐步建立水土保持生态补偿机制,力争从煤炭、水资源等收益中提取部分资金用于水土保持。

(4)依靠科技进步。不断探索有效控制土壤侵蚀、提高土地综合生产能力的措施,做好水土保持科学普及和技术推广工作。积极开展水土保持监测预报,大力应用"3S"等高新技术,提高科技在水土保持中的贡献率。

(5)加强组织领导。加强各级政府对水土保持的领导,并纳入政绩考核的重要内容。建立有效的协作机制,充分发挥各级水土保持委员会的领导协调作用,推动全社会共同参与防治水土流失工作。

5.6 世界各国水土流失和研究状况

土壤侵蚀、土地退化、水体泥沙淤积等环境恶化现象是全球性问题。全球受侵蚀影响的土地面积为 10.94 亿 hm^2,其中 7.51 亿 hm^2 受到严重影响(Lal,2003)。据估算,自第二次世界大战结束以来,约有 1200 万 hm^2 的农地遭受土壤侵蚀危害,11% 肥沃的良田受到不同程度的破坏,35% 的土地受到沙漠化的影响。防止土壤侵蚀、水土流失,保护土地等自然资源,实现可持续发展是流域管理目标的核心组成部分。受自然和人文社会发展水平等因素的影响,世界各国所面临的问题、技术水平、应对策略和解决方法不同。表 5-2 总结了典型国家水土流失的特点及主要研究领域和成果(Liu 等,2019)。

表 5-2 典型国家水土流失特点及主要研究领域和成果

国家	水土流失特点	主要研究领域和成果
中国	• 发生在多种地貌类型（山区和平原并存） • 多种土壤侵蚀类型并存 • 高强度土壤侵蚀	• 土壤侵蚀规律，河道泥沙，洪水 • 流域管理 • 建立了土壤侵蚀分类系统、评价模型和方法 • 泥沙运移理论和高含沙流运移机理、模型；水库泥沙定量研究；河流地貌变化 • 海岸带泥沙运输模型
埃及	• 土壤侵蚀以风蚀为主，北部海岸地区以水蚀为主 • 尼罗河泥沙含量高，85%径流来自上游埃塞俄比亚高原 • 阿斯旺水坝水库提供灌溉用水，造成河流两岸盐碱化，土地生产力退化，水生生物泛滥，下游海岸严重侵蚀 • 纳赛尔水库泥沙淤积严重	• 积累了大量防治风蚀和沙漠化的经验 • 控制河床侵蚀 • 建立了土壤侵蚀和水资源管理模型，洪水频率数学模型
印度	• 空间年降水量（1000~1200 mm）变率高，东北部海岸带降水多 • 土壤侵蚀面积 173 万 km^2，占国土面积的 56%；每年土壤侵蚀量 53 亿 t • 由于上游土壤侵蚀严重，多数河流含沙量高	• 提出水土管理基本理论：保持高入渗率；在不引起土壤侵蚀前提下，排除多余地表径流 • 建立了通用水土流失预测模型 • 小流域水土保持综合管理政策研究 • 根据不同农耕方式对土壤侵蚀的影响，提出水土保持措施：生物措施与工程措施相结合。采用等高耕作、梯田、条状耕作、轮作等方式
伊朗	• 干旱区土地退化严重。每年耕地沙化面积超过 1 万 km^2 • 北部里海附近流域缺少植被，暴雨、洪水时有发生，土壤侵蚀严重	• 采用传统和现代措施，通过保护耕地和灌溉系统控制土地退化 • 维护道路、交通、货运、矿山 • 控制空气、尘埃和沙粒污染 • 围栏圈养牲畜，防止其践踏土壤，造成土壤侵蚀 • 造林 • 提高公众对防治沙漠化和保护生物多样性的认识 • 参与国际合作

国家	水土流失特点	主要研究领域和成果
朝鲜	• 水资源丰富,年降水量 1100~1200 mm,人均拥有水资源超过 4000 m³ • 食品依赖进口 • 土壤侵蚀导致土地缺乏养分,农药污染严重	• 应用改进的通用水土流失预报模型(RUSLE) • 强调以山区造林作为基础的流域管理措施,合理施用化肥,改良土壤,控制土地退化 • 恢复植被,保护山区免受土壤侵蚀
尼泊尔	• 国土多为高山,陡峭的山地均有土壤侵蚀问题 • 以重力侵蚀和混合侵蚀为主 • 土壤侵蚀程度较高,河流年输送泥沙 2400 万 t,湖泊泥沙淤积严重	• 完善流域管理手段,包括制订土地利用规划,促进社区发展 • 坚持可持续发展 • 关注水力电站泥沙问题,研发实时观测技术
美国	• 水资源丰富,但在空间和时间上分布不均 • 土壤侵蚀以西部为主,年侵蚀量达 50 亿 t,其中 12 亿 t 流入河流与湖泊 • 来自农地的泥沙是非点源污染的主要因素 • 水库泥沙淤积问题明显	• 具有完善的科研机构 • 强调水土保持与自然和谐,保护迁移类鱼类等动物的栖息地 • 提出适用于坡地水土保持的耕作措施,倡导免耕法,促进入渗,以减少水土流失造成的土地生产力和土壤碳储存下降 • 开发了中大尺度流域的土壤侵蚀模拟模型
德国	• 气候温和,水资源丰富,年降水量 600~1000 mm • 约 6% 国土受土壤侵蚀威胁,耕地年侵蚀率一般低于 5 t·hm⁻² • 跨境河流众多,河流含沙量高	• 开发了流域三维物理模型,用于土壤侵蚀空间分布、泥沙运移、悬移质和推移质的动态模拟 • 建立了欧洲土壤侵蚀模型 • 研究土壤侵蚀的原因以及对水质和生态的危害 • 开展小流域水土保持规划,水土保持措施与天然草地恢复相结合,促进土地可持续利用 • 采用"接近自然"的理念和方法治理莱茵河 • 山区河流采用人工阶梯-深潭治理模式 • 保护河流和湖泊的生态功能

参 考 文 献

刘雪华. 2007. 森林健康的一些思考. 2007 中美合作森林健康评价因子研讨会论文集, 北京.

Berhe, A. A., Harte, J., Harden, J. W., et al. 2007. The significance of the erosion-induced terrestrial carbon sink. BioScience, 57(4): 337-346.

Bouraoui, F. 1994. Development of a continuous, physically-based, distributed parameter, nonpoint source model (ANSWERS2000). PhD dissertation. Virginia Polytechnic Institute and State University. Blacksburg, VA. 330.

Epema, G. F. and Riezebos, H. T. 1983. Fall velocity of waterdrops at different heights as a factor influencing erosivity of simulated rain. In: De Ploey, J. (Ed.). Rainfall Simulation, Runoff and Soil Erosion. Catena, Suppl., vol. 4. Braunschweig, 1-17.

Foster, G. R. and Lane, L. J. 1987. User requirements: USDA-Water Erosion Prediction Project(WEPP). NSERL Report No. 1, USDA-ARS National Soil Erosion Research Laboratory, W. Lafayette, IN., 43.

Goodrich, D. C., Unkrich, C. L., Smith, R., et al. 2006. KINEROS2—New features and capabilities. Proc. 3rd Federal Interagency Hydrologic Modeling Conference, April 26, 2006. Reno, Nevada. 2006 CDROM.

Lal, R. 2003. Soil erosion and the global carbon budget. Environment International, 29: 437-450.

Liu, X., Qi, S., Yu, Q., et al. 2019. Soil Erosion and River Sedimentation Research in Selected Countries. Beijing: China Water & Power Press.

Lowdermilk, W. C. 1953. Conquest of the Land through Seven Thousand Years U. S. Department of Agriculture, Washington, D. C.

Milliman, J. D. and Meade, R. H. 1983. World-wide delivery of river sediments to the oceans. Journal of Geology, 91: 1-21.

Renard, K. G., Foster, G. R., Weesies, G. A., et al. 1992. Predicting Soil Erosion by Water. A Guide to Conservation Planning with the Revised Universal Soil Loss Equation (RUSLE). U. S. Department of Agriculture, Agriculture Handbook 703, USDA, Washington, D. C.

Williams, J. R. 1995. The EPIC model. In: V. P. Singh. Computer Models of Watershed Hydrology. Water Resources Publications, Littleton, 909-1000.

Yang, A., Wang, H., Tang, K., et al. 2002. Soil erosion characteristics and control measures in China. In: Proceedings of the 12th International Soil Conservation Organization. Beijing, China. 463-469.

Young, R. A., Onstad, C. A., Bosch, D. D., et al. 1989. AGNPS: A nonpoint-source pollution model for evaluating agricultural watersheds. Journal of Soil and Water Conservation, 44: 2.

Zhou, G., Wei, X., Yan, J. H. 2002. Impacts of Eucalyptus(Eucalyptus exserta) plantation on soil erosion in Guangdong province, Southern China—A kinetic energy approach. Catena, 49(3): 231-251.

第6章　河流形态与栖息地

河流形态与栖息地是流域科学的重要组成部分。河流形态(特别是流域上游较小的河流)具有明显的动态变化。它的变化与陆地上的干扰、土地利用类型、泥沙或倒木的输入与搬运、水文等过程有关。河流形态及其变化过程直接影响河流系统中水生生物的栖息地及生物多样性。因此,认识河流形态及栖息地的变化规律对于理解流域生态系统中各功能过程的相互作用是必需的。

6.1　河流的形态特征与分类

6.1.1　河流的形态特征

河流形态可从它的垂直面(cross-section)、纵向面(longitudinal profile)和水平面(horizontal plane)来描述。在垂直面上,常用河流的深度(a)、宽度(b)与齐岸(水与岸平,bankfull)的深度(c)与宽度(d)来表示(图6-1)。由于河床通常不是水平的,常用平均值来表达。由于河道(特别是自然河流)常不规则,河流的宽度常需要通过多次在不同部分测量取平均值来获得。由于齐岸的深度与宽度相对比较稳定,许多研究者在研究水文或河流形态时都把它们作为重要的观测指标。一般来讲,齐岸深度与宽度相当于两年一遇洪水所达到的高度。

在纵向面上,常用的描述参数有坡度及浅滩-深潭序列(riffle-pool sequence)等(图6-2)。坡度常用角度来表示,是由河段中任意两点(两点间距离通常要超过20倍河宽)的落差与其水平间距离来确定。浅滩-深潭序列是指河道流量较小时,浅滩与深潭在河道中交替出现。浅滩与深潭都是重要的河流水生栖息地。由于它们的水

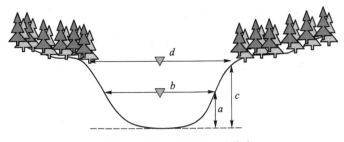

a:河深;b:河宽;c:齐岸深;d:齐岸宽

图 6-1　河流的垂直面结构

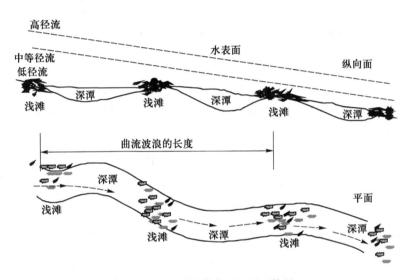

图 6-2　河道的纵向面与平面格局

深、流速、含氧量等不同,构成了生境的多样性,对许多水生生物具有十分重要的作用。例如,在河道径流较小的情况下,浅滩的水流速度快,且水的扰动较大,其含氧量就高。一些喜氧的无脊椎动物能在浅滩中较好地生长与发育,而这些无脊椎动物往往是鱼类的重要食物来源。对于深潭来讲,由于水的深度相对较大,水速较慢,这样就为一些鱼类提供了隐蔽与休息的重要场所。而河滨植被凋落的枝叶或长时间在深潭中滞留的昆虫,正是一些生物(如鱼类)的重要食物与能量来源。

浅滩-深潭序列在自然的、侵蚀性的河道中是很常见的。在浅滩上往往有砾石或倒木,由于它们的直径较大,不易被一般的洪水所移动,相对稳定。而水流对这些大直径的个体或群体不断冲刷,易在它们之前或之后产生深潭。在人为干扰比较严重的河流或人工修建的运河中,由于缺乏这些直径较大的石头或倒木,河道比较通直,水流速度单一,浅滩-深潭的结构不多。在这样的河道中,栖息地相对单一,生态功能较差。

在水平面上,常用河流在景观上的格局(pattern)来表达。根据河流的曲度(sinuosity),河流可分为直线型河流(straight channel)、曲流型河流(meandering channel)和辫式河流(braided channel)(图6-3)。

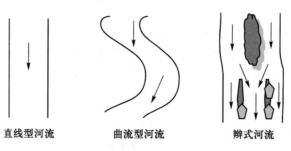

直线型河流　　　　　曲流型河流　　　　　辫式河流

图6-3　河流的平面格局

河流的曲度是指河流的弯曲度,常用河流的总长度与河流所在河谷的直线距离之比来表示。一般来讲,曲流型河流,其曲度都大于1,且曲度越大,表示河流的曲流性越强。河流的曲度是一个重要的河流形态指标。自然河流的曲度通常大于1,是曲流型河流。如果自然的河流遭到人为破坏,其曲度会减少并接近1或呈直线化的趋势。所以河流的曲度也是一个表达河流受干扰程度的重要指标。另外一个重要的指标是河流曲流波浪的长度(meander wave length),它是指两个浅滩之间的距离或两个波浪起点之间的距离。一般来讲,在自然河流中,曲流波浪的长度与齐岸宽度有关。通常曲流波浪的长度是齐岸宽度的7~15倍。在河流生态恢复设计中,有时考虑将直线型河流恢复为自然的曲流型河流,如果我们知道了河道的齐岸宽度,就可利用上述比例关系,算出曲流波浪的大致长度,为将直线型河流恢复为曲流型河流提供依据。除了直线型与曲流型河流外,还有一种较常见的辫式河流。辫式河流是指河流受小岛屿或沙洲分割而呈现辫状或网状(图6-3)。辫式河流常在坡度很小、面积较大的河流出口处形成。这样的地方泥沙沉积较多,且水流速度较慢。当水量较大(洪峰径流)时,沉积的泥沙或沙洲常常被冲走,但在水量较小时,这些沙洲或沙岛屿又因为泥沙的积累重新形成。

6.1.2　河流形态的形成过程

自然河流形态是水力、泥沙、气候、地质与河床基质等众多因素或过程长时间相互作用的结果。世界上找不到两条完全一致的河流。当气候与地质条件一致时,河流的水力与泥沙运动过程则成为决定河流形态变化最重要的因素。

因泥沙在河道中的运动方式不同,我们将泥沙分为悬浮质(suspended sediment)

和推移质(bedload)。悬浮质是指悬浮在水中的泥沙,它随着水一起搬运。悬浮质的直径一般小于 0.5 mm。而推移质的直径一般大于 0.5 mm,且在河床底部靠拖曳作用移动,故其移动速度较慢。一般来讲,推移质占总泥沙的 5 %～50 %。河道中泥沙基质的大小通常用中位直径(D_{50})来表达,即有 50 %的基质大于或小于此直径。推移质在河床底部的滚动或弹蹦是由径流施加于推移质的切应力(shear stress)确定的。在河流系统研究中,研究者通常用推移力或拖曳力(tractive force)来代替切应力。

根据泥沙输入与输出的关系,常区分为两个过程,即填积作用(aggradation)和切蚀作用(degradation)。填积作用是指泥沙进入河道的量超过河道的排出量,导致泥沙在河道中沉积(deposition)。当泥沙的进入量低于河道的排出量时,河道内的泥沙便减少,此现象为切蚀作用。填积作用和切蚀作用对河流形态的动态变化有十分重要的影响。当填积作用占主导时,河道的纵向剖面呈"凸"形,不断的填积作用还可产生辫式河流。当切蚀作用占主导时,河道的纵向剖面常呈"凹"形,而垂直剖面呈"V"形。在自然河流中,泥沙的填积作用与切蚀作用通常在一段时间内达到动态平衡(dynamic equilibrium),此时河流形态相对稳定。这种动态平衡是河道本身与水文条件、地质因素和植被相互作用的结果。当水文条件或植被发生变化时,这种平衡就有可能被打破。例如,森林的大面积破坏导致水土流失加剧,就有可能产生更强的填积作用,从而打破河流的动态平衡。随着时间的推移,森林植被逐渐恢复,新的平衡又不断建立,最终回到原来的动态平衡。

水力过程既是影响河流形态最直接的因素,又是通过影响泥沙搬运进而影响河流形态的间接因素。一条河流的大小(深度与宽度)基本上是由河道的流量决定的。事实上,河道的深度与宽度都与流量存在较好的数量关系。例如,水流在河道的流动是由能量决定的。水的能量关系可用伯努利方程来表达,即:

$$p+\frac{1}{2}\rho v^2+\rho gh = C \tag{6.1}$$

式中:p 为某点的压强;v 为该点的流速;ρ 为液体的密度;g 为重力加速度;h 为该点水的深度。

在一个明渠中,不同的流速与深度组合可以传送同样的流量,伯努利方程可表述为

$$p_1+\frac{1}{2}\rho v_1^2+\rho gh_1 = p_2+\frac{1}{2}\rho v_2^2+\rho gh_2 \tag{6.2}$$

对相同的流量而言,尽管有不同的流速与水深的组合,但所有组合都落入两大类别:亚临界流量(subcritical flow)和超临界流量(supercritical flow)。而临界流量是它们的分界点。

水流的状态还可用弗劳德数(Froude number)来描述:

$$Fr = \frac{V}{(g \times d)^{1/2}} \tag{6.3}$$

式中:Fr 为弗劳德数;V 为水流速;g 为重力加速度;d 为水深度。如果 $Fr<1$,水流是亚临界流量;$Fr>1$,是超临界流量;$Fr=1$,则是临界流量。

亚临界流量和超临界流量在自然河道中如何体现?假如,在一个坡度较缓的河道中,根据曼宁方程,可以算出水深度较大、流速较小时的弗劳德数小于1,这时的流量属于亚临界流量。当该河道的坡度加大后,由于水深度变小,流速加大,这时的流量是超临界流量,弗劳德数大于1。在坡度变化的那个点,流速经过了临界流速。当高流速的超临界流进入低流速的亚临界流中,水流速度突然变慢,部分动能转化为位能,造成水面明显升高,这种现象称为水跃(hydraulic jump)。水跃现象发生时,往往将大量空气带入水流形成气泡,这些气泡被挤出水面后会破裂,发出我们常听到的水响声。

6.1.3 河流的分类

河流分类是研究与管理河流系统的重要工具,有助于在一个相同的概念和系统下对不同河流进行识别与比较,也有助于将研究的成果推广应用到相近的系统。根据不同的河流特征和管理目的,有不同的分类系统。下面介绍几个常见的河流分类系统。

根据河流纵向面在流域中的形态与特征,河流可分为 3 个区:源头区(headwater zone)、过渡区(transfer zone)和沉积区(depositional zone)(图 6-4)。源头区是指上游的河道,其特征是河流小、坡度大。此区是径流、泥沙和可溶性物质产生的主要区域。

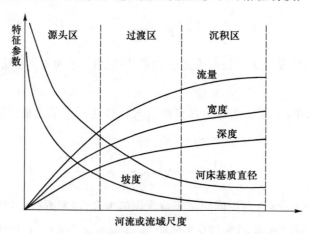

图 6-4 河流分区及其特征(Debarry,2004)

在过渡区,河道加宽、坡度变小,水流与泥沙的输入与输出大致相当。沉积区的主要特点是河流较宽、坡度较小(地势较平坦),且常有较大的漫滩区(flood plain)。由于河流多是曲流型河流,沉积区也常是冲积区(alluvial fan)、河口湾区或三角洲(delta)。与上述这 3 个区相对应,并根据河流的大小可将河流划分为小溪、中河和大江,其主要特征见表 6-1。

表 6-1 河流分类及特征

特 征	河 流 分 类		
	小 溪	中 河	大 江
齐岸宽度	<10 m	10~30 m	>30 m
河底基质构成	大石块、圆石	圆石、碎石	碎石、沙子
河道坡度	>4%	<4%	<2%
河流等级	1~2 级	3~5 级	>5 级
鱼种类	1~2 种,较少	3~4 种,较多	多种
溪流倒木的功能	较弱至中等	重要	较弱

另一种较常见的河流分类系统是根据河流的汇合情况,将河流分为不同的等级(图 6-5)。

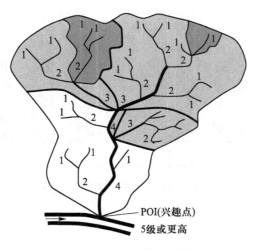

图 6-5 河流的等级系统

1 级河流是最小的,两个 1 级河流汇合而成的河流为 2 级河流,两个 2 级河流汇合而成的河流是 3 级河流,依此类推。一般我们将 1~3 级河流看作源头河流,通常它们占地球河流总长的 80 %。该分类系统在世界范围内应用很普遍。不同等级的河流一般反映了河流的大小。该分类也有助于同等级河流之间的比较。特别值得一提的是,该分类有助于研究河流网络结构、支流对更高级河流的贡献,以及确定次流域分界点。确定网络结构与流域分界点有助于河流系统的综合研究与模拟。该分类系统的缺点是,由于对第 1 级河流的定义不一样,故后面的分流容易产生混乱。例如,有的学者认为 1 级河流是最源头,但必须常年有水流;而有的学者只根据地形来定义 1 级河流(不考虑是否全年都有水流,是否是间歇或季节河流)。这说明,统一的定义是十分重要的。

在北美,Rosgen(1996)的河流分类系统是河流研究与管理领域中,大家认可与接受的一个系统。该系统根据河道下切比、坡度、宽深比及曲度来划分河流,并用不同字母(Aa$^+$,A,B,C,D,DA,E,F 和 G)代表不同的河流类型(图 6-6)。每个类型又根据河床主要基质(从岩石至淤泥/黏土),分为 1~6 个次类型(Rosgen,1996)。

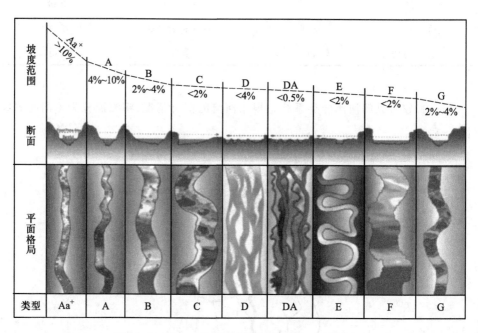

图 6-6　Rosgen 的河流分类系统(Rosgen,1996)

6.2　河流的栖息地

6.2.1　栖息地组成

生态系统是指生物群体与它们所在的物理与化学环境所组成的综合系统。

在河流生态系统中,物理环境常指下列因素:水量、流速、水温、河道基质、形态、浅滩–深潭序列、倒木及枝条、叶子覆盖,以及河岸的特征。水量与流速是最根本的水生生物需求。有些生物需要较深的河流,而有的生物则适应较浅的源头河流。不同的生物对水量与流速的需求不一样,但对于一条健康的河流来讲,一定的水量及其动态变化是其健康的基本前提。现在世界上许多地方由于工农业用水需求的增加,大部分河流的水量较自然状态下明显减少,甚至有些河流干涸无水,水生生境极度退化。水温是一个非常重要的栖息地指标,它影响生物的新陈代谢和生长发育。水温,特别是源头区的水温对土地利用变化、河滨植被状况比较敏感,还与水的来源(地下水、地表水或地下水与地表水的混合)有关。河道的基质与河流地质、河滨植被、河道的坡度与流量等因素有关。在源头区(1~3 级河流),河道坡度较大,流速较快,可搬动粗的泥沙等物质,故在这样的河道中只有直径较大的岩石才能不被冲走而留下。而在宽度较大、坡度很小的河流中,由于水流速度及其具有的动能较小,较小的泥沙基质也可沉积下来。河道的基质构成对生态环境具有十分重要的意义。例如,大马哈鱼产卵时,需要选择干净的小鹅卵石作为产卵场所。河流的形态(坡度、曲度等)及浅滩–深潭序列对流速、空气扰动、泥沙运输等具有直接的影响,直接决定河流生态的质量与数量。河流中的倒木通过影响河流形态(例如浅滩–深潭序列)、泥沙截留等,进而影响河流栖息。另外,倒木也是一些生物物种的直接栖息地。例如,花旗松种子就可直接在分解的倒木上萌发生长。溪流倒木还通过不断改变为河流系统提供一定量的养分,为一些生物物种提供隐藏的场所。河道覆盖是指由于河滨植被带或倒木对太阳辐射的拦截而对河道形成覆盖。覆盖的正面作用是减轻河流遭受的阳光暴晒,从而调节水温,也有助于大量枯枝落叶及昆虫掉入河道中,这些物质是一些水生生物重要的能量来源。同时覆盖作用也有助于一些生物物种躲避捕食者。覆盖也有一些负面作用,如在温度较低的河流中,覆盖使水温更低,从而影响水生生物的生产力。一般认为覆盖的正面作用要远远大于负面作用。

水的化学环境是指水的可溶性养分、盐碱度、泥沙含量、病菌含量、可溶性氧气含量等水质指标。水的养分包括许多营养元素以及它们的化合物,其中以 N 和 P 最受关注。N 是生物系统中(包括水生生物)决定生物生长最重要的元素。在河流系统中,N 来自水生生物的固 N 作用、有机物质的分解、岩石的风化及陆地上的淋溶作用。它的主要形态包括铵态氮(NH_4^+–N)和可溶性硝态氮(NO_3^-–N)。NO_3^-–N 对水生生物(如藻类)的生长有明显的促进作用。但当它的浓度较高时,会对生物产生有害作用。例如,当 NO_3^-–N 超过 4.2 mg·L^{-1} 时,有些鱼类会受影响;当它的浓度在饮用水中超过 45 mg·L^{-1} 时,会影响健康。在美国的饮用水标准中,NO_3^-–N 的浓度不能超过

$10~mg \cdot L^{-1}$。P 也是生物生长的必需元素。P 在水体中的浓度过高会导致常见的富营养化现象。

水中的泥沙包括悬浮泥沙与河床滚动泥沙。从水质来讲,悬浮泥沙比滚动泥沙更重要,主要是因为悬浮泥沙直接影响阳光的穿透性,从而影响水生生物的生长与发育。对一些生物来讲,过高的泥沙含量会直接导致它们窒息死亡。另外,泥沙还可携带大量的养分或重金属,对水质有负面影响。水体中的可溶性氧(dissolved oxygen,DO)含量与氧的可溶性(与温度呈负相关)、气压和生物活动有关。温度升高,氧的可溶性降低。生物活动越多,其消耗的氧气也越多,故水中可溶性氧减少。从生物角度看,可溶性氧是反映水质的一个重要特征指标。另外一个与氧有关的重要指标是生物化学需氧量(biochemical oxygen demand,BOD)。BOD 表达的是水体中用于分解物质所需要的氧量。该指标的高低可直接指示水体中污染物的多少。水中含有的病原菌直接影响人类的健康。通常用其数量来代表水质的情况。常见的指标有大肠杆菌(coliform)、细菌总量等。水体中的细菌与农牧业及城市化有直接的关系。森林采伐虽可增加水体的泥沙含量或浑浊度,但可能不会明显增加水中病原菌的数量。

水的生物环境主要是指生物之间以及生物与环境之间的相互关系,在复杂的生物关系中,有捕食者-猎物、共生以及寄生的关系。捕食者-猎物(predator-prey)模型是指一系列生物群体逐级为更高级的消费者提供食物与能量,这种关系通常称为食物链的关系。在食物链的最底部是生产者(植物)及分解者,而更高级的能量与食物消费者依次是食草动物(herbivore)、杂食动物(omnivore)和食肉动物(carnivore)。理解食物链中生物之间的关系有助于确定污染物是如何沿着生物食物链积累的。生物的共生关系是指生物之间相互依赖,只有这样它们才可生存与发育。例如,土壤中的菌根菌通常植入植物的根内,帮助养分(N)的转化,使植物获得更多的养分。而菌根菌本身也依靠植物中的 C 及其他物质而生存。生物的寄生关系(parasitism)则是指生物依靠侵入另一生物表面或体内获取所需的能量与物质,这种寄生生物常对寄主(host)产生危害。在河流生态系统中,浮游植物(phytoplankton)(通常为藻类(algae))是食物链中最主要的能量生产者。这些浮游植物常被浮游动物(zooplankton)食用,浮游动物又被小鱼食用,而小鱼又被大鱼食用。人类是这个食物链中最高级的消费者。

河流的物理、化学与生物环境综合地决定着河流系统的结构与功能(例如生物多样性)。河流中的生境与陆地系统紧密相连,特别是等级较低的源头区域的河流。在这样的河流中,河流的生态环境实际上取决于陆地上的生境与植被。如果陆地上,特别是河滨植被带被干扰或破坏,河流中的栖息地指标(物理、化学与生物指标)都会被改变。因此,在研究河流的生境或栖息地时,不能片面地就河流研究河流,而应将河流系统与其邻近的陆地系统有机地结合起来,从综合的角度来研究与管理,才能科学地保护与管理好河流水生栖息地。另外,河流水生栖息地不是不变的,它所涉及的物理、化学与生物方面的因素都是动态变化的。流域生态系统即使不受人类干扰,也会受到自然干扰(如火灾、风倒、病虫害等)。当流域的森林植被受到自然干扰时,河流中的栖息地也会相应地发生变化,而变化的程度取决于干扰的程度。流域生态系统受到干扰后,随着植被的自然恢复,水生环境也会相应地恢复。因此,水生系统与其相关的陆地系统总是在这种干扰—恢复—再干扰—再恢复的动态过程中不断进化的。系统中的生物也适应了这种动态过程与变化。这就说明,必须用动态的视野去认识河流的栖息地。

6.2.2 栖息地的类别与空间异质性

栖息地常被区分为物理性的栖息地(physical habitat)与功能性的栖息地(functional habitat)。物理性的栖息地常包括水力过程与河流形态(包括河道形状、基质大小、底床形状等)的相互作用,这种相互作用在较小河流的栖息地中尤其重要与突出。河道水文直接影响水速、水深及弗劳德数,进而产生水力的多样性(例如瀑布、湍流、急流)。有些研究者甚至用弗劳德数或水流的类型来确定或代表水力栖息地(Clifford 等,2006)。河道流量也直接决定了河道中栖息地的大小,毫无疑问,在一定流量范围内,河道中栖息地的面积与水量总是呈正比。基于此关系,一种确定河道生态需水的方法——河道内流量增量方法(instream flow incremental methodology)便产生了。有趣的是,随着河流流量的增加,栖息地的总量会增加,但水力的多样性反而减少,一般在低流量时,水力的多样性最高。功能性的栖息地是指河道内的树根、倒木、浸没的植物、大石块等,它们对水生生物有直接的影响。

物理性的栖息地与功能性的栖息地有一定的联系。例如,河道中水的流量、水力的多样性会影响水生植物的数量与分布。反之,河流中的倒木与大石块也可改变河道中深潭与浅滩的构成与数量,进而影响水力的多样性。同样,两种类型的栖息地都对水生生物(例如底栖动物、鱼等)有直接的重要影响。一般来讲,拥有质量高、数量多的栖息地的河流,其水生生物的多样性就高,反之,流域受到干扰与破坏,造成栖息地的退化与减少,其水生生物的多样性就会降低。然而,栖息地与水生生物多样性的关系有着复杂、不一致的一面。正如 Clifford 等(2006)指出,基于栖息地来准确预估水生生物的响应有很大的不确定性,因为它们的关系可能取决于栖息地的类型及时空的尺度(Lepori 和 Hjerdt,2006)。

由于河道水生栖息地是由水文、河流形态及生物过程相互作用而形成的,而水文过程在流域中具有很高的空间上的累积性、变异性及时间上的动态性,这就必然导致栖息地的空间异质性。概括来讲,河道栖息地的空间异质性由以下几个方面所驱动。

第一是气候变异产生的水文动态变化,特别是极端气候,能极大地改变河流水文过程、泥沙与倒木过程,进而影响河流形态及栖息地。气候-水文过程是一个十分重要的影响栖息地的驱动因素。第二是流域的干扰(包括自然或人为干扰)。这些干扰(例如砍伐森林)可改变下垫面的特征,影响水文、泥沙、河流形态、水质及倒木,进而影响栖息地。第三是河流本身的形状、大小、底床的形状、合流处(confluence)的特征都具有很大的空间异质性,也影响着河道栖息地的异质性。

栖息地的空间异质性及其尺度的效应在一定程度上增加了我们研究、管理及预估的难度。同时,某一尺度上的栖息地也具有明显的时间动态性。Newson 和 Newson (2000)认为,利用河道尺度(mesoscale)来研究与管理河流会有很多的优越性,既可考虑小尺度上具体的过程,又可外延到流域尺度。

6.2.3 有关河流生态学的理论或假设

在对河流进行的早期研究中,研究者多采用单一学科理论,且集中在单一的河道尺度上,随着人们对河流中存在的众多关系的认识增加,把河流作为一个生态系统,并考虑水生系统与陆地系统的综合关系、河流网络的联系、河流的动态与干扰等已成为现代河流生态学的重要研究方向。河流生态学已不再是单一的学科,而是包括河流形态、水文、生物、地质等学科的综合性学科。下面介绍几个与河流生态学有直接关系的理论和假说。

(1) 河流连续体(river continuum)理论

河流在纵向面上从坡度较陡的源头区至坡度平坦的沉积区,其物理形态与结构(坡度、宽度与深度、水量与流速、曲度及水温)都会发生变化。河流的生物群体及其生境也发生相应的变化。这种随着河流从源头区至沉积区的能量来源变化,生物群体发生与之相适应的变化,Vannote 等(1980)称之为河流连续体理论。

在这个概念框架中,能量来源及处理过程从上游至下游连续发生变化。在上游或源头区,河滨植被带的凋落叶是水生生物群落的主要能量来源,而在下游,能量的主要来源则是可溶性有机物。河流连续体的概念对我们理解河流生态系统内各个过程的联系以及结构与功能的统一性有很大帮助,也有助于我们根据河流的大小预估其水生生物群体的种类与特征。然而,该理论将生物群体、结构、物理过程从上游至下游的变化用线性变化来表达,并强调这些变化是逐渐的、连续的。事实上,河流系统因峡谷或溢洪平原等而中断,不可能总是连续的。为此,不少学者提出一个新的观点:河流是一个"不连续体"(Townsend,1989;Montgomery,1999),该观点主要强调河流系统中生境的非均一性、斑块性。

（2）网络动态假说

自从 Vannote 等于 1980 年提出河流连续体理论以来，至少有 3 个方面得到了重视与研究。它们是：① 栖息地斑块或异质体；② 随机干扰过程；③ 分级的尺度。这 3 个方面也是景观生态学的核心内容。正因为如此，有的研究者称之为河流景观学（riverscape）（Ward 等，2002）。Wu 和 Loucks（1995）综合考虑异质性、干扰及尺度三方面，并从陆地景观生态学角度提出了"分级斑块动态"的概念性框架。这个框架也可适用于河流生态学，但它缺乏一个物理基础。鉴于此，Benda 等（2004）提出了网络动态假说。该假说基于支流在河流网络中的空间格局及其与随机干扰的相互作用，以及它们对水生栖息地异质性、时空变化的影响，强调支流与干流汇合时，对干流河道形态、栖息地异质性的影响。正因为如此，该假设便有了物理基础，为研究现代河流生态学奠定了基础，对河流乃至整个流域系统的管理、恢复与保护具有重要的指导意义。

（3）水生系统连续体（aquatic system continuum）理论

美国地质勘探局（USGS）的 Winter（2006）提出了水生系统连续体的理论框架。该理论框架是指大气降雨、地表和地下水综合决定水流路径（path），其他地形、地质等因素可决定与系统相应的生物群落。它虽没有直接针对水生生境，但间接地表达了由于水流的扩散或退缩，水生栖息地随之发生变化，从而导致生物群落发生相应变化。

Winter 等人在美国北达科他州北部一个叫 Pothole 的草原湿地从事了近 20 年的水文观测。在观测期间，湿地系统经历了从干旱到湿润的不同气候类型，这给他们提供了一个良好的机会来研究因水在湿地系统中的移动而导致生物群落的相应变化。在此基础上，Euliss 等（2004）提出了湿地连续体（wetland continuum）的概念。后来 Winter 等将湿地连续体的概念推广到水生系统连续体的理论框架。该理论框架有助于我们确定研究重点、开展监测研究及评价气候变化或人类干扰对水生系统的影响。

6.2.4 鱼类对栖息地或生境的要求

下面通过介绍大马哈鱼栖息地的要求来阐述生物与河流栖息地的重要关系。

（1）大马哈鱼的生活史

大马哈鱼广泛分布于北美西海岸的太平洋（32 °N 至 70 °N）和北美东海岸的大西洋（41 °N 至 60 °N）。大马哈鱼通常在海洋中生活 1~4 年，待成熟后，洄游至淡水系统完成产卵、孵化和发育，然后再返回海洋（图 6-7）。

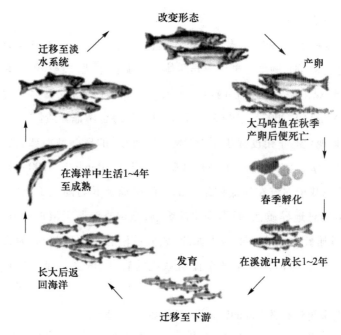

改变形态

迁移至淡
水系统

产卵

大马哈鱼在秋季
产卵后便死亡

在海洋中生活1~4年
至成熟

春季孵化

长大后返
回海洋

发育

在溪流中成长1~2年

迁移至下游

图 6-7 大马哈鱼的生活史

有些大马哈鱼的鱼种洄游至淡水系统的距离很短（在港湾附近），而有些鱼种则会迁移很长的距离到达它们的出生地完成产卵、孵化、发育等过程。大马哈鱼在产卵后就死亡了，它们的尸体对河流或河流附近森林的养分循环都有一定影响。在大马哈鱼的不同生活史阶段（迁移、产卵、孵化和发育），对河流中的栖息地条件（水量、水质、河床基质等）都有严格的要求。如果这些生境遭到破坏，将直接影响大马哈鱼的生活史及它的种群。事实上，由于森林的不断被破坏、城市化的污染、水坝的修建等不同的人类干扰造成许多河流的栖息地退化，许多大马哈鱼的种群受到严重的干扰，有些种类甚至接近灭绝的边缘。

（2）大马哈鱼对河流栖息地的要求

① 向上游迁移阶段。大马哈鱼在从海洋向淡水河流系统（出生地）的迁移过程中，对水温、可溶性氧、水浑浊度、水量及物理阻碍都有一定的要求。

在水温方面，水温太高或太低都影响大马哈鱼的迁移。温度太高常使得大马哈鱼延期迁移，待水温合适时再迁移。根据研究，大马哈鱼在迁移过程中，如果水温高于 21 ℃，对鱼十分有害，水温过高还可导致大马哈鱼在迁移过程中染病致死。如果可溶性氧减少，会影响大马哈鱼的迁移或洄游能力。一般来讲，在大马哈鱼洄游过程中，可溶性氧不应低于 $5.0\ mg \cdot L^{-1}$。大马哈鱼在洄游过程中，一般会躲避浑浊的水流。如果悬浮质的含量超过 $4000\ mg \cdot L^{-1}$，大马哈鱼将停止迁移。许多河道的阻碍，例如瀑布、速度很快的水流或倒木堵塞对大马哈鱼的迁移具有阻挡作用。在河流水量方面，一定的水量与流速是大马哈鱼迁移的最基本的条件。不少研究者根据最低水深和最高流速的要求，估算出河道最小的流量以满足大马哈鱼迁移的需要。

② 产卵阶段。在产卵阶段，大马哈鱼对生境的要求相对比较苛刻，除了需要适当的水量、水温外，还对产卵的地方、河床基质及覆盖有具体的要求。一条河道能容纳多少产卵的大马哈鱼，与适于产卵的面积有关，而面积的大小又取决于适宜的基质颗粒大小、水的深度、流速及覆盖情况。随着水量的增加，一般适于产卵的面积会增加，但如果水量增加太多，适于产卵的面积反而会下降。它们的关系是一个正态分布关系。适当的水量能提供适宜的水深与流速。一般来讲，小鱼需要 6～10 cm 水深，较大的鱼则需要 15～35 cm 的水深，有的鱼可能需要更深的水。适当的流速可以维持河流的扰动，从而维持一定浓度的可溶性氧，但流速太快会将卵冲走。在产卵的地方，大马哈鱼需要修筑一个由许多干净的鹅卵石组成的巢。因此，河流中是否具有干净的鹅卵石是大马哈鱼能否完成产卵过程的关键因素之一。如果河流被破坏，大量的泥沙覆盖鹅卵石，则对产卵所需基质的质量产生很大的消极影响，卵也可能被细的泥沙所埋没而窒息死亡。覆盖是指悬挂的植物、悬于河岸的倒木等，这些覆盖能够帮助鱼免受干扰和躲避捕食，产卵的鱼会感到"安全"。如果没有任何覆盖，鱼也许不会选择这样的地方产卵。

③ 孵化阶段。因为孵化阶段是在产卵之后，两阶段紧密相连。大马哈鱼产卵的同时，它也考虑了孵化阶段的栖息地要求。尽管如此，孵化阶段对生境的要求仍然有别于产卵阶段。孵化的成功很大程度上取决于巢周围或巢内的一些物理、化学及水力学方面的参数。这些参数包括：可溶性氧、水温、生化需氧量（BOD）、基质、河流形态、水深与流速、鹅卵石之间的空隙度和渗透性等。在孵化期间，必须有足够的水量满足在巢内和周围循环的需要，这种水循环一方面提供胚胎需要的氧，另一方面也可把一些新陈代谢所产生的废物冲走。而水在巢内的循环又取决于巢内鹅卵石之间的空隙度和渗透性。如果巢内有大量的泥沙，会直接影响水循环的过程。因为胚胎需要大量的氧，可溶性氧对胚胎具有关键的作用。如果 DO 不足，常造成胚胎较小或发育不全。鹅卵石之间的可溶性氧浓度常取决于许多因素：水温、水在鹅卵石之间的交换、流速、巢的空隙度等。采伐森林常由于水温和泥沙的增加而使可溶性氧减少。水温在卵孵化期间也很重要，它既影响胚胎的孵化速度，也影响胚胎的发育。水温还通过影响可溶性氧的含量而影响孵化过程。许多大马哈鱼在冬天孵化。对于大多数大马哈鱼，温度低于 4.4 ℃ 有助于孵化，但若温度太低并产生冰块，则容易造成胚胎的死亡。

④ 发育阶段。小鱼在孵化出来后，需要发育到一定程度才有足够能力迁移很远

的距离回到海洋,因此它们一般不会很快返回海洋。那么,小鱼在发育阶段需要什么样的条件或生境呢?它们对下列生境条件有一定的要求:水温、可溶性氧、浑浊度、场所、覆盖、水量。水温的重要性在于它直接影响鱼的生长和行为。有研究表明大马哈鱼的致死温度为23~29 ℃,不同的鱼种会有所不同。一般认为温度超过23 ℃,便会对大马哈鱼的生命形成威胁。对于低温来讲,温度在1~4 ℃会对许多大马哈鱼产生威胁,而当温度低于-0.1 ℃,便是致命的。根据研究,大马哈鱼生长发育阶段的最适温度为10~16 ℃,当然,不同鱼种有不同的范围。大多数自然河流常有足够的可溶性氧,但在一些较小的河流,水量较少、温度较高或有机质较多,会导致可溶性氧减少。虽然大多数大马哈鱼在可溶性氧低于5.0 mg·L⁻¹时可以生存,但它们的生长能力和食物转化效率会下降。水的浑浊度对于刚孵化出来的小鱼非常重要。悬浮泥沙较多甚至会导致小鱼死亡。但随着小鱼生长,对水的浑浊度的敏感性会下降,较大的鱼一般不受随机性的高浑浊度影响。小鱼在发育阶段需要大量的物质与能量,水生生物生产力较高的河流容易满足小鱼生长发育的需要。如果河流水生生物生产力较低,食物不足,则鱼的发育会受到影响。事实上,根据河流生产力的情况,可以确定某条河流对大马哈鱼的承载能力。河流的生产力越高,承载能力就大。

　　大马哈鱼在不同生命阶段对栖息地有不同的需求,但许多栖息地条件或参数是相同的。例如,水量(水深与流速)、水质(浑浊度、温度、可溶性氧)、基质、覆盖等,且这些生境条件对森林破坏、土地利用等人为干扰特别敏感。保护大马哈鱼的栖息地,必须从控制人为干扰入手。

6.3　人类干扰对河流栖息地的影响

　　人类的经营管理活动会对河流生态系统产生极大的影响。事实上,世界上绝大多数城市周边的河流,由于城市化的影响而发生了显著的退化。而远离城市的河流系统也常因农业活动或林业采伐等干扰而受影响。人类的干扰包括对水体的直接干扰,例如修筑水坝或水库、将工业或生活污水直接排入河道中、在河道中设置排水道以及直接从河流中抽水等。这些干扰直接影响水量、水质和河流形态及生态。人类干扰还包括砍伐森林、修筑道路等,这些干扰虽然作用在陆地上,但它们通过水流或物质的相互作用进而影响河流的栖息地。

　　下面着重阐述森林采伐对河流形态及栖息地的影响。在此之前,有必要认识一下什么是森林采伐干扰。森林采伐不仅仅是将树木移走。为了采伐森林,森林工业需要修筑道路、架设桥梁或布设下水道。采伐完成后,有时还需整地或燃烧剩余物。

所有这些与采伐有关的活动都会对流域过程产生影响。有研究发现,在某些情况下,修路的负面影响比单纯采伐或搬走树木还要大。因此,认识森林采伐的影响要综合考虑其干扰作用,认识这一点有助于我们更好地阐述森林采伐对河流生态系统的可能影响。森林采伐对河流栖息地主要有以下几方面的影响。

（1）对河流水量的影响

森林采伐导致系统林冠截留和树木蒸腾减少,河流总径流量会增加。森林采伐还可能增加地表和洪峰径流,且由于道路的汇流作用,洪峰径流到达时间会提前。河流洪峰的增加使河流的冲刷与搬运能力也增强,对河流形态有影响。另外,由于地表径流的增加,陆地表面上的动能加大,会产生更多的水土流失并导致泥沙大量进入河道。

（2）对河流水质的影响

由于水土流失的增加,采伐可增加河流中悬浮泥沙和河床混动基质。又由于采伐常破坏河滨植被带,使河道失去覆盖,从而增加河内的太阳辐射,提高水温。水温还由于采伐使地表径流比例更高(地下水相对减少)而升高。正如前文所述,水中泥沙的增加和水温的升高对大马哈鱼的生命各阶段都有负面影响。又由于水温的升高及泥沙、有机物的增加,故可溶性氧减少。可溶性氧是重要的水质参数,是重要的生境条件之一。当然,水温升高并不一定都是消极的。在一些水温较低的系统中,水温往往是水生生物生产力的限制因素,森林采伐引起的水温升高有可能提高河流系统的生产力。此外,采伐森林还可增加河流中的营养成分,形成非点源污染。大量养分,特别是 P 的增加可诱发水生系统富营养化问题。

（3）对溪流倒木的输入与运输的影响

森林河道中的倒木对河流生境具有重要的意义。它可以帮助形成浅滩-深潭的结构,截留一部分泥沙,有助于稳固河岸及提供覆盖。溪流倒木的具体生态作用在第7章会专门讨论。溪流倒木的主要来源是河滨植被带中部分死亡的树木,另一个来源是通过上游水流或泥石流的运输带来的。各种森林采伐方式,包括采伐河滨植被,虽使河道中的倒木在短期内略有增加(可能是由于森林工业将不需要的树木扔入河道,也可能是由于采伐后诱发的塌方而增加的倒木),但在较长一段时间内,河滨植被处于恢复阶段没有死亡,导致河道中缺乏倒木来源,从而倒木会减少。另外,采伐后由于洪峰径流以及泥石流的增加,河道搬运倒木的能力加强,其最终结果是河道中倒木量减少。河道中倒木数量的减少会导致河道形态结构的简单化,进而使其功能简单化。

（4）对河流形态的影响

森林采伐导致水土流失与洪峰径流的增加,从而促进淤积过程,大量的泥沙进入河道。其结果是河道变浅变宽,河道的曲度降低。曲流型的河流有向直线型河流转化的趋势,曲流波浪的长度加大。河道由于大量泥沙的输入,河床基质的质量退化。许多鹅卵石被细的泥沙所覆盖,导致用于鱼产卵和孵化的场所面积减少。由于在河道中使用排水道代替桥梁,而直径过小及坡度较大的排水道会导致水流速度加快,有些鱼不能向上游迁移从而完成产卵等生命过程。过小的排水道还会造成两岸水土流失加剧,影响河流栖息地的质量。

从上面的讨论可以看出,森林采伐,特别是采伐河滨植被,对河道生境的影响很大,影响河流中的生物多样性,大马哈鱼的种群会减少。在加拿大不列颠哥伦比亚省,森林工业是十分重要的产业,而大部分的森林河流又是大马哈鱼的重要产卵与孵化场所和栖息地。在20世纪40—80年代,由于盲目采伐(大部分的森林采伐都把河滨植被带砍掉)及修筑道路,许多源头河流都遭到不同程度的破坏,不少大马哈鱼的种群急剧下降,甚至接近灭绝边缘。从90年代开始,为了恢复这些退化的森林流域的结构与功能,实施了河流栖息地恢复项目,同时在管理森林时,把保护河滨植被带作为一个重要的林业管理措施。

参 考 文 献

Benda, L., Andras, K. Miller, D., et al. 2004. Confluence effects in rivers: Interactions of basin scale, network geometry, and disturbance regimes. Water Resources Research, 40:1-15.

Clifford, N. J., Harmar, O. P., Harvey, G., et al. 2006. Physical habitat, eco-hydraulics and river design: A review & re-evaluation of some popular concepts and methods. Aquatic Conservation: Marine and Freshwater Ecosystems, 16:389-408.

DeBarry, P. A. 2004. Watersheds: Processes, Assessment, and Management. New Jersey: John Wiley & Sons.

Euliss, N. H. Jr., LaBaugh, J. W., Fredrickson, L. H., et al. 2004. The wetland continuum: A conceptual framework for interpreting biological studies. Wetlands, 24(2): 448-458.

Lepori, F. and Hjerdt, N. 2006. Disturbance and aquatic biodiversity: Reconciling contrasting views. Bioscience, 56(10): 809-818.

Montgomery, D. R. 1999. Process domains and the river continuum. Journal of the American Water Resource Association, 35:397-410.

Newson, M. D. and Newson, C. L. 2000. Geomorphology, ecology and river channel habitat: Mesoscale approaches to basin-scale challenges. Progress in Physical Geography, 24, 2:195-217.

Rosgen, D. 1996. Applied River Morphology. Wildland Hydrology Colorado: Pagosa Springs.

Townsend, C. R. 1989. The patch dynamics concept of stream community ecology. Journal of the North American Benthological Society, 8:36-50.

Vannote, R. L., Minshall, G. W., Cummins, K. W., et al. 1980. The river continuum concept. Canadian Journal of

Fisheries and Aquatic Sciences,37:130-137.

Ward, J. V., Tockner, K., Arscott, D. B., et al. 2002. Riverine landscape diversity. Freshwater Biology, 47: 517-539.

Winter, T. C. 2006. The Aquatic Systems Continuum (abstract). http://www. ucalgary. ca/~cguconf/2006webs/ Abstracts/Winter. pdf

Wu, J. G. and Loucks, O. L. 1995. From balance of nature to hierarchical patch dynamics: A paradigm shift in ecology. Quarterly Review of Biology, 70:439-466.

第7章 溪流倒木生态

7.1 溪流倒木的基本概念

溪流倒木对河流形态、泥沙拦截、水生栖息地的形成、生物多样性、养分循环及碳循环等许多方面都有重要的作用。溪流倒木的生态意义因森林类型、流域的特点而异,但它既是流域生态系统(特别是森林流域生态系统)中的重要结构成分,又是功能过程之一,应该对它进行恰当的科学评价。对它的研究既有科学理论的意义,又有实践的应用价值。

人们对溪流倒木的过程及其生态意义的认识是渐进的。例如,在 20 世纪 50—70 年代,在美国的太平洋西北部及加拿大西部,溪流倒木普遍被认为对航运、鱼的洄游有阻碍作用,因此所采取的措施是清除河流中的倒木。后来发现这些措施造成河流系统结构简单化、水生栖息地及生态功能退化等不良后果。由于这些问题的出现,美国、加拿大等一些发达国家自 20 世纪 80 年代初开始就对溪流倒木的生态学进行了大量研究。基于这些研究结果制订了林业与流域管理策略,即如何保护、恢复及维持一定数量的溪流倒木,以保持河流生态系统的整体性。一些地区或部门甚至把溪流倒木作为监测或者判别河流生态系统健康的指标之一。

溪流倒木是指在河流中的死木。由于缺乏统一的定义,溪流倒木的英文术语多达十几个,例如 wood debris,coarse woody debris,organic debris,large organic material,logging debris,等等。不同的术语给文献的查找及科学交流带来诸多不便。本书采用目前引用较多的术语,即 large woody debris(简称为 LWD)或 in-stream wood。溪流倒木一般是指在河流内长度大于 1 m,直径大于 10 cm 的木头。

倒木在河流中或者以单独个体存在,或者以聚集体(jam)呈现。一般来讲,倒木的生态作用与倒木或倒木聚集体的大小有关。较大的倒木或聚集体对河流形态的影响比较小的倒木或聚集体要大。倒木对河流系统的影响也与河流的大小有关。河流越大,倒木的影响相对降低。因此,倒木对河流的影响或倒木的功能与倒木的相对大小(例如,倒木直径与河流宽度的比例)有关。这也意味着在比较不同河流中倒木的影响时,倒木的相对大小应该是更合适的指标。表示倒木大小的参数通常是直径与长度,而倒木存留量常用每 100 m² 河段的倒木体积或重量来表示。

7.2 溪流倒木的过程

溪流倒木在流域系统中常被区分为两个相连接的过程:倒木进入溪流的过程与倒木在河道内发生的过程(in-channel process)。前者是指河滨植被带的树木死亡之后通过各种方式(例如,河岸冲刷、泥石流的作用)进入河流。这个过程是溪流倒木的来源,它与森林植被(特别是河滨植被)的状况、植被受到的干扰、地貌特征等有直接的关系。倒木在河流内发生的过程是指树木在进入河流后所发生的一系列过程,它包括分解与破碎化、储存、搬运、沉积等过程。

7.2.1 倒木进入河流的过程

一般来讲,任何造成森林死亡的因素都会直接影响溪流倒木的来源。这些因素包括风倒、病虫害、火灾、河岸冲刷、泥石流及树木之间由于竞争而导致的死亡。大规模毁灭性的风倒、病虫害及火灾往往产生大量的溪流倒木。虽然这些毁灭性的森林干扰是间断的、不频繁的,但它们对溪流倒木的影响则是深刻的、长期的。大面积的风倒(例如龙卷风)往往发生在沿海森林地区,风倒后的河滨植被有部分树木直接进入河流。这些输入的倒木附有大量的枝叶,且这些枝叶可维持长达 5~10 年之久。这些附有大量枝叶的溪流倒木对河流的生态环境(例如,倒木的掩蔽及覆盖作用)有一定的影响。大面积火灾常发生于较干旱的内陆森林地区。火烧特别是毁灭性的火烧后,树木上的枝叶常被烧尽,剩下的树干通常需要若干年甚至几十年才倒下。与大面积风倒一样,火烧也使溪流中的倒木大量增加。

河岸冲刷是一种有效的倒木输入机制,这是因为河滨植被被水流下切(undercut)及冲刷后趋向于倒入河道中。河岸冲刷对倒木输入的影响与河岸的稳定性及水文条件(特别是洪水的强度与频度)有关。发生在坡面上的泥石流与雪崩也是一种重要的倒木输入机制。这种机制把河滨植被甚至是离河岸更远的坡面植被输入河道。在较成熟和已成熟的森林中,树木之间常发生竞争而死亡。死亡的树木往往是单株或较小的群体,因此这种过程不可能在较短时间内产生大量的溪流倒木。然而,这种过程是连续的、长期的,在成熟森林流域中是一种重要的倒木输入机制。

河滨植被树木由于火烧、病虫害或竞争死亡后,有相当高比例的死木成为枯立木(snag)。枯立木倒下的时间与方向因地形、风向及其本身的稳定性有关。一般认为大部分的枯立木会在树木死亡 15 年内倒下,但仍有少量的枯立木可枯立更长的时间。枯立木的倒向通常不是随机的,枯立木倒向河流方向的机会较高。这是因为河滨植被带通常有一定的坡度,导致树木底部坡下方向的土壤相对较少,稳定性较差,因而树木死亡后倒向坡下方向(即河流方向)的机会相对高一些。河滨植被树木死亡之后能否成为溪流倒木还与死木与河流的距离有关。距离越近,则死木输入河道的机会越高。一般来讲,当距离超过 30 m 时,死亡的树木即使倒下也不能触及河流。

7.2.2 倒木在河道内发生的过程

倒木进入河流后,在河道内发生分解、搬运、沉积与埋没等一系列的过程。这些过程与气候、水文及河流形态等相互作用。倒木的分解作用包括表面的破碎化(fragmentation)及内部的矿化(mineralization)。倒木表面的破碎化是指倒木受水流的冲刷与打击及本身与河床等界面的物理摩擦而损失部分表面。因为此过程纯属物理过程,倒木的密度不受影响,故研究者常用体积的变化来表达倒木的破碎化过程。倒木的矿化是指由于倒木在水中不断分解与矿化,内部发生淋溶损失。矿化的结果是使倒木的密度不断减小,但其体积不受影响。研究者常用密度的变化来表达倒木的矿化程度。在不考虑倒木破碎化的情况下,倒木的分解常由单个负指数方程式来表达,即

$$Y_t = Y_0 e^{-Kt} \tag{7.1}$$

式中:Y_0 为倒木的初始质量(密度、体积);Y_t 为倒木在 t 年后的质量(密度、体积);K 为分解速率常数。倒木在水中的分解一般比陆地慢。Scherer(2004)总结美国太平洋西北地区的研究,发现大多数溪流倒木的分解速率常数在 0.01~0.03。

倒木的搬运过程是指倒木受水流的影响从上游向下游的移动过程。了解倒木的搬运过程对于认识倒木在整个河流网络中的分配、倒木聚集体的形成与瓦解、倒木对江口、海洋系统的输入有重要意义。倒木的搬运能力与倒木的相对大小有关。在较小的河流中(1~3 级),倒木的稳定性较高。随着河道宽度增加,倒木的稳定性下降,而搬运能力增强。在大的河流中(5 级以上),倒木则是通过漂流而搬运的。倒木在搬运过程中,常由于其他倒木的拦截而聚集。随着聚集体的不断增大,它对河流形态及水文的影响也增强。有的河流甚至由于倒木聚集体而改道。聚集体因不断的分解作用以及洪水或泥石流的冲击作用而瓦解,从而使倒木在河流网络中得到重新分布。

倒木在流域中的沉积与埋没过程目前得到较多的关注。倒木通过搬运进入沼泽地或海洋而沉积,或由于河道的改变、泥石流的影响以及河岸冲刷等过程被埋没而永

久地进入水涝的环境。倒木在这种环境中由于缺氧,其分解非常缓慢。这些被埋没或沉积的倒木可能代表着一个重要的碳库。对它的研究有助于进一步了解碳循环在流域系统中的规律。

河道中任一时段的倒木存留量是由以上所有倒木输入过程及其在河道内发生的一系列过程综合作用决定的。由于倒木分解较慢,又有倒木的不断输入与输出,因此,河道中常有不同分解程度且来源途径各异的倒木。有的倒木来自火灾,有的来自河岸冲刷,也有的来自上游的搬运。倒木在河道中的这些特点给研究倒木生态带来了较大的复杂性。Benda 等(2003)提出了定量溪流倒木收支(budget)的框架,并在此基础上提出了一些用来估算倒木来源与变化的野外测定及模拟的方法。

7.3 溪流倒木的生态重要性

从系统生态学上讲,结构与功能是相关和统一的,有什么样的结构,就应有与其对应的功能。一个具有复杂结构的系统一般具有复杂且健全的功能。同样,一个具有结构多样化的森林生态系统,因其栖息地的多样化从而就可能具有更大的生物多样性。尽管结构的多样化不一定导致高的生物多样性,但具有高生物多样性的系统,就一定是具有结构多样性的系统。倒木从河滨植被区进入溪流后,它本身增加了溪流结构的复杂性。而更重要的是由于倒木在河流中不断与水、泥沙相互作用,导致河流形态的复杂化、水流速度的多样化,进而产生栖息地的多样化,为河流生物多样性的提高与维护提供了基础。可以想象,在一个结构简单、工程化的人工河流中,其具有的水生生物多样性肯定是低的。

7.3.1 倒木与河流形态

倒木或倒木聚集体通过改变河流中的泥沙、水流速度及河岸稳定性而影响河流形态。倒木对泥沙具有明显的拦截作用,主要表现在 3 个方面:① 倒木本身可以拦截一部分泥沙;② 倒木对水流具有阻拦、分流的作用,从而形成流速较低的泥沙沉积区;③ 倒木具有稳固河岸及减弱河岸冲刷的作用,从而减少泥沙的形成与输送。倒木对泥沙的拦截作用,特别是在较小的河流(3 级或以下)中较明显。例如,Tally(1980)估算,美国国家红树公园河流中溪流倒木可拦截超过相当于 200 多年的河床滚动泥沙总量。Montgomery 等(2003)总结了许多研究,认为倒木至少可拦截超过 10 倍于年泥沙量的泥沙。Gomi 等(2001)研究美国阿拉斯加州的 Maybeso 实验林及 Harris 流域中的倒木与泥沙储存的关系,发现倒木的存留量与倒木后方的泥沙量呈现显著的正相关。有些研究者也从相反的角度来反证倒木对泥沙的拦截(Bilby,1981;Smith 等,1993)。

这些研究证实,清除河流中的倒木会大量减少泥沙的拦截量,进而增加泥沙的输出。倒木对泥沙的拦截作用使下游的泥沙减少,也降低了河流中泥沙迁移、运输的变异性。

倒木对泥沙的拦截作用因河流的大小而异。一般来讲,随着河宽或河道级别的增加,倒木的稳定性降低,因而其对泥沙的拦截作用也减弱。在宽度较小但坡度较大的河流中(1~2级),倒木通常是形成深潭(pool)的主要结构成分,这种深潭有助于降低水的能量从而拦截更多的泥沙。Bilby 和 Ward(1989)发现在宽度小于 7 m 的河道中,有 40 % 的倒木对拦截泥沙有作用,而在宽度大于 10 m 的河道中,则只有 10 % 的倒木对拦截泥沙有影响。应该指出的是,在坡度较小,宽度较大的河流中(大于 5 级),倒木对泥沙的拦截作用非常有限。在一些特殊的情况下,倒木还可能因为限制溢洪区或河道中河坝的形成,从而增加泥沙的输出(Nakamura 和 Swanson,1993)。

溪流倒木对维持河岸及河道的稳定、减少河岸的冲刷具有重要的作用。在较小的河流中,倒木(特别是与水流方向垂直的倒木)易形成梯级,而在每一个梯级下面往往是深潭,这种梯级-深潭(step-pool)的结构能降低或耗散水的冲刷能量,从而有助于河道的稳定(Wilcox 等,2011;Heede,1985 a,b)。另外,倒木对河岸具有明显的加固作用,这种作用使其对河岸的冲刷减弱。不少研究证实,清除倒木使河岸冲刷加重,河道形态发生改变(Beschta,1979;Adenlof 和 Wohl,1994)。根据在加拿大不列颠哥伦比亚省南部 Okanagan 流域的森林溪流倒木的研究,Chen 等(2005)和 Scherer 等(2006)发现有 40 % ~ 60 % 的倒木对河岸有加固的作用。

倒木或倒木聚集体对泥沙、水文、河岸稳定性的影响导致河流形态在各个尺度上的变化。在河段(channel reach)尺度上,倒木对河流宽度既有增加的作用,又有减少的作用(Thorne,1990)。其综合作用是导致河流宽度的变异加大(Montgomery 等,2003)。溪流倒木由于对水流的拦截,引导水流冲刷河岸,从而增加河流的宽度(Robison 和 Beschta,1990)。倒木也可能由于加固河床从而使河流的宽度减小(Triska,1984),或由于倒木的聚集体能把单个河道分割成多个河流从而使单个河道的宽度减小(Hardwood 和 Brown,1993)。大量研究表明,稳定的倒木或倒木聚集体对河流中深潭的形成具有重要作用(Harmon 等,1986;Bisson 等,1987;Montgomery 等,2003)。这种作用在河道尺度上的表现是深潭的间距与倒木的频度或存留量呈反比,即倒木的载量越高,深潭的间距越小(Beechie 和 Sibley,1997)。在坡度较小的流域下游的河流中,倒木聚集体能改变溢洪区的过程,产生多个河道和支流道(side channel)(Hardwood 和 Brown,1993;Nakamura 和 Swanson,1993)。在更大的景观尺度上,倒木,特别是倒木聚集体对河流形态也有重要作用。在河流网络中,倒木聚集体能够拦截泥沙而将岩石型的河段变成淤积型的河段(Montgomery 等,1996),把泥沙的随机性输入机制变为相对稳定的输出机制。因此,倒木可能影响流域尺度上的泥沙冲刷、搬运过程及格局。此外,发育较好的森林及具有稳定的溪流倒木的河流能够保持较大的地形高差或较陡的河道坡度(Montgomery 等,2003)。

7.3.2 倒木与水生栖息地

倒木对水生栖息地(aquatic habitat)的影响主要体现在对深潭形成、河道基质构成及覆盖(cover)等方面的影响。大量的研究表明,倒木在坡度较大(>5°)或中等坡度(2°~5°)的森林河流中,对于深潭的形成具有十分重要的作用(图 7-1)(Abbe 和 Montgomery,1996)。Bilby(1984)在研究美国华盛顿州西南部森林小流域中发现,80 % 以上的深潭是由倒木引起的。Sedell 等(1985)在美国爱达荷州的研究也得到类似的结论。根据 Lassettre 和 Harris(2001)的总结,在美国太平洋海岸坡度较大或中等的森林溪流中,参与深潭形成的倒木的比例是 20 % ~ 80 %。Scherer 等(2006)和 Chen 等(2006)对 Okanagan 流域的研究表明,近 50 % 的倒木参与深潭的形成。然而在坡度较小的较宽河流中,倒木对深潭形成的影响就有限,且深潭的类型主要是以"冲刷潭"(scour pool)为主(Bilby 和 Ward,1989,1991)。这主要是因为,在较宽的河流中,倒木的长度不能延伸至整个河宽,对水流不能形成垂直拦截,由此产生的潭就是"冲刷型"的。

倒木能对一些水生物种(如鱼)提供重要的掩蔽场所(图 7-1)。特别是在进入河流的初期,有相当多的倒木附有大量枝条并悬在河道上,这就为一些水生物种提供了掩蔽场所(Wondzell 和 Bisson,2003)。倒木通过增强与河道的直接接触,其覆盖作用随着倒木或者枝条的不断分解、破碎化、冲刷而逐渐减弱。

(a) 拦截作用　　　　　　　　　　(b) 提供掩蔽场所

图 7-1　溪流倒木的生态功能(照片由魏晓华提供)

倒木对河道基质构成的影响导致水生栖息地多样化被许多研究证实。根据

Montgomery 等（2003）的总结，倒木通过增加河床及河岸的糙粗度（roughness），从而明显减少河床的切应力（shear stress）及河道导流力（channel competence）。其结果使河床构成基质的平均直径减小。另外，倒木能诱导河流中切应力与泥沙搬运力的变异性，从而形成具有不同基质的空间斑块（Montgomery 等，2003）。这两种作用（降低河床构成颗粒的直径及增加河床的空间异质性）的综合影响是使河流中水生栖息地的多样性与可利用性增加。Buffington（1998）发现，由于倒木的作用，大马哈鱼产卵所需的砾石即使在较陡、河床岩石直径较大的流域中也能得到明显的增加。

7.3.3 倒木与养分循环

倒木在两个方面影响养分循环。其一是倒木本身养分的分解与释放；其二是倒木通过截持或储存作用影响养分运输的时间及数量（Ryan 等，2014；Wohl 和 Scott，2017；Bilby，2003）。在森林小河流系统中，上面两个过程对河流中养分的动态循环都起着决定性的作用。倒木主要含有 C，其他元素的含量很低。倒木在水中的分解比在陆地要慢（Scherer，2004；Harmon 等，1986）。因此，倒木在漫长的分解过程中释放的养分较低。河流中除了倒木以外，还有一些有机碎屑（叶子、枝等）。这些碎屑虽然总量较低，但所含的养分（除 Ca 外）与倒木接近（Bilby，2003）。倒木通过截持或储存有机碎屑影响养分循环，这种作用可能比倒木本身的养分循环更重要。在森林小溪流中，倒木或它的聚集体能够降低水流速度与能量从而截持大量从上游或河滨植被带输入的有机物碎屑。许多倒木清除试验表明，在倒木从河道中被移除后，有机碎屑和养分输出明显增加（Bilby 和 Likens，1980；Beschta，1979）。相反，一些倒木增加试验表明，在倒木增加后，河流中有机碎屑的储存量会增加。例如，Wallace 等（1995）在美国南阿巴拉契亚山森林小溪流的研究表明，人为增加倒木使得被截持的有机碎屑从 88 g·m^{-2} 增加到 1568 g·m^{-2}。倒木对于养分循环的影响，在较小的第 1 级或第 2 级河流中最明显。随着河流宽度和级别的增加，倒木对养分的影响减少。这主要是因为在较大的河流中，倒木的单位面积的截留量要小，对有机碎屑的截持作用也弱。根据 Bilby（2003）的资料，当美国太平洋西北沿海地区的河流宽度从 5 m 增加到 15 m 时，通过倒木所截持的养分含量下降 80%，而在新罕布什尔州 White Mountains 地区由倒木所截持的养分从第 1 级河流到第 3 级河流大幅下降（Bilby，1979）。倒木对大马哈鱼的残体有明显的截持作用，这种截持作用对河流水生系统养分及生产力的提高有十分明显的作用（Bilby 等，1998）。

碳循环的研究成为当今世界最重要的研究课题之一。在碳循环的研究中，一个挑战性的课题一直困扰着科学家，那就是对全球的碳收支估算达不到平衡。这些不能平衡的碳量被称为"丢失的碳"（missing carbon）。目前有一种假说是：碳在流域系统中可能通过输入、搬运、沉积、埋没等过程而最终未能被测量与估算。美国现在已经在哥伦比亚河流域开展此方面的研究,以便进一步解释"丢失的碳"。研究溪流倒木在流域系统中的输入、运输、沉积和埋没对研究碳循环具有重要的意义。倒木进入河流后,经历一系列分解、破碎、搬运等过程,又由于其分解较慢及河流中泥沙沉积,有些倒木常常部分或全部被泥沙埋没或进入更大的系统(湖泊、湿地或海洋)而沉积。这些被水或泥沙埋没的倒木,分解非常缓慢。例如,根据在美国密苏里州和爱荷华州北部栎树林流域中溪流倒木的研究,倒木在水中或被泥沙埋没的环境中,存留时间可能达 1.4 万年。

7.3.4 倒木与生物多样性及生物产量

溪流倒木对生物多样性及产量有重要的影响:① 倒木本身是河道中的一个重要基质,为一些水生物种提供栖身或发展的场所;② 倒木本身含有养分,通过分解、破碎化释放养分,更重要的是倒木可以拦截大量的有机碎屑,这就为河流生态系统提供了能量与物质;③ 倒木改变了河流的形态,产生更多适合不同物种的栖息地。

倒木在河流中,因分解较慢,在河流中滞留的时间较长。又由于不断有倒木从上游或河岸带输入,在一个河段中常有处于不同分解阶段的倒木,这种倒木可以单独存在或呈聚集状态,也可有不同的排列方向。倒木的这种分布就产生了河段基质的多样化或河段的异质化。这种异质化能够增加一些物种栖身或发展的场所。特别是在坡度较小含有大量细沙的河流,倒木则成为稳定的、质地很硬的河流基质,成为一些依赖倒木居住的物种的重要栖息场所(Naiman 等,2010;Benke 和 Wallace,2003;Smock 等,1989)。另外,由于长期的分解及水的冲击,倒木表面随着时间的增加而复杂化。这种由于分解而产生的微生境的多样化导致一些大型无脊椎动物群体的多样性增加(Hax 和 Golladay,1993;Magoulick,1998)。O'Connor(1991)也发现表面粗糙的倒木具有更高的大型无脊椎动物群体生物多样性。

倒木能有效拦截大量的有机碎屑(枝条、叶子等),这些有机物质是许多水生物种的重要物质与能量(Smock 等,1989;Casas,1997)。倒木通过影响河流系统中的养分与能量结构从而提高水生生物的生产力与多样性(Wallace 等,1996)。另外,由于倒木能有效控制河流网络中泥沙的产生、搬运及分布格局,从而影响生物多样性。Palmer 等(1996)发现,倒木能够产生水速较小、基质较细的沉积区,从而为一些物种在洪水时提供了避难所。有些沉积区由于泥沙的不断累积而变成坝,甚至成为植被岛(Ward 等,1999)。倒木还可以通过截流泥沙而改变河道纵向的坡度,这种改变有助于河流与浅层地下水的交换,而这种交换有助于水温与水质的调节(Harvey 和 Bencala,1993)。因此,倒木可以控制河流网络中泥沙及有机物质的储存与分布,从而增加水生栖息地的复杂性并影响生物的多样性。

更重要的是倒木通过对河流形态的改变进而影响生物的多样性与生产力。有关这方面的研究较多,特别是倒木对于鱼类种群的影响。正如前面所述,倒木在各个尺度上(从倒木个体的周围小尺度到整个河流网络的大尺度)对河流形态都有影响(尽管这种影响因尺度的增加而降低)。这种影响使栖息地的复杂性增加。而复杂的栖息地则有助于生物多样性的维持与提高(Reeves 等,1993)。然而,也有一些研究发现,倒木并不能增加生物多样性(Chen,1999),个别研究甚至发现倒木有降低大型无脊椎动物生物多样性的可能(Murphy 和 Hall,1981)。不过,在他们研究的系统中光照是影响生产力的主要因素,而森林采伐(减少倒木)则可以提高光照及生产力,进而影响生物多样性。

影响河流生态系统生物多样性的因素很多。倒木及其形成的栖息地只是其中的部分因素。其他因素包括水温、水量、基质构成、干扰因素、河滨植被带特征等,所有这些因素综合决定着生物多样性与生产力。事实上,很难区分倒木及其他因素对生物多样性及生产力的影响。

7.4 溪流倒木的时空变异性

倒木的输入过程具有较大的随机性与不确定性,导致溪流倒木具有很大的时空变异性(Wei,2003;Swanson,2003)。倒木的时空变异性也意味着研究倒木需要从系统综合的角度才能完整理解、认识溪流倒木的特征与生态意义。

7.4.1 溪流倒木的空间变异性

河道中倒木的存留量受许多因素(河滨植被、干扰、水文、河流形态等)的影响,在空间尺度上呈现很大的变异性(Wohl 等,2017;Gurnell,2013;Bisson 等,1987;Abbe 和 Montgomery,1996,2003)。这种变异性既表现在同一尺度的河道之间,也存在于不同尺度的河道之间。在同一尺度的河道中,虽然河流的大小一致或都属于同一等级的河流,但由于河流的坡度差异,河滨植被受干扰的历史不同,其倒木载量的差异就可能较大。例如,根据对 Okanagan 流域的调查,虽然河流都是 2 级,且植被都是较成熟的小杆松林,但河道中的倒木存留量相差数倍以上(Chen 等,2005)。Harmon 等(1986)比较未受干扰的不同温带森林中的溪流倒木存留量,发现森林类型不同,其倒木载量相差很大(红木林>1000 m³·hm⁻²;针叶林为 200~1000 m³·hm⁻²;阔叶林<200 m³·hm⁻²)。在不同尺度的河道之间,随着河流宽度的增加或河流从低级到高级,倒木的存留量一般减少。这主要是因为在较大河流中倒木的输入减少,且搬运能

力增加(Naiman 等,2002;Swanson,2003)。尽管这个结论被普遍认可,但仍有一些稍不同的结论。例如,Chen 等(2005)发现,Okanagan 流域的 2 级河流中溪流倒木的存留量比 1 级河流要大。尽管如此,它们的存留量都要高于更高级或更大的河流,这又与普遍认可的结论相吻合,即随着河流级别的增加,倒木的存留量会减少。

倒木的搬运机制与聚集方式也有空间变异。在宽度较小、坡度较大的 1 级或 2 级河流中,由降雨或洪水诱发的碎石流是搬运倒木的主要机制(Nakamura 和 Swanson,1993)。而在中级或高级的大河流中,倒木的漂运则是倒木搬运的主要机制(Keller 和 Swanson,1979)。倒木聚集方式的空间差异主要表现在:随着河流级别增加,倒木从以随机排列的单个个体为主过渡为以大的、有组织的聚集体为主(Montgomery 等,2003)。这主要是由于在较小的河流中,倒木的长度往往大于河流宽度,倒木的稳定性高,从而不易被搬移。因此,倒木多数是倒在哪里就相对固定在哪里。而在大河流中,由于倒木的稳定性差,容易被搬运,许多倒木甚至被漂运,这些倒木可在一些特定的地方形成聚集体(Gurnell 等,2002;Abbe 和 Montgomery,2003)。一般来讲,经过越多搬运的倒木形成的聚集体,其紧实程度就越高(Swanson,2003)。

7.4.2　溪流倒木的动态性或时间变异性

溪流中的倒木受水流冲击与搬运,又与泥沙及河道相互作用,在河流网络系统中呈现独特的分布。有的全部或部分在水中,有的可能被埋没,也有的可能在深水中。这种分布在较大程度上决定了倒木在河流中的存留时间。根据 Chen 等(2006)对 Okanagan 流域中溪流倒木的研究,大部分倒木因其部分时间在水中,部分时间在水面,故其分解相对较快,它们的存留时间在 100~150 年。而有一部分倒木由于搬运作用,终年在水底,其存留时间在 400~600 年。还有一部分可能被泥沙埋没,其存留时间更长。

河道中倒木存留量的动态性与倒木的收支量是密不可分的。倒木的各种来源决定了某一河流倒木的输入(收入),而倒木的分解、河流搬运则决定了其支出(Benda 等,2003)。在任意时间内,倒木的存留量是其收入与支出平衡的结果。在森林河流生态系统中,毁灭性的自然干扰(如火灾)往往产生大量倒木输入,这种输入过程可持续几十年。在载量达到最高值后,倒木的动态变化则取决于搬运、分解及更新植被中由于竞争而死亡的倒木输入。基于这些过程的综合及模拟,研究者提出了森林流域中溪流倒木的一般动态模式(Bragg,2000;Minshall 等,1989;Scherer 等,2006)。Wei(2003)认为在一个由火烧作为主要自然干扰的森林流域系统中,毁灭性的火烧每隔一段时间便发生,而由数次火烧所产生及驱动的溪流倒木动态可用波动格局来表达(图 7-2),这可能是倒木在更长时间尺度的动态变化规律。

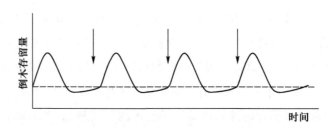

图 7-2　假设的倒木动态波动格局:由数次火烧所产生及
驱动的溪流倒木在长时间尺度的动态变化规律

　　研究倒木的时空动态规律是一个前沿性的科学难题。尽管在过去 30 多年内,对溪流倒木的研究受到广泛的重视,但绝大多数的研究局限在河段(reach)尺度或较小尺度系统,只有非常少的研究考虑倒木在整个河流网络中的输入、搬运、沉积等规律(Swanson,2003)。在倒木动态方面,绝大多数研究所用的时间尺度较短。即使有少数的研究考虑长期的动态规律,但主要是以计算机模型来模拟,而由实测数据组建的长期倒木动态模型几乎没有。Scherer 等(2006)利用空间代时间的方法,应用野外资料组建了 Okanagan 流域的小杆松森林流域倒木的动态模型。Swanson(2003)提出应从景观角度或整个流域角度来研究倒木的特点及其生态问题,既考虑倒木的空间尺度,又考虑倒木的时间尺度,从而达到认识倒木在景观或整个流域的特点及生态意义的目的。

7.5　干扰与倒木

　　有关干扰的定义较多,目前引用较多的是 Pickett 和 White(1995)的定义,即干扰是在时间尺度上任何能中断生态系统、群落的结构与过程并改变资源的分布及物理生境的相对间断的事件。一般用频度、强度和类型来描述干扰。例如,在描述森林火的干扰时,火的类型是指林冠火、地表火等;火的频度则指火出现的概率或多少年一遇;火的强度是指火燃烧的程度。从干扰的起因来讲,干扰可分为自然干扰和人为干扰。自然干扰在森林流域生态系统中包括发生在森林中的火烧、风倒、病虫害等以及发生于河流中的岩屑流、泥石流、大洪水、河流冲刷等。人为干扰常包括森林采伐、筑路、土地利用的改变、河道工程化、修建水坝等。干扰对溪流倒木的输入、运输及其在河流网络中的再分配具有决定性的作用。要研究和认识倒木在河流中的特点及其生态意义,就必须研究干扰与倒木的关系。

7.5.1 自然干扰与倒木

大规模、毁灭性的森林干扰可为河流提供大量倒木。Minshall 等（1989）研究美国黄石公园 1988 年火灾对倒木输入河流的影响，发现河流中的倒木在火灾后有明显增加。Chen 等（2005）对 Okanagan 流域的研究发现，火烧后河流中的倒木即使在 80～100 年后，其存留量仍高于火烧之前的河流。火除了直接影响倒木的输入外，还影响倒木的搬运过程。森林火灾后，由于森林失去了覆盖，土壤疏水性增强，使地表径流、水土流失增加，也使泥石流及水灾的概率与强度都相应增加，从而增加倒木被搬运的可能并促进泥石流的形成。

其他自然干扰，例如，病虫害、风倒、泥石流等也对倒木及其分布产生深刻影响。Lienkaemper 和 Swanson（1987）观察到大约 69 % 的溪流倒木是由风倒引起的。有研究表明，台风往往引发大量风倒从而使河流中的倒木明显增加（Nakamura 和 Swanson，2003）。

应该特别指出的是，不同类型的自然干扰可单独对森林流域系统起作用，但更常见的是它们之间的联合作用。例如，森林风倒后，泥石流或岩屑流常被诱发。又例如，在加拿大不列颠哥伦比亚省内陆的小杆松森林流域中，天牛常常大面积感染森林，而死亡后的树木为森林火灾提供了大量的可燃物质。火灾以后通常又能进一步诱发泥石流。因此，该流域受病虫害、火灾及泥石流的综合干扰。这些干扰是倒木动态变化的来源与动力。

7.5.2 人为干扰与倒木

森林经营，特别是河滨植被的采伐和林道的修筑对倒木的来源具有很强的负面影响。河滨植被被采伐、运走后，倒木的陆地来源几乎丧失，这种情况可持续相当长的时间直至新的河滨植被恢复成林，并产生新的死木进入河流。由于缺乏倒木的来源，故河道中的倒木存留量会逐渐减少直至河滨植被的恢复（假设上游输入的倒木等于该河段流失的倒木）。森林采伐还由于改变水文与水土流失而诱发更大更多的泥石流、岩屑流，从而增加倒木的搬运，使河段中的倒木存留量进一步减少。

其他人为干扰的方式包括林地农业化、河道的工程化等都有降低溪流倒木存留量的作用。这是由于这些人为干扰能降低倒木的来源并增强倒木的搬运能力。水坝（水库）或用于沉淀泥沙的池塘的修建，由于降低、阻拦河道对倒木的搬运能力对倒木具有截持与存留的作用。不管是哪种人为干扰方式，对倒木存留量及其分布都具有明显的影响。特别是在一些经历城市化、农业化及林业强度化的河道中，倒木作为河道生态系统的一个重要的结构物质几乎消失。这种结构上的消失必然造成河流水生系统功能的退化。

7.5.3 自然干扰与人为干扰的区别

自然干扰与人为干扰的区别在于:① 干扰的方式;② 干扰的影响或结果。对于干扰的方式而言,自然干扰常常是随机的,干扰的频度与强度有较大的变异;而人为干扰则是确定性的,常有固定一致的频度与强度。仔细比较一下森林自然火烧与人类森林采伐就不难理解两者的差异。在干扰的影响(结果)方面,自然干扰与人为干扰也有明显区别,而这种差别与干扰方式有关。

研究自然干扰与人为干扰的区别已受到越来越多的重视。主要有以下两个原因。① 人们逐渐认识到自然干扰是生态系统中的一部分,具有重要的生态意义,系统的功能、整体性与干扰密不可分。生态系统就是在这种干扰-恢复-再干扰-再恢复的循环中进化的。② 由于人口急增,人为干扰正在逐渐取代自然干扰成为主要干扰方式,而人为干扰的生态后果使人们有理由担心生态系统的可持续性。鉴于此,目前有一种较现代的提法是把模拟自然过程、自然干扰作为我们设计人为干扰的指南。尽管人为干扰不可能完全复制与模拟自然干扰,但在设计不可避免的人为干扰时,考虑并尊重重要的自然过程应该是理性与科学的选择。而要做到这一点,就必须理解与研究自然干扰与人为干扰的区别。

有关比较自然干扰与人为干扰对溪流倒木的影响的研究很少。Bragg(2000)利用模型比较森林火灾与森林采伐对溪流倒木存留量动态变化的影响(图 7-3)。Chen 等(2005)和 Scherer 等(2006)则用空间代时间的方法研究倒木的时间动态规律,比较火灾与采伐的区别。

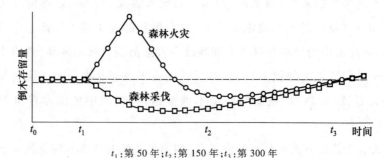

t_1:第 50 年;t_2:第 150 年;t_3:第 300 年

图 7-3　森林火灾与森林采伐对溪流倒木存留量动态变化的影响(Bragg,2000)

7.6 溪流倒木的野外测量与模拟

7.6.1 溪流倒木的野外测量

测量溪流倒木的第一步是选择有代表性的河段。而选择河段则取决于倒木调查的目的或科学研究所要解决的问题。如果是以研究为目的的调查,则应考虑在特定的河滨植被类型、森林干扰类型及特定河流级别中去选择河段。这样做有助于排除其他环境因素对研究问题的干扰。一般选择的取样河段长度在 $100 \sim 150$ m,较大的河流其取样的河段应更长些。倒木的大小(长度、两头直径)用一般方法测量即可。倒木的其他特征,如倒木分解级别与程度,在河道中的位置(全部或部分位于齐岸宽度之内、全部或部分位于河床底部等)与朝向及可能的来源等都需记载。倒木聚集体的精确测定较难,一般采用估算办法。如果聚集体较小,可通过调查倒木的根数及平均大小来推算。如果聚集体较大,则可通过测量聚集体本身的大小及其空隙度来推算。

测定倒木的分解通常采用的方法是测定倒木在可知时段内的密度变化。如果知道了倒木在死后进入溪流的时间及密度的变化,则可用单个负指数方程来推算分解速率常数。但在现实中,倒木死亡后进入河流的时间是很难确定的。下面列举两种估算倒木死亡后进入河流时间的方法供参考。如果知道倒木是在火烧后进入河流中的,那么测定河滨植被的年龄或通过历史记载便可推算出火灾发生的时间,而这个时间便可近似看作是倒木分解的时间。应该指出的是这个推算的分解包括倒木在水中的分解和倒木在陆地上死后但未倒下期间的分解。对于一部分在水底或被泥沙埋没的倒木,它的分解时间可以采用放射性碳(radiocarbon)的方法来确定。

倒木的输入及搬运能力的测定一般采用定位观测法。该方法是在选择的河段,把所有的溪流倒木都钉上标号,并用测量仪器记录每根倒木的位置(经纬度),然后定期观察从上游或河滨植被带新进入的倒木及每根倒木的新位置。通过计算倒木的输入与输出及其位置的变化便可估算出倒木的搬运及输入的速率。

根据以上描述的倒木观测,可以建立一个河段尺度上的倒木收支平衡方程:

$$\Delta S = [I - L + (Q_i - Q_o) - D] \Delta t \tag{7.2}$$

式中:ΔS 为河段中倒木的存留量在 Δt 时间内的变化;I 为从河滨植被的输入量;L 为由洪水导致的倒木溢出河段的量;Q_i 与 Q_o 分别是通过搬运从上游输入或下游输出的量;D 为分解量。

7.6.2 倒木的动态模拟

在过去 30 多年对溪流倒木的研究过程中,有关倒木的模拟也有较大的发展,研究并开发出适合不同目的、不同地区的模型十余个。Gregory 等(2003)对这些模型做了较全面的比较。读者如果对不同的倒木模型感兴趣,可以从阅读 Gregory 等(2003)的综述开始。在所有建立的模型中,CWD 模型(Bragg,2000)、RAIS 模型(Welty 等,2002),以及 Streamwood 模型(Meleason,2001)得到较多的关注与应用。

尽管不同的模型适合不同的目的或地区,但具有模拟倒木从河滨植被带进入河流过程,以及在河流内发生的一系列过程(分解、断裂、搬运等)则是倒木模型的基本要求。为了达到这个要求,倒木模型常包括两个子模型:其中一个子模型用于模拟森林河滨植被的生长与死亡。例如,RAIS 模型使用 ORGANON 作为植被生长的子模型,而 CWD 模型和 Streamwood 模型则分别用 FVS 和 GAP 作为子模型。另一个子模型用于模拟河道中倒木的过程。Wei(2005)开发了适合加拿大不列颠哥伦比亚省的倒木模型 Aquawood,包括适用于模拟森林生长与死亡的子模型 FORECAST(Kimmins,1993)。

7.7　溪流倒木的生态管理与未来的研究方向

7.7.1　倒木的生态管理模式

由于近 30 年对溪流倒木的研究,我们对其在河流生态系统的作用有不断深入的认识,从而导致倒木管理模式的变化。例如,在 20 世纪的初期和中期,在美国太平洋西北地区,由于当时人们普遍认为溪流中的倒木对鱼的洄游具有阻碍作用,因此采取的管理模式是清除河流中的倒木。但后来发现大量清除河段中的倒木会导致鱼的水生栖息地的退化。又由于大量的科学研究证实了倒木的生态作用,在 80—90 年代采用的倒木管理模式是通过保护河滨植被带,从而维持河流倒木的来源,并在退化的河流中人工引入倒木。这种模式的核心是维持一定的倒木数量。实际上,溪流倒木已被许多地区作为一项重要的河流生态系统健康指标来监测与管理。虽然这种模式对于保护河流水生生态系统有很好的指导意义,但一个最根本的问题并没有解决,即对一个河段来说到底有多少倒木存留量才能适当地维持河流水生生态系统的生态功能? 由于溪流中的倒木存留量具有很大的空间、时间变异性,这就决定了我们不可能用一个准确的特定值来作为倒木的适当量,也许一个变化范围更合适(Wei,2003)。Wei(2003)建议未来的倒木管理模式应该考虑以下几个方面:① 溪流倒木巨大的空间变异性,这也意味着倒木的"适当量"应是因地而异;② 倒木的时间动态性,并把干扰作为动态性的一部分来研究;③ 河流的整个网络结构与倒木的关系。

保护和恢复河滨植被带对保护河流系统来讲是一项有效的林业措施,被许多地区所采用。例如,在加拿大不列颠哥伦比亚省,林业政策就规定,必须保留一定宽度的河滨植被带,而它的宽度取决于河道的宽度(British Columbia Ministry of Forests,1995)。然而,这种政策主要是基于河滨植被带对控制泥沙、水温、水质、食物与能量方面考虑的,并没有考虑河滨植被带作为倒木来源的重要性。这种政策的后果是:当河滨植被带被自然干扰(例如病虫害)后,往往被采伐利用,因为人们普遍认为河滨植被死亡后,它对水文、水质、水温、泥沙等的调节功能已不复存在。但事实上,河滨植被在自然干扰后,能为河流提供大量的倒木。另外一个争论较多的问题是被保留下来的河滨植被带如果其宽度较窄,是否会诱发更多更大的风倒,从而影响倒木的输入过程。因此,在设计保护河滨植被带的策略时,也应考虑它对溪流倒木的动态性影响。

7.7.2　未来的研究方向

在过去几十年内,有关倒木方面的研究受到了广泛的重视,但绝大部分的研究局限在空间较小的河段及时间较短的尺度,未来的研究应重点关注以下几个方面。

(1) 空间尺度。例如,倒木在整个河流网络中的输入、运输、分布的规律;倒木及其生态功能在不同空间尺度上的调控过程与作用;评价在不同空间尺度上河滨植被及其生态环境与溪流倒木的相互作用。

(2) 时间尺度。从模拟与野外调查相结合的角度研究溪流倒木的长期动态性,并结合空间尺度研究倒木的景观格局、过程及调控因素。

(3) 将关于溪流倒木生态的研究置于干扰的框架之中。研究不同自然干扰(火烧、风倒、病虫害等)对倒木的影响;倒木在自然环境下的变异度;人为干扰(森林采伐、土地利用等)对倒木的输入、搬运、沉积等过程的影响,并进一步研究自然干扰与人为干扰对倒木及其有关生态过程影响的差异。

(4) 溪流倒木的生态恢复问题。在被人为干扰而导致溪流倒木缺乏、水生生境退化的系统,如何维持适当的倒木存留量? 适当的倒木存留量又是多少?

7.7.3　对中国开展溪流倒木生态研究的建议

中国具有世界上最完善的植被系统,这就为研究与比较不同流域的植被类型的倒木生态提供了独特的机会。中国在溪流倒木生态方面的研究目前还处在起步阶段。随着中国经济不断发展,对环境的日益重视,保护河流水生生态系统的整体性必将成为重要的研究与管理课题。同时,对溪流倒木的研究也有助于探讨水生生物多样性、全球气候变化与碳平衡、陆地系统与水生生态系统相互作用等全球范围的热点课题。

北美开展倒木的研究最早是从保护大马哈鱼开始的,现在发展到对整个水生生态系统的保护。可以肯定,倒木在中国众多且差异很大的流域系统中的生态作用是不同的。因此,中国开展溪流倒木生态研究的重点应聚焦在倒木对目标资源或生态问题有重要影响的森林流域。同时,把研究倒木生态与水生生物多样性的保护、碳循环与平衡、水土流域与河流泥沙的控制等重要生态问题相结合。

7.8 总结

溪流倒木是自然河流生态系统重要的结构组成部分,它对泥沙、养分的截留、河流形态的改变、水生与河滨植被生境的形成及生物多样性等具有重要的生态意义。然而,它的生态功能因河流的特征(大小、坡度等)、植被类型与干扰、河流中的目标资源不同而异。溪流倒木及其生态功能在空间与时间上具有很大的变异性,这方面的研究比较少,是未来研究的重点。人为干扰(森林采伐、土地利用等)影响倒木的来源及其在河流中的搬运过程,从而降低倒木的存留量及其生态作用。研究人类干扰、自然干扰以及它们对倒木生态的不同影响有助于正确理解倒木在河流网络中的动态,也有助于设计河流倒木的保护措施。

参 考 文 献

Abbe,T. B. and Montgomery,D. R. 1996. Large woody debris jams, channel hydraulics and habitat formation in large rivers. Regulated Rivers:Research and Management,12:210−221.

Abbe,T. B. and Montgomery,D. R. 2003. Patterns and process of wood debris accumulation in the Queets Rivers basin,Washington. Geomorphology,51:81−107.

Adenlof,K. A. and Wohl,E. E. 1994. Controls on bedload movement in a Sub-Alpine Stream of the Colorado Rocky-Mountains,USA. Arctic and Alpine Research,26:77−85.

Beechie,T. J. and Sibley,T. H. 1997. Relationships between channel characteristics,woody debris,and fish habitat in northwestern Washington streams. Transactions of the American Fisheries Society,126:217−229.

Benda,L.,Miller,D.,Sias,J.,et al. 2003. Wood recruitment processes and wood budgeting. 49−73. In:Gregory, S. V.,Boyer,K. L.,Gurnell,A. M. The ecology and management of wood in world rivers. American Fisheries Society,Symposium 37,Bethesda,Maryland.

Benke,A. C. and Wallace,J. B. 2003. Influence of wood on invertebrate communities in streams and rivers. 149−177. In:Gregory,S. V.,Boyer,K. L.,Gurnell,A. M.,eds. The ecology and management of wood in world rivers. American Fisheries Society,Symposium 37,Bethesda,Maryland.

Beschta,R. L. 1979. Debris removal and its effects on sedimentation in an Oregon Coast Range stream. Northwest Science,53:71−77.

Bilby, R. E., Fransen, B. R., Bisson, P. A., et al. 1998. Response of juvenile coho salmon and steelhead to the addition of salmon carcasses to two streams in southwest Washington, USA. Canadian Journal of Fisheries and Aquatic Science, 55: 1909-1918.

Bilby, R. E. 1979. The function and distribution of organic debris dams in forest stream ecosystems. Doctoral dissertation. Cornell University, Ithaca, New York.

Bilby, R. E. 1981. Role of organic debris dams in regulating the export of dissolved organic and particulate matter from a forested watershed. Ecology, 62: 1234-1243.

Bilby, R. E. 1984. Removal of woody debris may affect stream channel stability. Journal of Forestry, 82: 609-613.

Bilby, R. E. 2003. Decomposition and nutrient dynamics of wood in streams and rivers. 135-147. In: Gregory, S. V., Boyer, K. L., Gurnell, A. M., eds. The ecology and management of wood in world rivers. American Fisheries Society, Symposium 37, Bethesda, Maryland.

Bilby, R. E. and Likens, G. E. 1980. Importance of organic debris dams in the structure and function of stream ecosystems. Ecology, 61: 1107-1113.

Bilby, R. E. and Ward, J. W. 1989. Changes in characteristics and function of woody debris with increasing size of streams in western Washington. Transactions of the American Fisheries Society, 118: 368-378.

Bilby, R. E. and Ward, J. W. 1991. Characteristics and function of large woody debris in streams draining old growth, clear-cut, and second-growth forests in southwestern Washington. Canadian Journal of Fisheries and Aquatic Sciences, 48: 2499-2508.

Bisson, P. A., Bilby, R. E., Bryant, M. D., et al. 1987. Large woody debris in forested streams in the Pacific Northwest: Past, present, and future. Streamside Management: Forestry and Fishery Interactions. Salo, E. O., Cundy, T. W., Seattle, Washington, University of Washington, Institute of Forest Resources, 143-190.

Bragg, D. C. 2000. Simulating catastrophic and individualistic large wood debris recruitment for a small riparian system. Ecology, 81: 1383-1394.

British Columbia Ministry of Forests. 1995. Riparian Management Area Guidebook, Forest Practice Code, Victoria, British Columbia.

Buffington, J. M. 1998. The use of streambed texture to interpret physical and biological conditions at watershed, reach and subreach scales. Doctoral dissertation. University of Washington, Seattle.

Casas, J. J. 1997. Invertebrate assemblages associated with plant debris in a backwater of a mountain stream: Natural leaf packs vs. debris dam. Journal of Freshwater Ecology, 12: 39-49.

Chen, G. K. 1999. The relationship between stream habitat complexity and anadromous salmonid diversity and habitat selection. Doctoral dissertation. Oregon State University, Corvallis.

Chen, X., Wei, X., Scherer, R. A., et al. 2006. A watershed scale assessment of in-stream large woody debris patterns in the southern interior of British Columbia. Forest Ecology and Management, 229: 50-62.

Chen, X., Wei, X., Scherer, R. A. 2005. Influence of wildfire and harvest on biomass, carbon pool and decomposition of large woody debris in forested streams of southern interior British Columbia. Forest Ecology and Management, 208: 101-114.

Gomi, T., Sidle, R. C., Bryant, M. D., et al. 2001. The characteristics of woody debris and sediment distribution in headwater streams, southeastern Alaska. Canadian Journal of Forest Research, 31:1386-1399.

Gregory, S. V., Meleason, M. A., Sobota, D. J. 2003. Modelling the dynamics of wood in streams and rivers. In: Gregory, S. V., Boyer, K. L., Gurnell, A. M., eds. The ecology and management of wood in world rivers. American Fisheries Society, Symposium 37, Bethesda, Maryland.

Gurnell, A. M. 2013. Wood in fluvial systems. In: Shroder, J. (Editor in Chief), Wohl, E. (Ed.), Treatise on Geomorphology. Academic Press, San Diego, CA, vol. 9, Fluvial Geomorphology, pp. 163-188.

Gurnell, A. M., Piègay, H., Swanson, F. J., et al. 2002. Large wood and fluvial processes. Freshwater Biology, 47: 601-619.

Hardwood, K. and Brown, A. G. 1993. Fluvial processes in a forested anastomosing river: Flood partitioning and changing flow patterns. Earth Surface Processes and Landforms, 18:741-748.

Harmon, M. E., Franklin, J. F., Swanson, F. J., et al. 1986. Ecology of coarse woody debris in temperate ecosystems. Advances in Ecological Research, 15:133-302.

Harvey, J. W. and Bencala, K. E. 1993. The effects of streambed topography on surface-subsurface water exchange in mountain catchments. Water Resources Research, 29:89-98.

Hax, C. L. and Golladay, S. W. 1993. Macroinvertebrate colonization and biofilm development and leaves and wood in a boreal river. Freshwater Biology, 29:79-87.

Heede, B. H. 1985a. Channel adjustments to the removal of log steps: An experiment in a mountain stream. Environmental Management, 9:427-432.

Heede, B. H. 1985b. Interactions between streamside vegetation and stream dynamics. USDA Forest Service, General Technical Report, RM-120.

Keller, E. A. and Swanson, F. J. 1979. Effects of large organic material on channel form and fluvial processes. Earth Surface Processes, 4:361-380.

Kimmins, J. P. 1993. Scientific foundations for the simulation of ecosystem function and management in FORCYTE-11, Northwest Region. Information Report. NOR-X-328, 88.

Lassettre, N. S. and Harris, R. R. 2001. The geomorphic and ecological influence of large woody debris in streams and rivers. Center for Forestry Report, University of California at Berkeley.

Lienkaemper, G. W. and Swanson, F. J. 1987. Dynamics of large woody debris in streams in old-growth Douglas-fir forests. Canadian Journal of Forest Research, 17:150-156.

Magoulick, D. D. 1998. Effects of wood hardness, condition, texture and substrate type on community structure of stream invertebrates. American Midland Naturalist, 139:187-200.

Meleason, M. A. 2001. A simulation model of woody dynamics for Pacific Northwest streams. PhD Dissertation. Oregon State University.

Minshall, G. W., Brock, J. T., Varley, J. D. 1989. Wildfires and Yellowstone's stream ecosystems, BioScience, 39: 707-715.

Montgomery, D. R., Abbe, T. B., Buffington, J. M., et al. 1996. Distribution of bedrock and alluvial channels in forested mountain drainage basins. Nature,381:587−589.

Montgomery,D. R.,Collins,B. D.,Buffington,J. M. ,et al. 2003. Geomorphic effects of wood in rivers. 21−47. In:
Gregory,S. V.,Boyer,K. L.,Gurnell,A. M.,eds. The ecology and management of wood in world rivers. American
Fisheries Society,Symposium 37,Bethesda,Maryland.

Murphy,M. L. and Hall,J. D. 1981. Varied effects of clear-cut logging on predators and their habitat in small
streams of the Cascade mountains,Oregon. Canadian Journal of Fisheries and Aquatic Sciences,38:137−145.

Naiman,R. J.,Bechtold,J. S.,Beechie,T.,et al. 2010. A process based view of floodplain forest patterns in
coastal river valleys of the Pacific Northwest. Ecosystems,13:1−31.

Naiman,R. J.,Balian,E. V.,Bartz,K. K.,et al. 2002. Dead wood dynamics in stream ecosystems. USDA Forest
Service Gen. Tech. Rep. PSW−GTR−181:23−48.

Nakamura,F. and Swanson,F. J. 2003. Dynamics of wood in rivers in the context of ecological disturbance,279−
297. In:Gregory,S. V.,Boyer,K. L.,Gurnell,A. M.,eds. The ecology and management of wood in world rivers.
American Fisheries Society,Symposium 37,Bethesda,Maryland.

Nakamura,F. S. and Swanson,F. J. 1993. Effects of coarse woody debris on morphology and sediment storage of a
mountain stream system in western Oregon. Earth Surface Processes and Landforms,18:43−61.

O'Connor,N. A. 1991. The effects of habitat complexity on the macroinvertebrates colonizing wood substrates in a
lowland stream. Oecologia,85:504−512.

Palmer, M. A., Arensburger, P., Martin, A. P. , et al. 1996. Distribution and patch specific responses: The
interactive effects of woody debris and floods on lotic invertebrates. Oecologia,105:247−257.

Pickett,S. T. A.and White,P. S. 1995. The Ecology of Natural Disturbance and Patch Dynamics. San Diego:Aca-
demic Press.

Reeves,G. H.,Everest,F. H. ,Sedell,J. R. 1993. Diversity of Juvenile anadromous salmonid assemblages in coastal
Oregon basins with different levels of timber harvest. Transactions of the American Fisheries Society, 122:
309−317.

Robison,E. G. and Beschta,R. L. 1990. Coarse woody debris and channel morphology interactions for undisturbed
streams in southeast Alaska,USA. Earth Surface Processes and Landforms,15:149−156.

Ryan,S. E.,Bishop,E. L.,Daniels,J. M. 2014. Influence of large wood on channel morphology and sediment
storage in headwater mountain streams,Fraser Experimental Forest,Colorado. Geomorphology,217:73−88.

Scherer,R. 2004. Decomposition and longevity of in-stream woody debris:A review of literature from North
America. 127−133. In:Scrimgeour,G. J.,Eisler,G.,McCulloch,B.,Silins,U.,Monita,M.,eds. Forest Land-Fish
Conference II-Ecosystem Stewardship through Collaboration. Proceedings of Forest-Land-Fish Conference II,
April 26−28,2004,Edmonton,Alberta.

Scherer,R. A.,Wei,X.,Moore,R. D. ,et al. 2006. Influence of wildfire disturbances on temporal dynamics,charac-
teristics and function of in-stream wood in small streams of south-central British Columbia. Forest Ecology and
Management(submitted).

Sedell,J. R.,Swanson, F. J. and Gregory, S. V. 1985. Evaluating fish response to woody debris. In:Hassler, T. J., editor. Proceedings of the Pacific Northwest stream habitat workshop. Arcata, CA: California Cooperative Fishery Research Unit. Humboldt State University: 222–245.

Smith, R. D., Sidle, R. C., Porter, P. E. 1993. Effects on bedload transport of experimental removal of woody debris from a forest gravel-bed stream. Earth Surface Processes and Landforms, 18: 455–468.

Smock, L. A., Metzler, G. M., Gladden, J. E. 1989. Role of debris dams in the structure and functioning of low-gradient headwater streams. Ecology, 70: 764–775.

Swanson, F. J. 2003. Wood in rivers: A landscape perspective. 299–313. In: Gregory, S. V., Boyer. K. L., Gurnell, A. M., eds. The ecology and management of wood in world rivers. American Fisheries Society. Symposium 37, Bethesda, Maryland.

Tally, T. 1980. The Effects of geology and large organic debris an stream channel morphology and process for streams flowing through old growth redwood forests in Northwestern California. PhD Dissertation. University of California, Santa Barbara, CA: 273.

Thorne, C. R. 1990. Effects of vegetation on riverbank erosion and stability. 125–144. In: Thornes, J. B., ed. Vegetation and Erosion. Wiley, Chichester.

Triska, F. J. 1984. Role of large wood in modifying channel morphology and riparian areas of a large lowland river under pristine condition: A historical case study. Verhandlungen-Internationale Vereinigung fur Theorelifche und Angewandte Limnologie, 22: 1876–1892.

Wallace, J. B., Grubaugh, J. W., Whiles, M. R. 1996. Influences of coarse woody debris on stream habitat and invertebrate biodiversity. 119–129. In: McMinn, J. W., Crossley, Jr. DA., eds. Biodiversity and coarse woody debris in southern forests. Proceedings of the workshop on coarse woody debris in southern forests: Effects on biodiversity. USDA Forest Services. Southern Research Station General Technical Report GTR – SE – 094, Asheville, North Carolina.

Wallace, J. B., Webster, J. R., Meyer, J. L. 1995. Influence of log additions on physical and biotic characteristics of a mountain stream. Canadian Journal of Fisheries and Aquatic Sciences, 52: 2120–2137.

Ward, J. V., Tockner, K., Schiemer, F. 1999. Biodiversity of floodplain river ecosystem: Ecotones and connectivity. Regulated Rivers Research and Management, 15: 125–139.

Wei, X. 2003. Natural disturbance ecology and aquatic habitat. Canadian Water Resource Association Conference Proceeding. June 2003, Vancouver.

Wei, X. 2005. Simulation of the impacts of forest disturbance on in-stream wood recruitment using the AQUAWOOD model. Technical report to Ministry of Forests. British Columbia, Canada.

Welty, J. J., Beechie, T., Sullivan, K., et al. 2002. Rparian aquatic interaction simulation(RAIS): A model of riparian forest dynamics for the generation of LWD and shade. Forest Ecology and Management, 162: 299–318.

Wilcox, A. C., Wohl, E. E., Comiti, F., et al. 2011. Hydraulics, morphology, and energy dissipation in an alpine step-pool channel. Water Resources Research, 47: W07514.

Wohl, E. and Scott, D. N. 2017. Wood and sediment storage and dynamics in large river corridors. Earth Surface Processes and Landforms, 42: 5–23.

Wohl, W., Katherine B. L., Martin F., et al. 2017. Instream large wood loads across bioclimatic regions. Forest Ecology and Management, 404: 370-380.

Wondzell, S. M. and Bisson, P. A. 2003. Influence of wood on aquatic biodiversity. 249-263. In: Gregory, S. V., Boyer, K. L., Gurnell, A. M., The ecology and management of wood in world rivers. American Fisheries Society. Symposium 37, Bethesda, Maryland.

第8章 流域水生生物过程

8.1 水生生物的生态类群及其生态功能

水生生物是生活在各类水体中生物的总称,其种类繁多,大小各异,包括各种微生物、藻类、水生植物、无脊椎动物和脊椎动物。其生活方式也多种多样,有漂浮、浮游、游泳、固着和穴居等。本节主要介绍水生生物中的微生物、浮游动物、大型底栖无脊椎动物、鱼类、藻类和大型水生植物等生态类群及其生态功能。

8.1.1 微生物及其生态功能

水体中微生物类群主要有病毒、真菌、细菌和一些原生动物,这些微生物虽然肉眼很难看到,但数量庞大,在水生生态系统中扮演着重要角色。

水生病毒仅由遗传物质(DNA 或 RNA)和蛋白质外壳组成,是非常小的(通常在 20~200 nm)专性细胞内寄生生物,在自然水域的水柱中通常含有大量的病毒(10^4 ~ 10^8 个·mL^{-1})(Brönmark 和 Hansson,2018)。病毒在淡水生态系统的生物地球化学循环、宿主的种群动态、微生物群落组成和进化过程中扮演重要角色。病毒的丰度通常与细菌和浮游植物有关,每天有 10%~20% 的细菌和 3%~5% 的浮游植物被病毒感染致死(Brönmark 和 Hansson,2018)。

淡水真菌有超过 600 个物种,有些物种在世界各地均有分布,有些物种则仅分布在特定区域,比如气候寒冷或温暖的地区(Wong 等,1998)。大部分真菌有特殊的水媒传播能力,如有黏性的大孢子,使得它们能固定在植物凋落物或岩石的表面上。水生真菌能够参与分解植物残体,降解纤维素,腐烂的叶片经过真菌的作用能较好地被其他腐食者或分解者利用,如栉水虱属(*Asellus* spp.)和蚤状钩虾(*Gammarus pulex*)选择性地食用经过真菌附着或降解过的叶片,其生长率比直接吃没有被真菌附着或降解过的叶片要高(Krauss 等,2011)。此外,一些真菌能够寄生在高等生物体上(如水霉菌寄生在鱼类表面);有些真菌能够感染藻类,可能是导致藻类水华衰退的一个重要因素(Brönmark 和 Hansson,2018)。

水体中的细菌数量非常庞大,通常为 10^6 个·mL^{-1}(Brönmark 和 Hansson,2018),因此是浮游动物丰富的食物来源。有些细菌必须在有氧环境中才能进行新陈代谢,称为好氧细菌(aerobic bacteria),如硝化细菌;有些细菌必须在无氧环境中才能进行新陈代谢,称为厌氧细菌(anaerobic bacteria),如反硝化细菌和甲烷菌;有些细菌在有氧和无氧环境中均能进行新陈代谢,称为兼性厌氧细菌(facultative anaerobic bacteria),如酵母菌和聚磷菌。细菌的生物量和分布主要受水体有机和无机营养物质以及食细菌捕食者的调节。除了光合作用的细菌外,大部分细菌都能利用有机碎屑作为碳源提供能量(刘建康,1999)。细菌的新陈代谢驱动了水体的矿化过程和元素的氧化还原转化,在水生生态系统中的能量流动和养分循环方面发挥重要作用。

原生动物是单细胞的真核生物,它们主要以复杂的有机分子或粒子为食,具有很高的生殖潜力,在理想条件下几个小时就能产生一个世代(Brönmark 和 Hansson,2018),因此对水体营养波动响应很快。原生动物包括变形虫、纤毛虫和鞭毛虫。变形虫通过伪足运动,食物颗粒被黏性表面固定或被伪足包裹而吸收。纤毛虫通过遍布细胞四周的纤毛运动,以细菌、藻类、碎屑和其他原生动物为食,有些为混合营养型,可以通过光能合成物质作为食物的补充。许多纤毛虫能够在低氧浓度下生长,是受污染水体中常见的物种,如草履虫。鞭毛虫是一类能够通过鞭毛运动的原生动物,不同于纤毛虫的纤毛,鞭毛较少(1~8 个)并且长度大于体长。有些鞭毛虫是异养生物,有些则具有叶绿体,能够进行光合作用。异养鞭毛虫主要以细菌为食,对于降低细菌丰度非常重要。

8.1.2 浮游动物及其生态功能

浮游动物指悬浮于水中的水生动物,它们或者完全没有游泳能力,或者游泳能力较弱,不能做远距离的移动,也不足以抵抗水的流动力(刘建康,1999)。浮游动物数量多,代谢活动强,种类组成复杂。浮游动物在食物网中更是非常重要的一环:既能以浮游植物、细菌和有机碎屑等为食,又是鱼类和其他水生动物的天然饵料。另外,浮游动物也可以作为监测环境污染的指示生物。一些浮游动物对污染物极为敏感,且有积累和转移作用,因此可以指示周围环境的变化。下面以浮游动物中的主要类群——轮虫、枝角类、桡足类和水生昆虫为例做简要介绍(原生动物也属于浮游动物,在 8.1.1 节已做介绍)。

轮虫是浮游动物中一类较小的后生动物,具有巨大的繁殖潜力。其运动能力有限,一天仅能移动数米。大部分轮虫是滤食者,主要以细菌、藻类和小型纤毛虫为食,也滤食跟小型藻类大小差不多的颗粒。尽管轮虫很小,但过滤能力很强,每小时过滤的水超过它们自身体积的 1000 倍,这表明水中大量的颗粒食物是通过轮虫的过滤进入食物网的(Brönmark 和 Hansson,2018)。

枝角类和桡足类是甲壳纲浮游动物中重要的类群。大部分枝角类主要滤食藻类,有些也食用细菌,食物大小范围很广,滤食速率很高,对于藻类是一个很大的威胁。有些枝角类营底栖生活,刮食基质表面或植物上的附着藻,有些枝角类则捕食轮虫和一些原生动物。桡足类生活的水域很广,从高海拔融雪湖泊到低地池塘均能发现它们。桡足类的食性非常多样,有草食性、肉食性、碎屑食性和杂食性。桡足类是幼鱼和许多经济鱼类的天然饵料,在海洋中其数量波动和分布可作为探索鱼群和寻找渔场的科学依据。但是,桡足类的某些捕食性种类有时会侵袭鱼卵或鱼苗,可能对淡水鱼类的繁殖造成危害。

水生昆虫是指一个时期或终生生活在水中的昆虫,可分为水生和半水生两大类。据估计,世界上水生昆虫有超过 200 000 种(Dijkstra 等,2014),其生活史非常复杂,大部分水生昆虫的整个生命阶段并不全都在水里,成虫常常在陆地上,并与它们水生幼虫阶段的形态有较大差异。水生昆虫的种群密度一般很高,是鱼类重要的饵料来源。因此,水生昆虫是水生食物网中初级生产者(或碎屑)和次级消费者的重要连接者,也是水生生态系统和陆地生态系统的重要连接者。

8.1.3 大型底栖无脊椎动物及其生态功能

大型底栖无脊椎动物指生活史的全部或大部分时间生活于水体底部的水生动物类群。大型底栖无脊椎动物是淡水生态系统的一个重要组分,是鱼类等经济水生生物的天然饵料,一些大型底栖无脊椎动物(如贝类)本身具有很高的食用和经济价值。大型底栖无脊椎动物按照其功能摄食类群可以分为刮食者(grazer),主要以各种营固着生活的生物类群(如附着藻)为食,包括螺类、仙女虫类等;撕食者(shredder),主要以各种凋落物和粗有机颗粒物为食,如蟹类;收集者(gatherer),主要取食河底的各种细有机颗粒物,如颤蚓、双胃线虫等;滤食者(filter feeder),以水流中的细有机颗粒物为食,如双壳类;捕食者(predator),直接吞食或刺食猎物,如蜻蜓目和广翅目(Wallace 和 Webster,1996)。

不同的大型底栖无脊椎动物功能摄食类群具有不同的生态功能。① 刮食者。一方面,刮食者能够通过刮食基质表面死的或衰老的藻类细胞而提高藻类生产力;另一方面,刮食者在降低固着藻类生物量的同时,也间接影响了水体的水力特征和营养循环。② 撕食者。一些山地河流,特别是森林覆盖率较高的流域,其大部分的能量输入来自陆源凋落物形成的粗糙颗粒有机物,撕食者能够将这些粗糙颗粒有机物转化成细颗粒有机物和可溶性有机物,从而有利于下游其他水生生物对这些有机物的利用。此外,撕食者还能够通过刮削、刨槽和挖洞等行为促进溪流倒木的分解,也能撕碎活的水生植物从而增加水体有机碎屑的含量。③ 收集者。这类大型底栖无脊椎动物一般在溪流中丰度较高,是食肉昆虫的重要食物来源。因此,在河流食物网中扮演重要的角色。此外,收集者具有较低的吸收效率和较高的摄食速率,因此其觅食活动也能够影响有机颗粒物的沉积和循环。④ 滤食者。这类大型底栖无脊椎动物一方面能够去除水体中悬浮的有机颗粒物,减少营养盐和有机质的运输数量和距离,有些物种还能够通过对有机颗粒物的选择性滤食,改变水体悬浮颗粒的数量和类型;另一方面,滤食者可以通过新陈代谢作用向水体分泌氮磷等营养盐,从而改变水体营养水平,进而影响水生植物等的生长,且其粪便排泄物可以为腐食者提供有机沉积物。⑤ 捕食者。捕食者能够通过下行效应影响被捕食种群的形态、数量、群落结构甚至繁殖行为。有研究表明,没有掠食性的小龙虾存在时,螺类繁殖更早,但是其体型大小却是小龙虾存在时螺类的一半;小龙虾存在时,螺类通过分配更多能量快速生长、推迟繁殖开始的时间来获得更大的体型,以抵御小龙虾的捕食(Wallace 和 Webster,1996)。

8.1.4　鱼类及其生态功能

鱼类是脊椎动物中最多样化的类群,是水生态系统中的顶级消费者,小至 8～10 mm,大至 12 m 以上(刘建康,1999)。鱼的种类繁多,据估计,全世界的鱼类超过 32 000 种,其中淡水鱼超过 10 000 种(Nelson 等,2016)。水中各种有机物质都可以成为鱼类的食物。鱼类主要食性可分为:草食性、肉食性、杂食性和碎屑食性。鱼类生活于水环境中,其生长受多因素的影响,其中外部因子包括食物、捕食者、温度、溶解氧、盐度和 pH 等,内部因子包括鱼类的遗传因素、年龄和生理状况等。

大多数鱼类是春天繁殖,因为许多鱼类的开口饵料是浮游生物,而春天温度上升,浮游生物的密度迅速上升,为鱼苗提供了丰富的食物来源。产卵场对于鱼类来说至关重要,产卵场的选择与卵的特性有关,如四大家鱼的卵为漂流性卵,其产卵场要求大江两岸地形变化较大,从而水流上下翻滚垂直交流,四大家鱼的卵才不至于下沉(刘建康,1999)。鱼类的生活场所可以分为三类,即产卵场、索饵场和越冬场。有些鱼类这三类生活场所在同一地方,称为定居鱼类;有些鱼类则需要在不同地点完成这些生命活动,称为洄游鱼类。洄游是一种有一定方向、一定距离和一定时间的变换栖息场所的运动,这种运动通常是集群的、有规律的、周期性的,并具有遗传的特性。比较著名的洄游鱼类有大马哈鱼、中华鲟等。

鱼类的一个重要特征是其个体大小在发育过程中能够增加几个数量级,这种大小的增加意味着其食物也随之发生变化。有些鱼类在发育过程中食性也有可能在肉食性、草食性和杂食性之间发生转变。

鱼类作为水生生态系统的顶级消费者,主要通过下行效应(top-down effect)影响整个生态系统的结构和功能。下行效应是指群落中高营养级生物(如食肉动物)的种群数量能够控制中营养级生物(如食草动物)的种群数量,进而减轻低营养级生物(如植物)被捕食的压力。例如,在水生生态系统中,当肉食性鱼类种群数量较大时,浮游动物食性鱼类就比较少见,而浮游动物丰度则较大,进而导致浮游植物丰度相对较低,反之亦然。除此之外,鱼类对水生生态系统的影响还体现在以下两方面:① 鱼类移动能力较强,在浅水湖泊中由于底层鱼类对底泥的强烈扰动而引起底泥再悬浮,造成水体浊度较高,影响水体的透光度,进而影响水生植物的光合作用;② 鱼类的新陈代谢作用一方面促进了水体的生物地球化学循环,进而影响其他生物过程,另一方面也对水质造成了影响,过多的鱼类可能造成水生生态系统失衡。

8.1.5 藻类及其生态功能

藻类可能是水生生物中研究最多最充分的类群,大小和形态差异很大,从几微米到几米,从小的单细胞形态到复杂的多细胞形态,藻类的变异性和多样性使其成为几乎所有水体里常见的类群。水生生态系统中的藻类按照其生长类型,可以分为浮游植物(phytoplankton)和底栖藻类(benthic algae,或称为附着藻类,attached algae)两个生态类群。浮游植物是指能够自由漂浮在水体里的藻类,各门都有分布,常见的有蓝藻、绿藻、硅藻、隐藻、金藻、裸藻等;底栖藻类是指一些生长在水下各种基质表面上的藻类,其附着基质可以是岩石、底泥、无机和有机颗粒、大型水生植物和大型底栖无脊椎动物等,在基质上一般肉眼可见,呈绿色、褐色或黄褐色。一般流速较慢或静止的水体中(例如湖泊、水库)浮游藻类占优势,而流速较快或风浪较大的水体中(例如河流、溪流)底栖藻类占优势。

一般情况下,沿岸带有来自地表径流的外源营养补给,河口区有来自河水携带的外源营养补充,因此藻类数量较多;敞水带可能由于表层水营养水平较低,而底层水缺少光照,藻类数量较少(刘建康,1999)。浮游植物的物种组成与水体的营养状况、温度、酸碱度和捕食者等有关。浮游植物是湖泊、水库和池塘等水体里重要的初级生产力,是一些水生动物的重要饵料,因此是水生食物网中重要的组成部分。当水体发生富营养化(eutrophication)时,藻类能够快速增殖,种群数量迅速扩大,并大量积聚在水柱里或者水体表层,这种现象发生在淡水中一般称为藻类水华(algae bloom),发生在海洋中一般称为赤潮(red tide)(Ansari 等,2014)。一般湖泊中容易发生蓝藻水华,而河流中容易发生硅藻水华。藻类水华的发生使得水体透光性和透气性下降,危害其他水生生物的正常生长,有些藻类能够产生藻毒素,因此也对公众健康造成危害且严重破坏了水体的生态平衡(Paerl 等,2001)。

底栖藻类是适应流水生境最成功和最重要的初级生产者,它们是许多河流中高营养级消费者的主要能量来源。底栖藻类的高周转速率和机会主义生活史策略使得它们成为河流生境的重要拓荒者。底栖藻类还可以作为经济动物如螺、蚌、虾和鱼等的饵料,能够在水体底部产生氧气,减少了底泥中磷向水体的迁移,使其他需氧生物能够较好地生活在沉积物表面,因此,其对于水生生态系统非常重要。在清澈的水体中,营养含量较低,光照能够到达水底,底栖藻类的生产力甚至能够占总初级生产力的 80%。在沿岸区范围大、高等水生植物生长茂盛的水域,底栖藻类初级生产力可占总初级生产力的 40% ~ 50%(Necchi,2016)。而在富营养化湖泊,水体浑浊,随着水体深度的增加水体底部光照急剧下降,底栖藻类的生产力则非常低,甚至可以忽略不计。此外,由于底栖藻类是不动的,能较客观地反映所在地段的水质,并且对环境变化的响应较快,因此可以指示流域的生态健康。

8.1.6 大型水生植物及其生态功能

水生植物指生理上依附于水环境,至少部分生殖周期发生在水中或水表面的植物类群,是不同分类类群植物通过长期适应水环境而形成的趋同性生态适应类型(刘建康,1999)。水生植物生活型代表了水生植物对水环境的不同适应程度,一般分为湿生植物、挺水植物、浮叶植物和沉水植物。湿生植物生活在水饱和或周期性淹水土壤上,解剖特点与陆生植物相似;挺水植物指根生于底质中、茎直立、光合作用组织气生的植物生活型,也具有陆生植物特性;浮叶植物为茎叶浮水、根固着或自由漂浮的植物生活型;沉水植物指在大部分生活周期中植株沉水生活、根生于底质中的植物生活型,其根、茎、叶由于完全适应水生而部分功能退化,根和茎中维管束的退化减弱了根系的吸收功能,茎缺乏木质和纤维,叶薄,叶绿体集中于表面,营养繁殖较为普遍(刘建康,1999)。

水生植物是水生生态系统中非常重要的初级生产者,在维持各类水体清水稳态和生态系统功能方面发挥着重要的作用。以沉水植物为例,其主要生态功能包括以下几方面:① 沉水植物可以维持水生生态系统生物多样性。沉水植物是许多浮游动物、鱼类和水鸟的重要栖息地、产卵场和优质食物来源,通过沉水植物的作用构建成的食物网显著地增加了水体的生物多样性,提高了生态系统的稳定性(Jeppesen 等,1998)。② 沉水植物介导了水体营养盐的生物地球化学循环过程。沉水植物大多扎根于底泥,茎和叶完全生长在水中,既能通过根吸收底泥营养,也能通过茎和叶吸收水体营养,因此是连接水体-底泥界面的重要媒介。③ 沉水植物能够维持水体的清水稳态。沉水植物主要通过物理和化学作用来提高水体透明度,如沉水植物能够减轻风浪和底栖鱼类对底泥的扰动,通过增加水中颗粒物的附着表面等减少水柱中漂浮颗粒物的含量;沉水植物可以分泌化感物质来抑制藻类的大量生长;通过大量吸收水体和底泥的营养盐和无机碳以降低水体营养水平,抑制藻类的大量生长。

8.2 流域养分动态与水生生物

流域养分特征通常决定水生生态系统的营养状态。例如,林间溪流水体可能由于凋落物降解产生大量的腐殖质而呈棕色,湖泊或水库可能由于农业施肥或者城镇废水排放(造成水体富营养化)形成藻类水华而呈绿色。因此,流域养分对于水体中的化学组成很重要,并决定水生生物的种类组成和丰度。水生生物生长所必需的养分通过不同的化合物在水体和陆地环境之间转移,同时也在有机体内部和之间转移。水体中养分的来源一般主要有溪流、地表径流、雨水和地下水等,这些养分一旦进入水体就有可能被水生生物所利用并通过食物网循环,或者直接进入沉积物、地下水,或者随溪流流出水体。本节主要以流域碳(C)、氮(N)、磷(P)三种养分元素动态对水生生物的影响为例进行阐述。

8.2.1 流域碳动态对水生生物的影响

碳进入水生生态系统的主要形式有:① 通过大气中 CO_2 扩散到水体;② 有机体的光合作用;③ 陆生有机碎屑输入;④ 以碳酸氢盐的形式进入流域地下水或地表水。碳可以结合在活的或死的有机体中(颗粒性有机碳,POC),也可以溶解在水体中(溶解性有机碳,DOC)。从陆地向水体输入的碳是细菌新陈代谢重要的碳源,这些物质又通过食物链传递,进入其他水生生物体内,因此除了水体内部光合作用固定的碳外,陆源 DOC 和 POC 的输入也能够提高水生生物的丰度。水生生态系统外源性 DOC 的输入数量有时甚至可以和自身初级生产力相比拟。进入水体的大部分外源 DOC 很难被直接利用,但是经过降解(如紫外线辐射或真菌附着)则可以被细菌利用。稳定同位素研究表明,浮游动物中来自陆源的碳可以达到 50%,因此流域输入的养分对水体食物网是一个重要的补充(Creed 等,2018)。

大量的 DOC 通过集水区径流进入水体,由于有些分子(腐殖质)在水体中呈褐色,因此会影响水柱中光的数量和强度,进而有可能降低水体光合作用速率和初级生产力。然而腐殖质进入水体的同时也可能附着营养物质,从而为生产者(如浮游植物和大型植物)提供额外的营养物质,进而促进它们的生长。这表明至少对于浅水湖泊来说，DOC 与水体初级生产力之间的关系呈"钟形"曲线，DOC 最开始促进光合作用到一个临界值，然后由于水色变化而降低光合作用。Seekell 等（2015）沿着 DOC 梯度对瑞典北部 6 个主要流域光和营养之间的关系的研究表明，DOC 的临界值约为 6 mg·L^{-1}。

此外，水生生态系统对于许多以碳为基础的生物化学过程也很重要，如甲烷的生成。甲烷生成主要发生在厌氧的沉积物和水体中。当甲烷分子进入有氧的水层，会被食甲烷的细菌利用，这些食甲烷细菌也可能被其他动物捕食。因此沉积物中的碳移动并进入水体的食物链中，由于甲烷是较强的温室气体，这个过程对于碳的生物化学循环也非常重要，能够影响气候变化。

水生生态系统初级生产力光合作用需要的碳源主要为 CO_2 和碳酸氢盐，由于空气在水体中的扩散速度极慢，所以在自然水体中，无机碳含量往往是初级生产力的一个重要限制因子。人类活动导致了大气中 CO_2 的持续增加，据预测，到 2100 年空气中的 CO_2 浓度将达到现在的 2 倍左右。大气中 CO_2 浓度增加的同时，水体无机碳含量也会相应增加，一方面通过影响有机体降解速率影响水体的营养循环，另一方面也改变了食草动物的食物价值，从而有可能对其种群产生影响。

8.2.2 流域氮动态对水生生物的影响

影响水生生态系统的氮的主要形态是硝态氮、铵态氮、多种多样的可溶性有机化合物（氨基酸、尿素、复合可溶性有机氮等）和颗粒态氮等。浮游植物和高等水生植物喜好不同形态的氮，而不同形态氮的比例和负荷对水生生态系统生产者的生长、大小、结构和群落组成的影响不同。例如，沉水植物的茎叶和根都能吸收硝态氮和铵态氮，这两种氮源对于沉水植物的相对重要性具有种间差异，并且取决于水体和底泥中两种形态氮的相对含量。一般情况下，在底栖型沉水植物占优势的贫营养湖泊中，硝态氮是主要的氮源并且主要通过根吸收；而在冠层型沉水植物占优势的富营养湖泊中，铵态氮是沉水植物主要的氮源并且主要通过茎叶吸收。值得注意的是，过量的铵态氮对水生植物具有一定胁迫作用，因此可能是造成富营养化水体水生植物群落衰退的一个重要原因（Cao 等，2011）。

人类活动使生物圈中循环的氮增加了一倍多，这种人为氮输入生态系统的主要途径为区域性大气氮沉降、森林破坏和土地利用等。下面以大气氮沉降为例阐述氮对水生生态系统的影响。区域性大气中的活性氮通过干沉降或雨、雪等湿沉降运输并进入陆生和水生生境里。由于人们常认为陆地生态系统初级生产力主要受氮限制，所以大气氮沉降对陆地生态系统的生态和生物地球化学影响的相关研究很多，而对水生生态系统的影响则研究较少，可能因为人们认为淡水生态系统水体初级生产力主要受磷限制。大气氮沉降对浮游植物有许多重要的影响,如浮游植物生物量与磷负荷之间的基础关系可能与大气氮输入有关(Rabalais,2002)。增加 N∶P 供应比例可能有利于少数对磷有强竞争力的物种,从而降低浮游植物多样性。氮负荷增加造成浮游植物磷限制增强,有可能影响湖泊食物网的结构和功能,因为磷限制的藻类对于消费者如浮游动物来说是低质量的食物,进而通过"上行效应"影响高营养级消费者(如鱼类)。Elser 等(2009)对挪威、美国和瑞典高氮沉降和低氮沉降地区的湖泊做了对比研究,结果显示高氮沉降地区的水体硝态氮浓度比低氮沉降地区高 7 倍多,TN∶TP 平均高 2~5 倍,这表明尽管流域植被吸收和沉积物的反硝化作用潜在地缓冲了湖泊氮负荷的提高,大气氮的持续输入仍显著导致了水体氮的积累,而湖泊 N∶P 的变化则可能改变浮游植物生长的营养限制模式。

8.2.3 流域磷动态对水生生物的影响

磷是自然界重要的营养元素,在大多数淡水生态系统中通常为初级生产力首要的限制因子,其在水环境中的赋存、迁移和转化等过程对水生生态系统的初级生产力具有重要意义。

磷虽然也有气体形式磷化氢(PH_3),但是仅在特殊情况下才会产生(如废水处理、富磷扬尘遇到闪电时),大部分土壤的氧化还原电位较高,因此很少产生 PH_3(Schlesinger 和 Bernhardt,2013)。自然情况下磷的主要来源是地壳物质的风化侵蚀作用,而这个过程非常慢,并且这些磷又会被土壤束缚或者被陆生植物同化。因此在大多数自然情况下,能够进入水体的磷非常少。通过径流进入水体的磷主要是一些颗粒态磷(负载在土壤矿物或碎屑中),这些磷很快沉入底质中,少量进入水生生态系统中的无机磷能够被生产者吸收利用,并通过食物链传递。其中一部分磷通过动物排泄或动植物的残体进入沉积物中,而沉积物中的磷也可能通过微生物或底栖生物的作用重新进入水体中。

磷主要通过磷酸盐的形式被生物吸收,水中的大多数磷(通常在 80% 以上)都包含在有机磷组分中,而有机磷大部分存在于浮游生物中。浮游植物净初级生产力的增加取决于水体中溶解性无机磷和有机磷之间的快速循环。水体中磷的周转主要通过细菌对有机质的降解作用,其他水生生物的参与促进了水体磷的循环。磷是许多水生生态系统中的限制因子,受人类影响较小的自然水体中无机磷含量一般很低,水生生物在竞争磷的过程中形成了一定的稳态。水体磷输入的增加能够提高水生生物的生产力,而过量的磷输入则可能造成某种竞争力强的生物(如藻类)爆发性增长,进而使生态失衡并产生一系列环境问题。农业面源污染是水环境中磷的重要来源,农作物和畜牧业的快速增长和集约化造成了区域性磷输入和输出的不平衡,这种不平衡也造成了大量磷从陆地流失到水体,进而造成水体富营养化。

8.2.4 元素化学计量动态对水生生物的影响

20 世纪中叶,美国科学家 Redfield 提出海洋中碳、氮和磷含量是由海洋生物和海洋环境相互作用调节的,海洋浮游生物 C∶N∶P 有一个稳定的比例,他进一步观测到海洋浮游生物体内 C∶N∶P 的均值为 106∶16∶1,这个比例与海水中 C∶N∶P 的比例相似,这就是著名的雷德菲尔德化学计量比(Redfield ratio)(Redfield,1958)。虽然后人研究发现雷德菲尔德化学计量比并不是一个普遍的最佳比例,但是它启发了人们思考外界元素之间的平衡关系对生物体的影响及其内在驱动机制,并极大地促进了生态化学计量学(ecochemical stoichiometry)的发展(Sterner 和 Elser,2002)。

目前研究较多的是 C∶N∶P 化学计量学关系,这三种元素是最重要的生命元素,是所有生命过程的化学基础,它们在生命体的生化功能方面紧密耦合。碳是结构性元素,氮和磷分别是蛋白质和核酸的重要组成元素,常常是生态系统中的限制元素。碳和氮的循环常常联系在一起,碳的可利用性能够调控氮的动态。在陆生和水生生态系统中,土壤和沉积物中有机质的质量和数量、有机质矿化的速率对氮的转化速率影响很大。有机碳的数量和质量(例如通常认为河流内源性碳质量远优于陆地凋落物碳)控制着细菌的生物量,微生物调控的氮转化(反硝化反应、厌氧氨氧化反应等)速率取决于有机碳的可利用性,因而与碳循环在功能上耦合在一起。氮和磷是限制水体生产者生长的两个主要营养元素,人类活动导致的氮和磷超负荷已经改变了生产者的 C∶N∶P 化学计量学特征和生产力,也因此影响了水生态系统中食草动物和食肉动物的生理生态学特征。

生长率假说(the growth rate hypothesis)认为,快速生长的生物体需要较多核糖体 RNA 快速合成蛋白质,而核糖体 RNA 中磷含量较高,因此驱动了生物体磷含量的变异(C∶P 和 N∶P 随之发生变化)(Ågren,2004)。不同季节水生生物的生长阶段和生长速率也不同,因此对磷需求和吸收速率也会发生变化,这也影响了磷在水生生态系统中的循环速率。此外,氮和磷元素之间的化学计量平衡对水生生态系统食物网的动态有显著的调控作用,捕食者和被捕食者之间元素组成的差异会影响捕食者的觅食行为和群落结构,对食物网的营养动态和生物地球化学循环也有一定影响。研究表明,捕食者更喜欢捕食低碳或者高氮和磷的食物,当捕食者的食物 C∶N 和 C∶P 较高时(食物营养含量较低),其必须提高捕食强度或增加碳排出才能更好地适应环境条件。一般来讲,氮限制的水体中,低 N∶P 生物占优势;磷限制的水体中,高 N∶P 生物占优势。

8.3 流域水文动态与水生生物

水生生态系统的结构和功能不仅受到水体自身生物地球化学过程的影响,同时也受到流域水文动态的影响。水文动态包括水流动态、水位波动及泥沙动态等。水文动态对水生生物有诸多影响,然而人类活动(例如采沙)改变了河流自然的水文动态,从而改变了流域的水生生态过程。

8.3.1 水流动态对水生生物的影响

生物在长期的进化过程中逐步适应了自然水文节律,未被干扰的自然水流在维持河流本地生物多样性和生态系统完整性方面发挥了重要作用。自然水流动态通过水温、河流、地形地貌和生境等条件的变化影响水生生物的分布,因此它是河流及河漫滩生态系统物种繁多、物产丰富的主要驱动因子(Poff 等,1997;Dudgeon 等,2006)。夏季洪水携带大量营养物质,滋养了繁茂的湿地植被,进而为鱼类等动物提供丰富的食物资源,同时洪水也为鱼类繁殖和湿地植被种子传播等创造了条件;冬春季水位下降,部分河流干涸,为植物萌发和生长提供了有利条件。

水流动态或者水文情势(flow regime)通过五个关键特征来调节河流生态系统的生态过程,分别为水量、频率、持续时间、时序和变化速率(Poff 等,1997)。许多生态过程都受河流高位流(high flow)和低位流(low flow)的强度和频率调节。高位流能够有效地搬运河道内的沉积物及其表面的附着生物,使具有较短生命周期和良好拓荒能力的物种受益。高位流还可以维持生态系统的多样性,其移除和运输细小的沉积物,使得砾石生境免遭这些沉积物的填埋。洪水向河道输入木质碎屑,制造了新的生境;漫滩高位流连接了河道和冲积平原,进而产生了更高的生产力和物种多样性,冲积平原湿地则为鱼类提供了重要的产卵场所。低位流同样具有许多生态效益,能够为经常被洪水淹没地区的湿地物种提供生长的机会,干旱地区间歇性干涸的河流则被那些能够适应这种不良环境的水生和河滨物种占领。本书第 6.2.4 节中论述大马哈鱼对栖息地的要求是关于水文情势与水生植物相关性的最好案例。

水流动态的持续时间对于某些耐受性强的物种非常重要。例如,对持续时间较长的洪水具有较好耐性的河滨植物,或者对持续时间较长的低位流具有较好耐性的水生无脊椎动物和鱼类,不容易被那些具有优势但耐性差的物种取代。

水流动态的时序对于水生生态系统非常关键,因为不同的水生和河滨物种其生命周期适应不同的水流强度。例如,高位流和低位流的自然时序为鱼类生命周期转换(如产卵、孵化、抚育、觅食、繁殖或沿溪流向上和向下洄游)提供了重要的环境信号。

水流动态变化的速率能够影响物种的存留和共存。在许多溪流中,暴雨可能导致水流在数小时内急剧变化,非本地鱼类一般缺乏对突发洪水的适应能力而被冲刷到下游。例如,在一个自然洪水被上游大坝控制的水域,本地鱼类若花鳉(*Poeciliopsis occidentalis*)因引入掠夺性食蚊鱼(*Gambusia affinis*)而局部灭绝,但是这种本地物种却能存留在自然冲刷的溪流中(Poff 等,1997)。

8.3.2 水位波动对水生生物的影响

水位是影响水生生物(特别是水生植物)生长、繁殖、群落组成及物种多样性的重要生态因子。湖泊的水位波动是入湖水量(如入流、降水、径流和地下水)和出湖水量(如出流和蒸发)不平衡导致的自然现象。水位波动对水生生物的影响是多方面的。高水位能够增加生境的多样性,改善水生植物的立地条件,为水生群落提供复杂生境,而低水位则反之。高水位能够降低进入水底的光照强度,在生长季节对沉水植物的影响尤为显著;而低水位减小了沉水植物的生存空间,降低了水生植物的密度、大型底栖无脊椎动物的多样性和鱼类的增长率。低水位也能够改变水化学和沿岸带生境条件,而沿岸带生境比其他区域更容易受到水位波动的影响。因为沿岸带水生生物可能受到干旱的直接影响,也可能受到生境丧失和食物短缺的间接影响(Lemes da Silva 和 Petrucio,2018)。此外,低水位增加了风浪对水体的扰动,降低了水体的自净能力,因此也会对水生生物群落的物种组成和丰度产生一系列影响。

湖泊季节性的水位波动能够引起水生生态系统中初级和次级生产力的变化,进而影响营养相互作用。一般枯水期或干旱季节水体的食物资源种类和数量相对匮乏,丰水期则反之,这种饵料种类组成和数量的改变使得鱼类捕食者在不同水文季节的食物来源发生变化。水位波动能够造成水生生境、捕食和繁育场所的获得和丧失。因此,水位波动的范围、频率和持续时间等是影响湖泊生态系统功能的重要因素。浅水湖泊对于人为或自然引起的水位波动尤为敏感,季节性的水位波动能够直接影响水体的温度、溶解氧和营养等,进而影响水生生物群落的物种组成和丰度。随着水位的变动,从沿岸带到敞水区生境的分布和结构发生变化,这些变化可能通过改变消费者潜在的食物来源进而影响食物网结构。

在很多湿地中,水位年际波动导致植物遭受洪水水淹和枯水干旱的交替胁迫。水位波动可对湿地水生植物的物种定植与扩张、初级生产力、群落结构及物种丰度产生驱动性影响。水位波动的持续时间、幅度、频率或淹水/退水时令还能决定湿地挺水植物、浮叶植物和沉水植物种子萌发、茎长、地上部分生物量、花和果实产量,或决定有性繁殖的成功与否及其幼苗补充和植株的存活,甚至影响某些湿地植物的物候期。干旱或干涸导致沉水植物现存量剧减甚至许多沉水植物大量死亡。长时间水淹或洪水可导致沉水植物、浮叶植物甚至某些挺水植物的种群密度和生物量大幅降低，影响种群更新和恢复。

8.3.3　泥沙动态对水生生物的影响

人类对土地利用的增加（农业、林业、采矿业、公路建设和城市开发等）加快了土壤侵蚀和水土流失，造成了大量悬浮泥沙进入水体，改变了水体的物理化学性质，并对水生生物的群落组成和物种丰度造成很大影响，甚至能够导致水生生物的种群衰退，进而对水生生态系统造成负面影响。

水体悬浮泥沙降低了水体的透光性，因此对支持水体食物网的底栖藻类、微生物和水生植物造成很大影响。研究表明水体中的泥沙及各种悬浮颗粒能够显著增大水体的消光系数，使得水生植物的分布深度变小，泥沙附着在水生植物叶片上部分阻挡了其与水体间气体交换和营养物质交换，也能影响植株的光合作用（Kent 和 Stelzer，2008）。悬浮泥沙不仅阻挡进入水体的光照，还干扰了底栖藻类和微生物对营养的吸收，其覆盖在底栖藻类表面，导致底栖藻类有机物质含量降低，进而影响摄食者的食物质量。

泥沙的悬浮、运输和沉积等对大型无脊椎动物个体、种群、群落及其食物网动态等也影响较大。如在个体水平上，悬浮底泥的增加能够降低滤食性大型无脊椎动物的滤食效率，进而降低其生长率，甚至导致其死亡率增加。悬浮泥沙对附着藻类的生长速率、生物量累积和元素组成造成的影响，能够间接影响大型无脊椎动物的摄食率、同化率和生长率。泥沙沉积也能通过影响初级消费者牧食或滤食的时间和位置，进而影响其摄食行为。此外，泥沙通过影响个体消费者的摄食地点，进而影响其种群的分布和大小。

水体悬浮泥沙的浓度和持续时间不仅对大型无脊椎动物有影响，对鱼类也有很大影响。相比于大型无脊椎动物，鱼类迁移性比较强，能够逃避浑浊水体造成的影响。因此，水体悬浮泥沙的增加能够改变当地鱼类的群落组成和物种丰度。浑浊水体能够削弱鱼类的视敏度，因此抑制了需要一定视力才能完成的活动和过程。例如，小热带鱼无法在浑浊的水体中找到活的珊瑚，这个过程依赖于它们的视敏度和化学感应。食鱼性鱼类对水体浊度增加尤其敏感，许多鱼类靠视觉捕猎，水体悬浮泥沙的增加降低了光照和对比度，因此降低了捕食者发现猎物的能力。水体浑浊度越高，鱼类的觅食成功率越低。有研究表明在高度浑浊的水体，银大马哈鱼捕捉到的食物减少了60%。一些淡水鱼类能够通过转换它们的觅食策略来适应水体浑浊度的改变。例如，一种海鲢属鱼类（*Elops machnata*）在浑浊的河口环境其食物由移动迅速的鱼类转换到移动缓慢的浮游动物(Wenger 等,2017)。此外,浊度对鱼类觅食的影响具有种间差异性,有些不靠视觉发现猎物的鱼类的觅食行为则受水体浊度影响较小。

人类采沙活动改变了河流的自然水流特征和生态过程,破坏了湖泊和河流等水体的沿岸带和底质生境。河流孕育了大量独特的水生物种,其中许多物种正面临栖息地被破坏的威胁。例如,过量的河流泥沙开采可能影响许多陆生昆虫的生理生态特征,因为这些昆虫的幼虫阶段往往在水生环境中度过。相关研究表明,没有采沙活动的水域有蜉蝣、蜻蜓、摇蚊、石蛾和其他双翅目昆虫等,而采沙区域这些物种的种群数量急剧下降,其主要原因就是非法采沙破坏了这些物种的生境。蜻蜓对于人类来说是益虫,能够捕食蚊子进而控制其数量,然而非法采沙破坏了蜻蜓幼虫生活的水生生境,使得蜻蜓成虫数量急剧下降(Padmalal 和 Maya,2014)。卵和幼虫的传播是水生生境生物过程的一个重要因素,从渔业角度来看,因采沙造成大型底栖无脊椎动物的大量减少,将最终导致内陆渔业资源的下降。此外,一些通江湖泊的采沙加深了湖泊水深和渠道化,改变了湖泊与江河的水文关系,从而加剧了对水生生物的影响。

8.4 系统连通性的影响

水生生态系统并不是一个封闭的系统,它通过多种作用与外界发生联系,从而进行跨生态系统的资源互补。这种资源互补能够影响各自生态系统的营养循环、生产力、消费者-资源相互作用、食物网结构和稳定性等。下面以上下游和水陆生态系统相互作用为例进行介绍。

8.4.1 上下游生态系统相互作用

本书第 6 章介绍了河流连续体的概念,即根据河流能量输入的自然特征,可以把河流看作一个从源头到河口发生连续不间断变化的生态系统,这个生态系统的水生生物群落组成和结构受沿河流纵向连续变化的林冠盖度、泥沙沉积和能量输入的影响。在人为干扰较小的情况下,河流上游至下游呈现一个集连续性、等级性和异质性于一体的梯度(Vannote 等,1980)。河流的源头一般狭窄而流速快,常被树林或其他植被遮住光线,其能量来源主要为周边的树叶、细枝和碎屑,藻类和水生植物生物量则较少,因此主要优势水生动物为腐食者和滤食者;到了下游,河流变宽,遮阴变少,浮游植物和水生植物丰度变大,因此贡献了较多内源能量,其动物群体也变为以食草动物为主;对于河口,增加的泥沙负荷会减少光的穿透而降低水体的光合作用,进而改变水生生物群落的现存量及群落结构。一般水体陆源有机物的C∶N 要高于内源有机物,并且陆源有机物更加难以被微生物降解,因此河流上下游有机物来源的不同也导致了水体微生物群落的差异。研究表明河流源头水体中与纤维素和半纤维素降解有关的 β-葡糖苷酶和 β-木糖苷酶活性较高,而下游这些酶的活性则降低。在整个河流生态系统中,能量不断地从上游流向下游,河流任何特定部分的能量都受到上游事件的影响。

河流沿纵向梯度,除了能量输入来源有差异,其水体理化因子也有差异,例如从上游到下游,水温、水宽、水深、电导率和 pH 显著上升,流速显著下降等。由于水生生物在栖息地选择、生理需求存在种间差异,因而这些理化因子的变化对河流水生生物群落的组成和分布有重要影响。此外,沿着河流纵向梯度,其水源补给、流域地形地貌和土地利用方式等也会发生变化。例如,对于土地利用方式,一般来说沿河流纵向梯度,林地面积会逐渐减少,耕地、滩地和城乡面积则增加,这些变化将改变水生生物群落组成和各物种的丰度特征。

人类对河流(特别是大型河流)的开发利用对河流内的水生生物以及河流上下游水生生物之间的联系产生了较大影响。河流上建立的大型水利工程(如大坝)造成了上下游之间的物理阻隔,将水生生物群体尤其是鱼类阻隔成两个群体。被阻隔的两群体之间的种质交流较少甚至不能交流,从而造成遗传多样性较低、质量下降。有些鱼类的生殖洄游通道被阻,不能进行正常的繁殖活动,造成许多珍稀鱼类逐步消亡。水利工程建设运行后也对水生生物群落结构造成了影响。水利工程的建设运行改变了河流自然水文情势,使得以底栖生物为主的河流型异养体系水生生态系统向以浮游生物为主的湖沼型自养体系演化。如三峡大坝蓄水后藻类平均密度显著增加,底栖型硅藻比例降低,绿藻比例升高。此外,水利工程还改变了河道的流速,造成大量有机物沉积河道,河道饵料生物增加,外来鱼类生殖力提高、数量增加,从而对本地鱼类繁殖造成很大压力。

8.4.2　水陆生态系统相互作用

许多生物(如蜻蜓和青蛙)的幼虫阶段是在水体里度过的,它们相对于水生食肉动物(如鱼类)来说是脆弱的,而这些生物在成年期则是陆地生境上很重要的消费者。因此这些幼虫在水生生境中所遭受到的捕食强度,会间接影响其成虫在陆地生境上的捕食强度。Knight 等(2005)的研究表明,鱼类通过捕食水中蜻蜓幼虫而降低其丰度,导致附近的蜻蜓成虫数量减少,蜻蜓成虫能够捕食昆虫传粉者并改变它们的觅食行为。因此,鱼类较多的池塘,其周围植物吸引的传粉昆虫也多于鱼类较少或没有鱼的池塘,鱼类通过跨生态系统边界的营养级联反应间接地促进了陆生植物的繁殖。

在北温带,森林和溪流之间的互惠互利作用很重要。森林和溪流食物网通过边际调节效应而耦合。河滨森林颗粒有机物的输入是溪流生产者重要的能量来源,误入水体的陆生无脊椎动物是水生消费者如鱼类的一个重要捕食对象,而河岸消费者如鸟、蝙蝠、蜘蛛等也可以通过捕食溪流表面的水生昆虫而获益(Nakano 和 Murakami,2001)。这种净能量通量方向随季节变化而变化,陆生植物生产力在夏季达到高峰,随气温下降而降低,然而溪流的温度则相对稳定,其生产力一般在森林落叶期(秋天和春天)最高,而在夏天由于森林冠层的遮蔽,溪流生产力下降。Nakano 和 Murakami(2001)的研究表明,在一个落叶森林与溪流交错带,水生昆虫在春季前后出现高峰,而此时陆生无脊椎动物生物量较低。相反,陆生无脊椎动物主要在夏季输入溪流中,此时水生无脊椎动物生物量几乎最低。这种相反的跨生境猎物流动交替使森林鸟类和溪流鱼类获益,分别占它们全年能量收支的 25.6% 和 44%。第 9 章对陆地植物与河流栖息地的紧密关系做了专门的论述。

此外,一些动物的索饵迁移对于跨生态系统能量互补也很重要。例如,鹅白天在草地上觅食,晚上在湖泊或湿地休息,把陆地上的养分转移到了水体;河马晚上到热带草原上觅食,而白天则在水中休息,从而把资源从陆地迁移到了水生生态系统里,这些都可能影响水体生产者和消费者,最终影响水生生态系统功能。又例如,熊把在河流中捕获的大马哈鱼带入森林中,从而影响陆地生态系统中的养分循环。

8.5 水生生物对流域生态环境的指示作用

生物群落对各种环境因素很敏感,相对于化学或物理监测,生物群落能更好地响应整个环境中的生物地球化学因素,因此更能够反映流域生态环境状况(Simon,2002)。许多生物群落都可以作为水环境状况的指示者,如大马哈鱼的各个生活史阶段对河流生境要求严格,所以对河流健康具有很好的指示作用;大型底栖无脊椎动物由于大小合适、行动力差、耐污能力强等,对原位水体中持久性有机污染物有很好的指示作用(Tanabe 和 Subramanian,2006)。但是单一生物群落并不能反映所有环境状况,因此需要多种生物群落综合反映水生态环境。

8.5.1 水生生物群落对水生生态健康的指示作用

人类活动对河流产生了许多影响,如河岸硬化、河滨植被变化、河流内营养盐输入增加等,这些影响在早期往往难以察觉,即使检测到污染物的负荷或浓度变化,其对水生生态系统的影响也不十分明朗。因此评估人为活动对河流健康影响的一种经济有效并与生态相关的方法是直接观察水生生物类群群落结构的变化。水生生态系统中某一生物类群的群落结构特点或者分布格局可以指示这个生态系统的健康。例如,一个河流生态系统中的底栖生物类群的群落结构,以及基于群落结构构建的各类指数,能够指示河流健康状态如水质健康和河流生物完整性等。可以作为河流健康指示生物的水生生物类群通常有鱼类、大型底栖无脊椎动物、底栖藻类等。

不同生物类群的地理分布各有不同:底栖藻类(也称着生藻类)的地理分布相对广泛一些,各种水体(河流、湖泊、水库、湿地、海洋等)及没有大面积水域的陆地生态系统均有分布;而鱼类和大型底栖无脊椎动物则更多受到地理上的限制。不同生物类群对环境影响的敏感性或空间尺度不同。底栖藻类能够在较小的空间尺度上反映河流健康状况,比如在生境(habitat)尺度上,营养盐浓度和流速的变化可能导致底栖藻类群落结构组成的变化(Biggs 和 Gerbeaux,1993;Potapova 和 Charles,2003;Snyder 等,2002)。基于底栖藻类群落组成,已经开发了各类指数来评估环境或生态健康变化(Tan 等,2015;Wang 等,2005)。河流大型底栖无脊椎动物反映的河流健康状况的尺度比底栖藻类大一些。例如,在河段(reach)和小流域(catchment)尺度上,大型底栖无脊椎动物群落的生物多样性或其敏感物种的存在与否已被用来反映人为活动引起的水质变化、河流连通性及其他水文情势的变化(Azrina 等,2006;Sandin 等,2004;Sheldon 等,2002;Smith 等,1999)。鱼类群落则在更大的流域尺度上对环境的变化(如水质变化、水文连通性和土地利用变化等)产生响应(Hering 等,2006;Nerbonne 和 Vondracek,2001;Belpaire 等,2000)。

受到扰动后这些生物群落的再定殖机制也有一定差异,底栖藻类对底质的重新固着主要通过水流的被动扩散;大型无脊椎动物主要通过漂流和运动重新拓展空间,一些水生昆虫成年后主要通过飞行在不同水域产卵;鱼类的再定殖主要是通过在河流不同水系内的活跃移动来实现的。因此这些生物类群在应对来自不同强度、不同时间或空间尺度上的环境压力时,其响应方式和程度可能有较大差异。各生物类群代表了水文、河道形态、水量和水质等复合影响的不同末端,因此能够准确地反映河流生态系统的综合质量和健康状况,并可以为河流状况及退化原因提供独特的视角。

8.5.2 水生生物群落在水生生态健康评价中的具体运用

由于水生生物本身及群落对环境的指示基于各生物类群的个体生物学(autecology)特征或群落结构特征,各种指示生物在水环境及生态健康评价中的应用已经非常广泛并且有很长的历史。具体如何运用水生生物群落来评价水生生态系统健康呢?归纳起来主要有 4 类方法。

第一类方法:基于群落结构计算的经典指数,有学者也称为物种丰度和多样性方法。这类方法主要依据群落的结构组成,即基于物种(或分类学上更高的分类单元,例如属)数量和种间(或属间)个体分布特征等,计算得到经典的丰度、多样性或者均匀度指数等。该方法于 20 世纪 60 年代首次应用于河流健康评估,现在仍然有学者使用;它既可以作为独立的指数,也可以作为多度量指数(multimetric index),例如生物完整性指数(index of biotic integrity,IBI)的一个组成部分。多样性分析常用的指数通常包括多样性指数(Shannon-Wiener 指数和 Simpson 指数)、丰度指数(Margalef 指数)和均匀度指数(Pielou 指数)等。由于生物量对环境胁迫的敏感度不是很高,且很多生物自身或自然界的物理原因也可以引起个体生物量变化(Whitton 和 Kelly,1995;Leland,1995),因此多样性指数的计算都是依据各种类的相对生物量或密度;另外,由于各种藻类的生物量或者密度对应环境的函数是单峰模型,即随着营养盐浓度的升高藻类生物量先增加,营养盐升高到一定值后藻类生物量开始下降,因此生物量低并不意味着环境里营养盐浓度低。基于以上原因,藻类生物量或者物种丰度指数可能并不是很好的环境指示参数(Bellinger 等,2006),研究者也因此亟须构建更有效的水体质量评价方法。

第二类方法:基于河流无脊椎动物预测与分类系统(river invertebrate prediction and classification system,RIVPACS)模型构建的指数。该指数也被称为 O/E 模型,通过计算物种丰度或者物种个数的观测值(observed,O)与预测值(expected,E)的比值(O/E)来评价监测位点的物种组成"完整性"。类似的指数还可以是"预测的本地种百分比"(percentage of native species expected,PONSE),"外来种比例"(proportion of alien fish species,Prop Alien)等。该方法不仅用于大型底栖无脊椎动物,也用于鱼类(Bunn 等,2010;Kennard 等,2005,2006)。

第三类方法:基于个体生态学及指示物种的概念构建的指数。根据生物类群个体的生态习性及耐污性,将物种划分为寡污—中污—耐污三个类型,以此来指示环境的有机污染程度,据此可以计算出各个物种的敏感度(或敏感值)。如 Hilsenhoff(1988)开发了一个水生大型无脊椎动物指数来评估环境中的有机污染,每个物种根据其对有机污染的敏感性分配一个等级分(也就是敏感值),对样品中所有物种的敏感值基于相对丰度进行加权平均(底栖硅藻中大多数是基于 Zelinka 和 Marvan 方程)得到一个指数。如果出现的大部分物种对有机污染敏感,则指数很小;如果这个生物群落中耐污种占优势,则指数将会很高。以底栖硅藻为指示生物建立指数的方法原理类似,相应的指数通常称为硅藻指数(diatom index)。硅藻指数已经广泛应用于世界各地河流生态及水质评价,例如 Descy 指数(Descy's index)、特殊污染敏感指数(specific pollution sensitivity index)、生物硅藻指数(biological diatom index)、富营养化硅藻指数(trophic diatom index)和有机污染硅藻指数(Watanabe's index)等(Kelly 和 Whitton,1995;Lecointe 等,2003;Watanabe 等,1986;谭香和张全发,2018)。

以富营养化硅藻指数(TDI)为例,硅藻指数的计算公式如下:

$$\text{TDI} = \frac{\sum_{j=1}^{n} a_j s_j v_j}{\sum_{j=1}^{n} a_j v_j}$$

式中：a_j 为样品中第 j 个属种的含量或壳体个数；s_j 为属种 j 对污染的敏感度；v_j 为第 j 个属种对污染的指示值，取值范围为 $1 \sim 3$，分别代表最宽的生态幅和最窄的生态幅（van Dam 等，1994）。

硅藻指数变动范围为 $0 \sim 20$，其值越低表示污染越严重或者富营养化程度越严重。更具体讲，硅藻指数值可将水体的营养状况分为寡营养—寡中营养—中营养—中富营养—富营养五个等级，对应的健康状况分别为极好—好—中等—差—极差。

第四类方法：基于个体生态学的多度量指数法。多度量指数法是指不同类型的指数（基于群落结构或者功能类群计算的指数，例如寡营养物种比例、耐受性种类比例、某生长型种类比例、群落物种丰度和多样性等），经过筛选，组合成一个指数来反映对环境变化的指示（Wang 等，2005；Tan 等，2015）。这种多度量指数是指可以定量描述人类干扰与生物特性之间关系且对干扰反应敏感的一组生物指数，最早由 Karr（1981）为研究美国中部的溪流鱼类开发，现在广泛应用到世界各种水体鱼类和水生大型无脊椎动物。多度量指数法的每一个指数都代表生物群落结构、组成或功能的一个属性，在实际应用中考虑了能够影响这些属性的自然环境或生物地理因素。藻类中的多度量指数法学习了鱼类、大型无脊椎动物的指数构建方法，结合了众多的群落结构（备选结构参数比鱼类、大型无脊椎动物的结构参数更多）、功能和污染指数等来评价水质和河流生态系统健康（Tan 等，2015）。

对多度量指数法做一个简单的介绍：设置好参考点（未被人类干扰的点）和受损点（一般为目标点位，预评价的点位）；计算一些备选的结构参数，例如各种类的相对丰度、耐污种与清洁种的比例、生长型或者功能类群的比例等，硅藻中通常备选参数可计算上百种；筛选过程：其中能够入选的一个必备标准是这个备选参数在受损点和参考点有显著性差异，即能有效区分受损点和参考点。利用筛选出来的参数构建多度量指数，最终给感兴趣的人群或决策者一个评价数值。

这种方法也是构建生物完整性指数的最经典的方法。生物完整性的内涵是支持和维护一个与地区性自然生境相对等的生物集合群的物种组成、多样性和功能等稳定的能力，是生物适应外界环境的长期进化结果。地球上每一个流域的生物类群都是数百万年地质变迁和生物进化的产物，在自然情况下它们是完整的，这种完整性包括生物的种群、物种和基因及其生物过程（突变、选择、迁移、生物地球化学循环和水循环）的完整。生物完整性指数即对干扰反应敏感的一组生物指数，可定量描述人类干扰与河流生态健康特性之间的关系(Karr,1981;Jungwirth 等,2000),可用多种方法建立,例如本节中的第二类方法和第四类方法都是常用方法。用多个生物参数综合反映水体的生物学状况,从而评价河流乃至整个流域的健康。

参 考 文 献

刘建康. 1999. 高级水生生物学. 北京:科学出版社.

谭香,张全发. 2018. 底栖硅藻应用于河流生态系统健康评价的研究进展. 水生生物学报,42(1):212-220.

Ågren,G. I. 2004. The C∶N∶P stoichiometry of autotrophs-theory and observations. Ecology Letters,7:185-191.

Ansari,A. A.,Singh,G. S.,Lanza,G. R.,et al. (Eds.). 2014. Eutrophication:Causes, Consequences and Control (Vol. 2). Springer Science & Business Media.

Azrina,M. Z.,Yap,C. K.,Ismail,A. R.,et al. 2006. Anthropogenic impacts on the distribution and biodiversity of benthic macroinvertebrates and water quality of the Langat River,Peninsular Malaysia. Ecotoxicology and Environmental Safety,64:337-347.

Bellinger,B. J.,Cocquyt,C.,O'reilly,C. M. 2006. Benthic diatoms as indicators of eutrophication in tropical streams. Hydrobiologia,573(1):75-87.

Belpaire,C.,Smolders,R.,Auweele,I. V.,et al. 2000. An index of biotic integrity characterizing fish populations and ecological quality of Flandrian water bodies. Hydrobiologia,434,17-33.

Biggs,B. J. F.,Gerbeaux,P. 1993. Periphyton development in relation to macro-scale (geology) and micro-scale (velocity) limiters in two gravel-bed rivers,New Zealand. New Zealand Journal of Marine and Freshwater Research,27:39-53.

Brönmark,C.,Hansson,L. 2018. The Biology of Lakes and Ponds (third edition). Oxford University Press.

Bunn,S. E.,Abal,E. G.,Smith,M. J.,et al. 2010. Integration of science and monitoring of river ecosystemhealth to guide investments in catchment protection and rehabilitation. Freshwater Biology,25:223-240.

Creed,I. R.,Bergström,A.,Trick,C. G.,et al. 2018. Global change-driven effects on dissolved organic matter composition:Implications for food webs of northern lakes. Global Change Biology,24:3692-3714.

Cao,T.,Ni,L. Y.,Xie,P,et al. 2011. Effects of moderate ammonium enrichment on three submersed macrophytes under contrasting light availability. Freshwater Biology,56(8):1620-1629.

Dijkstra,K. D. B.,Monaghan,M. T.,Pauls,S. U. 2014. Freshwater biodiversity and aquatic insect diversification. Annual Review of Entomology,59:143-163.

Dudgeon,D.,Arthington,A. H.,Gessner,M. O.,et al. 2006. Freshwater biodiversity:Importance,threats,status and conservation challenges. Biological Reviews of the Cambridge Philosophical Society,81:163-182.

Elser,J. J.,Andersen,T.,Baron,J. S.,et al. 2009. Shifts in lake N∶P stoichiometry and nutrient limitation driven by atmospheric nitrogen deposition. Science,326:835-837.

Hering,D.,Johnson,R. K.,Kramm,S.,et al. 2006. Assessment of European streams with diatoms,macrophytes, macroinvertebrates and fish: A comparative metric-based analysis of organism response to stress. Freshwater Biology,51,1757-1785.

Hilsenhoff, W. L. 1988. Rapid field assessment of organic pollution with a family-level biotic index. Journal of North American Benthological of Society, 7(1): 65-68.

Jeppesen,E.,Søndergaard,M.,Søndergaard,M.,et al. (Eds.). 1998. The structuring role of submerged macrophytes in lakes. Springer Science & Business Media.

Jungwirth,M.,Muhar,S.,Schmutz,S. (Eds.). 2000. Assessing the ecological integrity of running waters: Proceedings of the International Conference,Held in Vienna,Austria,9-11 November 1998 (Vol. 149). Springer Science & Business Media.

Karr,J. R. 1981. Assessment of biotic integrity using fish communities. Fisheries,6(6): 21-27.

Kelly,M. G.,Whitton,B. A. 1995. The trophic diatom index: A new index for monitoring eutrophication in rivers. Journal of Applied Phycology,7(4): 433-444.

Kennard,M. J.,Arthington,A. H.,Pusey,B. J.,et al. 2005. Are alien fish a reliable indicator of river health? Freshwater Biology,50: 174-193.

Kennard,M. J.,Pusey,B. J.,Arthington,A. H.,et al. 2006. Development and application of a predictive model of freshwater fish assemblage composition to evaluate river health in eastern Australia. Hydrobiologia,572: 33-57.

Kent,T. R.,Stelzer,R. S. 2008. Effects of deposited fine sediment on life history traits of *Physa integra* snails. Hydrobiologia,596: 329-340.

Knight,T. M.,McCoy,M. W.,Chase,J. M.,et al. 2005. Trophic cascades across ecosystems. Nature,437: 880-883.

Krauss,G. J.,Sole,M.,Krauss,G.,et al. 2011. Fungi in freshwaters: Ecology,physiology and biochemical potential. FEMS Microbiology Reviews,35(4):620-651.

Lecointe,C.,Coste,M.,Prygiel,J.,et al. 2003. Diatom index software including diatom database with taxonomic names,References and Codes of 11645 Diatom Taxa.

Leland,H. V. 1995. Distribution of phytobenthos in the Yakima River basin,Washington,in relation to geology, land use, and other environmental factors. Canadian Journal of Fisheries and Aquatic Sciences, 52: 1108-1129.

Lemes da Silva,A. L.,Petrucio,M. M. 2018. Relationships between aquatic invertebrate communities,water-level fluctuations and different habitats in a subtropical lake. Environmental Monitoring and Assessment,190 (9): 548.

Nakano,S.,Murakami,M. 2001. Reciprocal subsidies: Dynamic interdependence between terrestrial and aquatic food webs. PNAS,98(1),166-170.

Necchi,O. (Ed.). 2016. River Algae. Springer.

Nelson,J. S.,Grande,T. C.,Wilson,M. V. 2016. Fishes of the World (Fifth edition). John Wiley & Sons.

Nerbonne, B. A. and Vondraced, B. 2001. Effects of local land use on physical habitat, benthic macroinverte-brates, and fish in the Whitewater River, Minnesota, USA. Environmental Management, 28: 87−99.

Padmalal, D., Maya, K. 2014. Sand mining: Environmental impacts and selected case studies. Springer Science & Business Media.

Paerl, H. W., Fulton, R. S., Moisander, P. H., et al. 2001. Harmful freshwater algal blooms, with an emphasis on *Cyanobacteria*. The Scientific World Journal, 1: 76−113.

Poff, N. L., Allan, J. D., Bain, M. B., et al. 1997. The natural flow regime. BioScience, 47(11): 769−784.

Potapova, M. G. Charles, F. D. 2003. Distribution of benthic diatoms in U. S. rivers in relation to conductivity and ionic composition. Freshwater Biology, 48: 1311−1328.

Rabalais, N. N. 2002. Nitrogen in aquatic ecosystems. AMBIO: A Journal of the Human Environment, 31(2): 102−113.

Redfield, A. C. 1958. The biological control of chemical factors in the environment. American Scientist, 46: 205−221.

Sandin, L., Dahl, J., Johnson, R. K. 2004. Assessing acid stress in Swedish boreal and alpine streams using ben-thic macroinvertebrates. Hydrobiologia, 516: 129−148.

Schlesinger, W. H., Bernhardt, E. S. 2013. Biogeochemistry: An Analysis of Global Change (third edition). Ac-ademic Press.

Seekell, D. A., Lapierre, J. F., Karlsson, J. 2015. Trade-offs between light and nutrient availability across gradi-ents of dissolved organic carbon concentration in Swedish lakes: Implications for patterns in primary production. Canadian Journal of Fisheries and Aquatic Sciences, 72(11): 1663−1671.

Sheldon, F., Boulton, A., J. Puckridge, J. T. 2002. Conservation value of variable connectivity: Aquatic inverte-brateassemblages of channel and floodplain habitats of a central Australian arid-zone river, Cooper Creek. Bio-logical Conservation, 103: 13−31.

Simon, T. P. 2002. Biological Response Signatures: Indicator Patterns Using Aquatic Communities. CRC Press.

Smith, M. J., Kay, W. R., Edward, D. H. D., et al. 1999. AusRivAS: Using macroinvertebrates to assess ecologi-cal condition of rivers in Western Australia. Freshwater Biology, 41: 269−282.

Snyder, E. B., Robinson, C. T., Minshall, G. W., et al. 2002. Regional patterns in periphyton accrual and diatom assemblage structure in a heterogeneous nutrient landscape. Canadian Journal of Fisheries and Aquatic Sci-ences, 59: 567−577.

Sterner, R. W., Elser, J. J. 2002. Ecological Stoichiometry: The Biology of Elements from Molecules to the Bio-sphere. Princeton University Press.

Tan, X., Ma, P., Bunn, E. S., et al. 2015. Development of a benthic diatom index of biotic integrity (BD-IBI) for ecosystem assessment of subtropical rivers, China. Journal of Environmental Management, 151: 286−294.

Tanabe, S., Subramanian, A. 2006. Bioindicators of POPs: Monitoring in Developing Countries. Kyoto University Press.

van Dam, H., Metens, A, Sinkeldam, J. 1994. A coded checklist and ecological indicator values of freshwater diatoms from the Netherlands. Netherlands Journal of Aquatic Ecology,28(1): 117-133.

Vannote,R. L.,Minshall,G. W.,Cummins,K. W.,et al. 1980. The river continuum concept. Canadian Journal of Fisheries and Aquatic Sciences,37(1):130-137.

Wallace,J. B.,Webster,J. R. 1996. The role of macroinvertebrates in stream ecosystem function. Annual Review of Entomology,41(1): 115-139.

Wang,Y.,Stevenson,R. J.,Metzmeier,L. 2005. Development and evaluation of a diatom-based Index of Biotic Integrity for the Interior Plateau Ecoregion, USA. The North American Benthological Society, 24 (4): 990-1008.

Watanabe,T.,Asai,K.,Houki,A. 1986. Numerical estimation to organic pollution of flowing water by using epilithic diatom assemblage. Diatom Assemblage Index (DAIpo). Science of the Total Environment, 55: 209-218.

Wenger,A. S.,Harvey,E.,Wilson,S.,et al. 2017. A critical analysis of the direct effects of dredging on fish. Fish and Fisheries,18: 967-985.

Whitton,B. A.,Kelly,M. G. 1995. Use of algae and other plants for monitoring rivers. Australian Journal of Ecology,20(1):45-56.

Wong,M. K.,Goh,T. K.,Hodgkiss,I. J.,et al. 1998. Role of fungi in freshwater ecosystems. Biodiversity & Conservation,7(9):1187-1206.

第三部分

流域生态系统中的
独特组成

第9章 河滨植被带

河滨植被带(riparian zone)是陆地与水体系统之间的界面(interface)或生态群落交错区。由于它本身的生物与经济价值及对流域系统中一些过程所具有的功能,在北美及一些较发达的国家已对它进行了长达半个世纪的研究。尽管如此,河滨植被带的生态保护与管理仍是流域生态与林业方面最重要的课题之一。许多地区根据研究的结果,制定相应的河滨植被带的保护指南与政策。河滨植被带的研究在中国起步较晚,但逐渐得到重视。事实上,中国实施的一些大项目,例如长江中上游防护林的建设,是基于对陆地森林系统与水生系统相互联系的认识。尽管如此,加强对河滨植被带的研究有助于制定具体的河滨植被带的保护与管理的策略,对中国有着十分重要的意义。

9.1 河滨植被带的定义

尽管河滨植被带得到广泛的研究与关注,但至今仍没有一个大家认可的统一定义。什么是河滨植被带?我们知道它是陆地系统与水体(河流、湿地或湖泊)之间的交错带,那么它有没有一个清楚可辨的边界线呢?答案一定是:没有。因为在一个环境变化的连续体中,要清楚地划出一个可辨别的边界线是困难的,也是人为的。这就造成定义上的不一致及管理上的争论。例如,大多数地区为了操作与管理上的方便,往往用一个离河流的固定距离作为划定河滨植被带的标准。这个人为的距离也许适合某种地形情况下的河段,但不一定适合同一河流中其他不同地形的河段。这个距离也许适合某些生态功能的维持,但不一定满足其他功能的保护。

河滨植被带中的英文 riparian 是由拉丁文"riparious"而来,它的意思是河岸(bank),是指靠近水体的陆地(图 9-1)。研究者根据植被类型、地下水和地表水的规律、地形特征和系统的功能对河滨植被带作不同的定义。例如,Gregory(1989)根据因水量限制而决定的土壤特征及植被群落来区分河滨植被带。加拿大不列颠哥伦比亚省(BC省)海岸渔业与林业技术委员会于1992年定义河滨植被带是指靠近河流或水体的河岸和漫滩地,并用特定的植物类型来标明。美国华盛顿州河滨植被带技术委员会定义河滨植被系统包括水生区、河滨植被带和直接影响区,并定义水生区(aquatic zone)是低于年平均流量水位的地方;河滨植被带是靠近水体并包括持有高的水位以及饱和土壤的植被;直接影响区靠近河滨植被带并包括能为水体提供遮阴、粗细有机物质及昆虫的植被(Washington Riparian Habitat Technical Committee,1985)。尽管河滨植被带的定义较多,也不一致,但最近的一些多数是从功能角度来定义。例如,Ilhardt等(2000)定义河滨植被带是陆地与水体系统相互作用的三维交错区。它下至地下水、上至林冠层、外至漫滩地、侧至有坡度的陆地,并沿着河道有不同的宽度。他们指出,定义河滨植被带需从景观的角度,因为一个景观的地貌限定了河谷形态、湖泊特征和植物类型。他们还指出这种定义有助于根据河流形态及其他一些流域特点来推断河滨植被带的功能。Verry等(2004)建议根据河谷(stream valley)的特点来划定河岸交错区,它是指在易受洪水干扰的地方,再在两边各加上30 m的宽度。河滨植被交错区(riparian ecotone)包括所有的水体河道、易洪区及许多陆地坡面的功能(滑坡、地表径流等)。这几方面在水位平均期、洪峰期或齐岸期都发生相互作用。可是这个定义是根据河谷的特征,不是河流本身。因此,现代的定义已走出了传统的根基,并重点放在河滨植被带的功能上,从时间与空间尺度来表达它的特征与功能。遗憾的是,尽管在定义河滨植被带方面得到长足的进展,但仍没有一个统一的定义,从而造成交流上的困难。研究的结果也难以在统一的基础上作适当比较。

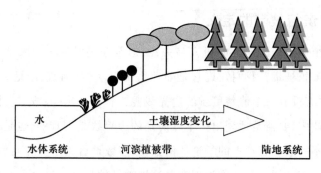

图9-1 河滨植被带示意图

9.2 河滨植被带的生态功能

河滨植被带尽管有不同的定义,但它在一个流域内(特别是较大的流域)或景观上所占的面积比例较小(通常小于 1 %)。尽管如此,它具有较陡的环境梯度、高的异质性、高的边缘与面积比等,具有重要的独特生态功能。

正如前面提到的,河滨植被带是水体系统与陆地系统相互作用的交错区。水及它的物理过程能影响河岸植被带内的小气候、土壤湿度、养分状况等,从而在很大程度上决定了河滨植被带内的植被种类及生境状况,许多植物也适应了洪水的干扰及不定时的厌氧状况。同样,河滨植被带的植物、地形地貌和土壤也影响水生生境。植物为水体系统提供大量的大、小有机物质。小的有机物质(如枝叶上的植物昆虫等)是水生系统中生物重要的食物与能量来源。大的有机物质,如溪流倒木可提供重要的水生生境(例如,深潭的形成、截留泥沙、提供水生动物隐藏的场所等)。河滨植被和溪流倒木可稳固河岸、减少水流的冲刷。另外,河滨植被可从河道中吸收一些对水生生物有害的化学物质。因为对河滨植被带缺乏一个统一的定义与描述,河滨植被带的生态功能取决于它在景观中的位置,也取决于管理的目标。下面对河滨植被带的主要生态功能做一介绍。

9.2.1　生物多样性

生物多样性包括基因、物种和生态系统三个层次。基因多样性与单个物种基因的数量有关,物种多样性是指一个特定区域物种种类数量,而生态系统多样性是指在一个较大的范围内生态系统或生态群落数量。以前,物种多样性受到更多的重视,但现在基因多样性与生态系统多样性也逐渐得到关注与研究。河滨植被带对这三个层次上的生物多样性都有十分重要的意义。毫无疑问,河滨植被带本身是多样化的。频繁的干扰及大量的边缘生境条件是产生高生物多样性的基础(Ramey 和 Richardson,2017)。河滨植被带通常受洪水干扰而发生泥沙的沉积、河岸的下切、塌方及泥石流等现象,结果形成大量的空间异质化及相应的植被和动物群落类型。因为水分与养分一般不是植物生长的限制因素,故植物的生产力一般都很高,生物的种类也多。

河滨植被带通过维护高的生态系统多样性对景观尺度或地区尺度上的生物多样性也有重要的作用。河滨植被带在一个流域内就如同河流网络一样把一个流域的各个部分连接起来。河滨植被带已成为不少鸟类和森林动物的廊道(corridor),并为它们提供食物和隐蔽场所。尽管目前没有数据说明河滨植被带对基因和物种扩散方面的作用,但由于河滨植被带的生产力较高,它们可作为一个重要的生物库向邻近或受干扰的坡地扩散,从而维持基因和物种的生物多样性。未受干扰的河滨植被带可作为种子源为受干扰或破坏的河滨植被带提供种子。

9.2.2 野生动物及其栖息地

河滨植被带常被认为是野生动物最丰富的栖息地之一。许多温带地区的鸟类、哺乳动物、爬行动物、两栖动物对河滨植物带都有一定程度的依赖性。一般来讲,充足的水资源与食物以及较好的隐蔽性使河滨植被带对野生动物具有更大的吸引力。河滨植被带中具有很高的物种多样性及结构的复杂性,使得它比周围的陆地系统有更丰富的食物。

在河滨植被带内,鸟类物种常多于周围的系统。这主要是因为河滨植被带中植物种类及结构的多样性。包括针叶和阔叶树种的河滨植被带的多层次结构使得它具有较丰富的生态位。Knopf 和 Samson(1988)初步确定了在美国的太平洋西北地区,有17 种河滨植被带专性的鸟类。他们还认为,尽管河滨植被带在整个流域中所占的比例很小(小于 1 %),但它们的植物所支持的鸟类种类比任何地域的植物支持的都要多。在加拿大 BC 省的南部内陆,大约有 49 种鸟类,而在一个河滨植被带内就可高达29 种。这么高的鸟类多样性是由于在半干旱地区的河滨植被带内有很高的树木与灌木的多样性。Morgan 和 Wetmore(1986)发现如果河滨植被带被破坏(例如采伐、放牧或农业),大约有 25 种鸟类明显受到影响。这是由于河滨植被带被破坏后,一些鸟类依赖的落叶树种及枯立木就消失了。

河滨植被带通常较浓密,是一些哺乳动物隐蔽藏身的场所。大的哺乳动物,例如熊常躲在更密的树丛中,而小的哺乳动物通常在下层植物中筑建一个跑道,以躲避食肉哺乳动物的捕食。另外,河滨植被带具有缓冲小气候的作用,因此被看作热量的覆盖层。在夏天,河滨植被带较周边地方要凉爽和湿润。在冬天,它们要暖和些且积雪相对较少。这种热量的覆盖与保护作用有助于不少的哺乳动物适应一些极端的气候。许多研究发现在河滨植被带中,小哺乳动物的种类或物种丰富度都要明显高于其周围的区域。在美国太平洋西北地区和加拿大 BC 省,山河狸(mountain beaver)特别依赖于河滨植被带。如果河滨植被带遭到严重破坏,山河狸的生境和种群便会受到严重的影响。美国华盛顿州河滨植被带技术委员会列出 14 种爬行动物和两栖动物,这些动物至少需要河滨植被带作为它们一部分的栖息生境,他们还确定有 16 种动物更喜欢河滨植被带生境(Washington Riparian Habitat Technical Committee,1985)。

9.2.3 水文与水质

完整的河滨植被带对河流中的水文与水质有一定的影响。在水文方面,河滨植被可以阻拦一部分坡面上的地表径流,并将其中一部分转化为下渗水,从而有助于减少地表径流所造成的水土流失。河滨植被带由于旺盛的蒸腾作用,可降低地下水位,进一步减少流量,特别是枯水期的流量。另外,由于完整的河滨植被带常有大量的溪流倒木,这些倒木可以形成较多的深潭,从而提高其附近的水位,有助于河道与潜流层之间水的物理与化学的交换。

河滨植被带通过下列几方面影响河流水质。① 河滨植被带具有明显的遮阴覆盖作用,从而使河流水温在夏天高温季节偏低,而在冬季则有一定保温作用。水温对生物的生长发育、氧的溶解度、大马哈鱼的许多生活阶段都十分重要。② 河滨植被带可通过减少地表径流及降低泥石流的概率,减少水土流失,从而减少河道中的悬浮泥沙和河床滚动基质。③ 河滨植被带通过枯枝落叶、昆虫及溪流倒木输入大量的有机物质。这些有机物质在水生环境下通过不断地分解释放其中的元素(Bedison 等,2013)。可以讲,这些物质是决定水生生物生长及生产力的重要因素。④ 河滨植被带有助于稳固河岸、减少河岸的冲刷,从而减少河岸的水土流失。

9.2.4 鱼及其生境

正如在第 6 章所描述的,大马哈鱼对河流生境、生物、物理与化学方面都有一定的要求。这些生境条件是我们维护大马哈鱼的可持续发展必不可少的基础。下面用大马哈鱼作为例子来说明河滨植被带与鱼的生境关系。事实上,由于大马哈鱼对河流生境的严格要求,不少部门或地区已将大马哈鱼的种群特征作为判别一条河流或流域是否健康的一个最重要的指标。

河滨植被带在许多方面对鱼的生境有重要影响。河滨植被带是土壤地表径流、地表水土流失的重要阻碍。地表径流减少就意味着土壤表面造成土壤扰动和侵蚀的动能降低。而水土流失的减少有助于降低河道中的泥沙含量。高的泥沙含量会堵塞鱼鳃、塞满鱼的卵巢,并影响河流中氧的含量。

河滨植被带中的植被对水或土壤中化学元素特别是 N 和 P 的吸收与转化,有助于降低河流中水的毒性。河滨植被带由于提供较强的遮阴作用,减少和拦截太阳辐射,有助于调节河水的温度。大马哈鱼在产卵和孵化时,需要较低的温度。如果温度过高,水生生物生产力提高,往往造成水中含氧量不足。

河滨植被带是河流中倒木的最重要来源。河道中,倒木的生态功能是多方面的(具体的描述请参见第 7 章)。它在河流形态,特别是拦截泥沙、参与深潭的形成中都是十分关键的结构。倒木还可为鱼提供隐蔽,为河流系统长期提供有机物质(通过分解)。河滨植被带通常有两个倒木输入河流机制。第一是自然干扰,例如大规模的火灾或病虫害。这种自然干扰造成大量的倒木在较短的时间内进入河流;第二是河滨植被在生长过程中由于个体的死亡而进入河流系统。这种方式输入的倒木相对较少,但发生的时间较长。事实上,两种机制在一个流域系统中都是存在的,只是存在的时间不同。它们往往随着森林的干扰和演替交替进行。溪流倒木还对河岸具有明显的稳固作用。尽管有时由于倒木的朝向有助于增大局部的流速而增加局部河岸侵蚀,但倒木的总体效应是使河岸稳固、减少河岸的侵蚀。

9.3 干扰对河滨植被带生态功能的影响

对河滨植被带的干扰可分为两大类:人类干扰和自然干扰。人类干扰包括森林采伐、农业活动、采矿及城市化,而自然干扰则包括火烧、病虫害等。下面只对森林采伐和农业活动对河滨植被的影响做一些介绍。

9.3.1 森林采伐的影响

河滨植被带中的树木通常是高产的,因为它们生长在水分与养分都充足的河岸植被带内。正因为如此,河滨植被带中的树木往往是森林工业重点采伐的对象之一。另外一个吸引森林工业采伐河滨植被带的因素是它易于接近。河滨植被带通常处于地势较平坦的河谷上,易于修路和机械采伐。

森林采伐对河岸植被带的土壤特征、植被组成、养分交换、水的可用性等方面都有直接的影响(Yeung 等,2017),这些影响往往是相互关联的。例如,植物被采伐后,由于缺少蒸腾,土壤中的水分会更多、地下水位会更高。而高的土壤水分又会影响土壤特征、养分交换,甚至植被构成。森林采伐往往会减少生物多样性,也会影响野生动物的栖息条件。前面曾提到,许多野生动物依靠河滨植被带作为食物的来源,作为躲避捕食者的隐蔽所或作为避免极端高温或低温的覆盖。当河滨植被带被伐掉后,这些重要的栖息条件便失去了,在它们通过演替恢复前,这段时间是很长的,从几十年至几百年不等。当然,有些动物可能喜欢森林采伐,例如,麋鹿(moose)就喜欢森林采伐后新长出的一些植物。采伐森林在景观尺度上因破坏连接景观各个部分的廊道,也会对地区尺度上的生物多样性和野生生物的种群产生负面影响。

森林采伐对大马哈鱼及其生境的影响一直是人们长期关注的焦点,特别是在美国西北部太平洋沿岸及加拿大 BC 省,因为大马哈鱼工业是该地区的一个重要产业,而鱼的生境保护是该产业能否持续的关键。大量的研究表明,采伐河滨植被带对大马哈鱼及其生境会产生负面的影响。采伐可产生大量的地表水土流失,从而引入大量的泥沙进入河流,这些泥沙对大马哈鱼的主要生活阶段有不利的影响。随着河滨植被带被采伐,溪流倒木的来源在较长一般时间内丧失,直至植被恢复,才再次发生树木死亡。丧失溪流倒木有可能使河道中的倒木载量减少,而与倒木相关的生境的质量也随之退化。另外一个较明显的负面影响是,采伐河滨植被后,会改变河流中水的温度。当温度发生变化时,河流中生物生产力及可溶性氧的含量会发生相应的变化。一般来讲在生长季节,采伐会明显增加水温,这不仅与采伐植被增加水体中的辐射有关,而且与增加的地表径流的比例有关(通常地表径流的温度要高于地下水的温度)。温度的升高对于北部高海拔地区的河流来讲,可能有助于河流生产力的提高;但对于许多低或中海拔的河流来讲,如果提高的温度超过了鱼的适应范围,就十分有害,甚至是致命的。

采伐河滨植被带会增加河岸塌方的概率,也可改变河流的形态。例如,采伐可增加河流中浅滩的高度,降低深潭的深度与面积,减少河流生境异质性。它也可使河道的稳定性降低,诱发更多的泥石流或杂木流。

9.3.2 农业活动的影响

农业活动通过土壤管理、树木清除、河道人工化、抽水灌溉和施肥对河流形态、水文与水质都有重要的影响。大量的研究表明在河滨植被带从事的农业措施是河流最大的面污染源。地表径流把大量的肥料、杀虫剂剩余物及养分带入河道并污染水质。这些化学物质对水生生物产生危害。例如,水中含过量的 P 会使藻类大量生长或产生富营养化的作用。藻类和浮游植物的快速生长会导致水体中氧的消耗增加,从而影响鱼的生存。

农业活动可改变河滨植被群落类型,进而减少生物多样性与野生动物的栖息地。当河滨植被带转变为农业用地时,许多鸟类群落都发生了很大的变化,有些鸟类被迫寻找新的栖息地。

农业活动还将大量的泥沙引入河流。主要是因为农业活动造成河滨植被的减少和河道的人工化。由于大量泥沙进入河道,河流的生境不断退化。许多水生物种(例如鱼类)的种群数量便会减少。有些物种也可能消失或灭绝。在北美,一种常见的农业活动是在河滨植被带内放牧。这是因为牲畜易于接近水源,有较多不同种类的草类食物,河滨植被带内冬暖夏凉,是放牧的好地方。但它们对河滨植被带及河流的影响也是非常明显的,具体表现在以下几个方面:① 放牧可直接破坏河滨植被的生物群落。② 由于畜牧对植物的选择性,可改变生物群落的类型与结构。③ 过量的放牧导致土壤紧实、下渗降低、地表径流升高,而增加的地表径流又可引起更大的水土流失。④ 放牧还可改变河流过程、河流形态。由于牲畜对河岸的踏踩,河岸冲刷、塌方加剧,使更多泥沙进入河道。⑤ 牲畜的粪便使河流的水质退化,病原菌(例如大肠杆菌)的浓度增高。

9.4 河滨植被带的管理与保护

由于河滨植被带的生态功能得到广泛的认识,如何管理与保护河滨植被带是林业与流域管理部门必须解决的一个问题。在设计河滨植被带的管理与保护措施和政策时,常会遇到下面的一些挑战性问题。① 河滨植被带的定义。不同的定义引发管理、交流上的混乱,具体管理措施或策略也就缺乏统一的基础。② 政策的单一性与生态的复杂性、变异性的矛盾。从管理和制定政策角度来讲,管理部门希望一套简单的保护河滨植被带的措施可适用于所有的地区。例如,过去常用固定河滨植被带保护的宽度或距河流的距离来保护与管理河滨植被带。这样的措施简单、易操作。但从生态学的角度来讲,如果定义河滨植被带是以生态功能作为依据,而生态功能受地形、气候、地质、植被、水文等多种因素的影响,这也就意味着体现相同生态功能的河滨植被带的宽度可能不一致。③ 河流的生态与经济价值不一样。不同的河流具有不同的生态经济价值,即使同一流域内的河流,也有差别。例如,有的支流由于地形较陡(例如瀑布)的原因,大马哈鱼不能游过去,这就意味着即使该支流有很好的生态环境,但由于不能被利用,其价值或功能就相对较低。那么对于具有不同生态价值的河流是否要采用一致的或相同的管理策略呢?如果措施不一致,其结果又如何呢?这些都有待研究。④ 河流大小不一、河滨植被保护带的宽度不一。许多管理部门针对不同的河流大小采用不同的河滨植被带的保护宽度。而宽度的确定显然是人为的、主观的。下面对加拿大 BC 省河滨植被带的管理措施与政策作一介绍。

9.4.1 加拿大 BC 省河滨植被带的管理与保护

1995 年,加拿大 BC 省林业厅决定实施新的《BC 省林业实行法则》,以满足保护生态环境的需要。《河滨植被带管理指南》(后简称"指南")是许多指南中较重要的一本。该指南具有一定的法律效力,即森林工业在采伐前必须根据《河滨植被带管理指南》确定河滨植被带,并采取相应的管理保护策略。

该"指南"定义河滨植被带管理带(riparian management area,简称 RMA)包括两个部分,即植被保护区和管理区(图 9-2)。植被保护区是指植被不能被采伐,必须保留,而在植被管理区内则可根据森林管理目标和生态特征有选择性地采取一些经营管理措施。每一个区的宽度是由河流、湿地或湖泊的特征来决定的。并不是每一个河滨植被带都包括两个区,有的只有管理区。当河滨植被带包括保护区与管理区时,操作措施的目的是减少保护区内风倒并保留重要的野生动物栖息环境(野生动物栖息树、大树、覆盖、结构多样性、倒木及食物供应等)。当河滨植被带只包括管理区时,则操作措施的具体目的是保留足够的植被,为河流提供覆盖,减少小气候的变化,维持河道的稳定性、自然性以及维持重要的野生动物所需的生境条件。

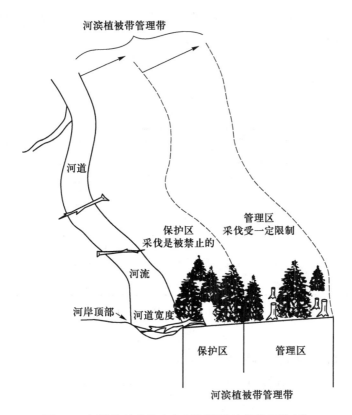

图9-2 河滨植被带的定义(《河滨植被带管理指南》,
The British Columbia Ministry of Forests,1995)

"指南"根据河流的宽度、河流是否属于一个社区流域(社区流域是指社区的饮水主要来自该流域)、河流是否有鱼出现三方面将河流划分为6个类别(图9-3)。

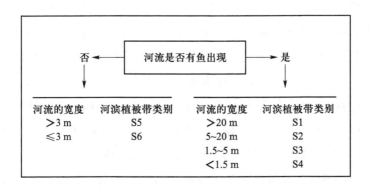

图9-3 基于河滨植被带保护目的的河流分类(《河滨植被带管理指南》,
The British Columbia Ministry of Forests,1995)

在确定河流的类别后,"指南"为河滨植被带内的各区确定最小坡面宽度(表9-1)。这些宽度是森林工业在实地上具体采取保护管理措施的依据。在具体操作时,森林工业必须首先确定该河流是否有鱼,是否是社区流域的一部分,然后需测量河流的宽度(通常用齐岸宽度)。根据这些资料并结合表9-1就可确定河滨植被带的总宽度以及每个分区的宽度。

表 9-1 河滨植被带的最小坡面宽度

河滨植被带类别	河流的宽度/m	保护区宽度/m	管理区宽度/m	总宽度/m
S1(大河)	≥100	0	100	100
S1(其他)	20~100	50	20	70
S2	5~20	30	20	50
S3	1.5~5	20	20	40
S4	<1.5	0	30	30
S5	>3	0	30	30
S6	≤3	0	20	20

注:引自《河滨植被带管理指南》,The British Columbia Ministry of Forests,1995。

9.4.2 美国林务局河滨植被缓冲带系统

在介绍美国林务局河滨植被缓冲带系统之前,有必要简单介绍一下美国各州有关河滨植被带管理指南的一些共同特点。

美国各州为了满足1972年联邦政府《清洁水法》(*Clear Water Act*)的实施需要,各自建立了最佳管理措施(best management practices,简称BMP),其中都包括了河滨植被带的管理与保护指南。许多州在指南基础上也建立了有关的法规。Blinn和Kilgore(2001)对各州(共49个州)的指南与法规做了一个很好的总结。他们发现河滨植被带保护的目的主要是保持河流与湖泊的水质,只有少数的州除了水质保护目的以外,还包括了其他的河滨植被带的一些功能(例如,野生动物栖息地保护)。他们还发现《河滨植被带管理指南》通常包括3个方面:最低河滨植被带的宽度、最低河滨植被带中保留的树木及其他方面的考虑。通常建议的最低河滨植被带的宽度是50英尺[①],最低树木保留程度是50%~75%的郁闭度。他们还认为,除了这些简单的数字指南外,了解当地的状况与特征也是实施河滨植被带保护的重要因素。同时,这些固定的数字(最低宽度和最低树木保留程度)指南虽然容易实施,但从生态功能上往往不一定适用于所有的河滨植被带。因此,Ilhardt等(2000)建议根据河滨植被带的功能及

---

① 1英尺=30.48 cm。

地貌特点采用不固定宽度的途径。

可以讲,这种不固定宽度的途径代表了较现代的河滨植被带的管理与保护的理念与科学。这也是通常讲的办事不能一刀切,要因地制宜。然而,政策与法律往往是一刀切,不容许人为的主观判断。这也是科学与政策的矛盾。

下面简单介绍一下美国林务局的河滨植被缓冲带系统。美国早期的河滨植被带管理(又称第一代河滨植被带管理指南)是在 20 世纪 70 年代一些州(特别是美国太平洋沿岸的西北地区:俄勒冈州、华盛顿州、加利福尼亚州等)为了实施森林法规、《清洁水法》等而开展的。这个早期的河滨植被带又称为"过滤带"(filter strip)。过滤带的名称是因为当时保护植被带的主要目的是过滤泥沙。通常要求过滤带的宽度是 50 英尺(约 15 m)。美国林务局后来设计了第二代河滨植被带指南(图 9-4)。该指南将整个河滨植被带分为 3 个区,3 个区的总宽度是 100 英尺(约 30 m)。

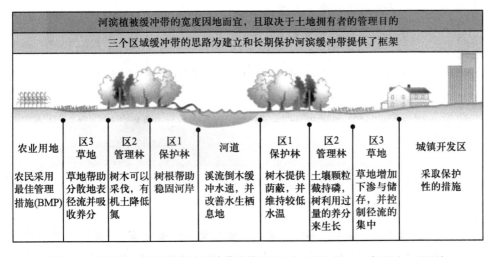

图 9-4　美国林务局河滨植被缓冲带系统(Welsch,1991;Tjaden 和 Weber,1998)

区 1 是 5 m 宽最靠近河流的小区,该小区是完全受保护的(无人为采伐)。区 2 是强度管理区,其宽度是 20 m,该区的目的是截留泥沙,吸收养分及过滤污染物。区 3 是附加的,主要取决于附近土地利用是否会产生地表径流。如果附近土地利用是农业,该区采取的措施便是利用导流或铺盖杂物以防护地表径流侵蚀。如果是牧业,则该区可用于修筑围栏,以防止牲畜进入河流。如果是林业,且没有地表径流,则不需要区 3,那么剩余的 5 m 宽度可加到区 2(则区 2 的宽度变为 25 m)。

尽管美国林务局的河滨植被缓冲带系统(第二代)较第一代的过滤进步了许多(生态上和管理操作上),但它仍是"一刀切"(one-size-fits-all)的途径。地形较平坦的情况下较适合,但这种途径对于复杂的、异质化的(特别是坡度较陡的)空间景观显然是不够的。因此,不少研究者,例如 Verry 等(2004)、Ilhardt 等(2000)提出了第三代河滨植被带的管理思路:不固定宽度的途径(variable width)。其主要特点是强调河滨植被带的宽度取决于它的功能、地貌及地形的特征。Barten(2001)建议用最小固定宽度再加上变化的宽度来具体实施。最小的固定宽度提供最小的动能保护,而变化的宽度则由一些额外考虑的因素或功能因地而定。第三代河滨植被带管理思路较新,其实际应用的效果和生态保护的作用都有待进一步的研究与评估。

参 考 文 献

Barten, P. K. 2001. Riparian area management principles and practices: Workshop summary report. Report to Saskatchewan Environment and Resource Management, Forest Ecosystems Branch, Prince Albert, Saskatchewan.

Bedison, J. E., Scatena, F. N. and Mead, J. V. 2013. Influences on the spatial pattern of soil carbon and nitrogen in forested and non-forested riparian zones in the Atlantic Coastal Plain of the Delaware River Basin. Forest Ecology and Management, 302: 200-209.

Blinn, C. R. and Kilgore, M. A. 2001. Riparian management practices in the United States: A summary of State Guidelines(www. cnr. umn. edu/FR/publications/staffpapers).

Gregory, S. 1989. The effects of riparian vegetation on light, nutrient cycling and food production in streams. In: Silviculture management of riparian areas for multiple resources. Proc. Coastal Oregon Productivity Enhancement Program workshop, Dec. 12-13. Salishan Lodge, Gleneden Beach, Oregon, Oregon State University., Coll. For., Corvallis, Oreg. 9.

Ilhardt, B. L., Verry, E. S. and Palik, B. J. 2000. Diversity in riparian landscape. 43 - 65. In: Verry, E. S., Hornbeck, J. W. and Dolloff, C. A. Riparian management in forests of the continental Eastern United States. Boca Raton: Lewis Publishers, 402.

Knopf, F. L. and Samson, F. B. 1988. Ecological patterning of riparian avifaunas. In Streamside management: Riparian wildlife and forestry interations. Raedeke, K. J. Univ. Wash., Inst. For. Resour., Seattle, Wash., Contrib. No. 59: 77-78.

Morgan, K. H. and Wetmore, S. P. 1986. A study of riparian bird communities from the dry interior of British Columbia. Enviro. Can., Can. Wildl. Serv., Pac. and Yukon Reg. Tech. Rep. Ser. No. 11.

Ramey, T. and Richardson, J. S. 2017. Terrestrial invertebrates in the riparian zone: Mechanisms underlying their unique diversity. BioScience, 67: 808-819.

The British Columbia Ministry of Forests. 1995. Riparian Management Area Guidebook(BC Forest Practice Code Guidebook).

Tjaden, R. L. and Weber, G. M. 1998. Riparian Buffer Management: Riparian Forest Buffer Design, Establishment, and Maintenance, Maryland Cooperative Extension, Fact sheet, 725.

Verry, E. S., Dolloff, C. A. and Manning, M. E. 2004. Riparian ecotone: A conceptual definition and delineation for resource management. Water, Air, and Soil Pollution: Focus, 4: 67-94.

Washington Riparian Habitat Technical Committee. 1985. Forest riparian habitat study. Phase 1 report. Wash. Dep. Nat. Resour. , Wash. For. Practices Board, Olympia, Wash. WDOE 85-3. 100, appendices.

Welsch, D. J. 1991. Riparian forest buffers: Function and design for protection and enhancement of water resource. USDA Forest Service, NA-PR-07-91.

Yeung, A. C. Y. , Lecerf, A. and Richardson, J. S. 2017. Assessing the long-term ecological effects of riparian management practices on headwater streams in a coastal temperate rainforest. Forest Ecology and Management, 384: 100-109.

第 10 章　湿地生态系统

10.1　湿地破坏现状

湿地(wetland),顾名思义,大多数人讲的是"潮湿"的土地。世界上湿地面积(单位:$10^7\ hm^2$)排前五名的国家为巴西(8)、印度尼西亚(3.65)、印度(2.67)、中国(2.62)和刚果民主共和国(2.09)。在人们还没有认识到湿地对人类社会的重要性之前,湿地是与苍蝇蚊子丛生、病虫害、疾病蔓延的"废地"齐名的。这种片面的认识使世界各地大面积的湿地遭到过多开发和破坏。如在美国过去的几百年间,湿地以每年1%的惊人速度递减(Mitsch 和 Goselink,1986),直到后来才得到有效制止(图 10-1)。

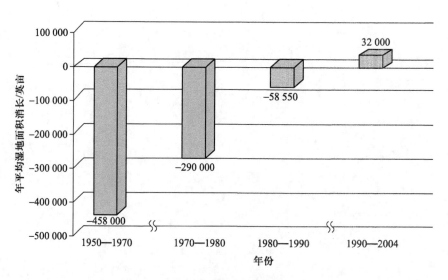

图 10-1　美国湿地面积年平均消长情况

(近年来湿地面积呈净增长趋势;图中数据单位为英亩;1 英亩 = 0.4 hm²)

俄罗斯和爱尔兰人依靠泥炭地作为其能源基础。中东地区伊拉克南部的阿拉伯人长期居住在底格里斯河和幼发拉底河交汇的人工沼泽岛上。该地区大量湿地受到排水影响,在过去的几十年间湿地面积缩小 70 %(Partow,2001)。

在中国几千年的社会发展中,大面积的湿地被改造成农田以满足日益增长的粮食需求。根据全国最新湿地资源调查统计,30 %调查的湿地已经遭到或正面临着盲目开垦和改造的威胁。这一威胁主要存在于沿海地区、长江中下游湖区、东北沼泽湿地区。调查表明,开垦湿地、改变自然湿地用途和城市开发占用自然湿地已经成为我国自然湿地面积减少、功能下降的主要原因。自 20 世纪 50 年代到 1997 年,长江河口湿地已被围垦的滩涂达 7.85 万 hm^2,相当于辖区陆域面积的 12 %。全国围垦湖泊面积达 130 万 hm^2 以上,因围垦而消失的天然湖泊近 1000 个。中国的沼泽湿地由于泥炭开发和作为农用地开垦,面积也急剧减少(图 10-2)。三江平原是我国最大的平原沼泽集中分布区,1975 年三江平原沼泽面积达 217 万 hm^2,占平原面积的 33 %;1983 年沼泽面积下降到 183 万 hm^2,占平原面积的 27 %;到 1995 年沼泽面积仅有 104 万 hm^2,占平原面积的 16 %。随着湿地面积减少,湿地生态功能明显下降,生物多样性降低,出现生态恶化现象。环境污染、生物资源过度利用、水资源不合理利用等严重威胁湿地安全。湿地环境污染已经成为 21 世纪我国湿地面临的最严重威胁之一。湿地环境污染主要包括大量工业废水、生活污水的排放,油气开发等引起的漏油、溢油事故,以及农药、化肥引起的面源污染等。大约 26 %的湿地受到环境污染影响,特别是沿海地区、长江中下游湖区以及东部人口密集区的库塘湿地。湿地环境污染不仅对生物多样性造成严重危害,也使水质变坏。大约 24 %的湿地其生物资源受到过度利用的威胁。这一威胁主要存在于沿海地区、长江中下游湖区、东北沼泽湿地区。生物资源过度利用,致使一些物种趋于濒危边缘,同时还导致湿地生物群落结构的改变以及多样性的降低。水资源不合理利用对 7 %的重点湿地造成严重威胁,并有不断加重的趋势。主要表现为在湿地上游建设水利工程截留水源,以及注重工农业生产和生活用水,而忽视生态环境用水。由于大江、大河上游植被破坏,流域水文过程受到干扰,造成水土流失,河流泥沙含量增大,导致湿地泥沙淤积日益严重,湿地面积不断减小,功能不断衰退,洪涝灾害加剧。最新调查表明 8 %的湿地受到泥沙淤积影响,主要是湖泊和库塘湿地。在中国南方和东南亚地区,海岸养殖渔业发展使红树林(mangrove)湿地面积锐减。

近 20 年来,随着湿地科学的发展,人们逐渐肯定了湿地的有益功能,将湿地与森林、海洋并称为地球三大生态系统,认识到湿地不但具有丰富的资源,还具有提供清洁水资源、调节气候、调蓄洪水、促淤造陆、净化水体、保护生物多样性、提供野生动物栖息地、旅游等巨大的不可替代的生态服务功能,被誉为"地球之肾""天然物种库"

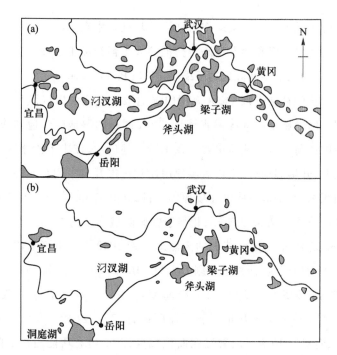

图 10-2　20 世纪后 50 年中国湖北省南部湖泊面积剧减(a)前 50 年

湖泊面积,(b)后 50 年的湖泊面积(Zong 和 Chen,2000)

"天然水库""生物超市"。湿地恢复日益成为环境工程和生态学研究的重要方向之一。世界发达国家从 20 世纪 80 年代开始,在重视对现有湿地保护的同时,还推广建造人工湿地,用于净化水质,发挥湿地的多种生态服务功能(Valdez,1997)。例如,美国湿地资源清查数据表明,虽然城市化和营林造成了部分淡水湿地损失,但是从 1998 至 2004 年间,美国湿地面积增加 1.29 万 hm²,增加的原因是来自农地的湿地恢复或重建(Dahl,2006)。

10.2　湿地的价值、效益和功能

　　湿地是人类最重要的环境资本之一,也是自然界富有生物多样性和较高生产力的生态系统,具有其他生态系统所没有的独特功能。

10.2.1　湿地的生态效益

　　(1) 维持生物多样性。湿地在保护生物多样性中占有非常重要的地位。依赖湿地生存、繁衍的野生动植物极为丰富。中国在 40 多种国家一级保护的鸟类中,约有 1/2 生活在湿地中。亚洲有 57 种处于濒危状态的鸟,在中国湿地已发现有 31 种;全世界有鹤类 15 种,中国湿地鹤类占 9 种。湿地是重要的遗传基因库,对维持野生物种种群的延续,以及筛选和改良具有商品意义的物种,均具有重要意义。

（2）调蓄洪水、调节流量、减少洪水灾害。湿地可以在暴雨和河流涨水期储存过量的降水,均匀地把径流放出,减弱危害下游的洪水,是天然储水库系统。湿地在蓄水、调节河川径流、补给地下水和维持区域水平衡中发挥着重要作用,是蓄水防洪的天然"海绵"。Sun 等（2002）对比了美国东南部一个湿地占主导的小流域（图 10-3）和一个山地小流域典型降雨条件下暴雨的径流洪峰和流量（表 10-1）,发现湿地有很强的减弱小洪水的能力,但对极端大洪水的影响不大。这与 Verry（1997）在美国中北部湖区研究结果相似。但是,由于湿地水文研究只是最近十几年才开始的,湿地本身对大流域尺度水文的影响研究还很缺乏（图 10-4）。

图 10-3　森林湿地提供木材、净化水质、提供野生动物栖息场所（图为美国南部佛罗里达大学森林系湿地研究站,插图为湿地内部一角显示湿地树木基部特征）

表 10-1　美国东南部低海岸湿地流域与高山地流域典型暴雨径流特征对比

流域	前期降水	小　暴　雨			大　暴　雨		
		降水量/mm	洪峰/(L·s⁻¹·hm⁻²)	洪水量/mm	降水量/mm	洪峰/(L·s⁻¹·hm⁻²)	洪水量/mm
高山地（140 hm²）	湿润	30	1.1	21	157	6.8	49
	干燥	59	1.5	5	102	3.3	9
湿地（61 hm²）	湿润	33	0.4	4	160	14.2	92
	干燥	57	无径流出现		127	4.0	33

Sun 等,2002。

图 10-4　位于美国东海岸大西洋海岸地区的 Carolina Bay 森林湿地具有蓄积
暴雨径流、补充地下水、提供野生动物栖息地等多种生态功能

中国降水的季节分配和年度分配很不均匀,通过天然和人工湿地的调节,储存来自降雨、河流过多的水量,从而避免发生洪水灾害,保证工农业生产有稳定的水源供给。长江中下游的洞庭湖、鄱阳湖、太湖等许多湖泊发挥着重要储水功能,在无数次洪涝灾害中发挥了巨大的作用。据研究,长江流域大面积湖泊湿地缩减是 1998 年长江下游百年不遇洪灾形成的原因之一(图 10-5)。1998 年洪水流量相对并不大,但是由于湖泊、长江河道长期淤积使下游水位抬高,导致水位仅次于 1954 年大洪水水位。

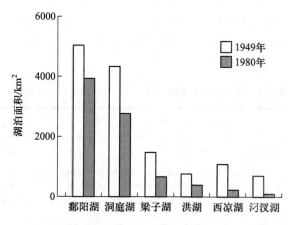

图 10-5　1949—1980 年间中国长江流域主要湖泊面积减少趋势(资料来源:Zong 和 Chen,2000)

研究表明,三江平原沼泽湿地蓄水达 38.4 亿 m^3,由于挠力河上游大面积河漫滩湿地的调节作用,能将下游的洪峰值削减 50 %。此外,湿地的蒸发在附近区域制造降雨,使区域气候条件稳定,具有调节区域气候的作用。

（3）保护堤岸，防风固岸。沿海许多湿地抵御波浪和海潮的冲击，削弱了风浪对海岸的侵蚀。同时它们的根系可以固定、稳定堤岸和海岸。如果没有湿地，海岸和河流堤岸就会遭到海浪的破坏。

（4）降解污染物、净化水质、碳汇和吸收二氧化碳。随着工农业生产和人类其他活动以及径流等自然过程带来的农药、工业污染物、有毒物质进入湿地，湿地的生物和化学过程可使有毒物质降解和转化，使当地和下游区域受益。湿地是化学物质的汇，可通过各种生物地球化学过程和途径去除有机或无机养分和有毒物质。主要机理如下：① 湿地茂密的植被和平缓的地形减缓水流的速度，增加了水-泥沙沉积物的交换时间。当含有毒物和杂质（农药、生活污水和工业排放物）的水流经过湿地时，流速减慢，有利于毒物和杂质的沉淀和排除。此外，一些湿地植物像芦苇、水湖莲等能有效地吸收有毒物质。在现实生活中，不少湿地可以用作小型生活污水处理地，这一过程能够提高水的质量。流水流经湿地时，其中所含的营养成分被湿地植被吸收，或者积累在湿地泥层之中，净化了下游水源。湿地中的营养物质养育了鱼虾、树林、野生动物和湿地农作物。② 一系列厌氧和有氧化学过程，如反硝化或化学沉降作用，可去除硝酸盐等化学成分。③ 湿地有较高的生态系统生产力，可使大量矿物元素积累在植物体内，在植物死后，变成沉积物。许多湿地积累的有机泥炭使化学物质永久埋藏。湿地储存了大量的碳，多数为碳汇，但可排放大量甲烷气体。所以如何管理湿地在当前减少大气温室气体浓度（如二氧化碳、甲烷、一氧化氮）和解决气候变暖问题上有重要意义。④ 湿地还能防止咸水入侵。沼泽、河流、小溪等湿地向外流出的淡水限制了海水的回灌，沿岸植被也有助于防止潮水流入河流。如果过多抽取或排干湿地、破坏植被，淡水流量就会减少，海水可大量入侵河流。

（5）湿地与周围高地相互作用影响流域生态系统的功能。在多数情况下湿地占流域比例不大（<20%），但其对整个流域和景观的生态作用不容忽视。湿地独特的生态功能（如储水、滞洪、净化水质、碳汇、生物多样性保护等）都是通过与周围高地在水、热和有机体交流中实现的（Cohen 等，2016）。例如，构成许多北美景观中的大部分湿地的"地理上孤立的湿地"（Geographically Isolated Wetlands，GIW），如美国南方常见的独个小水塘、沼泽地，北方的草地壶型湿地（prairie pothole），在地质上由于海平面下降（美国东南）或冰川退化（美国北方）而形成（Sun 等，2000）。这种类型的湿地在流域和景观中比例虽小，却大大地扩大了湿地边缘带，并与其他水体形成复合体，增强了水流路径水网的数量和水流在空间和时间上的连通性和异质性。由于 GIW 之间多数情况下没有地表水连接，在美国不受环境法律保护。虽然 GIW 缺乏持久的地表水连接，但是这并不意味着缺乏与附近和下游水域的水文、生物地球化学和生物交换。许多研究表明尽管水文和生物地球化学连通性通常是不连续或缓慢的（地下水

流速较慢），但是从观测到的水文连续性和较弱的由蒸发造成的溶质富集量来看，这些湿地具有产流和溶质及泥沙累积作用，在景观上并不"孤立"（Cohen 等，2016）。同样，虽然生物连通性通常需要在地表上扩散，但许多生物，包括许多稀有或受威胁物种，在不同时间或生命阶段使用 GIW 和下游水域。这表明 GIW 是景观栖息地镶嵌体的关键要素。实际上，这类湿地与下游水域具有较弱水文连通性以及与其他有限的景观元素的生物连通性正是增强了某些 GIW 功能并使其他功能得以实现的原因。由于湿地地理和湿地功能的特殊性，要维持景观的功能需要保持整个湿地连通性。

理解湿地与周围高地的相互作用在流域管理上有重要意义。森林经营管理对流域尺度的水文和地球化学循环的影响研究较多，但对于高地管理如何影响嵌入式湿地森林的水文和功能文献不多。美国佛罗里达的一项研究表明高地树木胸径面积和不同的森林管理方法对湿地水文、生物地球化学和栖息地功能的影响不同。高地森林胸径面积和森林蒸散量的增加会减少湿地的淹没深度和持续时间。如果湿地变干，湿地甲烷产量会减低，因此可以推论湿地全球变暖潜力随着森林胸径面积增加而下降。其原因是，森林胸径增加使蒸散加大，水位下降，从而甲烷释放量会下降。由于湿地淹没减少，两栖动物栖息地适宜性随着胸径面积的增加而减少。森林轮伐频率，火灾管理方式都会影响森林结构。流域模拟模型能够把森林管理、湿地水文和湿地功能有机结合起来，从而优化森林管理，提供景观尺度的生态系统服务（Evenson 等，2018）。

10.2.2 湿地的经济效益

根据美国科学家的研究，每公顷湿地生态系统每年创造的价值达 4000 美元至 14 000 美元，分别是热带雨林和农田生态系统的 2~7 倍和 45~160 倍。其经济效益包括以下 4 个方面。

（1）提供丰富的动植物产品。湿地提供的莲、藕、菱、芡及浅海水域的一些鱼、虾、贝、藻类等是富有营养的副食品；有些湿地动植物还可入药；有许多动植物还是发展轻工业的重要原材料，如芦苇就是重要的造纸原料；湿地动植物资源的利用还间接带动了加工业的发展；中国的农业（水稻）、渔业、牧业和副业生产在相当程度上要依赖于湿地提供的自然资源。湿地提供了多种多样的产物，包括木材、药材、动物皮革、肉蛋、鱼虾、牧草、水果、芦苇等，还可以提供水电、泥炭、薪柴等多种能源利用。

（2）提供丰富、优质的水资源。沼泽、河流、湖泊和水库在输水、储水和供水方面发挥着巨大效益。湿地常常作为居民生活用水、工业生产用水和农业灌溉用水的水源。溪流、河流、池塘、湖泊中都有可以直接利用的地表水。其他湿地,如泥炭、沼泽、森林可以成为浅水水井的水源。我们平时所用的水有很多是从地下开采出来的,而湿地可以为地下蓄水层补充水源。如果湿地受到破坏或消失,就无法为地下蓄水层供水,地下水资源就会减少。

(3) 提供矿物资源。湿地中有各种矿砂和盐类资源。中国的青藏、蒙新地区的碱水湖和盐湖,分布相对集中,盐的种类齐全,储量极大。盐湖中,不仅赋存大量的食盐、芒硝、天然碱、石膏等普通盐类,而且还富集着硼、锂等多种稀有元素。世界上一些重要油田大都分布在湿地区域,湿地的地下油气资源的开发利用在国民经济中意义重大。

(4) 提供能源和水运。从湿地中直接采挖的泥炭可用于燃烧。湿地中的林草可作为薪材,是湿地周边农村中重要的能源来源。湿地有着重要的水运价值,沿海沿江地区经济的快速发展在很大程度上受惠于此。中国约有 10 万 km 内河航道,内陆水运承担了大约 30 % 的货运量。

10.2.3 湿地的社会效益

(1) 观光与旅游。湿地具有自然观光、旅游、娱乐等美学方面的功能。中国许多重要的旅游风景区都分布在湿地区域。滨海的沙滩、海水是重要的旅游资源,如滇池、太湖、洱海、西湖等都是著名的风景区,除具有经济效益外,还具有重要的文化价值。城市中的水体,在美化环境、调节小气候、为居民提供休憩空间方面有着重要的社会效益。

(2) 教育与科研价值。湿地生态系统、多样的动植物群落、濒危物种等,在科研中都有重要地位,它们为教育和科学研究提供了对象、材料和试验基地。一些湿地中保留着过去和现在的生物、地理等方面演化进程的信息,在研究环境演化、古地理方面有着重要价值。作为人类文化遗产的一部分,湿地与宗教和信仰有关,构成了审美灵感的源泉,为野生动物提供了庇护地,并形成了地方重要传统的基础。

10.3 湿地的基本概念

10.3.1 湿地的定义

尽管保护湿地的意义重大,但是给出湿地确切的、较为科学的定义并非轻而易举。由于湿地生态系统种类繁多(图 10-3、图 10-4、图 10-6),介于陆地和水生生态系统之间,结构组成独特,不同国家、不同行业根据各自的目的对湿地都有不同的定义和确定方法。例如,生态学家对湿地的定义要求不是很严格,但是工程和湿地管理部门就有量化的要求以便在实践中具有可操作性。下面列出了 4 种湿地定义来说明湿地定义的复杂性和确定湿地边界的困难性(Mitsch 和 Goselink,1986)。

图 10-6　美国主要湿地类型(Dahl,2006)

（1）普通定义。"内陆湿地是潮湿、昆虫繁生、常带腐朽臭味的神秘地方,其土壤泥泞、地表水相对平稳,且有着不同的奇怪的动物和植物。"显然该定义是由外行人提出的,但通俗易懂,且包含了湿地的最基本特征,但不是科学的定义。

（2）由美国陆军工程兵团(US Army of Corps of Engineers)提出,1977 年美国《清洁水法》修正案中的关于湿地的定义。"湿地是指被地表水或地下水淹没或土壤饱和的地区。淹没或饱和的频率和持续时间足以在正常情况下支持适应于饱和土壤条件的植被生长。湿地通常包括沼泽、泥沼、海岸沼泽和类似的地区。"该定义只采用植被为标准来确定湿地,在实施中多次在法庭上受到质疑,因此得到修订。

（3）由美国鱼类及野生动植物管理局 1979 年提出,被美国各界包括湿地生态学者广泛采用的湿地定义。"湿地是介于陆地和水生生态系统之间的过渡带。地下水位通常位于或接近地表面,或者地表被浅层水掩盖……湿地必须具有下列特征之一:① 至少周期性地支持水生植物为主体植被;② 底层土壤以非排水性水生土壤为主;③ 底层为非土壤介质,并且每年在生长季期间有时达到水饱和或者有浅层水覆盖。"该定义包括的内容更广泛、灵活,综合考虑了植被、水文、土壤特征。该定义被广泛用于科研和湿地清查,但是用于湿地执法管理上较为困难。

（4）《国际湿地公约》(International Convention on Wetlands)定义。"湿地指天然或人工、永久或临时性的沼泽地、湿原、泥炭地或水域地带,包括静止或流动的淡水、半咸水、盐水水体,低潮时水深不超过 6 m 的水域。此外,湿地包括岛屿或湿地范围内低潮时水深不超过 6 m 深的海域。河流和湖泊、沿海潟湖、红树林、泥炭地以及珊瑚礁也属湿地范围。此外,湿地还包括人工湿地,诸如鱼塘、虾塘、农田池塘、灌溉农地、盐池、水库、沙砾矿坑、污水处理场以及运河。"该定义的含义更为广泛,囊括多种栖息地类型。

10.3.2 湿地组成之间的关系

虽然湿地定义方法、形式繁多,但是湿地都有三大独特的组成成分:湿地水文、湿地土壤和湿地植被。其中水起主导核心作用,但三者间相互影响,形成了其他生态系统所没有的结构和独特生态功能(Sun 等,2002)(图 10-7)。除了以上三种鉴别湿地的重要指标外,湿地还具有以下不同于其他生态系统的特征,使湿地确定更为复杂。

（1）地表或地下水位在空间和时间上变化很大,且随湿地类型不同而不同。图10-8 为大西洋沿岸某森林湿地地下水位的动态变化。降水是美国东南部许多湿地水分的主要来源,森林采伐减少了林地总的蒸散发,使浅层地下水位抬高(Sun 等,2000)。

（2）湿地位于陆地地表水和深水系统之间,常受双方的影响。湿地的面积从几公顷至几百平方千米,差别很大。湿地可在任何地方和气候条件下发育,受人为活动的影响程度不一。在美国温暖湿润的东南方,降水量多超过潜在蒸发量,地形是湿地产生的主要因子。表 10-2 比较了湿地和非湿地流域基本的水量平衡。

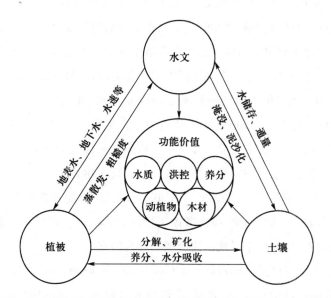

图 10-7 湿地组成及其相互作用和湿地功能示意图(Sun 等,2002)

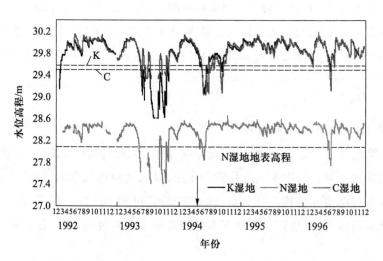

图 10-8 大西洋沿岸某森林湿地地下水位的动态变化(虚线表示湿地表面高程,箭头表示砍伐 K 湿地和 N 湿地的日期,C 湿地为对照,未受干扰。该项研究见 Sun 等,2000)(参见文后彩插)

表 10-2　湿地和非湿地流域水量平衡的比较

流域特征	佛罗里达州森林湿地流域:面积 140 hm², 年均气温 21.0 ℃,坡度 <2°	北卡罗来纳州森林湿地流域:面积 25 hm², 年均气温 16.2 ℃,坡度 <0.2°	北卡罗来纳州山地森林流域:面积 25 hm², 年均气温 13.0 ℃,坡度 49°
降雨量(P)/mm	1261	1524	1730
径流量(R)/mm	184	470	950
实际蒸散发(AET)/mm	1077	1054	779
潜在蒸散发(PET)/mm	1431	1133	908
R/P	0.15	0.31	0.55
P/PET	0.88	1.35	1.91
AET/P	0.85	0.69	0.45
AET/PET	0.75	0.93	0.86

详细内容见 Sun 等,2002。

10.4　湿地的分布和类型

10.4.1　湿地分布

从寒带到热带,湿地均有分布。世界保护监测中心估计湿地面积约为 5.7 亿 hm²,约占地球陆地面积的 6 %,其中的 2 %为湖泊,30 %为藓类沼泽,26 %为草本沼泽,20 %为森林沼泽,15 %为洪泛平原。1999 年《湿地公约》缔约国大会提供的全球湿地资源评估认为最小的全球估计值在 7.48 亿~7.78 亿 hm²。目前,全世界有湿地的国家中加拿大湿地面积居世界首位,有 1.27 亿 hm²,美国有 1.11 亿 hm²,之后为俄罗斯。美国湿地占美国陆地面积的 5.5 %。主要分布于五大湖区,降水丰沛的东南部(如著名的佛罗里达州的 Everglades),密西西比河三角区和东北部。美国大陆 48 个州的湿地总面积为 4360 万 hm²,其中 95 %为淡水湿地,5 %为海岸和河口滩涂湿地(Dahl,2006)。在淡水湿地中,51 %为森林湿地,而在海岸湿地中萌生草类的湿地占主导(71 %)。

10.4.2　中国湿地特征

中国国家林业局(现为国家林业和草原局)系统调查了面积 100 hm² 以上的湿地类型、面积与分布。中国湿地面积约 3850 万 hm²(不包括水稻田),占国土面积的 3.8 %,

占全球湿地面积的 7%,居世界第 4 位、亚洲第 1 位。由于中国地域辽阔,地貌类型复杂多样,从北部的寒温带到南部的热带、从东部沿海到西部内陆、从平原丘陵到高原山区都有湿地分布,是世界上湿地类型齐全,数量较多的国家之一。

10.4.3 中国湿地类型

根据中国湿地资源的现状和《湿地公约》对湿地的分类系统以及相关研究成果,中国的湿地可分为:沼泽湿地、湖泊湿地、河流湿地、滨海湿地和人工湿地共 5 大类。其中每一类又可分别细分为若干小类,共 26 个小类(图 10-9,图 10-10)。

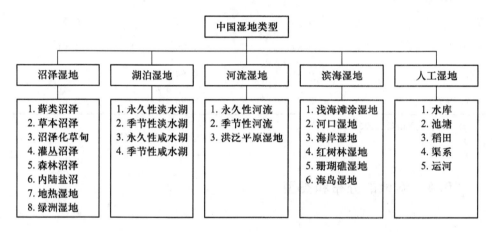

图 10-9 中国湿地类型

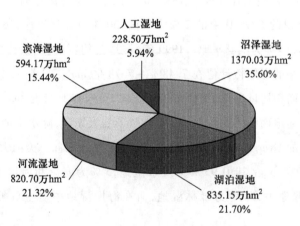

图 10-10 中国各类湿地面积与比例

(1) 沼泽湿地。沼泽湿地主要分布于东北的三江平原、大小兴安岭、长白山、四川若尔盖和青藏高原,各地海滨、湖滨、河漫滩地带也有沼泽发育,山区以木本沼泽居多,平原则多为草本沼泽。位于黑龙江省东北部的三江平原,是我国面积最大的淡水沼泽分布区,沼泽普遍有明显的草根层;大小兴安岭沼泽分布广而集中,以森林沼泽化、草甸沼泽化为主;四川若尔盖高原位于青藏高原东北边缘,是我国面积最大、分布集中的泥炭沼泽区;海滨、湖滨、河漫滩地带主要分布的是芦苇沼泽。

（2）湖泊湿地。中国的湖泊具有多种多样的类型并显示出不同的区域特点。全国有面积大于 1 km^2 的天然湖泊 2711 个。中国的湖泊湿地主要分布于五大区域。

① 长江及淮河中下游、黄河及海河下游和大运河沿岸的东部平原地区湖泊:面积大于 1 km^2 的湖泊有 696 个,约占全国湖泊总面积的 23.3%。著名的五大淡水湖——鄱阳湖、洞庭湖、太湖、洪泽湖和巢湖即位于本区。

② 蒙新高原地区湖泊:面积大于 1 km^2 的湖泊 724 个,约占全国湖泊总面积的 21.5%。本区气候干旱,湖泊蒸发超过湖水补给量,多为咸水湖和盐湖。

③ 云贵高原地区湖泊:面积大于 1 km^2 的湖泊 60 个,约占全国湖泊总面积的 1.3%,均系淡水湖。该区湖泊换水周期长,生态系统较脆弱。

④ 青藏高原地区湖泊:面积大于 1 km^2 的湖泊 1091 个,占全国湖泊总面积的 49.5%,本区为黄河、长江水系和雅鲁藏布江的河源区,湖泊补水以冰雪融水为主,湖水入不敷出,干化现象显著,近期多处于萎缩状态,以咸水湖和盐湖为主。

⑤ 东北平原地区与山区湖泊:面积大于 1 km^2 的湖泊 140 个,约占全国湖泊总面积的 4.4%。本区入湖水量汛期(6—9月)为全年水量的 70%～80%,水位高涨;冬季水位低枯,封冻期长。

（3）河流湿地。中国流域面积大于 100 km^2 的河流有 50 000 多条,流域面积大于 1000 km^2 的河流约 1500 条。因受地形、气候影响,河流在地域上的分布很不均匀。绝大多数河流分布在东部气候湿润多雨的季风区,西北内陆气候干旱少雨,河流较少,并有大面积的无河流区。中国的河流分外流河与内陆河两大类。在外流河中,松花江、辽河、海河、黄河、淮河、长江、珠江七大江河均自西向东流入太平洋,西南部的雅鲁藏布江向南流入印度洋,新疆西北部的额尔齐斯河流入北冰洋;内陆河均分布于西北地区,最大的内陆河是塔里木河,其次是黑河。

（4）滨海湿地。中国的滨海湿地主要分布于沿海的 11 个省(市、自治区)和港澳台地区。海域沿岸约有 1500 条大中河流入海,形成浅海滩涂生态系统、河口生态系统、海岸湿地生态系统、红树林生态系统、珊瑚礁生态系统、海岛生态系统共六大类。广东、广西、海南三省(自治区)的红树林面积占全国的 97.7%。

（5）人工湿地。我国的人工湿地资源比较丰富,稻田广布亚热带与热带地区,淮河以南广大地区的稻田约占全国稻田总面积的 90%。近年来北方稻区不断发展,稻田面积有所扩大。

10.5 湿地生态系统的评估和管理

如前面所述,定量描述湿地的三个组成(水文、植被和土壤)比较困难,因此,正确鉴定湿地和确定湿地的边界在湿地管理中就显得很重要,是有效管理湿地的第一步。小的湿地可以通过实际野外调查,但大范围常采用遥感方法。

10.5.1 确定湿地的方法

根据湿地的定义和组成成分特征,野外确定湿地边界可总结为 4 种基本方法:① 植被法;② 土壤法;③ 植被-土壤-水文三参数法;④ 主要指标法(Tiner,1996)。下面对这 4 种方法进行简要介绍,详细表述见 Tiner(1996)和 Mulamoottil 等(1996)。

(1) 植被法。最早由植物学家和生态学家提出,是指通过分析植物群落特征确定法定湿地边界。按照该方法,湿地 50 %的植物种类应为湿生植物。由于缺乏完整的湿生植物名录和确定湿生植物的统一标准,植被法在实际操作中存在较大的局限性。

(2) 土壤法。根据土壤表现出的某些特征,如水生土壤来确定湿地边界。过去由于土壤学家在湿地保护和行政法规建立方面参与不多,缺乏利用土壤确定湿地的文献,因此土壤法还没有得到广泛应用。但是,在美国的康涅狄格州和新罕布什尔州该方法已被应用于确定当地法定湿地区划。美国农业部土壤保持局颁布了《美国湿地土壤野外鉴定指标》,试图统一野外鉴定湿地土壤的方法。

(3) 植被-土壤-水文三参数法。该方法通常需要确定湿地是否存在湿生植被、水生土壤和湿地水文特征。该方法是由美国联邦政府在实施《清洁水法》的框架下提出的。美国陆军工程兵团、美国环境保护局(EPA)和联邦政府间确定湿地边界联合委员会(Federal Interagency Committee for Wetland Delineation)分别提出了确定湿地的手册。前两个手册用于联邦政府管理的湿地,第三个手册也逐渐被州和当地政府采用。该方法的主要缺点有:① 确定湿地边界需要时间长;② 生长有湿生植物,土壤为湿地土壤,且未受过水文干扰的湿地系统要满足湿地水文条件;③ 对所有湿地使用同一种湿地水文指标;④ 某些湿地水文、土壤指标很难统一或者意义不明;⑤ 过分依赖于个别专业人士的判断,因此会产生偏差;⑥ 使用兼性湿地植物指标鉴定湿地。

(4) 主要指标法。该方法由 Tiner 在 1993 年提出,是由传统鉴定湿地方法发展而来的,试图通过植被类型、土壤性质和其他湿地独有主要诊断指标特征来确定湿地边界。该方法的基本原理是:在湿地水文未被干扰条件下,植被类型和土壤性质可当作很可靠的指标用于确定湿地边界;在湿地水文已被干扰时,需要重新对水文条件进行评价。该方法简单易行,不需要了解详细的植被和土壤状况。该方法需要根据标准程序首先评价湿地水文是否受到过干扰。在评价过程中,对不同的湿地类型需要采用不同的具体的水文标准。

10.5.2 湿地生态系统的评估

对一特定湿地生态系统进行有效的管理,通常包括恢复和保护两大方面。恢复往往是针对被破坏的湿地而采取的恢复与重建的措施,而保护则指针对人为干扰(开发湿地、修筑穿越湿地的道路或其他建筑工程等)可能对湿地系统的负面影响而采取的保护措施。然而,不管是哪一方面的管理,都离不开我们对湿地生态系统的评估。

湿地是一个独特的生态系统,它包括植物、水文、土壤等众多自然构成以及它们之间的相互作用。它的功能与价值涉及生态、社会与经济。因此,湿地生态系统的评估一定是多学科的、综合的。由于湿地的数目巨大,而进行跨学科、综合性的评估往往费时耗资,不能满足湿地管理的需要。因此,在湿地评估方法方面,有一种明显的趋势,那就是采用指示或快速诊断的方法。随着遥感技术的广泛应用,将遥感技术与一些方法相结合使得快速评估更为可行。下面对几种湿地系统的评估方法做一简单的介绍,有兴趣的读者可参阅有关参考文献。

(1) 栖息地评估程序(habitat evaluation procedure,HEP)。该方法由美国鱼类与野生动植物管理局(Fish and Wildlife Service)于 1980 年提出(U.S. Fish and Wildlife Service,1980;Cable 等,1989)。此方法是建立在生物物种与栖息地的关系之上,根据评估的生物物种,确立栖息地适宜性指数(habitat suitability index,HSI)。然后将此与最优的指数做比较。指数的范围为 0.0 至 1.0。通过比较,便可确定该湿地的环境状况。后来,有些机构将此法做了一定改进以满足特定湿地评估的需要。例如,将 HEP 改进为湿地价值评估法(wetland value assessment)用于 Louisiana 沿海湿地的评估。

(2) 湿地评估技术(wetland evaluation technique,WET)。该方法是一种快速评估的多功能方法(Adamus 等,1987,1991),由美国陆军工程兵团开发。开发此技术的最初目的是支持执照申请的决策过程。该方法用一系列湿地的特征作为湿地功能的指示,并根据其有或无来确定湿地的功能状况。因此,该方法是一种粗犷的定性研究方法,所要判别的功能包括地下水补给、地下水的流出量、洪峰改变的程度、泥沙的稳定度、泥沙及有毒物质的截留、养分排除或转换、水生生物多样性与丰度、野生动物多样性与丰度等。

(3) 生物完整性指数法(index of biological integrity,IBI)。IBI 是利用生物取样,通过比较被干扰的系统与未受干扰系统(参照系统)的差别而评估生物与栖息地的完整性及人类干扰影响的一种方法(Karr,1998)。该方法适用于许多水生系统(湿地、河流等)。该方法将多个生物指标值综合成总结性的参数。在构成 IBI 后,便可确定它是否能测量人类干扰对水生生物的总体影响(图 10-11)。

人类干扰的程度,即地面不透水层比例

图 10-11 生物完整性指数法表达的人类干扰与生物丰度的经典关系(Karr,1998)

(4) 水文地质地貌方法(hydrogeomorphic method,HGM)。HGM 是根据 Brinson (1993)的湿地水文地质地貌分类方法而发展起来的一种用来定性评价一系列湿地功能的方法(Smith 等,1995)。该方法也是基于与参照湿地相比较的技术。它通过野外快速测定来评估湿地的水文、生物化学、栖息地特征及生态过程,并通过综合、打分等手段来确定湿地的状况,为湿地管理决策提供参考。

10.5.3 湿地生态系统管理

由于湿地越来越受到重视,许多国家都颁布了有关法律对之加以保护。在美国,对于湿地的保护和管理,从联邦、州至县一级政府都设有相应的法律或规章制度。由于制度执行严格,个人或集体都必须在土地的开发和使用中,熟悉有关湿地的法律,而执法者必须能正确解释法律规定中的有关条款。事实上,湿地在法律上的含义也在随着湿地管理的不断完善发生变化。

涉及美国湿地管理的主要法律有:

(1)《清洁水法》(Clean Water Act)。《清洁水法》是 1977 年修订(1972 年颁布)的联邦水污染控制法。该法案确定了污染物向水体排放规范的基本框架。其中下列条款涉及湿地保护:

第 404 条 管理排放,疏浚和填土材料,将湿地纳入美国水体范畴。

第 403 条 海洋排放标准。

第 402 条 国家污染物排放消除系统。

第 401 条　国家认证的水质。

第 309 条　联邦执法权威。

第 308 条　巡查、监测、入境。

第 502 条　一般定义。

（2）《国家环境政策法》（*National Environmental Policy Act*, NEPA, 1969）。NEPA 是基本的保护环境国家宪章。它规定了政策,确定了目标,并提供了贯彻政策的手段。

（3）《1899 年河流与港口拨款法案》（*Rivers and Harbors Appropriation Act of 1899*）。第 10 条建立了包括湿地在内的有关水域的航运规范。

（4）《1996 年联邦农业改进和改革法》（*Federal Agriculture Improvement and Reform Act of 1996*）。俗称《农业法案》,于 1996 年修改,包括 4 个项目,涉及保护湿地的农地。

（5）《濒危物种法案》（*Endangered Species Act*, ESA）。为保护濒危和濒临灭绝的植物、动物种群和栖息地而设。

（6）《21 世纪运输平等法》（*Transportation Equity Act for the 21st Century*, TEA-21）。为提高全民族的基础交通设施建设授权拨款,促进经济增长和保护环境,以改善水质和恢复湿地。

（7）《沿海湿地规划、保护与恢复法》（*Coastal Wetlands Planning, Protection and Restoration Act*）。

（8）《北美湿地保育法》（*North American Wetlands Conservation Act*）。

参 考 文 献

Adamus, P. R., Clairain jr, E. J., Smith, R. D., et al. 1987. Wetland evaluation technique(WET); Vol. II, Methodology (Operational Draft Report). Environmental Laboratory. US Army Engineer Waterways Experiment Station. Vicksburg, MS, 95.

Adamus, P. R., Stockwell, L. T., Clairain jr, E. J., et al. 1991. Wetland evaluation technique(WET); Vol. I, Literature review and evaluation rationale. Environmental Laboratory. US Army Engineer Waterways Experiment Station. Vicksburg, MS.

Brinson, M. M. 1993. A hydrogeomorphic classification for wetlands. Wetlands Research Program TR-WRP-DE-4. US Army Engineer Waterways Experiment Station. Vicksburg, MS.

Cable, T., Brack jr, T. V. and Holmes, V. R. 1989. Simplified method for wetland assessment. Environmental Management, 13: 207-213.

Cohen, M. J., Creed, I. F., Alexander, L. B., et al. 2016. Do geographically isolated wetlands influence landscape functions? Proceedings of the National Academy of Sciences of the United States of America, 113

(8):1978-1986.

Dahl,T. E. 2006. Status and trends of wetlands in the conterminous United States:1998 to 2004. U. S. Department of the Interior,Fish and Wildlife Service. Washington,D. C. 112.

Evenson,G. R.,Nathan Jones,C.,McLaughlin,D. L.,et al. 2018. A watershed-scale model for depressional wetland-rich landscapes. Journal of Hydrology X,1: 100002.

Karr,J. R. 1998. Rivers as sentinels:Using the biology of rivers to guide landscape management. In:River Ecology and Management:Lessons from the Pacific Coastal Ecoregion,ed. Naiman,R. J. and Bilby,R. E. 502-528. New York:Springer-Verlag.

Mitsch,W. J. and Goselink,J. G. 1986. Wetlands. Van Nostrand Reinhold Co.,New York.

Mulamoottil,G.,Warner,B. and McBean,E. A. 1996. Wetlands:Environmental Gradients, Boundaries, and Buffers. New York:Lewis Publishers,298.

Partow,H. 2001. The Mesopotamian Marshlands:Demise of An Ecosystem,United Nations Environment Programme (UNEP),Division of Early Warning and Assessment(DEWA).

Smith,R. D.,Ammann,A.,Bartoldus,C. ,et al. 1995. An approach for assessing wetland functions using hydrogeomorphic classification,reference wetlands and functional indices. US Army Engineer Waterways Experiment Station. Wetlands Research Program Technical Report WRP DE-9,Vicksburg,MS.

Sun,G.,Riekerk, H. and Kornak, L. V. 2000. Groundwater table rise after forest harvesting on cypress-pine flatwoods in Florida. Wetlands,20(1):101-112.

Sun,G., McNulty, S. G., Amatya, D. M., et al. 2002. A comparison of the hydrology of the coastal forested wetlands/pine flatwoods and the mountainous uplands in the southern US. Journal of Hydrology,263:92-104.

Tiner,R. W. 1996. Practical considerations for wetland identification and boundary delineation.In:Mulamoottil,G., Warner,B. and McBean, E. A. Wetlands:Environmental Gradients, Boundaries, and Buffers. New York:Lewis Publishers,113-137.

U. S. Fish and Wildlife Service. 1980. Habitat Evaluation Procedure(HEP) Manual(102 ESM), U. S. Fish and Wildlife Service. Washington,DC.

Valdez,M. E. 1997. Expanding wetlands globally. Science,277:297-301.

Verry,E. S. 1997. Hydrological processes of natural, northern forested wetlands. In: Trettin, C. C., Jurgensen, M. F.,Grigal,D. F.,Gale,M. R.,and Jeglum,J. F. Northern Forested Wetlands Ecology and Management. New York:Lewis Publishers.

Zong,Y. and Chen,X. 2000. The 1998 flood on the Yangtze,China. Natural Hazards,22:165-184.

第 11 章　水库和湖泊生态系统

水库和湖泊往往是流域生态系统中(特别是较大尺度流域)的重要组成部分。据估计,建坝使地球上被水覆盖的面积增加约 400 000 km^2。水库和湖泊对流域的水文、水质、泥沙的迁移和沉积以及水生生物都有重要影响。要研究和管理好流域生态系统,就必须考虑水库和湖泊(甚至是小尺度的池塘)的过程与功能,以及它们与整个流域系统过程与功能的关系。

11.1　概念与特征

湖泊是一个由静止的淡水或盐水所组成的地域,四周有土地环绕,它的水源来自河流、溪流、泉水等。水库通常为人为修造的人工湖泊或池塘,水被收集和蓄存用于公共事业、灌溉等。

世界上大多数自然湖泊常由一些毁灭性的地质事件所形成。例如,由地壳运动产生的下沉面而形成的湖泊,由火山爆发而形成的较小与较深的湖泊以及由冰川的侵蚀与沉积所产生的湖泊,等等。大规模的泥石流也是产生湖泊的重要机制。此外,自然湖泊也可由一些连续的或缓慢的过程所产生。例如,由石灰岩经不断的溶化与溶解而形成的湖泊以及由河流水的冲刷与沉积而切割形成的湖泊就属于这一类别。自然湖泊的形态差异很大,但许多湖泊呈近椭圆形。湖泊的自然形态对湖泊的物理、化学和生物学的特征有十分深远的影响,它也影响水文与泥沙的相互作用及湖泊的水生生产力。由于人类的不断利用与开发,人类对湖泊生态系统的影响已超出了它们的自然承载力,使湖泊的生态功能发生了根本的变化。目前,大多数自然湖泊分布于纬度较高、人类活动稀少的寒带地区。

水库通常是在河流上修筑水坝而形成,又称人工湖泊。它们常用于防洪、灌溉和蓄水。在一些地区,由于气候较干旱或年内降水分配不匀,修筑水库常被认为是解决水资源不足或不匀的重要策略。这些水库可在降水较多的季节拦蓄由降水而产生的径流,以便在降水较少的季节提供水量。水库的集水面积比天然湖泊要大得多。美国本土目前大概有 7.86 万个大小不同的水坝和水库,分布在各地(图 11-1)。

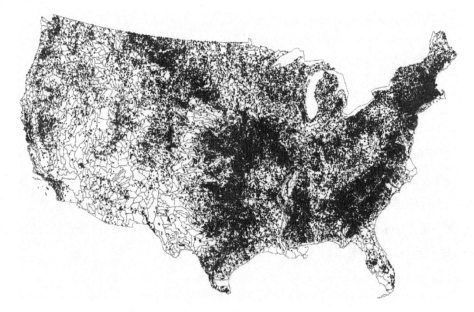

图 11-1 美国本土水坝、水库分布(美国陆军工程兵团,USACE,1996)(参见文后彩插)

由于水库大多数情况下是在河流流域以及集水盆地上修建的,所以它们的形态通常为树枝状的、狭窄的和伸长的。水库一般包括 3 个区:河滨区、过渡区和湖泊区(图 11-2)。

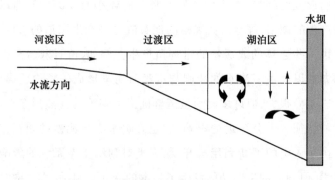

图 11-2 水库的一般分区(Wetzel,2001)

水库的物理特征影响着其生物学过程,其中最为重要的是光和养分的有效性。水库通过许多大的溪流而获得径流水,而这些径流水侵蚀能量大,携带大量的沉积物及溶解性的颗粒状承载物。由于流进的水主要是来自渠道,并且常常没有被分散能量的结构物和富有生物学活性的湿地和湖滨交界区所过滤,径流输入较大,直接与降水相汇,从而可延伸到更远的库区(与大部分天然湖泊相比较)。所有这些特性可导致高的、不规则波动的养分和沉积物进入水库。水库的水位波动极为不规则,这是以下因素相互作用的结果:洪水流入特征、土地利用、主要支流的渠道化、洪水控制以及来自水力发电站大量不规则的抽水。这些作用的结果是使大面积的沉积物被改变,或被洪水淹没,或暴露出来,并阻止了高产的、稳定的水库湿地和湖滨植物区系的建立。可以讲,水库是非常动态的湖泊。

根据养分状况,可将湖泊区分为贫营养(oligotrophic)、中营养(mesotrophic)和富营养(eutrophic)(表 11-1)。根据 3 类标准的不同还可以划分为其他类型(表 11-2)。

表 11-1 湖泊营养分类的特征

测定的参数		贫营养	中营养	富营养
总磷/($mg \cdot m^{-3}$)	平均值	8	26.7	84.4
	变化范围	3.0~17.7	10.9~95.6	16~386
叶绿素 a/($mg \cdot m^{-3}$)	平均值	1.7	4.7	14.3
	变化范围	0.3~4.5	3~11	3~78
透明度板深度/m	平均值	9.9	4.2	2.45
	变化范围	5.4~28.3	1.5~8.1	0.8~7.0

引自 Wetzel,1983。

表 11-2 根据水中总磷的浓度来划分湖泊

湖 泊 种 类	总磷/($\mu g \cdot L^{-1}$)
超贫营养湖泊	<5
贫营养湖泊	5~10
中营养湖泊	10~30
富营养湖泊	30~100
超富营养湖泊	>100

引自 Lampert 和 Sommer,1997。

（1）贫营养湖泊。低生产力,水很清,植被少,养分贫乏,但氧气在各水层都很充足,由陡峭的岩石围绕四周,有机物少,浮游植物少,湖较深。

（2）富营养湖泊。高生产力,因浮游植物多而呈绿色的水,湖较浅;四周逐渐堆积而成,有广阔的湖滨区,透明度低,植物养分丰富,有机物丰富,浮游植物多。

（3）中营养湖泊。贫营养湖泊和富营养湖泊代表了生产力和养分连续体的两个极端点,而中营养湖泊的特征就介于这两者之间。

由于水库与湖泊的起源及物理特征不同,故在生态系统的特性方面存有许多差异（表11-3）。

表 11-3　水库和天然湖泊生态系统特性的比较

特　　性	水　　库	天　然　湖　泊
气候	降水通常较低,蒸发量大,或蒸发量大于降水量	降水一般超过蒸发损失
排水盆地	通常为狭窄、伸长的湖泊盆地或排水盆地;盆地面积/湖泊面积的比例较大(100:1到300:1)	圆形,湖泊盆地通常为中心,盆地面积/湖泊面积的比例较小(10:1)
湖岸线	长,不固定	相对较短,稳定
水面波动	大,不规则	小,稳定
温度层(热力层)	变异、不规则,通常太窄而不能在河流和过渡区区分,通常在湖区能够暂时分层	天然状况
流入	大部分径流通过大的溪流(高等级溪流)	通过小溪流(低等级溪流)和扩散源
流出	较大的不规则性,取决于水利用量、抽水方法(由表层或下层滞水带抽水)	相对稳定,表层水
水更新速率(flushing rate)	短期、变动的(数天到数月),随着表面水的抽取而增加,随着下层滞水带的抽取分层被扰动	长期、相对一致(1年到数年)
沉积物承载力	在大的排水区较高,洪水泛滥区大,三角洲大,渠道化,衰退迅速	低到极低,三角洲小,广阔化,衰退缓慢
水中悬浮沉积物	高、可变的,高黏性和泥沙颗粒,浑浊度高	含量低到极低,浑浊度低
外来的颗粒有机物(POM①)	含量中等,在发大水和洪水期有特别细的颗粒有机物	含量低到极低

续表

特 性	水 库	天 然 湖 泊
水温	较高(一般在南部气候带)	一般较低(集中在北部气候带)
溶解性氧	较低溶解性(较高温度),较大的水平变动性	较高的溶解性(低温),较小的水平变动性
光消失	水平梯度(km)占优势,光消失不规则且变异较高,尤其是在河流区和过渡区	垂直梯度(m)占优势,光消失变异而且相对较低
外来养分承载	变异一般比天然湖泊高(较大的排水流域、更多的人为活动、较大的水面波动),常常不可预测	变异,但相对可以预测,承载物常常适度(缓和),受湿地和湖滨连接区的生物地球化学影响
养分动态	水平梯度占优势,取决于沉积速率、沉积时间和流水势态,水区浓度随着与源头的距离增加而下降,不规则的内在承载	垂直梯度占优势,内在承载通常较低,尤其那些没有因深度耕作而引起超营养作用的湖泊
溶解性有机物(DOM[②])	外来的和湖深底的来源占优势、不规则、常常含量较高	外来的和湖滨的/湿地的资源占优势
湖滨区/湿地	不规则,受到严重的水面波动限制	在大多数湖泊里主要对养分、颗粒和溶解物的调节很重要
浮游植物	明显的水平梯度,单位初级生产力在水平上相对一致,光和无机养分的限制占优势	垂直的和季节性梯度占优势,水平梯度较小,光和无机养分的限制占优势
异养细菌	浮游的、与颗粒相关联的和湖底的异养细菌在河流区占优势	在大多数湖泊里,湖底部的和湖滨的湿地异养细菌占优势
浮游动物	在过渡区通常发育最快,水平补缀较高,颗粒碎屑(包括吸收的溶解性物质)不断地增大,浮游植物作为食物源	垂直的和季节性的梯度占优势,水平补缀中等,浮游植物是一个主要的食物源
湖底动物群	在小的和不规则的湖滨区,密度较低、低到中等生产力,从泛滥陆地植被区开始较高	中到高的多样性,中到高的生产力

特 性	水 库	天 然 湖 泊
鱼类	暖水种组成占优势,差异常常与最初的总量有关,产卵成功率变异大(低水面、低产卵率),卵死亡率随沉积作用而增加,幼鱼成活率随着保护区的减少而减少,生产力最初(5~20年)高,然后下降。偶尔两层鱼类(暖水种和冷水种)成活率高,尤其山区水库的成活率高	暖水种和冷水种组成,产卵成活率好,卵死亡率低,幼鱼成活率好,生产力中等
生物群落关系	生物多样性低,特殊生境加宽,生长选择(r)迅速,迁入-灭绝过程迅速,净生产力在洪水后迅速增高,然后下降	生物多样性高,特殊生境稍窄,生长选择(k)变化相对稳定,迁入-灭绝过程缓慢,生长量低到中等,相对一致
生态系统演替速率	与湖泊相似,但速度极快,受到人类对流域干扰的压力极大	与水库相似,但过程更为缓慢

① POM 是颗粒有机物(particulate organic matter);② DOM 是溶解性有机物(dissolved organic matter)。

　　在研究与管理水库和湖泊生态系统方面,水滞留时间(hydraulic residence time)有时又称为交换率(exchange rate),是一个很重要的概念。它是指用同等的水量更新水库或湖泊中的水量所需要的时间。水滞留时间的长短影响着水的储存以及水中养分或其他污染物的交换。一个水滞留时间较短的水库或湖泊意味着它冲刷掉污染物的机会更多。对于较大的水库或湖泊来讲,水的交换率(或滞留时间)较长(例如1年或更长)。而对于河流系统来讲,它们的交换率通常是常量且很短或很快。计算水滞留时间的一般方程如下:

$$\text{水滞留时间} = \text{水库或湖泊的储存容量} / \text{进水流量或出水流量} \qquad (11.1)$$

例如,一个小湖泊的水储存总量是 $1000 \times 10^3 \, \text{m}^3$,其出水流量是 $10 \times 10^3 \, \text{m}^3/\text{天}$,则该湖泊的水滞留时间是 $1000 \times 10^3 / (10 \times 10^3) = 100$(天)。

11.2　水库和湖泊中发生的各种过程

　　在水库与湖泊生态系统中,发生着各种物理过程、化学过程及生物过程,而且这些过程相互作用并呈现明显的动态变化。下面只对一些主要过程做简单的讨论。

11.2.1 系统演替

前面提到,湖泊系统根据养分或生产力状况可被区分为贫营养湖泊、中营养湖泊和富营养湖泊。一般来讲,贫营养湖泊通常出现在低生产力的流域中,其主要特点是养分含量低,水生动植物的数量低(低生物生产力),但水质清澈。中营养湖泊含有的单位养分量要高于前者,且具有较高的生物生产力,因此,物种数量较多,且食物链发展得较完整。这样的湖泊较适于水上的各种娱乐活动(钓鱼等)。从自然演替过程来讲,贫营养湖泊在漫长的地质时间迁移中将变化为中营养湖泊,并进而变为富营养湖泊(DeBarry,2004)。但由于人类的活动或干扰,输入过量的养分和泥沙,会大大缩短这个变化的时段。

如果输入水库或湖泊系统的养分和泥沙明显超出系统本身的消化能力,系统便出现富营养化(eutrophication)。其特征是过量的有机物质、养分及淤泥导致水生生物(蓝藻和有根的生物)疯长,而当这些生物死亡之后,其加速的分解作用便会导致系统中氧量的骤减。氧量的减少甚至导致鱼类等动物的死亡。在 N 和其他养分元素的供给较适宜的情况下,磷(P)通常是生态系统的限制因素。然而一旦 P 的供量过高(由于工业污染等原因),就可能使植物生长爆发,并通常引起水华事件(algal bloom),系统的过程与功能严重退化,氧量过度耗损并产生类似于"臭鸡蛋"的气味,生物种群(鱼类等)也由此遭到毁灭性的破坏。

11.2.2 温度分层

大部分进入湖泊的辐射,尤其是长波辐射,在近表面被吸收后转化为热。因为分子扩散可以不考虑,如果假设热仍停留在光被吸收的地方,我们便可以预测,仅仅由于光,温度将随着水深度的增加而呈幂函数形式的降低。然而,现实并非如此,其原因是水密度的不规则和风的作用。水在 4 ℃时密度最大,受冷、受热都会变轻。密度小的水浮于密度大的水的上面。从 4 ℃到 0 ℃,水的密度差为 0.13 g·L⁻¹,而在 4 ℃和 20 ℃之间,水的密度差为 1.77 g·L⁻¹。随着温度的增加,水的密度差加大,在 24~25 ℃时的密度差是 4~5 ℃水的密度差的 30 倍。在湖泊和环境之间的热量交换,主要发生在水表面。湖泊通过太阳辐射而变暖,通过自身辐射(即在夜晚)和蒸发作用而变冷。当表面冷却的水的密度变大,它们将下沉直到遇上比它们密度更大的水为止。在温带地区,通常在春秋季节,表面的水会冷却到 4 ℃。在足够深的湖泊里,深水的温度常常接近 4 ℃。在高纬度的湖泊是一个例外,那里极为寒冷,湖泊常常被冻结,温度肯定会更低;而在热带的湖泊,其表面水从来未冷却到 4 ℃,所以深水的温度还要高。

风导致水表面产生紊乱和水流,这样使较浅的水与表面水混合,当最暖的水"浮"在表面时,风并不能很轻易地使它与底下的冷水混合,因为存在一个阻力抵抗风的作用,且这个阻力与上层水和下层水的密度差成比例。在夏季,由于辐射能量对表面水的加温作用,表层水密度降低,阻止这两类水混合的阻力明显增大。这是因为每摄氏度的水密度变化在高温下比在低温下要大。另外,风仅能影响表层,它的能量随着深度增加而消散极快。这样在混合的表层水与冷却的深层水之间形成一个相对明显的

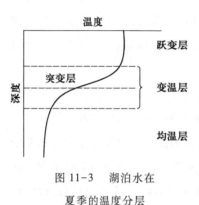

图 11-3 湖泊水在
夏季的温度分层

边界。整个水的纵向剖面就形成了由跃变层(epilimnion)、较冷的均温层(hypolimnion)和温度变化最大的变温层(metalimnion)所构成的温度剖面(图 11-3)。变温层将跃变层和均温层分开。变温层不容易确定,变温层上下两个界面位于温差至少在 $1\,^{\circ}\!C \cdot m^{-1}$ 的地方。当跃变层的温度在春季接近 $4\,^{\circ}\!C$ 时,在水层之间的温度差几乎消失。这时,一股强风足以令湖表和湖底的水混合,因而开始了春季循环。然后湖泊变成同温的,即湖泊表面与湖底的温度相等。

在夏季,分层变得很稳定。变温层和跃变层加深并持续整个夏季直到秋季。突变层的最大深度并不与最高的水温一致。在晚秋,跃变层已变冷,风不能将底层与表层湖水完全混合。但随着秋季循环,湖泊在一年中第二次形成同温的水剖面。在冬季,被冰覆盖的湖泊由于逆温现象发生冬季分层。冷的、低密度的水直接在冰下,且位于温暖的、高密度的、深的、温度在 $4\,^{\circ}\!C$ 左右的水之上。温度跃变层不能形成,这是因为冰的覆盖阻止了风的效应。这种在分层和循环之间的变化多在温带区域内每年都发生,也会出现在热带浅的湖泊每天的变化上。在温暖的热带湖泊,非常小的温度差异都会形成稳定的温度分层,这是因为相对水密度差在高温时是最大的。这些湖泊在每天形成分层,表面水被加热,在晚上表面水变冷,风则破坏这些分层。

热量分层作用和热交换取决于太阳辐射和风。除了气候条件之外,一个湖泊的面积大小、风向以及偶尔的水流入都是影响热量分层作用的重要因素。掌握湖泊中温度分层的规律对于流域管理有一定的意义。首先,由河道输入的径流会与湖泊或水库中的水发生混合。如果进入湖泊的水的温度和密度比湖水低,进入的水便会"钻入"湖泊表面,混合的机会会更大。如果进入的水含有大量的养分,这些养分便会与湖水混合。反过来讲,从湖泊或水库中抽水对湖泊的温度、跃变层的深度、出水的温度以及下游的水文与水质都有重要的影响。

11.2.3　沉积过程

沉积物的迁移和沉积是水库中一个重要的过程,它极大地影响着系统的生态学反应。沉积物在水库中的物理积累可以说明它在生态系统结构和功能中的潜在意义。因为水库是通过储存流水系统而建立的,水库的集水流域(drainage basin)的面积与上游河流的流域面积是相等的。一般而言,水库上游集水流域的面积比湖泊的面积要大。水库通常在其上游有最大的集水流域面积。集水流域的形状和地点都可能影响湖泊和水库的径流和迁移的物质。水库集水流域一般比湖泊集水区更狭窄、更长,这体现了河岸的影响。随着流域面积的增加,集水流域通常更长、更窄。

无论是湖泊还是水库,它们的径流过程是相似的,而湖泊和水库之间在集水区特征上的差异影响着迁移物质的质量和数量。流域面积大小与流量之间存在一定的关系,例如:

$$Q = CA^X \tag{11.2}$$

式中:Q 为年平均径流量;A 为贡献的流域面积;C、X 为回归系数。那么,具有较大集水流域面积的水库就可能有更大的年径流量。大的集水流域和更多的径流量也说明有更多的沉积物和养分进入水库中。

流域特征影响着沉积物的迁移比率。降雨有一定的能量,它决定颗粒物从流域到溪流的侵蚀和迁移比率。随着流域面积的增加,截持和沉积的迁移颗粒物增加,沉积物的绝对数量随着集水面积的增加而增加。但沉积物迁移比率与流域面积呈反比。但集水面积和沉积物迁移比率之间的这种关系是对数形式的、非线性的。

降雨的能量也会反映在颗粒物不同的迁移途径上。因为细小颗粒从流域迁移到溪流所需的能量较少,河流沉积物中一般细小的颗粒较多。在泛滥平原(floodplain),河流沉积物的沉积过程取决于颗粒物的大小(粗颗粒和细颗粒):河床上承载的粗的物质一般在溪流渠道里积累,而细小的物质,如沙粒和黏粒通常在泛滥平原积累。但在暴雨期间,这些细小的物质很容易被冲刷到溪流里,并向下游迁移到水库中。细小的泥沙和黏性颗粒对磷、溶解性有机酸以及其他的养分或污染物有很高的吸附能力。由于物质迁移到溪流的量与距溪流的距离呈反比,所以在泛滥平原的土地利用比在泛滥平原之外的土地利用对溪流和水库的水质有更大的影响。因而可以这样认为:总的迁移到水库的沉积物比迁移到湖泊的多。另外,细小颗粒(如泥沙和黏粒)进入水库的总量大于进入天然湖泊的。因此,进入水库的颗粒养分和其他吸收物质的量可能比进入湖泊的多。

迁移到水库的物质的质量也可能与天然湖泊的不同。湖泊一般位于一个集水流域的上部,而水库通常位于一个流域的出水口。所以,湖泊以上的溪流等级(order)通常要低于水库以上的。河流连续体的概念（Vannote 等，1980）暗示贡献到湖泊和水库的不同种类的有机碳的差异。

在水库内，悬浮沉积物浓度、沉积物沉积过程以及颗粒物的分布在纵向上的梯度，清楚地表明在水库中可能存在的化学和生物学的梯度。

（1）三角洲和河滨区

粗颗粒物通常在水库的源头（headwater）区积累。因为河流流速在这种河滨区迅速下降。而在这个沙粒和粗泥沙沉积的地方，粗颗粒物遭遇到物理性磨损。河流中，流速下降和水流紊乱不再维持悬浮的藻类细胞，河水的高浑浊度减少了光的透射，因而在这些区域光合作用低。这些藻类通常是细胞壁厚的种类，或属于硅藻属。它们能够抵挡在河滨迁移过程中的磨损，并能在低能量状况下迅速地定居下来。与从低等级溪流的陆地碎屑物输入到湖泊相反，这种悬浮藻类物质代表了一种高度不稳定的有机物来源。从陆地输入的碎屑代表着一种难以利用的有机物来源，但这种连续的不稳定的有机物来源维持着水底肉食性、草食性以及杂食性鱼类以碎屑为主的食物网。虽然群落呼吸可能较高，但是河滨区一般较浅，混合得较好，因而氧气是充足的。

上游的条件可能影响着水底群落的发育和有机物的数量和质量。土地利用影响着沉积物和有机物进入溪流，湖泊和水库的输入量、上游的储水（impoundment）以及河流连续体的干扰也影响着这种迁移。水库对河流统一体的中断、破坏以及它们对下游系统的影响是必须要加强研究的一个领域。

（2）过渡区

过渡区是泥沙、粗到中等的黏粒以及细颗粒物沉淀的地域。虽然这些颗粒物的吸附能力没有细黏粒那么高，但仍然存在着颗粒磷、有机碳、铁、锰、碳酸钙和其他元素的吸附迁移和沉积。在分层作用期间，该区域内下层滞水带相对较小，细颗粒物的生物过程可能很快耗尽下层滞水带的溶解性氧气。缺氧条件和氧化还原反应使得吸附的磷、锰、铁和硫化物重新溶解和进行反硝化作用（denitrification），并释放到水体的上部。缺氧的状况可能最初出现在水库的上游部位，并随着分层作用的周期而进入下游。

过渡区缺氧条件的发展对沉积过程和沉积物与水的关系有着潜在的意义：① 沉积物颗粒的絮凝（flocculation）随淡水以及河口系统的传导率增加或离子浓度的增加而增加；② 溪流沉积物比相应的集水区土壤有更大的吸附度；③ 黏性颗粒不仅吸附金属离子和养分，而且吸附溶解性有机化合物。

随着在过渡区上部缺氧条件的发展，减少了氧化还原作用，可能导致铵氮浓度的增加以及被吸附在颗粒物上的锰、铁和磷的重新溶解。这增加了水体中离子浓度和溶解性成分的浓度,并导致细沉积颗粒的絮凝作用和沉积作用的增加。随着这种物质在缺氧区沉淀,吸附的成分减少,进一步增加了水体中离子浓度和溶解成分的浓度。所以,在这个区一个反向的循环就开始了:增加沉积作用→增加有机物分解→增加溶解成分的浓度→增加离子浓度→增加沉积作用。

过渡区的一个特征是它的动态特性。由于它受到河流流入和水库流出的强烈影响,缺氧区可能在水库里延续数千米长,在上游也可能达数千米长,也可能在一天内完全消散。根据缺氧的下层滞水带和跃变层之间溶解性成分的浓度梯度,分子扩散可能导致磷、锰和铁从缺氧区大量释放。如果考虑风和平流力,湍流扩散可能极大地增加溶解成分和颗粒物的通量。随着这些黏性-金属混合物迁移出缺氧区,氧化的、与水结合的以及吸附的能力可能显著增加。随着细颗粒被迁移和氧化,它们可能立即被絮凝而形成大的颗粒,并在下游缺氧区的边缘沉淀下来。这些聚集颗粒的沉积过程、它们吸附的成分以及相应的微生物聚集,可能导致下层滞水带氧气需求增加并使缺氧区逐渐移动到下游区。

(3)湖泊区

水库下部的湖泊区具有相对少的绕道(fetch)、中等的深度(大约 20 m)、中度到强度的热分层作用,温水的排放可在其水坝附近形成一个缺氧区。这个缺氧区可能会扩张到水体的上部和水库的上游,还可能与来自迁移区的下游的缺氧区结合在一起。颗粒物质氧气的需要能在深的水库中的水体得到满足。浅水库或中等深度的水库,具有相当大的绕道和微弱到中等的热量分层,可能会有充分的下层滞水带,这是由湖面波动力、平流和(或)风力混合而形成的,它减弱了近坝区氧气区的发展。缺氧条件的发展可能导致铁、锰、磷和其他吸附到黏性颗粒元素浓度的增加。

(4)养分承载模式

在许多养分动态模型中,一个重要的系数是沉积作用速率或沉淀速率系数。目前养分动态模型强调湖泊和水库沉积过程格局之间的差异。大多数早期的湖泊模型假设湖泊是一个完全混合的反应堆,而目前的水库模型则假定水库是一个活塞流(plug-flow)反应堆。虽然在实际应用中这两种假设都有问题,但是,这两种模型之间理论上的差异在比较湖泊和水库沉积过程格局中是很重要的。水库表现了活塞流反应堆的特征,在水源头有高的沉积速率,悬浮沉积物浓度最高,并沿水库轴向沉积物呈幂函数形式下降,悬浮沉积物浓度也下降。这种沉积作用的纵向梯度也导致了水库或湖泊营养状况的纵向梯度,从水源头的富营养状态到水坝处的贫营养状态。

11.3 水库与湖泊在流域生态系统中的联系与作用

湖泊和水库是流域中的一部分,特别是较大流域中常常包括不同大小的若干湖泊或水库。湖泊或水库都包括水流的入口与出口,入口意味着它本身汇集上游的水量,从这个意义上讲,湖泊或水库本身就是一个流域生态系统,是流域中的"库",而湖泊或水库的出口意味着它们又是流域中的"源",直接影响着下游的水资源。因此,湖泊或水库在一个流域中起着"中转站"的作用,它接收上游的水资源,并在"加工后"将水资源释放给它的下游。湖泊是"自然的加工",或称"自然中转站",而水库是"人为的加工",或称"人为的中转站"。

湖泊的大小与数量与流域的大小、形态等因素有关。一般随着流域面积的增加,湖泊的数量也会增加。湖泊常在地形较缓的地方较易形成,从这个意义上讲,坡度较陡的山区地形地貌中,湖泊的数量较少或仅形成较小的湖泊。一个流域中的不同湖泊在空间上会呈现特定的分布格局,而这种空间分布会影响它们的连通性。比如,沿着河流主干道相连的一系列湖泊(chain of lakes),这种空间分布格局的连通性就很强且直接,而单独分布在不同支流上的湖泊其连通性则相对较弱且不直接。

湖泊或水库对流域中的下游水量、水质、河流形态及水生生物都有十分重要的影响。湖泊由于其较大的库容量,能很大程度上缓冲入口水量的改变,尤其对暴雨产生的洪峰流量在时间上及数量上都有明显的延缓及调节作用(图 11-4)。

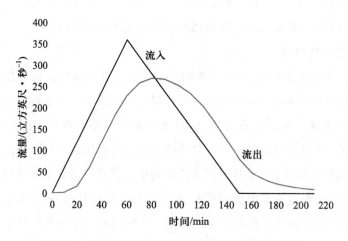

图 11-4 湖泊或水库对洪峰流量的延缓与调节作用

水库对水文的影响可能比湖泊更明显,这主要是由于水库的库容可以由人来调控,这种根据水资源管理需要的调控对水文的所有参数或水文情势(高流量、低流量、时间、水文和格局等)都有直接影响。在水质方面,湖泊或水库对上游汇入的泥沙、养分具有沉淀作用,但这种沉淀作用取决水的滞留时间。一般来讲,如果没有其他污染源的话,从湖泊或水库中流出的水的水质比流入的要好。从另一方面讲,水库或湖泊的这种沉淀作用也使养分、泥沙或其他污染物得到累积,当这种累积达到一定程度,且不能得到有效的降解,便有可能产生污染,甚至形成"水华"事件,影响水生生物及下游饮用水的供给。湖泊或水库,特别是后者对下游河道形态、河底基质构成及栖息地也有非常重要的影响。水库由于水量的拦截,下游流量减少,使得较细的细沙等淤积与存留,从而改变下游河道的基质构成,导致杂草侵入而使栖息地与生物多样性发生退化。

11.4　水库与湖泊系统的管理

通过修建水坝而形成水库,可提供水力发电,能提供低廉的电能,消减洪水危害。但是修建水坝对环境的不良影响近年来越来越引起人们的关注。水坝的直接影响是在很大程度上切断河流或湖泊的连通性。水坝对环境的影响包括对上游和下游环境的影响。

(1) 对水坝上游流域的影响。① 造成新的洪泛区。在河流上建坝会造成回流水,而形成洪泛区(floodplain)。由于筑坝新形成的水库使地表水表面积增加,因此会增大蒸发量。但由此也造成了许多新的适合静水生活的动植物栖息地。② 破坏了生态系统。水坝使河流的自然生态系统断裂,阻断了一些鱼类(如鲑鱼)的洄游路径,并阻止了水中有机物的自由流通。③ 水可提供能源、减少温室气体排放量。尽管所有的水坝释放相当数量的温室气体,但是其用于发电减少了由化石燃料燃烧排放的温室气体,从而使温室气体排放总量减少。

(2) 对水坝下游流域的影响。① 流量和泥沙含量。水坝的建立对河流流量影响很大,打破了天然河流的流动方式。虽然减少了下游洪水,但也使这些地区肥沃的土壤得不到洪水带来的养分补给。② 对下游河流生态的影响。因修坝改变的水文(流量、时间等)对下游河流生态(水温、化学、河流形态、水生生物栖息地及生物多样性)都有重要的影响。

水库或湖泊生态系统对一个地区的生态环境、经济与社会都有重要的意义。① 必须把水库或湖泊生态系统作为流域系统的一部分。水库或湖泊中的水量与水质取决于上游系统的各种流域过程及土地利用的变化。同样,水库或湖泊的排水或输出对其下游的水文、水质、生态等具有决定性的影响。只有把水库或湖泊系统置于整个流域生态系统的框架下,我们才能有效地协调流域内各种管理目标。② 在技术层面上要重点保护沿库、沿湖的植被带。这个带对控制或过滤非点源污染(例如泥沙或污染物)有十分重要的意义。在保护沿库、沿湖植被带的同时,也必须控制由工业或城市产生的点源污染。③ 水库或湖泊中的许多生态问题可能来自源头或上游地区。如何维护生态功能完整的上游系统是管理水库与湖泊系统的关键。④ 对于水库或人为控制的湖泊,建立一个跨学科的、多目标的决策系统是实现科学调控水库的重要手段。⑤ 在总体目标上,尽可能参照湖泊系统的连通性及其自然的水文情势,以减少水库的负面生态的影响。

参 考 文 献

DeBarry, P. A. 2004. Watersheds: Processes, Assessment, and Management. New Jersey: John Wiley & Sons.

Lampert, W. and Sommer, U. 1997. Limnoecology: The Ecology of Lakes and Streams. New York: Oxford University Press.

U. S. Army Corps of Engineers. Water Control Infrastructure: National Inventory of Dams (CD-ROM) Fed. Emerg. Manage. Agency, Washington, D. C., 1996.

Vannote, R. L., Minshall, G. W., Cummins, K. W., et al. 1980. The river continuum concept. Canadian Journal of Fisheries and Aquatic Sciences, 37:130–137.

Wetzel, R. G. 2001. Limnology: Lake and River Ecosystems(third edition). London: Academic Press.

Wetzel, R. G. 1983. Limnology. W. B. Saunders College Publishing. Philadelphia, 860.

第四部分

干扰与流域过程

第 12 章　干扰生态学

　　生态系统是指在一个特定系统中生物(树、林下植物、微生物等)与生物,生物与其物理环境之间的相互作用。尽管有不同的定义,但生态系统的核心在于生物与环境的相互作用,包括各种能量与物质的交换,且这些相互作用随着生物的演替或环境的变化而改变。简而言之,生态系统从来不是一个静止的系统,而是一个动态的系统,它所具有的平衡也是动态平衡。在自然的森林生态系统中,森林植物作为重要的生物群体是不断发生演替变化的,这种演替过程不仅使森林物种发生变化,也改变其物理环境。在演替的最后阶段,森林植被成为顶极群落,这种顶极群落往往是与一个地区的气候特征(水、热)一致的。顶极群落的主要树种具有自我更新的能力,从而使处于顶极群落演替阶段的生态系统可维持较长的一段时间。但最终该系统的生物群体会被干扰(火灾、病虫害、龙卷风等生物或非生物的干扰)所毁灭,物理环境也因干扰发生明显的改变。这种被改变的物理环境又为演替最初阶段的先锋物种创造了发展、演替条件。系统的生物与其环境也因这种演替过程而得到恢复。因此,可以看出自然森林生态系统是在这种干扰—恢复—再干扰—再恢复的循环中维持与发展的。我们也可以进一步得出,干扰是自然森林生态系统过程中不可缺少的一部分,对一个特定系统的结构与功能有重要的生态学意义。

　　生态系统除了发生自然干扰外,还经历人类的干扰,例如,森林采伐、城市化、采矿、污染等。全球人口的不断增加,对自然资源需求的增长,导致人类对自然生态系统更大的干扰与破坏,进而引发一系列的生态问题,例如,物种消失与生物多样性的减少,水土流失加重,流域系统功能的退化,洪涝与旱灾频繁,等等。在森林生态系统中,由于不断地毁林开荒、林地农业化与城市化,全球森林面积正以较快的速度减少。有些森林生态系统在未发生毁灭性的自然干扰之前,就被人类所干扰。事实上,人类干扰正在逐步取代自然干扰而成为更重要的系统干扰过程。既然自然生态系统是需要自然干扰的,为什么人类干扰就会产生一系列的生态问题呢?既然森林树木最终会被火烧掉或被病虫害所毁灭,为什么我们不能大面积砍伐它而将其为人类所用?要回答这一问题就必须理解自然干扰与人类干扰及它们影响的区别。一般来讲,人类干扰或人类干扰与自然干扰的累积所产生的影响范围往往超出由自然干扰所产生的变化范围,而这种超出就可能引起生态问题。在实际应用上,不少研究者提出应模拟自然干扰来设计林业的经营管理措施。目前,这方面的研究已是森林生态研究的前沿课题之一,并得到广泛的重视,特别是在火灾频繁的高纬度北方针叶林地区。

在森林为主的流域系统中,干扰(自然或人为)既改变或重组陆地生物群落,影响陆地的物理环境,同时,也改变水生系统(河流、沼泽、湿地或湖泊等)的生物群落与物理环境。例如,森林火灾后,陆地上的树木被烧死,地面上的枯枝落叶也被烧掉,土壤表面也变得具有隔水作用。这些影响使水土流失加大,地表与洪峰径流增加,从而使水生系统中的水文与水质、泥沙输入及河流形态都发生变化。由于水生系统中的物质与能量的改变,进而导致水生生物类型的改变。因此流域中自然干扰不仅循环(干扰—恢复)陆地生态系统,也循环水生生态系统,且陆地与水生生态系统是相互联系的。认识这一点对研究干扰与流域生态系统具有重要意义。

12.1 干扰的概念与特点

White 和 Pickett(1985)提出干扰是指在时间序列上一个中断系统与生物群落,并改变资源与物理环境的间断事件。此概念清楚地表明下面两点。① 干扰是一个间断事件,相对于一个森林生态系统的漫长发展来讲,干扰(例如火灾)持续的时间很短。② 只有那些能够明显改变系统的生物及非生物事件才称得上干扰。这也意味着一些事件可能因其对生物与环境的影响较小而不应称为干扰。比如,一个强度很低且范围较小的地面林火或病虫害事件,因它们不能把一定数量的树木杀死,且不能明显改变生态环境,这样的小规模、小强度事件就不应被称为自然干扰。又如,从森林中采伐或疏伐几株树,也称不上人为干扰。

在研究干扰时,一般用下列特征来描述干扰:类型、频率、被干扰度(severity)、干扰强度(intensity)、分布和范围(表 12-1)。

尽管我们用特定的参数来表达干扰,但这些参数常常代表着该参数的平均值。应该特别强调的是自然干扰及其所产生的影响呈现巨大的变异性(variability)。例如,我们在描述加拿大不列颠哥伦比亚省小杆松的火烧频率时,一般用每 100 年就会发生一次火灾来表达,但这只是一个平均数,而实际上火灾发生周期的范围是 40~250

表 12-1　描述干扰的参数

描述干扰的参数	解　释
类型	指干扰的原因。例如火灾、病虫害、风倒等
频率	干扰事件再发生的机会、概率或发生周期。例如,一特定森林类型中,火灾发生的概率是 0.01,或用发生周期来表达为 100 年一遇(发生周期(年)= 1/概率 P),即平均每隔 100 年就会有一次火灾
被干扰度	指受干扰影响的程度。例如,森林火灾后,多少生物或树木被火烧掉
干扰强度	干扰事件的强度。例如,表达风暴干扰的风速、火烧的温度等。应当注意干扰强度有别于被干扰度,前者指干扰事件的强弱而后者是指系统被干扰后所受到的影响
分布	指干扰事件在空间上与时间上的分布。例如,火烧常在一个景观或流域尺度上形成不规则的空间格局。在时间上火灾常发生在旱期,且成熟林中较易发生
范围	系统被干扰后所受影响的面积。面积较小的属小规模干扰,而面积较大的常被称为大规模干扰

修改自 White 和 Pickett,1985;Agee,1993。

年。干扰的巨大变异性也就意味着干扰的影响也具有巨大的变异性。干扰的变异性除了体现在不同干扰事件之间,还可体现在同一干扰事件之内。任一干扰事件的发生由于空间异质性,其作用与影响不会一致。例如,森林火烧时,由于地形及森林内的燃料不一致,火灾所产生的影响会出现很大的空间变异性。认识干扰及其影响的变异性是正确理解与应用干扰生态学的前提。

12.2　自然干扰与人为干扰

12.2.1　自然干扰

在自然生态系统中,自然干扰常包括森林火灾、病虫害、风倒等。所有森林系统都会经历自然干扰。林火是森林系统中最常见的一种自然干扰。对于世界上大多数森林流域系统来说,过去发生的森林火灾干扰的周期是 50～350 年(有时可高达500 年)。一般来讲,一种类型的森林有与气候相一致的林火发生周期。比如,中国广东省鼎湖山的亚热带常绿森林的林火周期约为 400 年,加拿大不列颠哥伦比亚省中部半干旱的小杆松森林的平均林火周期为 100～120 年,而其南部干旱的 Ponderosa 森林则是 25～50 年。一个典型的林火燃烧包括 4 个主要阶段,即预热、火焰燃烧、炭燃烧和冷却阶段。每个阶段都取决于燃料、热度与氧 3 个因素的配合（这 3 个因素常被称作火干扰的三角形，见图 12-1）。

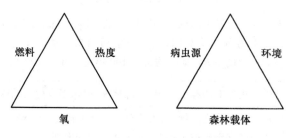

图 12-1　火干扰与病虫干扰的三角形

由于林火的变异很大，对林火系统的分类一直是一个重要的研究与应用课题。例如，Hardy 等（2001）根据林火的干扰度与频度的结合将美国西部地区林火划分为5 类：0~35 年频度-低度至混合度燃烧，0~35 年频度-高度燃烧，35~100 年频度-混合度燃烧，35~100 年频度-高度燃烧，100 年频度-高度燃烧）。Agee（1993）则利用火的干扰度将林火划分为 3 个类别：低度燃烧的林火、混合度燃烧的林火与高度燃烧的林火，并进一步指出以混合度燃烧的林火比较普遍，应受到更多的重视。林火特别是毁灭性高度燃烧的林火对生态系统的影响十分深刻。

当森林成为成熟林或过熟林时，它们常易遭受各种病虫害的侵害或干扰。这些干扰可能是小范围、局部的，也可能是大范围的、毁灭性的。病虫源既有当地的，也可能是外来入侵的。随着人口的流动及国家与地区之间日益增加的贸易往来，外来入侵病虫源已经成为目前一个重要的研究课题。病虫干扰的发生取决于 3 个因素的配合，又称病虫干扰的三角形，即病虫源、环境与森林载体（图 12-1）。毫无疑问，发生病虫干扰首先是有病源或能产生灾害的昆虫，其次是适合的物理环境有助于病虫源的发生与蔓延，而树木是病虫害发生的载体。这 3 个因素缺一不可。例如，松天牛干扰是加拿大不列颠哥伦比亚省中部地区小杆松林的最主要的虫害，它常发生于成熟的松林中，幼林内很少发生。每年冬天的持续低温常把天牛产在树干内的卵杀死，从而控制一定的天牛数目，但如果冬天的低温不至于控制或大范围内杀死天牛的卵，则就意味着来年有更多的天牛侵害树木，甚至造成大面积的虫害。值得一提的是，森林病虫害的干扰常与火灾干扰连在一起或者它们共同干扰森林。加拿大不列颠哥伦比亚省小杆松林中天牛杀死松树后，森林里便有大量的燃料，这就为火干扰创造了条件（图 12-2）。因此，某一自然干扰往往不是孤立的，会与其他干扰类型共同影响陆地森林及其相关的水生系统。极端气候事件如龙卷风、水灾（flooding）、旱灾（drought）等也属于自然干扰,因为这些极端气候事件能非常明显地改变流域生态系统的结构与功能。极端气候事件不仅直接干扰流域生态系统,也间接地为其他自然干扰创造了条件。例如,旱灾常常会导致森林火灾,温度过高会诱发病虫灾害的发生。随着未来气候变化的发生,气候变得更加极端化,而由此产生或导致的自然干扰会更加频繁,其对流域生态系统的影响也有可能增强。

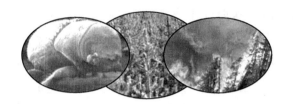

图 12-2　天牛与火灾相互影响,作用于松林

12.2.2　人为干扰

人为干扰是指人类为了满足对自然资源的需求与利用而对自然系统做出的改变。例如,森林采伐、采矿、道路修建、水资源不合理利用及排污等。人为干扰随着人口的不断增加而增强。例如,世界森林资源由于采伐及林地农田化,正以较快的速度减少。而森林的减少及不断增加的 CO_2 排放,造成空气中 CO_2 等增温气体在过去几十年内增加几十倍,使得全球面临气候变暖的巨大威胁。

理解人为干扰对自然系统的影响是十分重要的。由于工业化的不断推进,大量污染物通过水或气等载体进入并污染自然生态系统。这些污染物不仅对许多生物造成十分严重的破坏,而且对人类的健康也是十分有害的。在森林流域中,森林采伐可以说是最重要的人为干扰。森林采伐特别是大面积的皆伐对流域系统的各个过程都有一定的影响,且这种影响直接取决于采伐的面积、强度及采伐的方式。采伐面积越大,影响也越大。生态过程往往存在临界值,这个临界值是指只有当干扰(例如采伐)的影响达到一定强度时,这些生态过程便可发生统计学上的明显改变。例如,许多研究表明,在一个森林流域中,当采伐面积达到或超过 30 % 时,流域中的径流(特别是洪峰值)就会发生明显的变化,而当采伐强度低于这个临界值时,径流的变化在统计学上不明显。当然,临界值还取决于其他因素(流域的特征、气候等)。

在森林采伐方面,根据采伐利用强度可区分为:树干采伐、整株采伐和全树采伐。树干采伐是将树干拿走,但枝条和叶子留在林地上。整株采伐是将所有的树干、枝条和叶子全部拿走,而全树采伐还包括将根的生物量拿走。不同的采伐利用强度对环境的影响是不同的。例如,树干采伐留下的枝条因含有大量的养分,对土壤生产力就有较重要的作用,且这些枝叶对保持土壤下渗能力、控制水土流失及为一些小型动物提供生境都有生态上的意义。然而这些枝叶也可能在一些系统中诱发或传播病虫害或为火灾提供燃料。全树采伐不仅影响地上部分,也直接影响地下部分的生物量及土壤理化特性,对系统的影响最大。

森林采伐不仅仅是将树木取走,还包括修路及采伐后的炼山过程。为了采伐,修路与维持是必须的,特别是在北美,机器采伐是最主要的采伐工具,而要使采伐机器到达采伐地及采伐后的木头能运出,就必须筑路。可以讲,筑路是采伐的一个重要部分。许多研究表明,筑路对流域的水文有重要的影响(Tague 和 Band,2000)。修筑的道路可将坡面上的地表径流或一部分壤中流拦截,而被拦截的径流汇入路旁的沟中。所以,筑路具有明显的汇流作用,其结果是使径流峰值发生的时间提早,峰值加大。此外,筑路还可诱发坡面的泥石流,增加水中的泥沙含量等。森林被伐后,剩下的林叶被烧掉,其目的是为了减少火灾或病虫害的作用,但这种"炼山"也可减少大量的地面覆盖,增加地面径流与水土流失,也可因为土壤中养分的减少而影响土壤的长期生产力。从上面的分析可看出,森林采伐不仅仅是一个将树拿走的过程,它是一个包括筑路、采伐和伐后处理的一个干扰系统。每个环节都可对系统产生影响。研究人为干扰对流域的影响,必须把干扰作为一个系统来看待。

由于自然生态系统本身的可持续性,人们往往把自然生态系统作为设计经营管理措施的重要参照。在北美,有一个比较时尚的说法:"如果不知道如何经营与维持生态系统,问自然。"然而,这一思路引起不少的争论。一部分人以自然干扰为由而争辩人为干扰的正当性,认为既然森林肯定会遭受自然干扰(例如火烧),为何不能采伐而利用。也有人认为人为干扰可以模仿自然干扰,这样既可以利用自然资源为人类提供物品,又不至于破坏自然系统过程。也有人认为人类是不可能模仿自然干扰的。造成这些争论的关键是对自然干扰与人为干扰的差别没有较全面的认识。

认识自然干扰与人为干扰的差别对于人类能否模仿自然干扰便可做出一个明智的判断,也有助于在设计人类经营管理措施时尽可能考虑一些自然过程。人为干扰与自然干扰的差别主要表现在干扰本身及干扰的影响两大方面。下面主要比较一下自然干扰与人为干扰本身的区别,至于它们所产生的影响方面的区别,参见后面的章节(第13—16章)。自然干扰与人为干扰的区别主要体现在以下几个方面。

(1) 干扰的间隔或周期。人为干扰的发生周期或间隔通常是一个特定值,例如,森林经营管理中的轮伐期。自然干扰的发生周期常常有较大的变异范围(尽管也常用平均值)。例如,发生在加拿大不列颠哥伦比亚省中部小杆松流域中的平均林火周期为 100~120 年,但其变动范围是 40~250 年。

(2) 干扰的发生过程。自然干扰的发生过程常常是随机的,取决于许多因素,而人为干扰的发生过程是确定性的,取决于人类的需求与决策。

（3）干扰的强度。人类常用特定的强度作用于自然系统,例如,人类利用与开发森林时,常采用皆伐方式。自然干扰就具有非常大的变异性,例如,即使是一场毁灭性的森林火灾,但由于地形等因素,也会产生不同强度的火烧,甚至有一部分树木完全未遭到任何火烧而幸存下来,图 12-3 是加拿大不列颠哥伦比亚省 Okanagan 森林保护区火烧留下的不同影响的格局。

图 12-3　加拿大不列颠哥伦比亚省 Okanagan 森林保护区
在 2003 年火灾后留下的不同影响的格局

（4）干扰的空间格局。自然干扰作用所产生的空间大小、形状、分布与格局常是不规则的,而人为干扰(例如森林采伐)常会形成较一致的干扰形状、大小与空间分布格局。总的来讲,自然干扰常常是随机的、不规则的,具有很大的变异性。而人为干扰常常是确定的、一致性的,且变异较小。那么这些不同在生态上有什么意义呢? 对于我们模仿自然干扰又有什么指导价值呢?

12.3　干扰的生态意义

自然干扰(火、风倒、病虫害等)既然是自然生态系统中不可缺少的一个部分或一个过程,就有它的生态意义。在一个森林流域中,自然干扰不仅影响或循环陆地森林植被系统,也影响或循环与陆地系统相结合的水生系统(溪流、湿地、湖等)。干扰对陆地系统的主要生态意义表现在以下几个方面。

（1）增加林分尺度上的物种组成的多样性。林分被干扰后,不同的物种得以侵入,这些侵入的物种随着演替的进行,其所占的比例会不断发生变化。这种由干扰所产生的物种构成多样性以及它们的动态变化对于生物多样性来讲是非常重要的(图 12-4,图 12-5)。

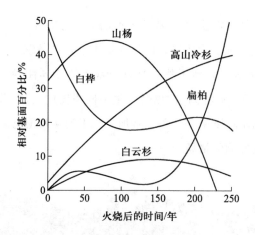

图 12-4　林分物种构成在火干扰后的动态变化(引自 Bergeron 等,1998)

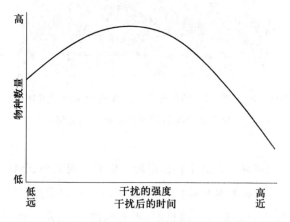

图 12-5　林分物种数量与干扰强度的关系(中等干扰假说,引自 Connell,1978)

（2）增加景观尺度上森林年龄结构的多样性与生境的异质性。由于自然干扰（频度与强度）的巨大变异性,这就产生了在景观尺度上森林年龄结构的多样性。在一个很长时间未受干扰的流域系统中,其年龄结构往往单一(以过熟林为主)。当此流域遭受自然干扰后,更多的幼龄林由于自然更新而产生了。又由于不同年龄结构的森林有其独特的物种构成或生境条件,这就使得整个流域的生境异质性增加。此外,自然干扰后,大部分树木死亡并变成枯立木或倒木。这些枯立木或倒木都是森林中重要的结构,它们既可为一部分动物提供栖息地,又是养分循环或微生物固氮的重要场所。

（3）增加系统的弹性(resilience)。自然生态系统经历不断的自然干扰或"锻炼",使其对未来干扰的反应具有足够的弹性。只要未来干扰的强度不会超过某一临界值,系统在干扰后就会得到恢复。

干扰对水生系统的主要生态意义表现在以下几个方面。

（1）干扰可产生大量的溪流倒木。流域系统经自然干扰（特别是强度干扰）后，河岸植被也不能幸免而变成枯死木。这些枯死木会不断输入溪流而构成河流系统中重要的结构。这些溪流倒木还可通过河流运输而在整个河流网络中得到重新分布。大量的研究表明，溪流倒木对河流形态、养分循环、水生生境及河流基质等具有重要作用（具体的描述参见第 7 章）。

（2）干扰使河岸植被得到重组和更替，进而增加物种组成成分的多样性。河岸植被被干扰后，所产生的新的物理环境使其他不同的物种得以侵入而发展，从而增加河岸林分尺度上的物种多样性以及景观尺度上的生态系统的多样性。

（3）干扰还可改变河道基质的构成。在流域被干扰以后，由于水文的改变、泥石流的增加以及河岸冲刷的加强，不同直径的基质成分（石头、砾石等）也大量输入河道，从而改变河道基质构成。这种改变既有消极的一面，也有积极的一面。例如，大量的鹅卵石的增加，可提供大马哈鱼产卵所需的基质。然而大量的细泥沙的输入有可能在短时间内对水生生物产生许多负面影响，也可降低水质。

Attiwill（1994）做了一个较全面的综述，其中心的结论是：干扰是生态系统过程中的一部分，对系统的完整性（integrity）有积极的意义。在认识自然干扰的生态作用的同时，我们必须充分认识干扰（包括自然干扰）对许多生态过程的负面作用，至少是在短期内的负面作用。有些负面作用还不一定能够被社会所接受。一般来讲，只要干扰的强度及其影响未能超出足以使系统崩溃的临界值，系统的各种过程就应该可以得到恢复而持续，但恢复的时间取决于干扰的影响程度。

12.4 自然干扰的模仿

为了满足人类发展的需要，人类就得不断开发与利用自然资源。既然人类对自然资源或系统的干扰是不可避免的，那么如何适当地利用与管理自然资源（干扰），既可满足人类发展的需要，又可维持自然系统的持续，便是一个必须面对的选择与挑战。目前，通过模仿自然干扰过程及其影响来设计人类的经营管理措施已得到越来越多的重视。事实上，不少研究者已把模仿自然干扰作为一种新型的林业管理模式而应用（Perera 和 Buse，2004）。那么，什么是自然干扰的模仿呢？根据 Perera 和 Buse（2004）的定义，自然干扰的模仿是指人类尽可能根据自然干扰在时间、空间尺度及随机过程综合产生的结构与功能的特点，而设计与应用的特定的管理措施。

尽管此概念并不复杂，但人类能否真正模仿自然干扰过程，以及如何模仿却是一个极富挑战性、争论性的难题。因为自然干扰具有非常大的变异性及随机性，再加上人类干扰的目的性,许多研究者认为人类不可能完全模仿自然干扰。现今所发生的许许多多的人为干扰已远远超出自然干扰及其影响(Schindler,2001)。例如,森林自然火烧与人类的森林采伐就难以等同。尽管二者都导致植被死亡,但前者往往消耗枝叶及小部分树干,而后者则正好相反(即搬走树干而留下大部分的枝叶)。另外,有些高强度的、毁灭性的自然干扰,人类也不会去模仿。例如,毁灭性的火烧或极端的洪峰,人类出于考虑社会经济及人类生命财产保护的需要,不但不会去模仿而且是尽可能防范与避免它们的发生。从这一点也可看出,人类不可能也无法完全模仿自然干扰及其所产生的影响。

尽管人类无法完全模仿自然干扰,但在设计和实施具体经营管理措施时,尽可能考虑一些重要的自然或自然干扰过程及其影响,对保护系统的结构与功能的持续性与完整性是可行的,也是十分重要的。下面列举一些常见的自然干扰模仿策略。

(1) 枯死木的保留。枯死木(林地上的倒木和溪流中的倒木)对养分循环、栖息地的多样性及生物多样性的维持都具有十分重要的意义。在以前的林业或流域管理措施中,这些物质常被看作是"废物"而被火烧或清除掉。由于自然干扰后,大量的倒木输入林地或河道系统中,它们在漫长的分解过程中,对系统的维持起着十分重要的作用。现代的林业或流域措施是维持一定数量的倒木,以满足生态的需要。

(2) 不规则的保留(variable retention)。它是指在林分水平上尽可能保留一些具有重要作用的树木(例如野生动物栖息树)或结构(枯立木),而不是将所有林分内的树木砍倒或取走。但这种策略不一定适合所有的生态系统类型。在有些森林中,采用此策略有可能诱发更多的病虫害或风倒,甚至影响树木的更新过程。此策略不仅适用于陆地上的林分,也适合于河岸植被区。在河岸植被区,应尽可能避免皆伐,应选择性地保留一定的树木,这既有助于维持河岸系统的生物多样性,也可为溪流提供倒木、遮阴及物质和能量的来源。

(3) 流域景观的自然化设计。以往的采伐措施常是同一的林分大小与形态,而自然干扰后所产生的大小与形态都具有不确定性、无规则性。要模仿自然过程,在景观上就需采取不同的经营措施,产生不同的采伐面积与形态。尽可能接近自然干扰后所形成的景观格局。在20世纪80年代初,美国在西海岸地区为了避免过大的皆伐林分,采用了由更多小采伐林分的景观布局。实施若干年后,发现这种景观布局使整个景观破碎化,对生物多样性不利,因此放弃了这一策略,取而代之的是一种考虑自然干扰的大小与形状的景观布局(图12-6)。

(4) 冲刷水的排放。对于大多数河流来讲,兴建的水库与水坝往往造成下游水量的减少,而减少的水量往往又引发一系列的生态问题。例如,泥沙的积累、水温的升高、杂草的入侵等。为了维持水生生态系统的功能,过去采用的指导性原则是维持

图 12-6　森林工业中为模仿自然干扰的形状而做的采伐空间设计

河流的最小水流量。但从干扰生态学角度来讲,只有最小流量是不够的,应该考虑在适当的时候释放较高的冲刷水。这种流量较大的冲刷水(实际上是模仿水流的高峰值)能够重组河岸植被、冲刷河道内的泥沙,以及维持更健康的水流的时空变异。

12.5　干扰的定量估算

定量确定自然干扰的特征(频度、强度以及它们的影响)是理解与应用自然干扰的前提,对于准确地设计林业与流域管理措施具有十分重要的意义。在估算自然干扰的特征方面,目前常用的概念有:自然变动的范围(range of natural variability, RNV)、历史的变异(historical variability)等。这些概念包括生态系统与结构在自然状态下的动态变化与变异,其核心是自然变异性,且这种变异性是由干扰所驱动的。RNV 在世界森林与流域经营管理方面得到越来越多的应用(Landres 等,1999;Morgan 等,1994;Dorner,2002)。

由于流域系统具有明显的时空异质性,RNV 也就取决于时间与空间尺度的应用。在一个较大的流域内,可以通过分类(植被、地貌、气候或它们的综合)确定某一特定类型,然后在该类型内采取定量的方法来估算 RNV。不同的系统类型会有不同的RNV。例如,在加拿大不列颠哥伦比亚省南部的 Mission 流域,不同的海拔分布着不同的植被类型,而不同的植被类型又有不同的 RNV。

自然干扰的定量估算方法或途径大致分为两大类:第一类是历史的方法。该方法主要是依据历史数据、自然干扰发生的历史以及历史文献来推断过去发生的自然干扰特征。研究者通常用下列途径获取干扰的历史数据:树木年龄分析、干扰历史的记录、图片与卫片分析、古生态和同位素分析等。通过这些手段获取的数据可构成时间序列,再找出它们的统计分布(例如,负幂或韦伯分布),从而对自然干扰的特征(例如频率及强度)做出估算。具体的方法请参见 Egan 和 Howell(2001),Wong 等(2003)。第二类方法是计算机模拟。随着计算机技术的飞速发展,大量的环境模式已被开发和应用,例如 FIRE-BGC(Keane 等,1996),LANDIS(Mladenoff 和 He,1999),

SEM-LAND(Li,2000)等。可参考 Keane 等(2004)有关此方面的综述。选择不同的模型取决于模拟的目的和拥有的数据,但下列主要指标应尽可能考虑:① 能够表达干扰的时间与空间变异;② 能够表达不同干扰类型的相互作用;③ 能够模拟自然干扰的随机过程;④ 能够允许表达估算的误差。

下面简单介绍一个表达森林植被在景观或流域尺度上的动态变化的参数,即等量采伐面积(equivalent clear-cut area,或简称 ECA)或它的百分比。该参数能较好地反映森林被干扰与恢复的动态演替或变化过程。我们都知道某一森林被干扰后,会通过自然更新或人工更新不断得到恢复,那么一个综合的参数就必须能表达这种干扰与恢复的动态过程。被干扰的森林恢复的程度(如水文恢复)往往与更新树种的年龄或树高有关(图 12-7)。ECA 是基于详细的关于干扰与更新的记录才能计算出来。该参数在加拿大不列颠哥伦比亚省得到较广泛的应用(Wei 和 Zhang,2010)。它比森林覆盖率更能表达森林的动态变化。其他类似的基于遥感的参数包括 NDVI,叶面积指数(LAI),也在近些年来得到较广泛的应用。

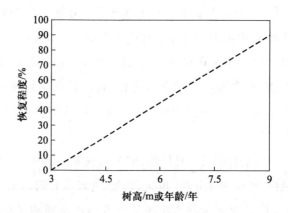

图 12-7　森林干扰后恢复程度(以水文恢复为例)与树高或年龄的关系

参 考 文 献

Agee,J. K. 1993. Fire Ecology of Pacific Northwest Forests. Washington:Island Press.

Attiwill,P. M. 1994. The disturbance of forest ecosystems:The ecological basis for conservative management. Forest
Ecology and Management,63:249-302.

Bergeron,Y.,Richards,P. J. H.,Carcaillet,C.,et al. 1998. Variability in fire frequency and forest composition in
Canada's Southeastern Boreal Forest:A challenge for sustainable forest management. Conservation Ecology,2
(2),available from the internet(URL:http://www. consecol. org/vol2/iss2/art6).

Connell,J. H. 1978. Diversity in tropical rainforests and coral reefs. Science,199:1302-1310.

Dorner,B. 2002. Forest management and natural variability:The dynamics of landscape pattern in mountainous terrain. Ph. D. Thesis, Simon Fraser University, Burnaby, BC.

Egan, D. and Howell, E. A. 2001. The historical ecology handbook: A restorationist's guide to reference ecosystems. Washington: Island Press.

Hardy, C. C., Schmidt, K. M., Menakis, J. M., et al. 2001. Spatial data fornational fire planning and fuel management. International Journal of Wildland Fire, 10: 353–372.

Keane, R. E., Parsons, R. E. and Rollins, M. G. 2004. Predicting fire regimes at multiple scales, 55–68. In: Perera, A. H, Buse, L. J. and Weber, M. G. Emulating Natural Forest Landscape Disturbances. New York: Columbia University Press.

Keane, R. E., Morgan, P. and Running, S. W. 1996. FIRE–BGC–A mechanistic ecological process model for simulating fire succession on coniferous forest landscapes of the northern Rocky Mountains. USDA Forest Service, Misssoula. Montana, United States, Research Paper INT–RP–484.

Landres, P. B., Morgan, P. and Swanson, F. J. 1999. Overview of the use of natural variability concepts in managing ecological systems. Ecological Applications, 9(4): 1179–1188.

Li, C. 2000. Reconstruction of natural fire regimes through ecological modeling. Ecological Modelling, 134: 129–144.

Mladenoff, D. J. and He, H. S. 1999. Design and behavior of LANDIS, an object-oriented model of forest landscape disturbance and succession. 125 – 162. In: Aplet, D. J., Johnson, N., Olson, J. T. and Sample, V. A. Defining Sustain Ableforestry. Washington: Island Press.

Morgan, P., Aplet, G. H., Haufler, J. B., et al. 1994. Historical range of variability: A useful tool for evaluating ecosystem change. Journal of Sustainable Forestry, 2: 87–111.

Perera, A. H. and Buse, L. J. 2004. Emulating natural disturbance in forest management: An overview. In: Perera, A. H., Buse, L. J. and Weber, M. G. Emulating Natural Forest Landscape Disturbances. New York: Columbia University Press.

Schindler, D. W. 2001. The cumulative effects of climate warming and other human stresses on Canadian freshwaters in the new millennium. Canadian Journal of Fisheries and Aquatic Sciences, 58: 18–29.

Tague, C. and Band, L. 2000. Simulating the impact of road construction and forest harvesting on hydrologic response. Earth Surfaces Processes and Landforms. In: Luce, Charles. H., Wemple, Beverley. C. Hydrologic and Geomorphic Effects of Forest Roads, 26(2): 135–151.

Wei, X. H. and Zhang, M. F. 2010. Quantifying streamflow change caused by forest disturbance at a large spatial scale: A single watershed study. Water Resources Research, 46, W12525.

White, P. S. and Pickett, S. T. A. 1985. Natural disturbance and patch dynamics: An introduction. In: Pickett, S. T. A. and White, P. S. The Ecology of Natural Disturbance and Patch Dynamics. Orlando: Academic Press.

Wong, C., Dorner, B. and Sandmann, H. 2003. Estimating historical variability of natural disturbances in British Columbia, Ministry of Forests, Forest Science Program, Victoria, British Columbia, Canada.

第13章 森林火灾对流域生态系统过程的影响

　　自然干扰包括森林火灾、病虫害、风倒及气候变化等。不同的森林生态系统,其主要的自然干扰类型不一样。例如,在较干旱的加拿大北方针叶林中,森林火灾是最常见的自然干扰,而在加拿大不列颠哥伦比亚省沿海的温带雨林中,风倒则是最常见的。在中国的大兴安岭、小兴安岭地区,森林火灾是最主要的干扰,而在广东或福建沿海地区风倒或台风的干扰可能就比森林火灾要频繁得多。本章主要介绍森林火灾对流域生态系统一些主要过程(水文、水质、溪流倒木与河流栖息地、水生生物等)的影响。自然干扰中的气候变化对流域生态系统过程的影响将在第14章中讨论。

　　森林火灾是最重要的自然干扰之一,特别是在较干旱的地区。正如在第11章中所描述的,森林火灾在强度和频度方面具有非常大的变异性,而森林火灾对流域生态系统过程的影响直接与森林火灾的强度与频度有关。对一场特定的火灾而言,强度越大,则其造成的影响就越大。在一场森林火灾干扰后,系统往往需要较长的一段时间来恢复。如果森林系统还未得到充分的恢复,又受到新的火灾干扰,则火灾积累的影响就更大。所以,森林火灾的影响除了直接与火灾的强度有关外,还与前面发生过的火灾的干扰特征及干扰后的森林恢复的情况有关。一场毁灭性的森林火灾往往把地面上所有的草本植物、灌木及树木的枝叶烧掉,树木也因此而死亡。一个较复杂的森林在毁灭性火灾后往往显得简单(除了烧死但还立着的树木外,几乎所有的生物都毁灭了)。这样,森林的整个物理、化学及生物环境在火灾干扰后,就发生了巨大的变化。这些变化既发生在森林陆地上,也会表现在与陆地系统相连接的水体系统中(河流、湿地或湖泊)。

特别值得一提的是,在森林火烧时林地表面所发生的物理与化学变化。大家知道,林地上的枯枝落叶及有机质层是森林地上部分的树木与地下部分土壤之间最重要的物理与化学交换层。在物理上,它可以维持土壤的温度,防止或减缓水土冲刷或降水击溅,从而维持土壤系统较好的结构与下渗能力。在化学上,此层是一个非常重要的养分库,养分通过枯枝落叶的分解和释放等重要的微生物过程都发生在此层。森林火烧后,此层往往被烧而变成灰碳层。又由于燃烧过程中的化学作用,大量的有机质及长链条的糖类积累于土壤颗粒表面或其间隙中,从而使土壤表面呈现难透水层(hydrophobic layer 或water repellence layer)(图 13-1)。由于火烧后土壤表层出现的难透水性,流域系统中水文过程或土壤表面的水土侵蚀也因此而发生重要变化。认识土壤出现的这种难透水性,有助于我们理解森林火烧对流域生态系统过程的影响。

图 13-1　火烧后土壤表层出现的难透水层(参见文后彩插)

13.1　森林火灾对水文的影响

先介绍一下一般的水文参数定义及改变植被-水文关系的可能影响。最常见的径流变量是年径流量(或月径流量)、洪峰径流及枯水径流。不同的径流变量所包含的生态及社会经济意义是不一样的。年径流量或月径流量表达一个特定流域所具有的水资源量,而洪峰径流及枯水径流往往与可能的水灾与旱灾联系在一起,对生态与经济都有十分重要的意义。不论何种径流变量(年径流、洪峰径流及枯水径流),它的表达都与时间连在一起,只是长短不一。表达一个流域的水资源量的年(季节或月)径流量的时间较长,而用于表达洪峰径流的时间很短(例如,瞬时洪峰、最大日径流量),这是因为即使短暂的洪峰(几个小时甚至几十分钟)就可产生巨大的生态与经济影响。相对洪峰径流而言,用于表达枯水径流的时间要长一些(例如,最常用的 7 天枯水流量),这可能与一个系统对较低枯水流量或旱灾的承受时间相对长一些有关(与洪峰相比)。认识表达径流的时间尺度对理解森林变化与径流的关系有一定作用。一般来讲,由较长时间尺度表达的径流量(年径流量)具有较好的稳定性,它与森林变化的关系也易呈现一致性或可预估性。而由较短时间表达的径流量(洪峰径流)稳定性差,且受制于时间等因素,则森林与径流的关系更易呈现复杂性。森林野火通过影响森林地上和地下部分改变流域水文过程,包括林冠降雨截持、蒸散和土壤入渗(Hallema 等,2017a,b)(图 13-2)。

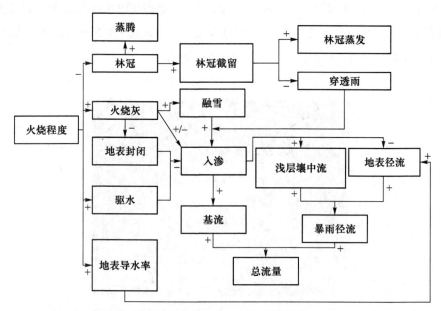

图 13-2　森林火烧对流域水文影响概念模型。加号(+)和减号(-)分别表示箭头两边变量之间的正负作用(Hallema 等,2017a,b)

(1) 年径流量

森林火灾后,年径流量绝大多数情况下都会增加(表 13-1)(Debano 等,2000;Adams 等,2013;Aydin 等,2017;Hallema 等,2017a,b,2018;Srivastava 等,2018;Tague 等,2019;Vukomanovic 和 Steelman,2019)。这主要是由于植被的损失、枯枝落叶的减少及土壤难透水性的增加所致。植被的损失使得林冠的截留与蒸腾丢失,而植被的蒸腾往往是水量平衡中最重要的一部分。蒸腾与截留(蒸发)的减少就意味着径流的增加。

表 13-1　森林火烧对水文过程的影响

水文过程	变化	特定的影响
截留	减少	小暴雨产流更大,增加水量
枯落物蓄水	减少	蓄水减少,地表径流增加
蒸腾	短暂消失	径流增加,土壤湿度增加
下渗	减少	地表径流增加,暴雨径流增加
年径流	改变	大多数系统年径流量增加,以雪水及雾水为主的系统年径流量减少
基流	改变	减少(由于下渗的减少),增加(由于蒸散发的减少)
洪峰	增加	增加,时间提前,大洪峰径流更大,河流冲刷能力增强
积雪	改变	小面积积雪增加,大面积积雪减少,融雪增加,时间提前,融雪蒸发增加

修改自 Neary 等,2005。

尽管森林火灾导致径流增加,但径流增加的比例则与降水特征,火烧的面积、强度及流域的特征有关。当降水主要以降雨为主时,径流增加较多,主要是由于火烧减少了植被从而使植被蒸散发减少。但在春季融雪期间或以降雪为主的森林系统中,火烧后由于植被的减少导致更多的积雪蒸发掉,从而有可能使径流变得比未受火灾的流域更少。这方面的研究不多。

美国林务局 Hallema 等(2018)利用长期河川径流观测和 30 多年森林火灾记录对 160 多个流域火灾前后 5 年的总产水量进行了对比研究。这项研究表明,在科罗拉多州和太平洋西北地区的干旱期间,野火增强了河流流量。然而,在加利福尼亚州南部野火对流量增加的影响被干旱所掩盖。有些流域还有径流减少的情况 。研究表明流域至少有 19% 的过火面积才会使河流流量发生显著的变化(Hallema 等,2018)。此外,受低烧伤影响的区域对河流流量没有明显的直接影响。在美国东南部,气候湿润,林火主要是为管理森林而进行的主动火烧(prescribed burning)。因为一次火烧影响的区域通常不大,并且强度较小,研究发现在大于 10 平方千米的流域主动火烧并未显著改变河流流量。这项研究指出,在大尺度上,气候和降水变率是影响流域水文对火烧响应的主要因素。其次,火烧强度、过火面积与流域地形也影响流域水文响应(Hallema 等,2018)。

(2) 洪峰流量

森林火灾对洪峰流量的影响比对年径流的影响有更大的变异而且较复杂。但几乎所有的研究都发现,森林火灾后,洪峰流量都增加(表 13-1)。洪峰流量增加的原因包括植被的损失、土壤难透水性的增加以及由于暴雨诱发的泥石流及塌方等因素。由于土壤的难透水性,降落至地面的降雨不能慢慢渗透于土壤中,从而使大部分的降雨变成快速汇集的地面径流及河道中的洪峰径流。不仅使洪峰的径流量增加,也使洪峰来得更早。洪峰径流的增加一般在9%~100%,但有些情况下,洪峰径流可能增加很多。例如,Campbell等(1977)报告的洪峰径流分别增加23倍(中度火烧的流域)和407倍(高度火烧的流域)。一般来讲,小流域火烧后,洪峰径流增加的比例较大流域要高。

(3) 枯水径流

森林火烧后,由于植被的减少使得蒸腾减少,从水量平衡的理论来讲,枯水径流就会增加,道理与森林火烧后的年径流变化一样或相似。但枯水径流除了与植被有关外,还与土壤特征、被火烧干扰的程度有密切关系,因为枯水径流常与地下水层补给有关,而地下水层的补给与水在土壤中的下渗有直接的联系。森林火烧后,土壤由于产生了难透水现象,水分难以进入土壤深层补给地下水层,这就有可能产生地下水层的亏缺。如果枯水径流主要是来自地下水层,那么森林火烧就有可能降低枯水径流。从上面的分析可以看出,森林火烧与枯水径流的关系较复杂,既有正相关的联系,也有负相关的联系。在这方面的研究不多,且一些结论相反。但多数的观察与研究倾向于森林火烧后,枯水径流有增加。

13.2 森林火灾对水土流失的影响

森林火灾通常使水土流失明显增加,这主要是由于下列因素的影响。① 森林损失了林冠层、灌木层或草本植物层,使得降雨直接溅击土壤表面。这种未受任何拦截的降雨常常带有更大的动能。这些具有高动能的降雨通过它们强烈的击溅而使土壤颗粒分开或分散。相比之下,在森林具有完整的林冠层、灌木层或草本层的多层结构情况下,降雨由于受到多层植被的拦截,其动能大幅度减少,从而使土壤击溅能力降低,出现水土流失的可能性不高。② 大量枯枝落叶层被火烧掉,部分土壤彻底暴露而易受雨水或地表径流冲刷。即使一部分土壤仍被炭灰所覆盖,但其覆盖保护土壤的功能大大降低,且地表面的粗糙度单一并简单化。③ 土壤表面在火烧后形成难透水层,使得土壤表面有更大的地表径流。这些地表径流不断汇集从而产生更大的侵蚀与搬动土壤颗粒的能量,再加上土壤表面的单一化,从而为产生大量水土流失提供了可能。总之,森林火烧后,系统由于损失了植被以及土壤难透水层的形成,使得雨水和地表径流的侵蚀与冲刷能量得不到控制,这是产生大量水土流失的主要原因。反之,任何工程或生物措施,只要它们能降低雨水或地表径流的能量,就有可能减轻水土流失。水土流失程度与火烧强度、降雨强度和土壤类型有密切关系(Crumbley等,2007)(图13-3)。

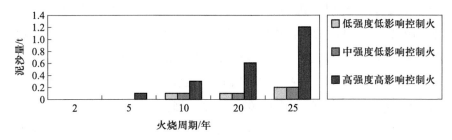

图 13-3 采用 Geo-WEPP 研究美国南卡罗来纳州山麓区
火烧对泥沙产量影响的模拟结果

森林火烧除了加大陆地坡面的水土流失外,还会诱发河岸冲刷及泥石流的形成。溪流或较大河流由于损失了河岸植被带,河岸的稳定性便降低,河岸的冲刷随之加大,从而造成更多的泥沙进入河道并改变河流形态及栖息地。另外,森林火烧后还常诱发泥石流的发生。下面以发生在 2003 年 11 月加拿大不列颠哥伦比亚省 Okanagan 公园的一次大规模泥石流为例来说明(图 13-4)。

(a) 火烧后的森林

(b) 火烧造成的泥石流

图 13-4 加拿大不列颠哥伦比亚省 Okanagan 森林公园火烧

2003 年夏天（8—9 月），在 Okanagan 森林公园发生了一次毁灭性的火灾，该火灾几乎把公园内近 2 万 hm² 的森林烧尽。在同年 11 月底，一场罕见的局部大暴雨诱发了当地人从未见过的泥石流。泥石流造成所到之处的公路、下水道被填满并堵塞，甚至不少的泥沙顺着公路流入一些家庭的地下层。这次泥石流的发生主要是由于以下几个因素的影响。① 降雨强度是近 200 年一遇，时间短、雨量大；② 火烧后林冠大量损失，使得大量暴雨得不到任何拦截；③ 土壤难透水层的形成，使得大量暴雨变成地表径流。而地表径流的不断汇集便生产了巨大的侵蚀与冲刷能量。不断增强的地表径流冲刷河道并诱发了泥石流。这次规模不大但强度巨大的泥石流是大降雨强度与森林火烧影响的综合产物。

13.3 森林火灾对水质的影响

水质包括水的物理、化学与生物特征。水质的物理特征通常指水中的泥沙含量、浑浊度及水温，而水质的化学特征则包括水的一些化学成分，例如 N、P、K、Ca 和 Mg 等。水质的生物特征包括水中含有的细菌、真菌等。森林火灾对水质的物理、化学与生物特征都有重要的影响。

（1）水质的物理特征

悬移质（suspended sediment）、浑浊度（turbidity）和水温是常用的水的物理特征参数。悬浮泥沙含量是指悬浮在水中的泥沙含量，而水的浑浊度是指水对光散射的光学特征。水中悬浮的泥沙越多，水的浑浊度就越高，两者存在正相关关系。水的浑浊度常用的单位为 NTU（nephelometeric turbidity unit），可用专业的浊度计来自动测量。如果有浑浊度与悬浮泥沙含量的关系曲线，便可把浊度计测定的浊度值换算为悬浮泥沙含量。

森林火灾后，由于水土流失的加剧，造成水中悬浮泥沙含量增加（图 13-5），使进入水中的光照减少，从而影响水生生物的光合作用。水中大量的泥沙还会造成一些生物，例如鱼类的窒息死亡。火灾后的初期，河流中常有大量的燃烧物的灰埃，这些黑色灰埃不仅改变了水的颜色，还改变了水的味道，对不少水生生物具有致命的影响。

水温也是一个重要的物理参数。水温控制水生生物（动物与植物）的新陈代谢。许多水生生物由于长期的进化，其生命过程对水温都有一定的适应范围。森林火烧常把河岸植被清除掉了，导致河流遮阴的减少，使河流获得的光辐射增加，产生升温效应。另外，森林火烧后，大多径流来自地表径流，而地表径流的温度在生长季节相对高于地下径流，这也可导致水温的升高。这样，火灾通过增加地表径流的比例而提

图 13-5　加拿大不列颠哥伦比亚省 Okanagan 森林公园火烧后造成水的
浑浊度增加(参见文后彩插)

高水温。水温的增加除了直接影响水生生物的生长外,还可增加鱼类等生物的死亡
率。水温的升高,使水中的可溶性氧(O_2)浓度降低。这种可溶性氧浓度的减少,再加
上由于水温增加导致生物生长加快而对可溶性氧需求的增加,就有可能出现氧的亏
缺。氧亏缺严重时甚至会导致水生生物染病或死亡。例如,当水中 O_2 的浓度低于
10 mg · L^{-1} 时,就会对大马哈鱼产生负面影响。

(2) 水质的化学特征

在一个流域系统中,水中的化学成分或养分(N、P、K、Ca、Mg 等)取决于岩石的风
化、有机物质的分解及气候特征。流域中的养分是循环的,这种循环取决于流域本身
的特点(地质构成、流域大小及形状等),也与气候、植被有关。气候温暖与潮湿的生
态系统比干旱与寒冷的生态系统的养分循环要快。植被通过吸收存留大量的养分,
再通过归还及微生物的分解将养分释放回生态系统。森林火灾通过以下几方面改变
流域系统中的养分循环,从而影响水中的化学成分:① 火烧使大量有机物质的矿化加
强,不少可溶性的养分元素得到释放;② 由于水土流失的增强,释放出来的养分元素
更易进入河流系统;③ 由于火烧使植物死亡,系统吸收养分的功能大为降低。许多释
放的可溶性养分因为没有植物吸收,便会产生大量的淋溶损失。上面这些因素的综
合作用导致火烧后河流中化学成分浓度增加。

尽管有些研究证实森林火灾后,水中的一些化学成分浓度有明显的增加,但大量
研究却表明,森林火灾并不会增加水中化学成分的浓度,但会增加总量,而总量的增
加是由于火烧导致径流的增加所引起的(van Lear 等,1985;Townsend 等,2000)。尽管
与上面的结论不一致,但普遍认为,火烧对水质的影响是短暂的,随着植被的更新与
恢复,上面的影响很快便消失了。例如,Campbell 等(1977)在研究美国亚利桑那州北

部的两个小集水区(分别为重度火烧和中度火烧)后,得到下列结论:Ca、Mg、K 的浓度在火烧后的最初几次降雨径流中有所增加,但这种增加很快就在以后的降雨径流中消失了;Na 的浓度几乎没有受到火烧的影响;N 的总浓度(包括有机的和无机的)在最初一次降雨径流中有所增加,但在后面的几次降雨径流中很快就恢复到火烧前的水平。

(3) 水质的生物特征

一般来讲,在结构较完整的森林生态系统中,由于枯枝落叶层的存在,地表径流受枯枝落叶层及有机质层的过滤,其中含有的细菌较少。如果火烧破坏枯枝落叶层及有机质层,那么它们对地表径流的过滤作用就失去。据此推测,火烧就有可能增加水中细菌的含量。

13.4　森林火灾对溪流倒木与河流生境的影响

溪流倒木是流域生态系统中一个较为重要的过程。30 年以前对此过程的研究不多。但近 30 年来,由于溪流倒木与大马哈鱼生境的关系密切,已受到越来越多的关注,特别是在北美,溪流倒木是陆地系统与水生系统(河流、湿地和湖泊)之间最重要的连接之一。溪流倒木具有非常广泛的生态意义。例如,它可以参与形成鱼生境所需的浅滩-深潭顺序性,拦截泥沙,改变河滨植被带,维持河岸的稳定性,也是一个较独特的碳循环过程。当然,在不同的生态系统中,溪流倒木所表现的生态功能不一样,而且它的生态作用在较小的河流中更突出。

溪流倒木在时间与空间上具有很大的变异性。在时间上,溪流倒木从河岸输入河流系统后,会经历漫长的分解,或搬运,或埋没,以致最后从河道中消失,这一过程需要几百年,甚至更长时间。在空间上,倒木进入河道后,由于破碎化及搬运的结果,在不同大小的河流中有不同的分布,且其载量也不一样。例如,在较小的河流中,倒木由于自身的长度可能要大于河流的宽度,因而倒木的稳定性较高,所以倒木常以单个体存在。而在较大的河流中,倒木的长度小于河流的宽度,故其稳定性差,易被洪水搬移或漂流而聚集,因此倒木在较大河流中常呈聚集体。在整个河流网络中,倒木的载量在小河流中要远高于在大河流中的。即使在同一大小河道中,不同河段中的倒木载量也有较大的空间变异性。

森林火灾对溪流倒木的重要影响,主要表现在下面两个方面。① 森林火灾会在一段时间内(30 年)产生大量的溪流倒木。火烧将河道边的树木烧死,死去的树木会慢慢倒下,部分倒下的木头由于靠近河流或地面坡度较大而进入河流。只要火烧的河岸死木不会被人为搬走,最终的结果就是进入河流产生大量的溪流倒木。② 森林火烧可产生大量的地表径流,总径流增加,河岸冲刷也加强,从而使河流搬运倒木的能力加强。森林火灾甚至还会诱发具有更大搬运倒木与泥沙能力的泥石流或混杂物急流(debris torrent),而这种被增强的河流搬运能力对倒木本身的空间分布及与倒木有关的生境、河流形态有十分重要的影响。

有关溪流倒木的生态作用、时间特点及与森林干扰的关系,可参阅本书的第 7 章。

13.5　森林火灾对水生生物的影响

森林火灾对水生生物的影响包括火烧的直接影响(火烧期间的影响)与间接影响(火烧后的影响)。水生生物包括鱼类、无脊椎动物、水生植物(藻类等)等许多不同类别的生物。下面针对火烧对鱼类及无脊椎动物的影响做简单介绍。

研究火烧对鱼类的影响是最近十来年才开始的。火烧对鱼类的直接影响是火烧能直接导致鱼类的死亡,这种现象常发生在与河岸植被带紧密连接的小溪流。Rieman 等(1997)在研究爱达荷州的火烧对鱼的影响时,发现当强度很高的火把河两岸植被带烧尽时,河中几乎没有活鱼存在。然而,Propst 等(1992)在研究美国新墨西哥州的 Divide 火烧时,没有发现鱼的死亡。火烧能否导致鱼的直接死亡,主要取决于河岸植被中燃料及火烧强度,也与河流本身的大小有关。另外,在灭火期间使用的灭火化学剂(fire retardants)也可能导致鱼的死亡,但这方面的报道不多。

火烧对鱼的间接影响主要是指火烧后,由于环境的改变而导致对鱼的栖息地(habitat)的改变,从而间接地影响鱼种群的生存与生长。正如前面所讨论的,火烧对水文、水土流失、水质及倒木等许多流域生态过程都产生重要的影响,这些变化与鱼的栖息地有着密切的关系。例如火烧后,由于径流增加及水土流失加剧,大量的泥沙进入河道,这些泥沙对鱼的洄游、产卵等重要生命过程有负面的影响。另外,由于火烧,水温也相应提高,较高的水温易导致水体中缺氧从而影响鱼的生长,甚至导致死亡。

火烧对大型无脊椎动物的影响主要表现在间接方面。在直接影响方面的研究不多,而火烧直接导致大型无脊椎动物死亡的研究几乎没有。唯一例外的是对亚利桑那州 Dude 火烧的研究,Rinne(1996)发现火烧两周后,大型无脊椎动物的平均密度下降了 80 % ~ 90 %,而导致这个结果的主要原因可能是火烧产生的"灰尘流"的影响。

火烧对大型无脊椎动物的间接影响也是由于火烧改变了河流的生态环境而间接影响大型无脊椎动物种群的。有关此方面的研究不多,且得出的结论不一致。例如,La Point 等(1996)没有发现被火烧与未被火烧的流域之间大型无脊椎动物的种群有什么差别。相比之下,Richards 和 Minshall(1992)报告在火烧的流域中,大型无脊椎动物的种群在火烧后的最初 5 年内有更大的波动,且这种波动随着时间推移而变小。最有名的莫过于美国对黄石公园大火(1988)的许多研究。例如,在火烧一年后,大型无脊椎动物的种群密度稍有下降,两年后下降得更多,其原因主要是由于与有机粗质体相关的食物减少。而 Jones 等(1993)发现在黄石公园大火后,在较大的河流(4 级和 5 级)中,大型无脊椎动物的丰度有波动的现象,但其多样性等并未下降。在个别情况下,火烧还可导致大型无脊椎动物种群的增加,这可能与火烧能产生更多不同的水生植物物种有关。

参 考 文 献

Aydin,M.,Ugis,A.,Akkuzu,E.,et al. 2017. Forest fire effects on water resources. Kastamonu University Journal of Forestry Faculty,17 (4): 554-564.

Adams,M. A.,Cunningham,S. C. and Taranto,M. T. 2013. A critical review of the science underpinning fire management in the high altitude ecosystems of south-eastern Australia. Forest Ecology and Management,294: 225-237.

DeBano,L. F. 2000. The role of fire and soil heating on water repellency in wildland environments: A review. Journal of Hydrology,231: 195-206.

Hallema,D. W.,Sun,G.,Bladon,K. D.,et al. 2017. Regional patterns of postwildfire streamflow response in the Western United States: The importance of scale-specific connectivity. Hydrological Processes, 31 (14): 2582-2598.

Hallema,D. W.,Sun,G.,Caldwell,P. V. et al. 2017. Assessment of wildland fire impacts on watershed annual water yield: Analytical framework and case studies in the United States. Ecohydrology,10(2):e1794.

Hallema,D. W.,Sun,G.,Caldwell,P. V.,et al. 2018. Burned forests impact water supplies. Nature Communications,9(1): 1307.

Srivastava,A.,Wu,J. Q.,Elliot,W. J.,et al. 2018. A simulation study to estimate effects of wildfire and forest management on hydrology and sediment in a forested watershed,Northwestern U. S. Transactions of the ASABE,61 (5): 1579-1601.

Tague,C. L.,Moritz,M. and Hanan,E. 2019. The changing water cycle: The eco-hydrologic impacts of forest density reduction in Mediterranean (seasonally dry) regions. Wires Water,6 (4).

Townsend,S. A. and Douglas,M. M. 2000. The effect of three fire regimes on stream water quality,water yield and export coefficients in a tropical savanna (Northen Australia). Journal of Hydrology,229: 118-137.

van Lear,D. H.,Douglass,J. E.,Cox,S. K.,et al. 1985. Sediment and nutrient export in runoff from burned and harvested pine watersheds in the South Carolina piedmont. Journal of Environmental Quality, 14 (2): 169-174.

Vukomanovic,J. and Steelman,T. 2019. A systematic review of relationships between mountain wildfire and ecosystem services. Landscape Ecology,34 (5): 1179-1194.

Campbell, R. E., Baker, Jr., M. B., Ffolliott, P. F., et al. 1977. Wildfire effects on a ponderosa pine ecosystem: An Arizona case study. Res. Pap. RM-191. Fort Collins, CO: U. S. Department of Agriculture, Forest Service, Rocky Mountain Forest and Range Experiment Station. 12.

Crumbley, T., Sun, G., Mcnulty, S., et al. 2007. Modeling soil erosion and sediment transport from firesin forested watersheds of the South Carolina Piedmont. In Proceedings of Emerging Issues along Urban-Rural Interface: Linking Land Use Science and Society. Laband, D. N. April 9-12, 2007, Atlanta, GA. 196-199.

Jones, R. D., Botlz, G., Carty, D. G., et al. 1993. Fishery and aquatic management program in Yellowstone National Park. Technical Report for 1988. Yellowstone National Park, WY: U. S. Department of the Interior, Fish and Wildlife Service. 171.

La Point, T. W., Price, F. T. and Little, E. E. 1996. Environmental toxicology and risk assessment, 4Ed. Special Publication No. 1262. West Conshohocken, PA: American Society for Testing Materials, 280.

Neary, D. G., Ryan, K. C., Debano, L. F., 2005. Wildland fire in ecosystems: Effects of fire on soils and water, Gen. Tech. Rep. RMRS-GTR-42-vol. 4. Ogden, UT: USDA Forest Service, Rocky Mountain Research Station, 250.

Propst, D. L., Stefferud, J. A., Turner, P. R. 1992. Conservation and status of Gila trout, *Onecorhynchus gilae*. Southwestern Naturalist, 37(2): 117-125.

Richards, C. and Minshall, G. W. 1992. Spatial and temporal trends in stream macroinvertebrate communities: The influence of catchment disturbance. Hydrobiologia, 241: 173-184.

Rieman, B. E., Lee, D., Chandler, G., et al. 1997. Does wildfire threaten extinction for salmonids: Responses of redband trout and bull trout following recent large fires on the Boise National Forest. In: Greenlee, J. Proceedings of the symposium on fire effects on threatened and endangered species and habitats. International Association of Wildland Fire. Fairfield, WA.

Rinne, J. N. 1996. Short-term effects of wildfire on fishes and aquatic macroinvertebrates in the Southwestern United States, North American. Journal of Fish Management, 16: 653-658.

第 14 章　森林破坏与恢复对流域水量和水质的影响

14.1　森林植被-水资源关系的复杂性和多样性

森林植被与水资源的关系是森林水文学研究的主要问题。研究植被变化在内的土地变化对水文的影响是近些年来水文学研究的热点之一。研究森林变化(采伐或造林)与径流的关系对林业规划及流域水资源管理具有十分重要的意义。森林流域水文观测最早可追溯至 1900 年瑞士 Emmental 山区两个小流域的对比试验,但是真正意义的流域配对试验多认为是在 1909 年美国科罗拉多州南部的 Wagon Wheel Gap 建立的配对集水区试验。该研究的主要目的是确定森林砍伐对产水量的影响。近一个世纪以来,世界各地陆续建立了许多配对集水区试验开展研究(Andreassian,2004)。许多国家在森林-水问题上做了大量研究,取得了许多进展,但由于问题本身的复杂性,以及研究地域系统的差异,结论不一。其原因除了地域系统的差异外,与研究方法不同也有很大关系。受全球气候变化、空气污染等日趋复杂的环境问题的影响,森林-水的关系更加复杂,许多流域管理上亟须回答的问题尚未解决。尽管如此,人们对森林植被与水的关系的认识从最原始的经验观察到科学论证都有了根本性的变化。世界各地多种多样的流域研究结果使森林水文学界关于森林与水的基本关系的看法逐渐趋于一致。从国外资料上看,除苏联的专家持森林植被可以增加河川径流的观点外,其他国家的大量研究成果多认为森林覆盖率增加会减少河川年径流量,而与研究所处的地理区域无关(Sopper 和 Lull,1967;Bosch 和 Hewlett,1982;Whitehead 和 Robinson,1993;Stednick,1996;Vertessy 等,2001;Zhang 等,2001;Smakhtin,2001;Robinson 等,2003;Andreassian,2004;Scott 等,2005;Ice 和 Stednick,2004;Bruijnzeel,

2004；Jackson 等，2005；Brown 等，2005；Bruijnzeel 等，2010；Vose 等，2011；Amatya 等，2011；Levia 等，2011，Amatya，2016；Creed 和 van Noordwijk，2018）。

在中国，森林与径流关系的研究从 20 世纪 80 年代初的全国性的关于"森林的作用"的大讨论（黄秉维，1981）以来得到了较高的重视，有关部门在全国主要植被地带建立了森林水文与生态定位试验点与基地。森林植被影响水文过程、促进降雨再分配、影响土壤水分运动、改变产汇流条件，进而在一定程度上起到削减洪峰、减小地表径流、控制土壤侵蚀、改善河流水质等方面的作用基本上得到了肯定。但是，关于森林植被变化对河川年径流量的影响却存在着不同的观点（孙阁，1987）。例如，有的学者认为，在北方地区森林植被覆盖率增加，则流域产水量减少（刘昌明和钟骏襄，1978）；而在南方亚热带地区流域产水量随森林植被覆盖率的减少而减少（马雪华，1987；黄礼隆，1990）。这种认识成为中国森林水文文献中的经典（马雪华，1993）。此外，对于森林能否增雨、森林能否调节枯水径流、森林能否削减洪峰等多为理论猜测，采用严格资料论证的极少。中国森林水文学在过去近半个世纪取得了不少进展（Ffolliott 和 Guertin，1987；张增哲和余新晓，1989；Yu，1991；刘世荣等，1996；Zhou 等，2002；张志强等，2004；Wei 等，2005），但在一些关键问题上，如森林与径流、森林与降水关系的认识上与国外仍有一定的差距（李文华等，2001；陈军峰和李秀彬，2001；Wei 等，2005）。这与中国没有进行严格的长期配对流域试验研究有直接关系（周晓峰等，2001；魏晓华等，2005；Sun 等，2006；Wei 等，2008）。2006 年，首届"变化环境中的森林与水国际研讨会"在北京召开。至 2019 年，这个三年一次的会议分别在中国、美国、日本、加拿大和智利成功举行了五届。2008 年，美国水资源协会会刊出版了《中国森林水文》英文专刊，专门介绍了中国森林水文研究成果，标志着中国森林水文与国外密切交流的开始（Sun 等，2008）。为便于比较，按照研究地区，将有关探讨森林与水文关系的文献和主要结论列入表 14-1。建议读者阅读表中经典文献，了解该类研究的背景条件。

探讨森林植被变化对流域水量和水质的影响必须从流域水量平衡和化学元素物质平衡着手，综合考虑植被对降水的再分配和地球化学循环过程。水量变化过程包括林冠和地被植物截留、植物蒸腾、降水入渗、土壤储水、地表水-地下水相互作用等。水质变化过程包括林冠和地被植物淋洗、植物对养分的吸收、分解（即养分内循环和外循环）、化学元素在沟道和水体中的运输过程。下面分别对当前国内外有关森林植被变化对流域水量和水质影响的研究成果进行综述。

表 14-1　森林与流域水文关系的主要文献和研究结论

文　献	地区和生态系统	主要发现和结论
Bosch 和 Hewlett,1982	世界范围综述,各种生态系统	年蒸散发随森林覆盖率增加而增加,而且水文响应的顺序:砍伐森林>清除灌木>清除草本
Andreassian,2004	在上一条文献基础上的最新世界范围综述	采伐森林造成河流径流增加,造林造成河流径流减少。增加或减少幅度与气候、土壤、植被特征有关
Jackson 等,2005	世界范围综述	营造人工林使河流径流减少,土壤盐化和酸化
Ice 和 Stednick,2004	美国各种森林生态系统	砍伐森林造成河流径流增加
Beschta 等,2000	美国西部俄勒冈州山区	采伐森林造成河流小洪水事件洪峰增加,不太可能对大流域有影响
Scott 等,2005	南非和热带人工林	草地营造速生林会降低基流和总产水量,对洪峰影响不大
Robinson 等,2003	欧洲森林生态系统	结论与美洲研究结果相似,森林经营对管理洪水和干旱影响不大
Brown 等,2005	世界范围各种生态系统	采伐、造林后森林水文恢复过程不同,主要对基流有影响
Eisenbies 等,2007	美国	森林经营对极端洪水的影响与降水量和林路设计有关
Zhou 等,2015	全球	森林植被变化对径流影响受气候和流域特性影响
马雪华,1987	中国四川米亚罗高山	流域径流量随森林覆盖率降低而降低
刘昌明和钟骏襄,1978	中国黄土高原	流域径流量随森林覆盖率提高而降低
魏晓华等,2005	中国	流域径流量-森林关系复杂,配对试验具有重要性
Sun 等,2006	中国	模拟结果:造林使流域径流量减少,以北方最明显
Zhou 等,2010	中国湿润区	森林面积增加对年径流总量没有影响,但影响季节分布
Feng 等,2012	中国黄土高原	森林植被恢复减少径流
Feng 等,2016	中国黄土高原	森林植被恢复减少水资源

14.2　森林植被变化对流域水量平衡的影响

从流域水量平衡原理(流域产水量=降水量−总蒸散发±流域储水量变化)可以看出,一个流域的产水量(Q)主要受降水量(P)、蒸散发(ET)和土壤含水量(S)的变化控制。对于长时间尺度(年或者多年平均),由于土壤含水量的变化可忽略不计,那么,评价森林植被变化对流域水量的平均影响只需考虑其对降水和蒸散发的影响。

森林植被变化前水量平衡:

$$Q_1 = P_1 - ET_1 \pm \Delta S_1 \qquad (14.1)$$

森林植被变化后水量平衡:

$$Q_2 = P_2 - ET_2 \pm \Delta S_2 \qquad (14.2)$$

那么,森林植被变化对流域产水的影响为

$$Q_2 - Q_1 = P_2 - P_1 + ET_1 - ET_2 \pm (\Delta S_2 - \Delta S_1) \qquad (14.3)$$

对于年尺度或更长时间尺度,尤其是土壤储水能力变化不大的条件下,可以忽略 $\Delta S_2 - \Delta S_1$。

上述公式可以简化为

$$Q_2 - Q_1 = P_2 - P_1 + ET_1 - ET_2 \qquad (14.4)$$

即

$$\Delta Q = \Delta P - \Delta ET \qquad (14.5)$$

14.2.1　森林植被变化对流域降水量的影响(ΔP)

天然森林多分布在海拔较高、年降水量高于 400 mm 的区域。森林小气候知识和日常经验告诉我们,"大树下面好乘凉",森林能够降低局部温度、增加空气湿度和降低风速,并且有利于积雪。所有这些现象常造成一种假象:森林的存在能够增加大气降水;相反,减少森林会减少大气降水。的确,在历史上,科学界对森林能否增加降水有过激烈争论。如美国农业部早在 1892 年就对森林对气候和河川径流的影响展开了专门调查。根据欧洲国家(如法国)的观测研究结果,得出森林能够增加降水的初步结论。之后,20 世纪上半叶,世界各地又有报道支持森林能够增加降水的观点。如有研究表明,森林地区降水量要比附近空旷地高出 7 %～10 %。基于这一结论,美国在经历了 30 年代中西部沙尘暴的袭击后,开始大面积营造防护林带试图利用森林提高当地空气湿度、增加降水。早期气象学家认为森林可能增加降水的主要原因包括(闵庆文和袁嘉祖,2001):① 森林植被能降低空气温度,使暖空气达到饱和点;② 森林提高了迎风坡山峰的有效高度,从而促进了地形雨的形成;③ 林冠阻力降低了前期到达气团的风速,使随后的气团的垂直高度增加,并加强了空气的对流,有利于水汽直减降温,促成水汽凝结、降水形成;④ 森林蒸腾量大,为大气提供了大量水汽来源。

然而,随着对降水机理认识的逐步深入,从 20 世纪 70 年代开始人们逐渐对过去的观测结果产生怀疑。之后的多数研究认为之所以林地和空旷地观测到不同的降水量,是因为下垫面条件不同而形成不同的环境(如林区风速较非林地低),从而造成雨量计观测误差(Chang,2002)。

多数气候学家认为大气环流和地形条件是影响降水的主要因素。森林的存在与否不会改变大气环流,不会成为水汽的主要来源。例如,美国东部密西西比河流域的水汽来源大部分来自南部的墨西哥湾,只有 10 % 来自流域内部,那么流域内的变化不会造成区域性降水的变化。闵庆文和袁嘉祖(2001)对中国国内不同气候带植被-降水关系的研究进行了综合分析,得出了植被变化对降水的影响程度不会很大的结论。他们认为目前的野外观测手段和中尺度模型尚不成熟,存在较大缺陷,其研究结果常自相矛盾。

Pielke Sr. 等(2006)系统地总结了世界各地区域性土地利用-覆盖对降雨的影响研究结果。该综述指出过去 30 年的研究表明:城市地区的"热岛现象"改变了当地的能量平衡,使得边界层也发生了变化,再加上空气中增加的气溶胶悬浮物质,影响了降水的强度和频率。同样,他们认为在草地或农地上营林会减少地面反射率,增加叶面积指数、地面粗糙度、植物根系深度。地表物理性质的变化会改变近地表能量平衡,从而改变温度和湿度。在造林能降低地表温度,提高空气湿度这一结论上,多数野外观测和计算模型模拟研究结果相似。但是,关于对降水的影响,模拟结果并不一致。资料表明植被的作用取决于地理位置、地形特征、区域大气特征、造林面积大小以及地表生物物理特征。例如,在海洋环绕的热带地区砍伐森林对热带气旋的影响可能比在离海洋较远的陆地地区清理森林的影响要大。某一地方的降水过程取决于当地、区域和大尺度的大气特征,因此区域尺度的模拟模型是当前研究植被-降水的最有效工具。Jackson 等(2005)根据区域尺度模型预测结果在《科学》杂志上发表文章指出,造林对温带地区的美国大陆降水影响不大,其原因是温带地区没有足够的能量抬升由于植被增加而增加的水汽,从而形成额外降水。

14.2.2　森林植被变化对流域蒸散发的影响(ΔE)

影响流域水量平衡——蒸散发的因素,包括气象条件(降水、光照、温度、湿度),植被特征(叶面积指数、气孔开度)和土地利用状况(如灌溉与否、造林和再造林、水土保持措施实施)。由于受试验观测条件的限制,确定流域尺度蒸散发的各种方法常存在着较大的误差。因此,为确定土地利用和植被对流域蒸散发的影响,森林水文学家提出了配对流域试验法。配对流域是指位置相邻、面积大小相似(25~1000 hm^2)、植被相同、流域走向、地质地貌相似的两个流域。首先,对两个流域沟口的流量连续观测 3~5 年,建立两个流域在径流上的相关关系(月或者年尺度),即进行流域校核;之后,对其中一个流域植被进行处理,如皆伐、择伐、造林等植被经营,并连续观测流域径流量。该阶段被称为配对试验处理阶段。根据下面的公式,可以计算出流域处理对蒸散发的影响,ΔET。

$$\Delta ET = \Delta P - \Delta Q \qquad (14.6)$$

因为两个流域相邻,假设 ΔP 为忽略不计。那么上式变为

$$\Delta ET = -\Delta Q = 植被变化条件下的流量观测值(Q_2) - 由校核阶段模型$$

$$预测假定无植被变化条件下的流量值(Q_1) \qquad (14.7)$$

该方法最早于 1909—1919 年应用于美国科罗拉多的 Wheel Gap 试验流域。之后被世界各地森林水文研究广泛采用,是定量研究植被变化对流域水文和水量平衡影响的标准方法。事实上,当前森林水文学的主要研究结论都来自小流域配对试验。该方法的主要优点是在某种程度上消除了气象条件对植被-水文关系的影响,可直接确定植被和管理措施对流域径流的影响。主要不足是需要长期观测才能出成果,因此造价昂贵。为保证对照流域各方面相似,流域面积多限制在小于 100 hm² 的较小流域(集水区),研究结果很难推广到大流域。另外,在整个研究过程中,控制流域特征不能有大的自然干扰(火灾、病虫害、飓风等)和植被特征(叶面积、树种组成)变化。本书对流域配对试验方法在第 23 章有专门介绍。

从 20 世纪 30 年代开始,美国联邦政府农业部林务局和林业院校在全国各个气候带和地理类型建立了 50 多个长期定位配对流域试验站。图 14-1 总结了包括科威塔站(Coweeta)、哈伯德布鲁克站(Hubbard Brook)、安德鲁斯站(H. J. Andrews)等世界著

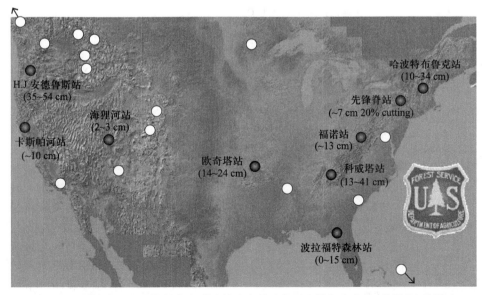

图 14-1 美国本土主要森林水文试验站及森林采伐对流域年产水量(蒸散发)的影响

名的森林水文试验站有关森林采伐对流域年产水量(蒸散发)影响的研究。表 14-2
列出了这些试验站的基本情况和主要研究结果。

表 14-2　美国主要森林水文试验站关于森林-水量平衡关系的研究结果

森林水文试验站名称	地 理 类 型	水 量 平 衡	植被变化对产水的影响
Coweeta Hydrologic Lab(北卡罗来纳州)(1936—)	亚热带湿热:年平均气温 16 ℃;Appalachian 山区,坡度陡,土层厚度 < 6 m,落叶阔叶树种占主导	年均降水量:1812 mm(低海拔处),蒸散发:800 mm,径流量:1000 mm	皆伐第 1 年水文响应增加量:250~400 mm·a^{-1}(北坡),< 150 mm·a^{-1}(南坡)
Hubbard Brook(新罕布什尔州)(1955—)	暖温带:年平均气温 9 ℃(1月)~18 ℃(7月);坡度陡,土层厚度 < 2 m,落叶阔叶树种(美洲山毛榉、糖槭、桦树)占主导	年均降水量:1400 mm,蒸散发:500 mm,径流量:900 mm	第 1 年水文响应:带状采伐,皆伐+杀草剂;增加量:100~340 mm·a^{-1}
Fraser Experimental Forest(科罗拉多州)(1943—)	降雪为主,高山和亚高山针叶林	年均降水量:710~760 mm,蒸散发:380~406 mm,径流量:304~380 mm	40 %带状采伐,前 5 年径流增加 80~150 mm·a^{-1}
H. J. Andrews(俄勒冈州)(1952—)	纬度 44.2 ° N,经度 122.2 °W,山地坡度大,道格拉斯冷杉成熟原始林,海拔 410~1630 m。海洋性气候,月平均气温 1 ℃(1月)~18 ℃(7月),高海拔冬季有降雪	年均降水量:2150~2300 mm(低海拔),蒸散发:700~815 mm,径流量:1300~1600 mm	皆伐后第 1 年径流增加 420~462 mm·a^{-1}
Beaver Creek(亚利桑那州)(1956—)	纬度 35.12 ° N,经度 111.6 °W,海拔 2200 m,年平均气温 8.4 ℃(高海拔)~16.3 ℃(低海拔),降水 368(低海拔)~672(高海拔)mm·a^{-1};Ponderosa 松林,柏树(*Junipers*)为主	年均降水量:500~635 mm,蒸散发:400~500 mm,径流量:0~135 mm	掠夺式皆伐 Ponderosa 松林试验(Watershed 12)后第 1 年径流增加 61 mm·a^{-1}(41 %),泥沙输送增加 200 %,条状采伐使径流增加,5 年内平均 25 mm·a^{-1}(15 %),但采伐后种草改造成放牧地,造成径流增加不大

在森林水文学文献中,探讨植被与产水量和蒸散发关系最经典的论文莫过于 Bosch 和 Hewlett 发表在 1982 年 *Journal of Hydrology* 的一篇综述文章。两位作者综合了世界各地 75 个流域试验成果,根据造林或砍伐森林前后观测到的径流变化推算了植被变化对蒸散发的影响。

受气候、土壤、植被和流域试验方法的影响,流域蒸散发对植被变化的响应幅度很大。例如,皆伐森林可造成蒸散发减少的幅度为 100～700 mm·a^{-1}(Bosch 和 Hewlett,1982)。但是,他们所搜集的流域资料几乎无一例外都说明森林被砍伐后,蒸散发会降低,而随着森林生长,蒸散发会逐步提高。一般来讲,在一个流域中,每降低针叶林或桉树林覆盖率 10%,可减少蒸散发 40 mm;在温带地区砍伐落叶林每降低覆盖率 10%,能减少蒸散发 25 mm 左右;灌木或草地覆盖率变化 10%,可改变蒸散发 10 mm 左右。

Zhang 等(2001)总结了分布在世界各地 257 个流域的长期平均水量平衡后,发现流域蒸散发与降水量关系良好,森林流域蒸散发明显高于草地流域蒸散发。根据推理法,Zhang 等(2001)建立了一个年蒸散发量(ET)和年降雨量(P)的非线性的关系方程。该方程综合反映了潜在蒸散发(PET)、降水量(即气候)和植被状况对实际蒸散发的影响。

$$ET = \left(\frac{1 + w\dfrac{PET}{P}}{1 + w\dfrac{PET}{P} + \dfrac{P}{PET}} \right) \times P \qquad (14.8)$$

式中:ω 为植物水分利用经验参数。当 PET 由 Priestley-Taylor 方法计算时,草地的 ω 值可采用 0.5,而林地为 2.0。对于采用混合植被经营方式的流域:

$$ET = \sum (ET_i \times f_i) \qquad (14.9)$$

式中:f_i 为土地利用百分比,如草地,农作物和森林。Sun 等(2005)将该方程运用在美国南部,证明该模型能够很好地表示区域尺度上的蒸散发的空间变异性。

Sun 等(2002)将该方程运用在中国全国尺度,并与刘昌明(1986)提出的另外一种经验性流域产水量方程进行对比研究,结果表明该模型在中国适用良好。

这样,造林对年蒸散发(如果降水量不变)的作用可以用数学公式表示为:

$$\Delta Q = -\Delta E = -(ET_2 - ET_1) = -\left(\frac{1 + 2.0\dfrac{PET}{P}}{1 + 2.0\dfrac{PET}{P} + \dfrac{P}{PET}} - \frac{1 + 0.5\dfrac{PET}{P}}{1 + 0.5\dfrac{PET}{P} + \dfrac{P}{PET}} \right) \times P \qquad (14.10)$$

上述方程表明由于潜在蒸散发和降雨使得造林与产流量之间的关系是非线性的。Sun 等(2006)绘制了中国造林对年蒸散发和产水量变化的潜在影响图来说明复杂的气候梯度对潜在产水量的变化趋势:沿着西北的干旱地区向东南地区产水量影响绝对值在增加,但是相对值则相反。该项研究预测中国境内造林会引起平均径流量每年减少 50~300 mm,或平均减少 10 %~50 %。这种变化只有将整个流域由草地改造成林地,而且造林之后很长时间才会明显。值得指出的是,该模型忽略了许多流域因素(如土壤)、植被类型(针阔林)、地形地貌(平坦或高山)的影响。因此,上述数值分析反映了一个地区长时间的平均情况。

除了 Zhang(2001)模型外,类似 Budyko 框架计算流域长期平均蒸散的方法很多(表 14-3)。这些模型中的参数有很大的不确定性,需要率定才能用于计算植被变化对 ET 和水量的影响。蒸散 $\overline{ET} = \overline{P}f(AI)$。

表 14-3 类似 Budyko 模型估算蒸散方法比较

参 考 文 献	$f(AI)$
Schreiber,1904	$f(x) = e^{-AI}$
Ol'Dekop,1911	$f(x) = AItanh(1/AI)$
Budyko,1948	$f(x) = AItanh(1/AI)(1-e^{-AI})^{0.5}$
Pike,1964	$f(x) = 1/\sqrt{1+AI^{-2}}$
Fu,1981	$f(x) = 1+AI-(1+AI^{\alpha})^{1/\alpha}, \alpha = 2.5$
Zhang 等,2001	$f(x) = (1+wAI)/(1+wAI+1/AI), w = 2$

注:干旱指标 $AI = \overline{ET_0}/\overline{P}, ET_0 =$ 潜在蒸散,$P =$ 降水量。

14.2.3 森林植被变化对流域产水量(ΔQ)、基流和洪峰的影响

森林植被对水量的影响是森林植被变化对一段时间(年、月、天)内的总径流量、基流和洪峰流量的影响,可以理解为植被在不同时间尺度上对流域水量平衡的影响。这三种水文要素对不同水的使用者有不同的意义。例如,水资源供给部门(水库经营者)可能关心水的总量,而基流或枯水径流对水生态系统和水质至关重要,洪峰流量是水土保持和防洪部门的重点工作范畴。由于洪水和干旱常给社会带来较大经济损失,所以当这类极端水文事件发生时,探讨森林对其影响就更具有实际意义。例如,1981 年和 1998 年中国长江流域的水灾直接促进了森林-洪水的大讨论和科学研究。同样,21 世纪初席卷欧洲的热浪造成的干旱和气候变化引起的洪水也使得欧洲水文学界重新认识森林恢复对水文的可能影响。

国际上采用配对流域试验法研究森林对河川径流的影响已有百余年历史,积累了大量资料,中国的生态恢复可直接借鉴。下面对国内外研究的主要成果做简要

总结。

（1）总径流量

总体来讲,国际上森林水文学界关于森林对流域产水量的争议不大。砍伐森林,将林地改变成草地或农地,会降低流域蒸散发造成流域总的产水量增加;而造林会增加蒸散发,减少径流量。Andreassian(2004)对世界上各种地理区域的 137 个对比流域试验进行了概括总结。从图 14-2 可以看出,随着流域处理面积比例增大,径流量变化的总趋势是增加的,且变化幅度很大。例如,100 ％砍伐森林或者造林最大可造成径流量高达 800 mm · a^{-1} 的变化,但是对某些流域植被来说这种影响很难观测到。目前流域试验主要是研究森林砍伐的影响,关于造林的实验很少。Jackson 等(2005)综合了世界各地造林对河流径流影响的试验研究结果,并结合区域尺度的气候模型模拟结果得出结论:造林会使河川径流大幅度减少,提高土壤盐化和酸化。全球范围内人工林每年减少了径流 227 mm(52 ％),使 13 ％的河流至少干枯了一年。

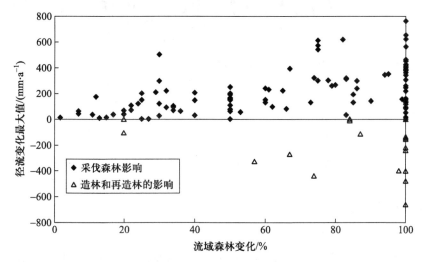

图 14-2　年河川径流对不同程度森林采伐和造林的最大响应(数据取自世界各地

137 个配对流域试验研究,Andreassian,2004)

图 14-2 所表达的是流域产水量变化的最大值,如采伐森林后的第一年或造林树木成熟后产水量的变化。但是,植被对径流的影响是一个动态的过程。森林采伐之后天然更新或造林后随着植物生物量的增加和蒸腾能力的增强,径流的影响随之发生变化。这种变化可以从 Coweeta 水文站 50 年内重复两次采伐试验得到证实。由图14-3 可以看出,第一次采伐成熟的落叶阔叶林后第一年会增加流域年产流约380 mm,之后几年迅速减少,但 23 年后同未采伐流域相比还是要高出 50 mm 左右。

23 年后第二次采伐造成的流域年产流增加约 360 mm，与第一次采伐后的水文响应相似。

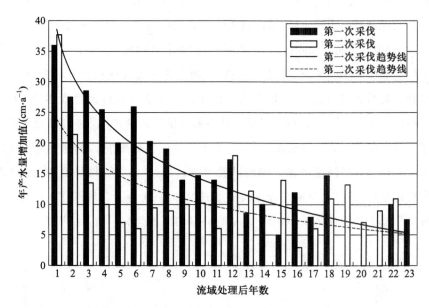

图 14-3　美国阿巴拉契亚山脉南部 Coweeta 13 号小流域重复皆伐硬木阔叶林流域水文试验(图中每年的径流增加值浮动与生长季的降水和温度有关)

森林植被变化对蒸散发的影响在生长季达到最大，所以产水量的影响主要表现为生长季。例如，Hornbeck 等(1997)在美国北部的 Hubbard Brook 试验站发现，当考虑全年或生长期的径流时，森林采伐对径流有影响，但当只考虑休眠季节的径流时，森林采伐几乎没有影响。

(2) 基流(枯水径流)

在欧洲一些历史记载中常提到古代的观察：采伐森林使河流干枯。森林变化与枯水径流的关系也是长期以来一直争论较多的问题。早在 18 世纪中叶，人们就认为失去森林会使泉水与河流干枯(Andreassian，2004)。后来这个说法被不断积累的科学研究所否定，即森林采伐会增加河流枯水径流(Hibbert，1971；Scott 等，2005)或者造林会减少枯水径流(McGuinness 和 Harrold，1971；Scott 和 Lesch，1997)。这个被绝大多数研究所证实的结果可以从水量平衡上得到解释。根据 Hewlett 可变水源区理论，森林流域的基流来自地下水，而地下水在非降水期间主要由非饱和土壤水分补充。那么当砍伐森林时，由于大大降低了树木蒸腾的水分消耗，减少了林冠截留，尽管土壤蒸发大大增加了，流域总的蒸散发将减少，土壤含水量提高，从而会造成河流基流量的增加。事实上，流域总产水量的增加主要是通过增加河流基流量而实现的。

美国的许多森林水文试验流域都提供了有力证据。例如,1977 年是美国西北部俄勒冈州当地的一个极端干旱年,流域皆伐后大大减少了枯水径流日数,仅为 8 天。而由对照流域预测该流域枯水径流日数应该为 143 天。森林采伐会使林地浅层地下水升高至更接近地表。美国亚热带地区佛罗里达海岸平原流域试验表明,皆伐使森林湿地地下水提高至少 100 cm(Sun 等,2000),森林降低地下水的作用在旱季(年份)更为明显(图 14-4)。Hibbert 的研究结果表明在干旱地区用草地取替天然灌丛林(chaparral)会使间歇性河流成为永久性河流。相反,当流域由草地转成林地时,成熟林总的蒸散发会增加,会减少基流,甚至会导致基流完全消失,使一个永久性河流变成间歇性河流。Scott 等(2005)在南非的造林和采伐森林的 30 多年流域试验结果最令人信服。据报道,最初分别营造桉树和松树的两个流域分别在造林后 9 年和 12 年后河道曾经完全干枯。但是,采伐桉树林流域使得枯水径流在 5 年内得以逐渐恢复到草地流域水平。

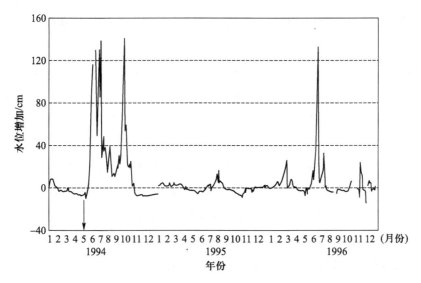

图 14-4 美国佛罗里达州森林湿地流域皆伐对浅层地下水的影响主要表现在干旱季节(当地平均降水量在 1300 mm·a^{-1} 左右,实际蒸散发约为降水的 80%;1994 年春季较 1995 年和 1996 年干旱)

根据 Austin(1999)的综述,虽然绝大多数的研究都表明森林采伐会增加枯水径流,但仍有少数的研究结论相反。例如,在美国俄勒冈州的"雾林"(cloud forest)中,森林采伐使相当一部分由森林而截流的雾林丧失,从而使系统的降水输入减少,造成枯水径流减少(Harr,1982;Ingwersen,1985)。根据 Bruijnzeel(2004)的综述,当部分热带森林采伐后,由土壤、根系及枯枝落叶构成的"海绵效应"(sponge effect)可能丢失,从而导致枯水径流减少（Hamilton 和 King，1983）。另一个有趣的例子是枯水径流的时间变化规律，Hicks 等（1991）对西俄勒冈州的两个集水区进行研究，发现其中一个集水区枯水径流在采伐后的最初 8 年增加，然后减少，主要是由于需水量更高的河岸针叶林取代了阔叶林。Keppeler 和 Ziemer（1990）也发现类似的规律，即夏季枯水径流在前几年的流量是增加的，但 10 年后呈现减少的趋势。

（3）洪峰流量、洪水总量

国际上多数配对流域试验文献表明，砍伐森林会引起洪峰流量和洪水总量增加（Burt 和 Swank，2002；Thomas 和 Megahan，1998）。但是，增加的洪水多为常见小洪水事件，如 5 年重现期洪水（Beschta 等，2000）。森林对洪峰流量和洪水的影响比对总产水量的影响在时间上更有多样性，如不同的年和季节的作用可能就会不同。例如，在降雪为主的美国落基山脉的科罗拉多州 Fraser 试验站进行的流域试验表明，砍伐40% 的森林植被会增加年总径流 50~170 mm，多数年份会增加洪峰流量和洪水总量，但个别年份会减少峰值。Hornbeck 等（1997）报道了美国东部 Hubbard Brook 试验站采伐试验对大洪峰（10 mm·d^{-1}）的影响结果。在这种冬季有积雪地区，掠夺性的采伐森林在生长季可造成洪峰增加 15 %~60 %，而在非生长季洪峰降低了 2 %~40 %，其原因是森林采伐使融雪提早，造成洪峰平缓。美国南部 Coweeta 站小流域（0.44~1.44 km^2）试验研究表明，湿润山区砍伐森林可增加洪峰 7 %~30 %。欧洲大陆的许多研究结果与北美洲的研究不谋而合。Robinson 等（2003）综合了多个欧洲国家的配对流域试验结果，包括位于西北部排水不畅的松林和南部的桉树林。发现尽管森林经营对当地流域水文会有影响，但对区域性的大洪水和极端干旱影响可能不大。这种趋势可用图 14-5 表示。虽然森林采伐对大洪峰径流的作用有限这一结论被普遍接受，但也有一些例外情况。根据 MacDonald 和 Stednick（2003）的总结，美国在 Wagon Wheel Gap（B basin，科罗拉多州）、Cadwell Creek 1（马萨诸塞州）和 Horse Creek（爱达荷州）的集水区研究就表明森林采伐对高洪峰径流具有更大的影响。在特殊情况下，采伐森林还会减少洪峰径流。根据 Austin（1999）对 82 种洪峰类型试验的综述，其中有 5 个属于采伐减少洪峰径流的，并把这种结论解释为与产生这种径流的时间变化有关。在洪峰受降雪与融雪过程控制的地区，森林采伐导致的融雪过程的变化及其空间分布也有可能导致洪峰径流的降低。例如，在加拿大不列颠哥伦比亚省南部 Upper Penticton 配对集水区试验，当地的最高洪峰径流是由海拔较高（大于 1000 m）的融雪径流所产生。对这些集水区进行研究发现，采伐海拔较低的森林，使该区段融雪径流产生更早，从而使整个集水区的融雪径流产生异步化，并由此降低洪峰径流值。这与 Hornbeck 等（1997）的研究结论相似。

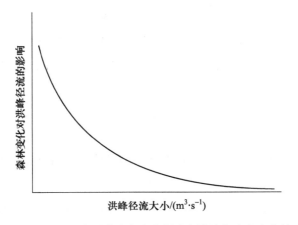

图 14-5　森林变化对洪峰径流的影响与洪峰径流大小的关系

14.2.4　森林植被类型、空间尺度对年径流量的影响

Zhang 等（2017）根据全球 312 个流域数据,定量了不同空间尺度上年径流量对森林覆盖变化的响应数量关系,研究了多空间尺度年径流对森林覆盖变化的响应强度随流域面积的变化规律,以及不同空间尺度上森林类型对森林覆盖变化的水文响应强度的影响。为研究空间尺度（流域大小）和森林类型等因素对森林覆盖变化的水文响应强度的作用,引入了年径流对流域森林覆盖变化的敏感性作为表征年径流量对森林覆盖变化响应强度的指标。S_f 定义为单位森林覆盖变化引起的年径流的变化。研究结果表明,尽管年径流对森林变化的响应程度在大流域尺度范围内与流域大小呈显著负相关,但在小流域尺度范围内这种关系则不显著。这一差异既反映了森林生态水文过程的尺度依赖性,也表明大流域的关键生态水文过程及水文响应机制与小流域显著不同。关于森林植被类型的影响,小流域的分析结果表明,以混交林为主的流域对森林变化的水文响应程度低于以针叶林为主或阔叶林为主的流域。在阔叶林和针叶林主导的小流域,1%的森林覆盖变化可导致 0.73%和 0.71%的年径流量变化,而混交林主导流域的年径流变化仅为 0.33%。但是大流域的结果则与小流域不同:以针叶林为主的大流域对森林变化的水文敏感度最低。在以混交林和阔叶林为主的大流域中,1%的森林覆盖变化分别导致 0.80%和 0.74%的年径流量变化,而在针叶林主导的大流域仅为 0.24%。

14.3　影响流域水文对森林植被变化响应的因素

以上综述了国际上有关森林植被-河川径流关系的主要研究结论。可以看出,尽管径流对流域植被管理响应的总趋势很明显,但存在着较强的多样性。这种多样性常会使评价森林的水文作用和流域管理政策产生混乱。

为了更好地理解与分析影响流域水文对森林植被变化响应的因素,我们借助一些常用的全球气候能量方程(如 Budyko 或 Fuh)来梳理这些可能的因素。以 Fuh 方程为例:

$$\frac{R}{P} = \left[1 + \left(\frac{P}{PET} \right)^{-m} \right]^{-\frac{1}{m}} - \left(\frac{P}{PET} \right)^{-1} \tag{14.11}$$

式中:R 为年或多年的径流量,P 为降水量,PET 为潜在蒸散发,m 为流域特征参数。R/P 代表产流系数或水文的变化,可以看出,水文(径流)的变化取决于两大类因素:气候(P/PET)及 m(流域特征)。其中 m 可以看作流域持留或涵养水量的能力,与流域地形、流域大小、土壤及岩石的特征、植被的状况等有关。Zhou 等(2015)通过理论推导发现,不同气候(P/PET),水文的响应是不一样的,并发现在 $P/PET<1$ 时(即较干旱时),水文的响应更大。同时,他们也发现当 $m<2$ 时(即流域蓄水能力较低时),水文的响应会较高。

森林植被对水文影响多样性的原因可概括如下:

(1) 气候多样性(降雨和潜在蒸散发)

图 14-6 的理论分析说明,绝对或相对水文响应由年降雨量和潜在蒸散发决定。湿润温暖环境下的绝对产水量变化要比干旱条件下的大,但是相对值恰恰相反。在美国南方以降雨为主 Coweeta 的试验结果表明,同样森林皆伐阴坡要比阳坡造成的产水量高 20 cm·a^{-1}。而且,高海拔流域采伐造成的径流增值不大,可能与这些流域温度较低有关。降雨量与实际蒸散发之间的水量平衡决定土壤含水量。有林和无林条件下的土壤含水量的差异引起不同的水文响应。例如,Sun 等(2002)认为与山地相比,有林沼泽地的森林经营(例如砍伐)对产水量的影响要小。在多雨年份可能不会产生任何影响,因为不论有无植被,湿地条件下土壤供水充足,生态系统实际蒸散发与潜在蒸散发很接近。在某些特殊气候条件下,如美国西海岸北太平洋俄勒冈州波特兰市,森林植被能够截留雾水,从而可以增加某些高山河流的径流量。Harr 等(1982)报道在 Bull Run Municipal Watershed 试验站,雾滴水量可占年总降水量 2160 mm 的 30%。森林采伐造成雾水截留和雾滴的减少足以抵消流域蒸散发的减少对流域水量平衡的影响。试验结果表明,森林块状部分采伐(25%)没有向其他多数地区预计的那样造成河流流量增加。Bruijnzeel(2004)认为这种森林增加水平降水现象中,南美洲较普遍,在亚洲的东南部及其他太平洋地区也是可见的。

美国西部半干旱地区的研究表明,植被类型变化在年降水量低于 400 mm 的地区对流域产流几乎没有影响,在年降水 400~500 mm 的地区,影响不大。不论干旱还是湿润地区,水文响应都与降水量有密切关系。如根据在 H. J. Andrews 试验站的结果推

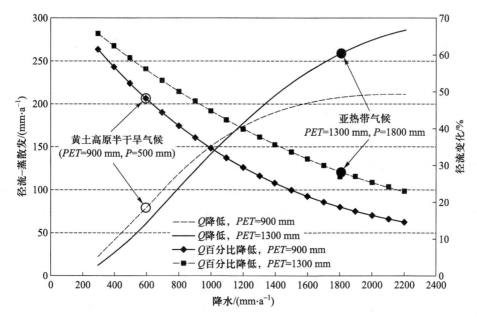

图 14-6　根据 Zhang 等(2001)模拟的处于中国两个气候带流域径流(Q)-
潜在蒸散发(PET)对植被变化的响应(产水量变化受降水和潜在蒸散发控制)

导的年径流增加量与降水和距采伐年限的经验方程为:

$$Q_i = 308 + 0.87P_i - 18.1Y_i \qquad (14.12)$$

式中:Q_i 为采伐道格拉斯林后第 i 年可能造成的年径流增加量(mm);P_i 为当年的降水
量(mm);Y_i 为距采伐时的年限。

在美国东部的研究认为,流域年产水量增加量与采伐强度和接收到的太阳辐射
有关。可采用如下经验公式计算落叶硬木林采伐后流域产水量的增加量(Douglass,
1983)。

$$Y_1 = 0.0024 \left[\frac{BA}{PI} \right]^{1.4462} \qquad (14.13)$$

$$D = 1.57Y_1 \qquad (14.14)$$

$$Y_i = Y_1 + b\,\log(i) \qquad (14.15)$$

式中:Y_1 为采伐后第一年径流增加量(英寸);BA 为采伐胸径面积百分数;PI 为年总潜
在光照量(langley);D 为预测径流增加年限(a);Y_i 为采伐后第 i 年的径流增加量(英
寸);b 为经验常数,根据实际观测资料由上式推导。

（2）流域地形、土壤、地质多样性（如土壤深度）

流域的地形,例如坡度、形状等会在很大程度上影响水流的传导或滞留的速度,
进而影响流域持留水量的能力。

土壤深度决定了流域储水能力。树木根系分布比农作物和草本植物的根系深。当土壤较厚时,树木蒸腾得到充分满足,要比浅根性的草本蒸腾量大得多。如果土层浅,树木和草本的根系分布差异不大,植被变化所起到的作用主要是由林冠截留和土壤蒸发引起的。美国南部一些野外试验和模型研究已经很好地说明,在干旱季节树木通过吸收土壤深层的水分而起到明显的作用(Trimble 等,1987;Sun 等,1998;Burt 和Swank,2002)。在美国佛罗里达州中北部松树林地的研究表明,由于树木在旱季能够充分利用深层的土壤水分,相对采伐迹地来说,影响地下水位的动态变化在春天旱季最为明显(Sun 等,2000)。中国的长江流域石质山区地貌以坡度大、土层薄的类型为主。与其相比,黄河流域黄土高原的土层分布厚(10~100 m),这样从土壤厚度角度上讲,森林经营和造林在黄土区会产生更大的水文影响。

枯水径流很大程度来自地下水。森林采伐如果破坏了土壤对地下水的补给过程(如土壤因为水土流失而丧失土壤持水量或土壤被压紧而使下渗明显减少)就会直接影响枯水径流的大小。我们可以再设想一个极端的情况,如果一个集水区由于大量采伐引起严重的水土流失,导致丢失了所有的土壤,那么,降下的雨就没有土壤下渗过程,绝大部分变成地表径流,这样的集水区就会有非常少甚至没有枯水径流,这就说明要对森林变化与枯水径流有一个完整的认识,就必须把植被变化及由植被变化所产生的土壤甚至气候变化综合起来进行考虑。只有这样才能真正理解森林变化与径流的关系。遗憾的是,绝大多数配对集水区研究基本上是把集水区看作是一个黑箱,只关注森林植被变化对集水区输出(径流)的影响,对其内部的土壤水文过程考虑不多或没有结合起来考察。

(3) 植被生长动态变化

图 14-2 至图 14-4 表示的是造林的长期影响(成林)和森林砍伐的短期影响(第一年)。而实际上,在北方地区造林需要几十年才会长大成林,而在温暖湿润的地区砍伐迹地很快就可以再生恢复到干扰以前的条件,只需要一两个生长季。

森林的水文作用还与树种、林龄和气候及影响蒸散发能力的其他因素(Vertessy 等,2001)有关。Coweeta 的试验表明在降水丰沛温暖的南方森林砍伐后天然更新需要 10~20 年水文才能得到恢复。在美国西部落基山脉降雪为主的科罗拉多州 Fraser 试验站 Fool Creek 配对流域试验结果显示:1956 年采伐流域的 40%,即 50%森林面积造成的流域径流增加 49 年后尚未结束;采伐后年径流比流域处理前高出 29%(Elder,2006)。根据长期资料建立起来的回归方程预计需要 60 年年径流量才能恢复。研究还发现在观测期间年最大日径流和瞬时洪峰流量比流域处理前分别平均高出 16%和 18%,而且提早 7 天左右出现。该项研究认为季节性的径流增加主要是由于采伐森林减少了冬季林冠截留降雪和之后的降雪升华,从而增加了积雪总量和融雪径流。

在夏季,树木采伐减少了蒸散发损失,降低了土壤水分消耗,从而增加了河流流量。

林龄和林分状况与森林蒸散发关系密切。例如,针对为墨尔本市供水的森林流域的研究表明:次生林产水量较林龄大于 100 年的成熟林低,在森林采伐或森林火灾后森林恢复的几十年中,流域产水量减少,等到森林恢复到成熟林后流域的产水量又达到了较高的水平(Kuczera,1987)。在大洋洲随后的研究中发现流域产水量的大小是受森林的叶面积指数(LAI)和单位叶面积指数的水分利用效率控制的(Watson 等,1999)。

可以预测新造林地的流域水文在短期内不会有多大变化,除非在造林之前采用了机械措施(如修梯田)改变了土壤的水力特性。这种情形可能在退化土地上更明显。由于受漫长的土壤侵蚀影响,表层土壤物理性质要恢复到良好森林土壤状态需要很长时间。美国森林工业部门研究结果表明,机械干扰后的土壤由紧实状态恢复到自然状态需要几十年(NCASI,2004)。Coweeta 流域试验表明,由于常绿针叶林(白松)比阔叶林有较高的林冠截留量和蒸腾速率,因此总的耗水量要高。将落叶阔叶林采伐后栽种针叶林流域产水量降低了 20%。

(4) 研究方法多样性

① 许多研究在分析森林采伐对洪峰径流的关系时,没有区分洪峰径流的大小,也就是没有把洪峰径流的时间尺度考虑进去。这里的时间尺度是指一定洪峰再出现的概率或时间(如百年一遇还是十年一遇洪水)。没有这种尺度的定义,我们就难以理解洪峰径流变化对自然河流系统及社会经济系统的影响。

② 不同的研究者使用不同的参数来定义洪峰径流。这些参数包括:瞬时洪峰、最大日洪峰、生长季洪峰径流、休眠季洪峰径流、暴雨径流,等等。使用不同的定义造成难以对不同的研究结果进行比较。

③ 森林变化与枯水径流的关系与枯水径流的定义有关,如图 14-7 所示,对枯水流量的定义不同,得出的结论将不一样。对枯水径流也没有一个一致的表达方式。有的研究者用最低的日枯水径流值,有的用枯水月份或季节的平均值或 7 天平均最低径流等。而选择不同的定义,有可能得出截然不同的结论。例如,森林采伐有可能使在枯水期的总枯水径流量增加,从而得出采伐使枯水量增加的结论。但如果采伐造成严重的土壤压紧和渗透下降,并用很短的时间尺度(瞬时或日最低的枯木流量)来定义枯水径流,就有可能得出森林破坏降低枯水径流的结论(图 14-7),也是使河流干涸(短期)的原因。因此,古代的观察(采伐使河流干枯)是有一定道理的,至少不是完全错误的。这样的例子在水土流失非常严重的中国江西赣南地区应该是很多的。但为什么几乎所有的配对集水区试验都得出采伐增加枯水径流的结论呢?这里有两个原因需要讨论一下:第一,用于配对试验的集水区所采用的处理都是经研究者设计

的,对整个系统特别是土壤的破坏并不一定很大,而由此得出的结论并不能完全反映现实中的森林采伐的影响。现实中的森林破坏包括一些极端破坏情况,特别是对土壤的破坏。第二,目前对枯水径流的普遍定义是基于相对长的时间尺度(枯水期与季节、7 天枯水量等),很少用最低日枯水径流量,而古代观察者往往记载的是一些不常见的现象(包括短暂的)。

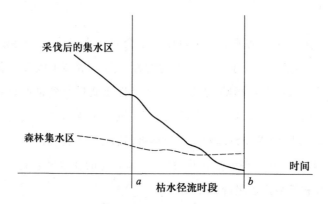

图 14-7　森林变化与枯水径流的关系和枯水径流的定义有关

④ 统计方法不同。例如,Jones 和 Grant(1996)用统计分析方法对美国西俄勒冈州 H. J. Andrews 试验林集水区的森林采伐洪峰流量进行分析,得出森林采伐在小流域和大流域可分别增加高达 50 % 和 100 % 的洪峰径流。后来 Thomas 和 Megahan(1998)用同样的数据,但采用不同的分析方法得出不同的结论。这也说明选择适当的分析方法是十分必要的。

⑤ 未能把其他有关的过程(土壤物理与化学变化过程)考虑进去。许多研究表明,森林采伐后,由植被变化导致的土壤变化对洪峰径流出现的时间与量都有非常大的影响。

⑥ 对比观测时间不同,得出的结论不一。如前面所介绍的澳大利亚墨尔本火烧林水文作用和 Hubbard Brook 的例子,不同时间所下的结论可能会很不一样。森林火烧或采伐后,紧接着流域产水会有所增加,但随着植被迅速恢复,树种变化,流域蒸散发能够高于森林受干扰之前的水平,从而得出森林采伐或火烧使流域产水量反而降低的结论。因此,在没有严格的配对流域研究的情况下,只是比较“多林”和“少林”流域而确定森林经营对水文的影响,很可能会出现自相矛盾或错误的结论。例如,中国林学会森林涵养水源考察组曾在华北选择了地质、地貌、气候等条件大致相似的三组流域进行对比分析,结果表明:在华北石质山区,森林覆被率每增加 1 %,流域径流深增加 0.4~1.1 mm。马雪华(1987)在川西高原原始林区对一个“有林沟”和一个“采伐

沟"的对比研究中发现,有林沟冬季(11—3月)平均枯水流量很稳定,保持在54~65 L·s^{-1},径流模数在16.3~19.6 L·s^{-1}·km^{-2};而采伐沟冬季月平均枯水流量只有13~21 L·s^{-1},径流模数为4.48~7.23 L·s^{-1}·km^{-2},从而得出采伐沟的枯水径流量下降显著的结论。这类非配对流域研究的致命弱点有两个:第一,两个对比流域的地质、土壤是否相似并不清楚,很难确定植被对观测到的水文要素的影响;第二,观测到的结果不能说明很多年前森林破坏时的情况。

14.4　干扰临界值及水文的恢复

在一个集水区,采伐多少森林(百分比)会引起径流的明显变化、由于采伐而改变的径流又需要多少时间才能恢复到干扰前的状态,都是非常重要的科学问题。这些问题对森林规划及流域管理具有现实的指导意义。例如,如果我们知道在一个森林生态系统中采伐30%的流域就会引起洪峰等水文参数的明显变化,那么森林采伐强度就应控制在30%之内。如果知道一个森林生态系统受干扰后恢复所需的时间及恢复所达到的状态,就可以根据集水区的水文需要制定森林恢复(包括树种改变)与流域水资源管理的具体措施。在讨论径流响应的干扰临界值及水文恢复之前,有必要先解释什么是森林集水区系统干扰,有哪些因素可能影响径流的变化及恢复。森林集水区的系统干扰是指人为采伐对整个系统所产生的各方面的扰动。森林采伐过程中包括道路及排水管道的修建,采伐机器对树木的砍伐,汇集及搬运车队对木头的搬出等一系列操作过程。从干扰来讲森林采伐不仅仅移走了森林树木,而且影响了土壤状况,特别是土壤被机器或其他工具的紧压(影响土壤下渗)及道路的修筑,而土壤的变化及道路对森林径流下渗、汇集等过程都有十分重要的影响。把森林采伐看作仅仅是森林树木的搬走是片面的。遗憾的是,许多研究中只把森林采伐(百分比或郁闭度)与径流变化联系起来,而没有考虑由于森林采伐所引起的土壤甚至是气候的变化。即没有把径流的变化与整个系统的总体干扰联系起来进行研究,这种研究肯定不能完全评估径流对采伐的响应。即使采伐的面积相等,如果没有一个对土壤被干扰的适当描述,就难以对径流的响应作一个合理的比较。

径流对系统干扰的响应受许多因素的影响。从大的方面来讲,一方面取决于系统本身的属性,另一方面取决于干扰的程度与格局。系统本身的属性是由众多因素(包括气候、植被、地质、土壤、地貌等)所构成,它决定了一个特定森林集水区系统(如径流)对干扰的敏感度。例如,干旱森林生态系统的径流比湿润系统对干扰的响应低。研究已表明在降水量少于400 mm的地方,森林采伐对径流几乎没有影响(Bruijnzeel,2004)。在中国亚热带坡度较高以降雨为主的人工林系统中,它的径流(特别是洪峰)响应就极可能高于较干旱的中国西部的森林生态系统。径流对系统的响应直接受干扰程度的影响。一般来讲,采伐的比例越高,干扰的程度越强,对径流的影响也就越大(尽管不一定呈正比的关系),需要恢复的时间也就越长。干扰(采伐)的部位(山的上部还是下部)和距河流的远近也有可能影响径流的响应。

(1) 干扰临界值

不同的研究者根据不同的径流参数在不同的地方得出不同的结论。Bosch 和 Hewlett(1982)认为一个森林集水区必须至少处理或干扰 12%~20% 才能引起径流的变化。MacDonald 等(1997)也发现 10%~15% 是引起洪峰变化的临界值。Troendle 等(2001)认为 20%~30% 的集水区必须采伐才可以使径流出现统计上的明显变化。而 Baker(1986)则定出较高的临界值 31%~33%。从这些研究结果来看,临界值的变化范围还是很大的(10%~35%)。这可能与特定集水区对干扰的敏感性不同有关,还与对系统干扰的描述不全面有关。大部分的研究只给出采伐的比例,而没有对土壤被干扰的情况进行适当的描述。干扰的持续时间、作用方式等也没有给出。

(2) 水文的恢复

前面提到,一个森林集水区被干扰后,水文恢复所需的时间取决于系统本身的恢复能力,也与干扰的程度(特别是土壤的干扰)密切相关。如果一个森林集水区的土壤出现由于采伐造成的严重的水土流失或土壤下渗能力明显降低(由于紧压),水文的恢复要远远长于只经受植被的搬走但土壤特性基本不变的集水区。水文的恢复也直接与植被恢复的快慢及相关的蒸散发有关。例如,Troendle 和 King(1985),Troendle 和 Nankervis(2000)研究 Fool Creek 的亚高山云杉集水区,估计大约需要 60 年,年径流量才可能恢复到干扰前的水平。他们推测,在其他生长较快的植被类型的集水区,特别是北美山杨(Aspen),水文的恢复需要 15~45 年的时间。在亚利桑那州的 Ponderosa pine 配对集水区的研究表明,在完全采伐的集水区,年径流恢复需 7 年,而在部分采伐的集水区,其恢复则只需 3~7 年。而 Keppeler 和 Ziemer(1990)在 Caspar Creek 试验林的研究发现,需要 12 年左右径流能基本恢复到采伐前的水平,但是泥沙量还没有完全恢复。在一些情况下,由于采伐后需水量大,生长快的年轻植被取代了以前的成熟植被,导致在一段时间后,年径流量甚至低于采伐前的水平(Vertessy 等,1996)。在美国东南大西洋海岸平原湿地地区,由于地下水位很浅(0~2 m),实际蒸散发接近潜在蒸发力,采伐湿地松林造成的水文影响更为短暂(<5 年)(Riekerk,1989;Sun 等,1998,2000)。

从这些研究结果可以看出,水文恢复的时间呈现出甚至比径流响应的干扰临界值更大的变化。这是因为水文恢复的时间除了与干扰的特性有关以外,还与系统恢复的内在能力有关。使用不同的水文参数作为恢复的衡量指标也是造成差异的原因之一。但一般来讲,森林与水的关系的恢复要比森林结构的恢复快得多(周国逸,1997)。

14.5　森林植被变化对流域水质的影响

与农地和城市用地相比,森林流域能提供最好的水质(图 14-8,图 14-9)。这是因为:① 由于林冠、地被物和树木根系对土壤的保护作用,使林地土壤流失轻微;② 森林流域多处于人为干扰较少的地区,空气质量较高,大气污染物沉降小,水污染较轻;③ 森林流域植物吸收养分和离子多,养分循环较"紧实",其输出养分较少,对污染物可起到过滤作用;④ 森林多分布于海拔高的区域,河流水温低,有机物分解率低,微生物活动弱(Chang,2002)。

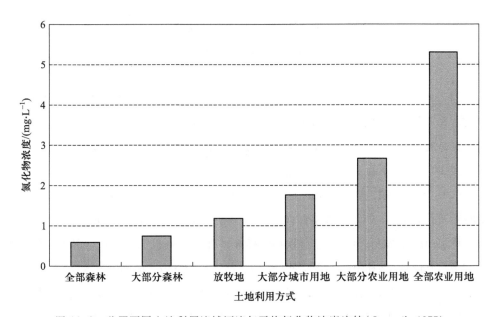

图 14-8　美国不同土地利用流域河流年平均氮化物浓度比较(Omernik,1977)

1988 年美国环境保护局的资料表明,美国的河流 30% 未能完全达到理想标准,水污染的 20% 是由农业造成的,3% 是由林业活动贡献的,其他则是由城市排污、矿山、工业、建筑等造成的。一般来讲,森林经营活动如采伐对流域河流水质影响不大,尤其是当采纳了林业最佳经营措施,如建立河岸缓冲带等。森林采伐对水质的最大影响是由于修路而造成土壤流失加重、河流泥沙含量增加。

下面分别对森林经营对主要水质参数的影响进行介绍。首先值得指出的是,这里所说的常规森林经营活动,并非指常说的掠夺式、破坏性的"乱砍滥伐"现象。

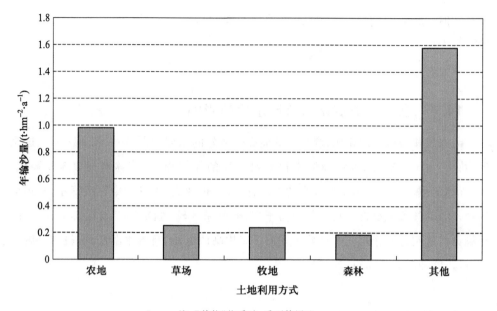

注:"其他"指采矿、采石等用地。

图 14-9　美国不同土地利用流域年输沙量对比

（1）水温。河流水温从 10 ℃升高至 15 ℃会降低 20 %溶解氧浓度。破坏河流两岸树木林冠覆盖可使水温提高 3~7 ℃,常会使低温河流鱼类种群的生长发育受影响,如减少鱼的食物来源。通常,流域采伐时如保留河滨植被缓冲带就能够使水温变化限制在 2 ℃之内,不会对水生生物造成不良影响。

（2）硝化氮、磷。美国饮用水标准对于硝化氮的标准定为 $10\ mg \cdot L^{-1}$。高于该浓度时对婴儿有危害,对某些敏感的水生生态系统有影响。森林经营如采伐和施肥通常会增加硝酸盐浓度,但很少超过饮用水标准。森林采伐也会暂时使溶解氮、磷浓度稍有增加。但是,森林采伐对于那些已处于"氮饱和"（nitrogen saturation）状态的流域影响会大一些。例如,在美国东北部新罕布什尔州的 Hubbard Brook 森林水文试验站皆伐后养分含量增加幅度较大,如 $NO_3^- - N$ 由年均 $0.2\ mg \cdot L^{-1}$ 增至 $3.9\ mg \cdot L^{-1}$,但是仍低于饮用水标准。通常,森林流域由径流而流出的 $NO_3^- - N$ 的总量要比大气沉降量低得多。许多流域尺度养分循环观测表明森林流域对于 $NO_3^- - N$ 是"汇"（sink）。

（3）泥沙。泥沙是森林流域最重要的污染物,是考虑森林经营活动对水质的影响中最为关心的参数。泥沙含量增加会恶化水质,降低河川通透性,从而降低鱼产卵场栖息地的质量。未受干扰的森林流域悬移质浓度年平均值多低于 $5\ mg \cdot L^{-1}$,泥沙洪峰最高值可达 $100\ mg \cdot L^{-1}$。但是,这些值的区域变异性很高,与地质、地貌条件和土地利用的历史有关。例如,在密西西比州的流域对照试验显示:集约式采伐处理硬木-针叶林流域第一年泥沙年平均含量为 $2800\ mg \cdot L^{-1}$,对照也高达 $2127\ mg \cdot L^{-1}$。

但是在第二年,对照流域浓度降至 393 mg·L^{-1},而处理流域保持 2300 mg·L^{-1} 的高水平。可以预测,在水土流失严重的流域,即使植被恢复后坡面侵蚀微弱,但由于大量泥沙已沉积在沟道中,悬浮泥沙产量在洪水期还会较高。北美大量流域试验表明,在作业中采用了植被缓冲带、森林经营活动(如修路、采伐和整地)等,通常不会使悬移质产量增加很高(Binkley 和 Brown,1993)。

参 考 文 献

陈军峰,李秀彬.2001.森林植被变化对流域水文影响的争论.自然资源学报,16(5):474-480.

黄秉维.1981.确切估计森林的作用.地理知识.1:1-3.

黄礼隆.1990.川西高山林区森林水源涵养性能的初步研究.见:四川森林生态研究.成都:四川科技出版社.

李文华,何永涛,杨丽韫.2001.森林对径流影响的回顾与展望.自然资源学报,16(5):398-405.

刘昌明,钟骏襄.1978.黄土高原森林对年径流影响的初步分析.地理学报,33(2):112-126.

刘昌明.1986.中国水量平衡和水资源分析.第三届中国地理学会水文论文集:113-118.

刘世荣,温远光,王兵,等.1996.中国森林生态系统水文生态功能规律.北京:中国林业出版社.

马雪华.1987.四川米亚罗地区高山冷杉林水文作用的研究.林业科学,23(3):253-264.

马雪华.1993.森林水文学.北京:中国林业出版社.

闵庆文,袁嘉祖.2001.森林对于降水的可能影响:几种分析方法所得结果的比较.自然资源学报,16(5):467-473.

孙阁.1987.森林对河川径流影响及其研究方法的探讨.自然资源研究,(2):67-71.

魏晓华,李文华,周国逸,等.2005.森林与径流关系:一致性和复杂性.自然资源学报,20(5):761-770.

张志强,王礼先,王盛萍.2004.中国森林水文学研究进展.中国水土保持科学,2(2):68-73.

张增哲,余新晓.1989.中国森林水文研究现状和主要成果综述.中国林学会森林水文与流域治理专业委员会.全国森林水文学术讨论会文集.北京:测绘出版社,1-9.

周国逸.1997.生态系统水热原理和应用.北京:气象出版社.

周晓峰,赵惠勋,孙慧珍.2001.正确评价森林的水文效应.自然资源学报,16(5):420-426.

Amatya,D. M.,Douglas-Mankin,K. R.,Williams,T. M.,et al. 2011. Advances in forest hydrology:Challenges and opportunities. Transactions of the ASABE,54(6):2049-2056.

Amatya,D. 2016. Forest Hydrology:Processes,Management and Assessment. Boston,MA:CAB International.

Andreassian,V. 2004. Waters and forests:From historical controversy to scientific debate. Journal of Hydrology,291:1-27.

Austin,S. A. 1999. Streamflow response to forest management:A meta-analysis using published data and flow duration curves. M. S. Thesis,Colorado State University,Fort Collins,Colorado,USA.

Brown,A. E.,Zhang,L.,McMahon,T. A.,et al. 2005. A review of paired catchment studies for determining changes in water yield resulting from alterations in vegetation. Journal of Hydrology,310(1-4):28-61.

Bruijnzeel,L. A.,Scatena,F. N. and Hamilton,L. S. 2010. Tropical Montane Cloud Forests:Science for Conservation and Management. Cambridge, UK: Cambridge University Press.

Budyko, M. 1948. Evaporation Under Natural Conditions, translated from Russian by Isr. Program for Science Translation staff.

Baker, M. B., Jr. 1986. Effects of ponderosa pine treatments on water yield in Arizona. Water Resources Research, 22:67-73.

Beschta, R. L., Pyles, M. R., Skaugset, A. E. et al. 2000. Peakflow responses to forest practices in the western Cascades of Oregon, USA. Journal of Hydrology, 233:102-120.

Binkley, D. and Brown, T. 1993. A synopsis of the impacts of forest practices on water quality in North America. Water Resources Bulletin, 29:729-740.

Bosch, J. M. and Hewlett, J. D. 1982. A review of catchment experiments to determine the effect of vegetation changes on water yield and evapotranspiration. Journal of Hydrology, 55:3-23.

Bruijnzeel, L. A. 2004. Hydrological functions of tropical forests: Not seeing the soils for the trees. Agriculture Ecosystems and Environment, 104:185-228.

Burt, T. and Swank, W. T. 2002. Forest and floods? Geography Review, 15:37-41.

Creed, I. F. and van Noordwijk, M. 2018. Forest and Water on a Changing Planet: Vulnerability, Adaptation and Governance Opportunities. A Global Assessment Report. IUFRO World Series Volume 38. Vienna: International Union of Forest Research Organizations (IUFRO).

Chang, M. 2002. Forest Hydrology: An Introduction to Water and Forests. CRC Press, 373.

Douglass, J. E. 1983. The potential for water yield augmentation from forest management in the Eastern United States. Water Resources Bulletin, 19(3):351-358.

Eisenbies, M. H., Aust, W. M., Burger, J. A., et al. 2007. Forest operations, extreme flooding events, and considerations for hydrologic modeling in the appalachians —A review. Forest Ecological Management, 242 (2-3): 77-98.

Elder, K. 2006. The effect of timber harvest on the Fool Creek Watershed after five decades. Annual American Geography Union Meeting, Abstract. http://www. agu. org/meetings/fm06/fm06-sessions/fm06_B21F. html. Accessed Jan 20, 2007.

Feng, X. M., Sun, G., Fu, B. J., et al. 2012. Regional effects of vegetation restoration on water yield across the Loess Plateau, China. Hydrology and Earth System Sciences, 16 (8): 2617-2628.

Feng, X. M., Fu, B. J., Piao, S. L., et al. 2016. Revegetation in China's Loess Plateau is approaching sustainable water resource limits. Nature Climate Change, 6 (11): 1019-1022.

Fu, B. J. 1981. On the calculation of the evaporation from land surface in mountainous areas. Scientia Meteorologica Sinica, 5: 23-31.

Ffolliott, P. and Guertin, D. P. 1987. Proceedings of a Workshop Forest Hydrologic Resources in China: An Analytical Assessment. Harbin, China. August 18-23, 1987, United States Man and Biosphere Program, 143.

Hamilton, L. S. and King, P. N. 1983. Tropical forested watersheds, hydrologic and soils response to major uses or conversions. Boulder: Westview Press, 168.

Harr, R. D. 1982. Fog drip in the Bull Run municipal watershed, Oregon. Water Resources Bulletin, 18:785−788.

Hibbert, A. R. 1971. Increases in streamflow after converting chaparral grass. Water Resources Research, 7:71−80.

Hicks, B. J., Beschta, R. L. and Harr, R. D. 1991. Long-term changes in streamflow following logging in western Oregon and associated fisheries implications. Water Resources Bulletin, 27(2):217−226.

Hornbeck, J. W., Martin C. W. and Eagar, C. 1997. Summary of water yield experiments at Hubbard Brooks Experimental Forest, New Hampshire. Canadian Journal of Forest Research, 27:2043−2052.

Ice, G. G. and Stednick, J. D. 2004. A Century of Forest and Wildland Watershed Lessons. Society of American Foresters. Bethesda, Maryland, 287.

Ingwersen, J. B. 1985. Fog drip, water yield, and timber harvesting in the Bull Run municipal watershed, Oregon. Water Resources Research, 21(3):469−473.

Jackson, R. B., Jobbagy, E. G., Avissar, R., et al. 2005. Trading water for carbon with biological carbon sequestration. Science, 1944−1947.

Jones, J. A. and Grant, G. E. 1996. Peak flow response to clear-cutting and roads in small and large basin, western Cascade, Oregon. Water Resource Research, 32(4):959−974.

Keppeler, W. T. and Ziemer, R. R. 1990. Logging effects on streamflow: Water yield and summer low flows at Caspar Creek in Northwestern California. Water Resources Research, 26:1669−1679.

Kuczera, G. 1987. Prediction of water yield reductions following a bushfire in ash-mixed species eucalypt forest. Journal of Hydrology, 94:215−236.

Levia, D. F., Carlyle-Moses, D. and Tanaka, T. 2011. Forest Hydrology and Biogeochemistry: Synthesis of Past Research and Future Directions. New York: Springer Dordrecht.

MacDonald, L. H., Wohl, E. E. and Madsen, S. W. 1997. Validation of water yield thresholds on the Kootenai National Forest(final report). Colorado State University, Fort Collins, USA.

MacDonald, L. H. and Stednick, J. D. 2003. Forests and Water: A State-of-the-Art Review for Colorado. CWRRI Completion Report. 196.

McGuinness, J. L., Harrold, L. 1971. Reforestation influences on small watershed streamflow. Water Resources Research, 7(4):845−852.

NCASI. 2004. Effects of heavy equipment on physical properties of soils and long-term productivity: A review of literature and current research. Technical Bulletin No. 887. Research Triangle Park, N. C.: National Council for Air and Stream Improvement, Inc.

Ol'Dekop, E. 1911. On evaporation from the surface of river basins. Transactions on Meteorological Observations, 4: 200.

Omernik, J. M. 1977. Nonpoint source-stream nutrient level relationships: A nationwide study. EPA−600/3−77−105, Environmental Research Laboratory, Office of Research and Development, U. S. Environmental Protection Agency, Corvallis, Oregan.

Pielke Sr., R. A., Adegoke, J., Beltr, A., et al. 2006. An overview of regional land-use and land-cover impacts on rainfall. Tellus, 59B:587−601.

Pike, J. 1964. The estimation of annual run-off from meteorological data in a tropical climate. Journal of Hydrology 2: 116–123.

Riekerk, H. 1989. Influence of sivilcultural practices on the hydrology of pine flatwoods in Florida. Water Resources Research, 25:713–719.

Robinson, M., Cognard-Plancq, A. L., Cosandey, C., et al. 2003. Studies of the impact of forests on peak flows and baseflows: A European perspective. Forest Ecology and Management, 186:85–97.

Schreiber, P. 1904. Über die Beziehungen zwischen dem Niederschlag und der Wasserführung der Flüsse in Mitteleuropa. Meteorologische Zeitschrift, 21: 441–452.

Sopper, W. E. and Lull, H. W. 1967. Proceedings of a National Science Foundation Advanced Science Seminar Held at the Pennsylvania State University, University Park, Pennsylvania. Oxford: Symposium Publications Division.

Sun, G., Liu, S. R., Zhang, Z. Q., et al. 2008. Forest hydrology in China: Introduction to the featured collection. Journal of the American Water Resources Association, 44 (5): 1073–1075.

Scott, D. F., Bruijnzeel, L. A. and Mackensen, J. 2005. The hydrologic and soil impacts of reforestation. In: Forests, Water and People in the Humid Tropics. Bonell, M. and Bruijnzeel, L. A. Cambridge University Press, 622–651.

Scott, D. F., Lesch, W. 1997. Streamflow responses to afforestation with *Eucalyptus grandis* and *Pinus patula* and to felling in the Mokobulaan experimental catchments, South Africa. Journal of Hydrology, 199:360–377.

Smakhtin, V. U. 2001. Low flow hydrology: A review. Journal of Hydrology, 240:147–186.

Stednick, J. D. 1996. Monitoring the effects of timber harvest on annual water yield. Journal of Hydrology, 176: 79–95.

Sun, G., McNulty, S. G., Lu, J., et al. 2005. Regional annual water yield from forest lands and its response to potential deforestation across the Southeastern United States. Journal of Hydrology, 308:258–268.

Sun, G., McNulty, S. G., Moore, J., et al. 2002. Potential impacts of climate change on rainfall erosivity and water availability in China in the next 100 years. Proceedings of the 12th International Soil Conservation Conference, Beijing, China.

Sun, G., Riekerk, H. and Comerford, N. B. 1998. Modeling the hydrologic impacts of forest harvesting on flatwoods. Journal of American Water Resources Association, 34:843–854.

Sun, G., Riekerk, H. and Korhnak, L. V. 2000. Groundwater table rise after forest harvesting on cypress-pine flatwoods in Florida. Wetlands, 20(1):101–112.

Sun, G., Zhou, G., Zhang, Z., et al. 2006. Potential water yield reduction due to reforestation across China. Journal of Hydrology, 328:548–558.

Thomas, R. B. and Megahan, W. F. 1998. Peak flow response to clear-cutting and roads in small and large basin, western Cascade, Oregon: A second opinion. Water Resources Research, 34(12):3393–3403.

Trimble, S. W., Weirich, F. H. and Hoag, B. L. 1987. Reforestation and reduction of water yield on the Southeastern Piedmont since circa 1940. Water Resources Research, 23:425–437.

Troendle, C. A., Wilcox, M. S., Bevenger, G. S., et al. 2001. The Coon Creek water yield augmentation project: Implementation of timber harvesting technology to increase streamflow. Forest Ecology and Management, 143: 179-187.

Troendle, C. A. and King, R. 1985. The effect of timber harvest on the Fool Creek watershed, 30 years later. Water Resources Research, 21: 1915-1922.

Troendle, C. A. and Nankervis, J. M. 2000. Estimating additional water yield from changes in management of national forests in the North Platte Basin. Repot submitted to the US Bureau of Reclamation, Lakewood, CO, 51.

Vose, J. M., Sun, G., Ford, C. R., et al. 2011. Forest ecohydrological research in the 21st century: What are the critical needs? Ecohydrology, 4 (2): 146-158.

Vertessy, R. A., Hatton, T. J., Benyon, R. J., et al. 1996. Long-term growth and water balance predictions for a mountain ash (*Eucalyptus regnans*) forest catchment subject to clear-felling and regeneration. Tree Physiology, 16: 221-232.

Vertessy, R. A., Watson, F. and O'Sullivan, S. K. 2001. Factors determining relations between stand age and catchment water balance in mountain ash forests. Forest Ecology and Management, 143: 13-26.

Watson, F. G. R., Vertessy, R. A. and Grayson, R. B. 1999. Large-scale modelling of forest hydrological processes and their long-term effect on water yield. Hydrological Processes, 13: 689-700.

Wei, X., Liu, S., Zhou, G. Y. and Wang, C. 2005. Hydrological processes of key Chinese forests. Hydrological Process, 19(1): 63-75.

Wei, X., Sun, G., Liu, S., Hong, J., Zhou, G. and Dai, L. 2008. The forest-streamflow relationship in China: A 40-year retrospect. Journal of the American Water Resources Association, 44(5): 1076-1085.

Whitehead, P. G. and Robinson, M. 1993. Experimental basin studies—An international and historical perspective of forest impacts. Journal of Hydrology, 145: 217-230.

Yu, X. 1991. Forest hydrologic research in China. Journal of Hydrology, 122: 23-31.

Zhang, L., Dawes, W. R. and Walker, G. R. 2001. Response of mean annual evapotranspiration to vegetation changes at catchment scale. Water Resources Research, 37: 701-708.

Zhang, M. F., Liu, N., Harper, R., et al. 2017. A global review on hydrological responses to forest change across multiple spatial scales: Importance of scale, climate, forest type and hydrological regime. Journal of Hydrology, 546: 44-59.

Zhou, G. Y., Morris, J. D., Yan, J. H., et al. 2002. Hydrological impacts of reforestation with eucalyptus and indigenous species: A case study in southern China. Forest Ecology and Management, 167: 209-222.

Zhou, G. Y., Wei, X. H., Luo, Y., et al. 2010. Forest recovery and river discharge at the regional scale of Guangdong Province, China. Water Resources Research, 46: W09503.

Zhou, G. Y., Wei, X. H., Chen, X. Zh., et al. 2015. Global pattern for the effect of Climate and land cover on the water yield. Nature Communications, 6: 5918.

第 15 章　全球气候变化对流域生态系统的影响

15.1　气候变化现状

　　自 18 世纪中叶工业革命至今近 300 年的时间中,人类活动对地球生态系统的各个角落的影响无处不在。其影响的程度和范围不断深入和扩大,从而形成所谓的全球变化。全球变化包括人口爆炸、大范围的气候变化、空气污染、土地利用变化,以及与此相关的土地荒漠化和生物多样性变化。可以说,全球变化是当今人类社会实现生存乃至可持续发展最大的威胁。例如,世界卫生组织估计,人类活动造成的气候变暖和降水变化在过去 30 年间每年至少使 15 万人死亡,其中大约 5000 名中国人和众多非洲人死于与气候变化有关的疾病(Patz 等,2005)。

　　气候变化跨越地域边界,影响面广,与全球变化其他过程相互作用,是全球变化研究的首要问题。最早指出人类释放 CO_2 会使气温升高的是瑞士化学家 Svante Arrhenius。他在 1896 年就警告说:"我们正在使煤炭蒸发到大气中。" CO_2 浓度加倍将会使气温升高 0.5 ℃。

　　气候变化是指在统计学意义上的气候平均状态发生巨大改变或者持续较长时间(典型的为 10 年或更长)的气候变动。《联合国气候变化框架公约》(UNFCCC)将"气候变化"定义为:"经过相当一段时间的观察,在自然气候变化之外,由人类活动直接或间接地改变全球大气组成所导致的气候改变",将因人类活动导致的"气候变化"与归因于自然的"气候变率"区分开。影响气候变化的因素很多,而且各种因素之间有很强的反馈作用,可能会加速气候变化的危害(图 15-1)(Pittock,2006)。

　　当前,我们对气候变化对流域生态系统的影响还了解不多,如何应对气候变化是流域生态与管理学要解决的新问题,是流域可持续发展过程中的新挑战。

联合国政府间气候变化专门委员会(IPCC)在 2007 年发布了自 1988 年成立以来的第四次报告。报告综合了来自 130 个国家 2500 多名科学家 6 年来的研究成果,肯定了人类活动与气候变化的因果关系。随着人类进入工业文明时代,地球温度和 CO_2 的浓度开始同步上升。自 1860 年以来,地球平均温度升高了约 0.8 ℃。过去 100 年中,地球表面温度升高了 0.74 ℃。20 世纪是近千年来最暖的 100 年,而最后 20 年又是其中最暖的 20 年。最后 50 年的气温升高速度是过去 1000 年中最快的(图 15-2)。

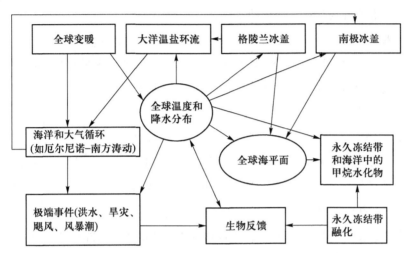

图 15-1　气候系统组成之间的关系、相互作用及对气候变化的影响(Pittock,2006)

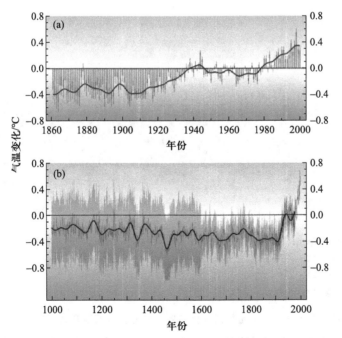

图 15-2　(a) 全球 140 年间观测到的气温变化幅度;(b) 北半球过去
1000 年间气温变化估计和实测值(资料来源:IPCC,2007)

IPCC 科学家根据 2.9 万份系列资料得出结论:89% 观测到的生态系统生物和物理过程变化与人们预测气候变暖的后果相一致。这些变化包括永冻区地面不稳定性增加,湖泊和河流温度升高,春季活动(如鸟迁徙、树木发芽)提前。气候变暖的种种迹象很好地支持了气候变化模拟模型的可信度。

据 IPCC 预测,因 CO_2 等温室气体的持续增多,在未来 100 年内,全球温度将再升高 1.4~6.4 ℃。据全球气候模式预测,21 世纪全球气温将每 10 年增加 0.2 ℃。

全球气温的升高加速了全球的水循环。大约 80% 增加的能量被海洋吸收,从而造成海水温度升高。再加上空气增温,使得大气中的水汽大量增加。在过去的 100 年中,中纬度地区降水量有所增多;北半球亚热带、热带地区降水量减少,而南半球降水量增多。美国大陆气候变化同全球趋势基本一致,即多数地区气温升高,降水量有所增多(图 15-3,图 15-4)。

根据《中国应对气候变化国家方案》,近百年来,我国年平均气温升高了 0.5~0.8 ℃,略高于同期全球增温平均值,近 50 年变暖尤其明显。从地域分布看,西北、华北和东北地区气候变暖明显,长江以南地区变暖趋势不显著;从季节分布看,冬季增温最明显。1986—2005 年,我国连续出现了 20 个全国性暖冬。近百年来,我国年平均降水量变化趋势不显著,但区域降水波动较大。我国年平均降水量在 20 世纪 50 年代以后开始逐渐减少,平均每 10 年减少 2.9 mm,但 1991—2000 年略有增加。从地域

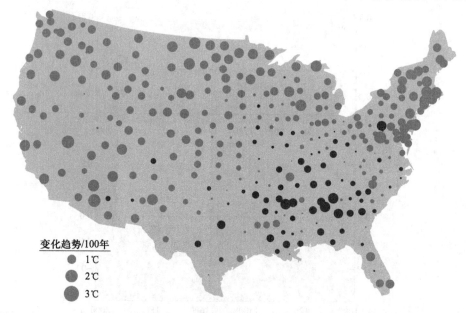

图 15-3 1901—1998 年美国本土气温变化趋势。红色表示气温升高,蓝色表示气温降低。东南地区气温下降与该地区空气污染有关(资料来源:Joyce 和 Birdsey,2000)(参见文后彩插)

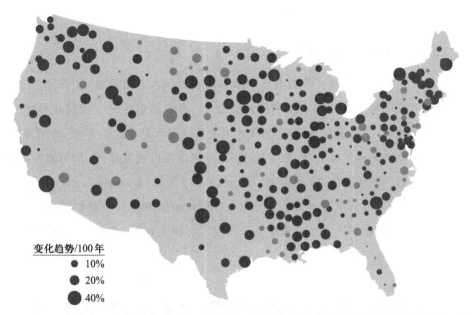

图 15-4　1901—1998 年美国本土降水变化趋势。蓝色表示降水增加,红色表示降水减少。多数气象站观测结果显示降水有增加趋势(资料来源:Joyce 和 Birdsey,2000)(参见文后彩插)

分布看,华北大部分地区、西北东部和东北地区降水量明显减少,平均每 10 年减少 20~40 mm,其中华北地区最为明显;华南与西南地区降水明显增加,平均每 10 年增加 20~60 mm。近 50 年来,我国主要极端天气与气候事件发生的频率和强度出现了明显变化。华北和东北地区干旱加重,长江中下游地区和东南地区洪涝加重。1990 年以来,多数年份全国年降水量高于常年,出现南涝北旱的雨型,干旱和洪水灾害频繁发生。我国山地冰川快速退缩,并有加速趋势。我国未来的气候变暖趋势将进一步加剧。预测结果表明,与 2000 年相比,2050 年我国年平均气温将升高 2.3~3.3 ℃。全国温度升高的幅度由南向北递增,西北和东北地区温度上升明显。预计到 2030 年,西北地区气温可能上升 1.9~2.3 ℃,西南可能上升 1.6~2.0 ℃,青藏高原可能上升 2.2~2.6 ℃。未来 50 年,我国年平均降水量将呈增加趋势,预计到 2050 年可能增加 5 %~7 %,其中东南沿海增幅最大。未来 100 年我国境内的极端天气与气候事件发生的频率可能增大,将对社会经济发展和人们的生活产生很大影响。我国干旱区范围可能扩大,荒漠化可能加重。青藏高原和天山冰川将加速退缩,一些小型冰川将消失。

　　据 2007 年《中国海平面公报》说明,近 30 年来我国沿海海平面上升显著,平均上升速率为每年 2.5 mm,略高于全球平均水平。海平面上升与异常气候事件进一步加重了风暴潮、赤潮、咸海入侵与盐渍化等海洋灾害。

15.2 气候变化原因

气候变化的原因包括自然的内部原因(如太阳活动、火山爆发)和外部强迫(如人为持续对大气组成成分和土地利用的改变)。越来越多的科学证据使科学家有充分的理由相信,气候变化的根本原因是人类活动造成的"温室效应"的增加。根据地球表面陆地能量平衡方程,气温由太阳辐射(主要以短波形式,作为输入项)和地面长波辐射(作为输出项)所控制。近地面温室气体(greenhouse gas)(如水汽、CO_2、CH_4、NO_x)就像覆盖在地球上的毛毯,对长波辐射能量损失起到阻挡、减弱作用,从而使地球表面温度适合生命存在。温室气体浓度增加,必然导致空气温度升高(图 15-5)。

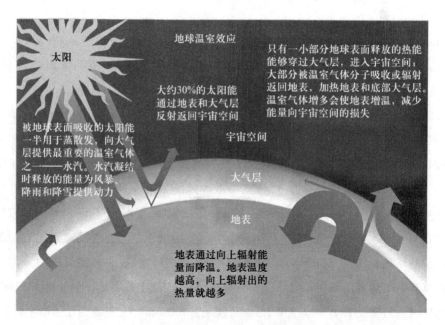

图 15-5　地球的温室效应示意图

多数科学家认为,人类大量燃烧化石燃料是大气中的 CO_2 浓度持续增高、影响地球大气组成和气候的原因。最有利的证据莫过于著名的 Keeling 曲线(图 15-6)。曲线数据来自由 Charles David Keeling 领导的位于美国夏威夷州冒纳罗亚岛上的冒纳罗亚观测站自 1958 年以来的长期连续观测结果。该图显示,空气中 CO_2 浓度有快速增加趋势,反映了人类 CO_2 排放和陆地、海洋生态系统吸收 CO_2 的综合结果。其季节性分布变化体现了绿色植被光合作用对大气中 CO_2 的吸收作用。

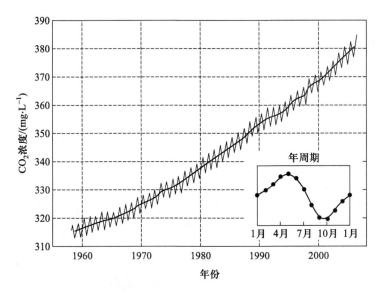

图 15-6 反映大气中 CO_2 浓度变化的 Keeling 曲线

有趣的是,人口增长曲线与 Keeling 曲线极为相似,Lewis 通过方程把二者很好地联系在一起,进一步说明人类活动对 CO_2 浓度的影响。

根据《联合国气候变化框架公约》,中国 CO_2 排放量为 26 亿 t,CH_4 排放量为 3 429 万 t,N_2O 排放量为 85 万 t。美国占世界温室气体总排放量的 36.1%。

15.3 气候变化对生态系统的影响

气候变化对整个地球生态系统产生深远的负面影响。气候变化在许多国家已被提升到威胁国家安全的高度。不同国家和地区由于自然、社会经济条件不同,将面临不同的生态问题。可持续发展能够有效地降低气候的脆弱性,但气候变化也可能影响各国实现可持续发展的能力。

(1)海平面上升

气候变化使海洋水体受热膨胀、冰川融化,海洋体积增大,从而导致海平面上升。例如,据美国加利福尼亚州旧金山金门观测站观测,在过去的 100 年间,年平均潮水水位升高了大约 15 cm(图 15-7)。据 IPCC 报告预测,到 2100 年,全球海平面会再升高 18~59 cm(IPCC,2007)。一般认为,海拔 10 m 以下地区都将是危险区域,因为这些地区将更频繁地受到飓风、地陷、海岸线侵蚀和海水倒灌等灾害的影响,造成大量农业和文化资源的损失。据 Rowley 等(2007)估算,海平面升高 1 m,全球受淹面积将达

$1.1 \times 10^6 \ km^2$，影响 1.1 亿人。IPCC 报告指出，中国长江出口、越南红河和印度恒河 -
布拉马普特拉河三角洲等人口密集地带，面临河水泛滥、蚊患、霍乱和疟疾等灾难威
胁。不仅中国上海这样的沿海城市会受到水淹威胁，一些低地国家如马尔代夫有可
能"全国覆没"。除中国外，印度、孟加拉国、越南、印度尼西亚也位于受气候变化和海
平面上升影响最严重的国家之列。

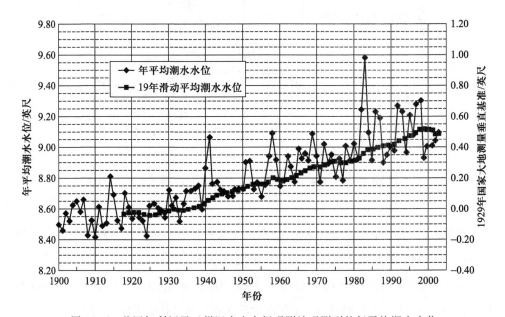

图 15-7　美国加利福尼亚州旧金山金门观测站观测到的年平均潮水水位

（2）降低农作物生产力，导致粮食减产

到 21 世纪中期，东亚和东南亚地区的农作物可能增产 20 % 左右，而在中亚和南
亚，则可能减产 30 %，少数发展中国家可能会面临饥荒。据估计，到 2030 年，我国三
大作物小麦、水稻、玉米将减产 5 % ~ 10 %。农业布局和结构也会发生变化，甚至病虫
害也因此增多，导致农业成本上升。据研究，在 21 世纪初期，北美作物产量增加
5 % ~ 20 %，但当气温升高 4 ℃，产量急剧下降。

（3）极端天气

据预测，气候变化会导致北美极端天气，如热浪、干旱、洪水、飓风、龙卷风的频
率增加，并导致水资源的匮乏。气候变暖使陆地蒸发损失增加，水资源需求增加，
改变靠融雪、融冰的河流径流的季节分布。气候变暖将增大降水年际间变率。由
于喜马拉雅山冰川加速融化，部分亚洲地区会出现大规模雪崩、河水泛滥和泥石流
爆发，欧洲的高山冰川将会消失。据 IPCC 报告，到 2080 年，全球每年将有 1 亿人受
到由海平面上升产生的洪水的影响，美国的两大城市洛杉矶和纽约将受到海水上

涨和灾害性风暴的双重影响。而到 2090 年,发生在美洲大陆的大洪水将由每百年一遇变为每 3~4 年就发生一次。气候变化将使我国东部台风强度增大,极端暴雨事件概率增大。气候变化还会造成干旱地区沙漠化面积范围继续扩大,沙尘暴发生概率增大。

(4)北极地区生态系统剧变

过去几十年中,北极周边地区有 125 个湖泊消失。科学家经过研究发现,这可能是由于湖底永久冻结带解冻,湖水已经渗透到了土壤里。现在的北极土壤中叶绿素的浓度比古代土壤要高,显示了近几十年来北极地区的生物繁荣。从 19 世纪初开始,花栗鼠、老鼠等动物就开始向高纬度地区迁徙,可能是因为全球变暖导致它们的栖息地环境发生变化。栖息地环境的改变还威胁着北极熊等极地动物,因为它们栖息的冰层在慢慢融化。

我国青藏高原自 20 世纪 80 年代开始气温急剧升高,到 2050 年还要升高 1~2 ℃。气温升高使永久冻结带融化速度加快,对输油管道、青藏铁路等地面建筑设施的稳定都会造成威胁(Peng 等,2007)。

(5)加剧森林大火

过去几十年中,在美国的西部各州有更多森林大火发生,影响的区域更广。科学家发现,气温升高、冰雪提早融化都与野火有关。由于冰雪提早融化,森林地带变得更干燥,而且干燥时间变长,增加了起火的可能性。研究表明,森林火灾发生频率、持续时间和火灾程度与全球温度升高关系密切(Westerling 等,2006;Running,2006)(图 15-8)。该项研究还表明,土地利用历史和经营措施与森林火灾关系不大。

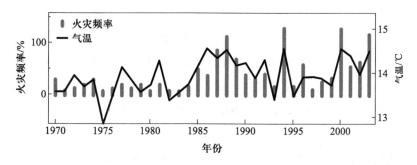

图 15-8　美国森林火灾发生频率与当年春夏季气温密切相关(资料来源:Westerling 等,2006)

(6)影响生物多样性

IPCC(2007)指出,若全球温度再上升 1.5~2.5 ℃,高达三成的动植物将面临灭绝。气候变化将改变动物的基因图谱。因为气温升高促使植物提早开花,那些按照以前的时间迁徙的动物或许会错过所有的食物,而那些能够调整本身生物钟适应气候变化的动物更有机会生育生存能力更强的后代,从而传递它们的基因信息,最终改变整个种类的基因图谱。即使气候变化造成中等程度的海水温度升高,也将使澳大利亚大堡礁失去大部分珊瑚。

(7) 影响森林生态系统生产力

气候变化引起的大气成分变化,如 CO_2 和 O_3 浓度、氮沉降量等多项因素的变化,将对森林生态系统生产力产生直接和间接影响。这些影响方向不一,程度不同。例如,CO_2 浓度提高会加速光合作用速率,提高植被叶面积指数和水分利用效率,从而提高森林净初级生产力(NPP)(Schimel 等,2000)、减少植被耗水量、增加流域产水量。但是,森林对 CO_2 浓度增加的响应会受到土壤养分状态的限制(Oren 等,2001)和气候年季变化影响(Tian 等,1998)。在土壤水分没有限制的条件下(如湿地),气温升高有利于生产力提高(Sun 等,2000)。例如,美国东北部长期氮沉降和 CO_2 浓度升高会增加森林生产力和生物量,但是氮流失对水质不利。计算机模拟研究表明,在全球尺度上,CO_2 增加一倍以及其他气候变化会使 NPP 增加 20 % ~ 26 %,其中热带和干温带受 CO_2 变化影响较大,而北部和湿润温带地区主要受气温升高引起的土壤养分加强的影响(Melillo 等,1993)。而大气中的高浓度 O_3 会使叶片产生生理伤害,从而降低生态系统初级生产力。最新研究发现,O_3 在干旱情况下会使叶片气孔暂时失去关闭功能,从而加强水分消耗,减少流域旱季基流流量,加重干旱条件下水分对树木生长和水生生态系统的胁迫作用(McLaughlin 等,2007a,2007b)。多种胁迫因子对生态系统的非线性影响是全球变化生态学重点探讨的问题之一(McNulty 等,1997;Ollinger 等,2002)。

(8) 影响流域水文和水资源

全球变暖增加了水灾的频率和危害。世界各地已观测到较长时间的干旱,特别是在热带和亚热带地区,大部分地区出现强降水频率增加,热带海洋地区由于表面温度升高导致激烈的热带气旋活动增加。据预测,这些趋势将继续下去。同时,气候变化对淡水的影响有许多不确定因素,例如云对能量平衡的影响和冰帽的变化对陆地的影响。

气候变化对水文过程和水资源的影响可以从其对流域水量平衡和水资源需求-供应关系的影响上分析。气候变化对水资源的影响不只是单一的物理过程和水文过程,还涉及生物过程和社会经济反馈作用。关于气候变化对水资源的影响已有许多共识。下面对主要研究结果进行简要介绍。

① 气候变化的不确定性:尽管有证据显示,气候变化确实已经发生,但是在某一地区,未来气候变化程度具有很大的不确定性。目前世界各地开发的全球气候模型

考虑了大气和海洋循环过程以及温室气体排放,气候模拟准确度有所提高,但是在精度和尺度上与水资源管理者的要求还有很大差距。由于具体的计算方法不同,不同模型对同一地区预测的气候变化常给出不同结果。尤其是对降水分布的预测,差异更高。

② 气候变化意味着全球水循环加快,整体气温升高,降水增加:随着大气温室气体浓度的升高,气温升高会更快。气温在区域和季节上的分布也会随之变化。多数气候变化模型显示,随着全球温度升高 1.5~4.5 ℃,平均降水量会增加 5 %~15 %。同样,降水在区域和季节上的分布会有所变化,而且高降水强度的天数会增加,中纬度和高纬度地区冬季降水会明显增加。

③ 气温升高使流域水量平衡中的降水损失提高:气温升高导致潜在蒸散发增加,使生态系统实际蒸散发量有增加的趋势。某些降水量增加的地区,总径流量也可能减少。

④ 降水形式和总量发生变化导致径流变化:高纬度地区由于年降水量增加,年径流量可能增加。在北半球,河川径流靠融雪补给的流域,其洪水发生频率会有所增加,但是增加程度并不确定。某些地区由于降水减少、干旱时间增长和蒸散发增加,发生严重干旱的频率可能会提高。气候变化改变了山区降雨-降雪比例,从而打破了水资源供给的季节分布。降雨-降雪比例以及融雪季节的改变可使洪水发生时间提前、需水高峰期水的可获得量降低。由于通常夏、秋需水最多,对没有蓄水能力(如水库)的地区,提前到来的径流就白白浪费掉了(Barnett 等,2005)。这种由气候引起的水文变化预计对中国、印度包括喜马拉雅-兴都库什(Himalaya-Hindu Kush)地区影响很大。在旱季,我国西部地区 23 % 的人口生存依赖于冰川融水。美国西部许多流域也都会受到这种影响。在加拿大一些地区,也出现春季融雪提前、夏季低水径流减少的现象(Anderson 等,1998)。

⑤ 气候变化与大气化学成分交互作用:伴随着空气中 CO_2 浓度和气温升高,许多生态系统的植物叶面积指数和生物量、生产力会提高,从而蒸散发有增加的趋势。但是,CO_2 浓度升高可使气孔缩小,提高水分利用效率,从而减少总蒸散发。这两种因素的净结果在不同地区有很大的不确定性,与当地植被种类、土壤类型和气候等因素有关。例如,Gedney 等(2006)认为,20 世纪全球范围内总的径流增加除了是气候变化、土地利用变化(森林砍伐)、太阳光减弱的结果外,还与空气中 CO_2 浓度升高抑制植物蒸腾有关。

⑥ 气候变化对水质的影响:气候变化不仅改变流域产水量,而且改变水质。河流径流减少使得点源和非点源污染物不能被稀释、降解,从而加重了污染程度。气候变化使某些地区降水强度增加,可能会增加降水侵蚀力(Sun 等,2002),从而加重土壤侵

蚀的危险性。河流洪峰流量提高会造成河岸侵蚀,改变河床形态。土壤侵蚀加重会提高河流水体泥沙含量,降低水质和水生生态系统的服务功能。

⑦ 气候变化直接影响水生生态系统:气候变化影响水生生态系统中最基本的物理、化学和生物过程。生长季的温度升高,会提高水生生态系统的第一性生产力,加速养分循环,气温升高造成的水温提高会改变湖泊水体混合状态和鱼类的栖息环境。表 15-1 列出了气候变化对不同水生生态系统的影响机制(Meyer 等,1999)。

表 15-1 气候变化对湖泊、河流、湿地生态系统功能和健康的影响机制

湖 泊	河 流	湿 地
水体混合状态	径流情况	水量平衡改变导致湿地损失
养分和溶解氧输入	泥沙输送和河道改变	火烧频率
满足温度和含氧量的栖息环境	养分输送和循环	温室气体与大气交换速率
生产力	冷水栖息地破碎和孤立	植被种类和组成
高层捕食动物种群变化导致食物链变化	与河滨带的相互作用	许多动物种类繁衍
充足的冷水和温水鱼种类	许多水生昆虫类生命史特征	对热带外来种入侵的敏感性

一般来讲,气候变暖会使鱼类向北方迁移,使低纬度地区的寒水鱼类灭绝,而温水鱼类和冷水鱼类的分布范围向高纬度扩大。河川径流在幅度和季节分布上的变化以及河滨植被带变化等陆地生态系统变化都会影响河流养分输送量,从而限制和减少低水期的水生生物栖息地。气候变化形成的极端水文事件(洪涝、干旱)对水资源管理来说要比对付一般性的水文变化更具有挑战性,对自然生态系统的危害更大。值得指出的是,气候变化对生态系统的影响也许是突变性的,因此通过经验观测和模拟模型确定生态系统的反馈临界值很重要。

(9) 综合影响流域生态系统

气候变化对流域生态系统具有直接和间接的影响,生态系统反过来会影响全球气候系统。目前地球正处于"人类世"(Anthropocene),气候变化与其他人类干扰,如土地利用变化、城市化、空气污染、酸雨对森林流域的影响越来越复杂和不可预测(图 15-9)。

气候变化最直接的影响包括温度升高加大潜在蒸散量和实际蒸散。降水总量、强度和季节分布、降水形式(雨雪比例)会直接影响水量平衡和极端水文状况,如发生洪水和旱灾。气候变化的间接影响更为复杂,甚至很难预测。例如,温度可能对植物生长有利,但是高于叶片光合作用最适温度临界值时,碳吸收会降低。空气中的 CO_2

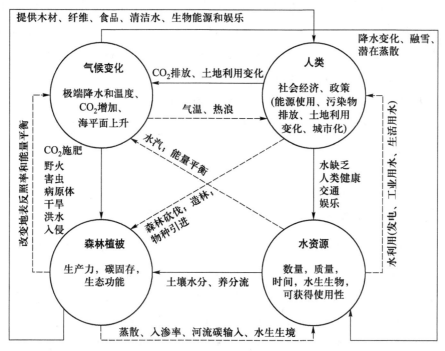

图 15-9 人类世地质阶段森林植被、水资源、气候变化和人类之间复杂的相互作用示意图。
实线箭头表示外部压力因素对生态系统各组成成分造成的影响,虚线箭头表示其反馈作用
（Sun 和 Vose,2016）

浓度增加会增强光合作用,生产力提高;同时减少气孔导度,减少通过蒸腾的水分损失,总蒸散量（ET）下降,水分利用效率（water use efficiency）（GPP/ET）提高,流域产流增加。因此可以推论出,流域植被的存在会增加在大尺度上对水资源量的认识（Swann 等,2016;Kallis 等,2006;Taylor 和 Penner,1994;Idso 和 Brazel,1984）。但是从理论上讲,植物初级生产力提高后,叶面积指数也会增大,林冠截持增大,林冠尺度水汽运移导度增加,蒸散损失可能会增多,使流域产流减少。美国杜克大学一项长期 CO_2 施肥实验表明,CO_2 增加的森林与对照相比,虽然初级生产力增加了20%,但蒸散量没有显著变化（Ward 等,2018）。澳大利亚的研究也得出了类似的结论:CO_2 浓度升高并不影响成熟的桉树林地的水量平衡（Gimeno 等,2018）。从长时间尺度看,气候变化还会使森林树种组成发生变化,如耗水的树种增多,从而使流域产水减少（Caldwell 等,2016）。受气候变暖影响,森林植被密度有可能增加,林地变得更干燥,森林火险和森林病虫害也会改变（Sun 等,2017）。大尺度全球耦合气候模型比对研究（CMIP5）也指出,未来植被蒸腾减少将会缓解水资源可用性急剧下降带来的危害（Betts 等,2007）。但是最近更详细的研究（Mankin 等,

2019)对这一结论提出质疑,表明植物对气候的响应直接减少了北美洲、欧洲和亚洲大片区域的未来径流,其原因是随着植被的增加和生长季节的延长和变暖,树木需水量也会增加。这项研究指出,尽管地表阻力对蒸散和植被总水分利用效率增加有阻止作用,即使在降水量增加或不变的地区,径流量也会下降。这项研究通过对区域尺度的蒸散量分区指出全球气候模式的不确定性。陆地植被在塑造未来区域淡水供应方面将发挥巨大的作用,植被的存在不会普遍改善未来变暖驱动的水文干旱的趋势。

15.4 大气氮沉降对流域生态系统的影响

大气中化学沉降明显增多是全球变化的一部分,与碳循环和气候变化密切相关。自 20 世纪 60 年代以来,为满足全球人口迅速增长、食物大量增加的需要,人工合成氮肥广泛(Galloway 和 Cowling,2002)。外加化石原料燃烧、矿物质开采和集约畜牧业导致 NH_x 和 NO_x(NO 和 NO_2)大量释放到大气中,空气中的活性氮浓度升高,全球大气沉降量从 1860 年的 15 Tg 攀升到 2005 年的 187 Tg(常运华等,2012)。北美、西欧和东亚的工业发达地区是全球氮硫沉降热点地区。大气沉降改变了原生流域的地球化学循环,对流域生态系统结构和功能有长期影响(Galloway 等,2008)。欧美国家关于氮沉降的科学研究始于 20 世纪 80 年代,建立了系统的检测网络,为国家尺度空气污染(包括酸雨)防治提供了科学基础(Aber 等,1998)。美国在著名的哈佛森林试验站进行了长期氮沉降试验。我国从 20 世纪 70 年代开始重视酸雨的危害,目前国家不同部门也建立了相应监测网络。最近 10 年来,由于空气污染加剧,政府和公众对大气污染危害人类健康和生态环境的认识加深,促进科研院所逐步开展包括氮沉降在内的大气污染对森林和农作物的影响研究,如中国科学院鼎湖山森林施氮研究(方运霆等,2005)。

15.4.1 氮沉降对生态系统生产力和碳汇功能的影响

一般来讲,自然生态系统是缺氮的,氮多是植物生长的限制因素(Aber 等,1998)。活性氮增加通过影响有关酶的浓度促进植物光合作用,使生态系统初级生产力增加(Aber 和 Federer,1992)。植物叶片氮含量是衡量光合作用能力的重要指标,许多森林生态系统模型使用叶片氮浓度作为碳吸收环境驱动因子。著名的 FACE 实验表明,包括氮在内的土壤养分含量影响森林吸收 CO_2 和蒸腾的能力(Ward 等,2018)。但是,过量氮沉降(如酸雨)会引起植物体内和土壤营养失衡,使 Mg 和 Ca 等营养元素流失,引起光合速率降低,同时土壤酸化和肥力下降。氮沉降的增加使陆地生态系统的植物生理生态特性、土壤化学性质以及土壤微生物学活性等都发生变化,因而成为全球变化背景下陆地生态研究领域的热点和难点(吴家兵等,2012)。

美国东北部森林长期重复氮添加实验表明,常绿林对氮沉降反应不同。初期土壤净氮矿化速度加快,叶子氮浓度增加,Mg∶N 值降低,导致土壤阳离子淋失,土壤酸化。高沉降和氮饱和最终导致常绿林树木生长减缓,森林生产力(NPP)下降,甚至树木死亡(Aber 等,1995)。

氮沉降对流域生态系统碳汇功能的影响还与土壤碳输入(如植物地上凋落物和细根周转)和输出(如土壤呼吸)有关。氮沉降对凋落物输入的影响程度体现在凋落物总量和凋落物分解速率上(吴家兵等,2012)。对于土壤氮缺乏的森林或其他自然生态系统,氮沉降会增加生态系统生产力,增大凋落物量;而对于氮饱和的生态系统,额外氮沉降会引起土壤酸化,养分缺乏,生态系统退化,第一性生产力降低,从而减少凋落物量。对于人为生态系统,凋落物的量与人为管理(如秸秆还田、免耕)密切相关。土壤碳输入来源除了凋落物以外还有死的细根。温带森林土壤 40% 的有机碳来自细根的周转。氮沉降通过改变细根年生长量和周转速率影响土壤碳输入,其影响程度随森林生态系统不同而异。氮沉降影响土壤肥力、微生物活性以及土壤 C∶N 值,改变土壤碳排放速率。世界各地的研究结果表明,氮沉降的作用总体表现为抑制(氮饱和地区)、促进或影响不显著(土壤氮缺乏的地区)。

15.4.2　氮沉降对流域水质的影响

在氮沉降程度较高、空气污染严重的地区或流域,植物生长会受到不同程度的影响,从而影响植被蒸散发和流域产水量(Aber 和 Federer,1992)。同时,大气氮沉降向生态系统输入过多,会引发土壤酸化、阳离子流失、接受水体的富营养化和生物群落结构的变化等一系列变化。氮沉降是非点源污染重要来源之一,美国氮沉降主要集中在东北部工业发达地区和东南部畜牧业发达的局部流域,这些地区水质会受到不同程度的影响。我国南方红壤区一直是酸雨重灾区,硫氮(H_2SO_4 和 HNO_3)沉降在酸沉降中的比例越来越高。由于红壤本身阳离子交换量和盐基饱和度较低,缓冲容量低,对于氮沉降较为敏感。氮磷沉降是导致该地区水体富营养化的原因之一(徐冯迪等,2016)。据郝卓等(2015)在江西泰和县千烟洲野外流域观测,夏季降雨氮沉降每公顷达 $0.18\sim0.42$ kg,而流域出口观测总氮输出通量为 5.6 kg·hm^{-2},流域年总氮沉降为 $385\sim511$ kg·hm^{-2},只占流域人工施肥量($17\ 000\sim20\ 000$ kg)的 $4\%\sim5\%$。研究表明,降水、径流的总氮浓度已超过河流水体富营养化的阈值(1.5 mg·L^{-1})。该流域的氮沉降会加速河流水体的富营养化进程。

15.5 应对全球变化的流域管理策略

大量的事实证明,全球气候变化正在发生,这种变化是人类造成的。气候变化对生态系统的影响在某些方面是渐进性的,造成年内或季节性的变化(如生长期增长);有的是急剧的,造成生态系统剧烈变化(如物种死亡消失)(Tompkins 和 Adger,2004)。现在的问题是如何采取积极措施,减缓气候变化,同时采取适应性措施,将其对人类的危害降低到最小。例如,在应对气候变化与水资源短缺问题上,要综合考虑水供给和需求两个方面,不仅要考虑自然、生态需水因素,还要考虑社会、经济发展的反馈制约。IPCC 把气候变化适应定义为:"调整自然或人类系统以适应实际或预期的气候刺激或其影响,从而降低所受伤害或寻求机会。"气候变化适应的总体目标是提供有效机制将最新的建立在科学基础上的信息融入政策和管理策略中。图 15-10 展示了该策略的主要组成成分。

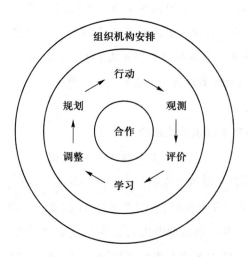

图 15-10 气候变化适应管理策略(Sehlke 和 Colosimo,2007)

由于气候变化的影响因时因地而异,各个国家和地区因社会经济条件不同而有不同的脆弱性(vulnerability),其应对气候变化的策略不同(表 15-2)。Adger 等(2007)指出,可持续发展原则是提高自然和人类社会应对气候变化的适应能力的基本方针。

表 15-2　世界当前采取的适应气候变化的主要对策(Adger 等,2007)

国家和地区	由气候造成的威胁	适 应 对 策
埃及	海平面升高	通过立法确定建筑物到海岸的距离,修建防止海岸侵蚀的工程
苏丹	干旱	利用传统的雨水收集和节水技术建设防护林带和消风栏,以提高牧场的抗性,监测放牧牲畜数量和树木砍伐量;设立周转性信贷资金
博茨瓦纳	干旱	旱灾后采用全国政府项目重新提出新的就业方案;提高地方抗旱能力;少量补助农民以增加作物产量
孟加拉国	海平面上升,海水入侵	通过国家水资源管理计划考虑气候变化的影响,在沿海堤防修建水流监管机构,利用替代作物和技术含量低的水过滤器
菲律宾	干旱,洪水	调整育林管理时间表,以适应气候变化;转向抗旱作物;利用浅层井管,在灌溉用水短缺时采用轮换方法;修建蓄水池等水利建设,建筑防火线,并控制燃烧;在旱作农业中采用水土保持措施
	海平面上升,风暴潮增加	保护海岸线防御系统的建设,引入参与性风险评估;提供捐款,以加强沿海复原和康复基础设施建设;建设防飓风房屋单元,改造建筑物以达到抗危险标准,重新审订建筑法规;营造红树林
	干旱,盐水入侵	收集雨水,降低渗漏问题,采用水培农业(hydroponic farming);允许通过银行贷款购买雨水储存缸

续表

国家和地区	由气候造成的威胁	适 应 对 策
加拿大	冻土融化,冰封面变动	改变因纽特人生活习俗,包括改变狩猎地点,打猎物种多样化;利用全球导航卫星系统(GNSS)技术;鼓励食品共享
	极端气温	在多伦多实施热健康警报计划,包括采取如下措施:在公众地点设立指定冷却中心,通过当地媒体进行信息宣传工作;通过红十字会分配瓶装水,以关注弱势群体;在线解答高温相关问题,提供紧急医疗服务
美国	海平面上升	征用土地方案考虑到气候变化,在得克萨斯州建立一个"滚地役权"(rolling easement)制度,使海平面升高后,海岸线内的土地财产为公有;鼓励沿海土地所有者在经营中考虑海平面上升的影响
	水资源短缺	使用最佳管理措施,灵活性政策
墨西哥、阿根廷	干旱	调整种植日期和农作物品种,积累商品股票作为经济储备;在空间上分开种植地和放牧地,以分散风险;加入畜牧业使收入来源多样化;建立农作物保险,创造地方财政(另类商业农作物保险)
荷兰	海平面上升	采用《防洪法》和《沿海防卫政策》作为预防办法,考虑到新的气候趋势的影响;建设一个风暴潮屏障,预防海平面上升50 cm;向沿海地区增加沙土补充物,提高水资源的管理水平(清淤、拓宽河道),部署蓄水区;每5年一次定期评价所有保护性基础设施(如堤防等)的安全性,编制沿海地区洪水损害影响风险评估,确定需要加固的沙丘

续表

国家和地区	由气候造成的威胁	适 应 对 策
奥地利、法国	天然可靠雪线上移,冰川融化	人工造雪,修理滑雪场,将滑雪场移到更高的海拔和冰川带,利用白塑料布覆盖以防止冰川融化;旅游收入多样化(例如,全年度旅游)
瑞士	冻土融化,泥石流	在瑞士 Pontresina 架设防护坝,以防止雪崩和冻土融化引起的潜在大范围泥石流
英国	洪水,海平面上升	在埃塞克斯野生动植物信托基金支持下对海岸重组,将 84 hm^2 的耕地退耕还成咸水沼泽和草地,以提供可持续抗御大海的能力;通过"泰晤士河口 2100 年项目",利用泰晤士河屏障应对气候变化引起的洪水影响,为决策者、行政首长以及国会和保险部门(英国保险业协会)提供有关气候变化方面的指导

参 考 文 献

常运华,刘学军,李凯辉,等. 2012. 大气氮沉降研究进展. 干旱区研究,29(6):972-979.

方运霆,莫江明,周国逸. 2005. 鼎湖山主要森林类型植物胸径生长对氮沉降增加的初期响应. 热带亚热带植物学报,13(3):198-204.

郝卓,高扬,张进忠,等. 2015. 南方红壤区氮湿沉降特征及其对流域氮输出的影响. 环境科学,36(5):1630-1638.

吴家兵,井艳丽,关德新,等. 2012. 氮沉降对森林碳汇功能影响的研究进展. 世界林业研究,25(2):12-16.

徐冯迪,袁高扬,袁董文. 2016. 我国南方红壤区氮磷湿沉降对森林流域氮磷输出及水质的影响. 生态学报,36(20):6409-6419.

Aber,J.,McDowell,W.,Nadelhoffer,K.,et al. 1998. Nitrogen saturation in temperate forest ecosystems: Hypotheses revisited. BioScience,48(11):921-934.

Aber,J. D.,Magill,A.,McNulty,S. G.,et al. 1995. Forest biogeochemistry and primary production altered by nitrogen saturation. Water Air and Soil Pollution,85(3):1665-1670.

Aber,J. D. and Federer,C. A. 1992. A generalized,lumped-parameter model of photosynthesis evapotranspiration and net primary production in temperate and boreal forest ecosystems. Oecologia,92:463-474.

Adger,W. N.,Agrawala,S.,Mirza,M. M. Q.,et al. 2007. Assessment of adaptation practices, options, constraints and capacity. In: Parry, M. L., Canziani, O. F., Palutikof, J. P., et al. Climate Change 2007: Impacts, Adaptation and Vulnerability. Contribution of Working Group II to the Fourth Assessment Report of the Intergovernmental Panel on Climate Change. Cambridge: Cambridge University Press, 717-743.

Anderson, J., Craine, I., Diamond, A., et al. 1998. Impacts of climate change and variability on unmanaged ecosystems, biodiversity, and wildlife, In: Koshida, G. and Avis, W. Canada Country Study: Climate Impacts and Adaptation, Volume VII: National Sectoral Volume. Canada: Environment Canada, 121-188.

Barnett, T. P., Adam, J. C. and Lettenmaier, D. P. 2005. Potential impacts of a warming climate on water availability in snow-dominated regions. Nature, 438(17): 303-309.

Betts, R. A., Boucher, O., Collins, M., et al. 2007. Projected increase in continental runoff due to plant responses to increasing carbon dioxide. Nature, 448(7157): 1037-1041.

Caldwell, P. V., Miniat, C. F., Elliott, K. J., et al. 2016. Declining water yield from forested mountain watersheds in response to climate change and forest mesophication. Global Change Biology, 22(9): 2997-3012.

Galloway, J. N., Townsend, A. R., Erisman, J. W., et al. 2008. Transformation of the nitrogen cycle: Recent trends, questions, and potential solutions. Science, 320(5878): 889-892.

Galloway, J. N. and Cowling, E. B. 2002. Reactive nitrogen and the world: 200 years of change. Ambio, 31: 64-71.

Gedney, N., Cox, P. M., Betts, R. A., et al. 2006. Detection of a direct carbon dioxide effect in continental river runoff records. Nature, 439(7078): 835-838.

Gimeno, T. E., McVicar, T. R., O'Grady, A. P., et al. 2018. Elevated CO_2 did not affect the hydrological balance of a mature native *Eucalyptus* woodland. Global Change Biology, 24(7): 3010-3024.

Idso, S. B. and Brazel, A. J. 1984. Rising atmospheric carbon dioxide concentrations may increase streamflow. Nature, 312(5989): 51-53.

IPCC. 2007. The Physical Scientific Basis: Summary for Policymakers. Available at http://www. ipcc. ch.

Joyce, L. A. and Birdsey, R. 2000. The impact of climate change on America's forests: A technical document supporting the 2000 USDA Forest Service RPA Assessment. Gen. Tech. Rep. RMRS-GTR-59. Fort Collins, Co: U. S. Department of Agriculture, Forest Service, Rocky Mountain Research Station, 133p.

Kallis, G., Kiparsky, M., Milman, A., et al. 2006. Glossing over the complexity of water. Science, 314: 1387.

Mankin, J. S., Seager, R., Smerdon, J. E., et al. 2019. Mid-latitude freshwater availability reduced by projected vegetation responses to climate change. Nature Geosciences, 12: 983-988.

McLaughlin, S. B., Nosal, M., Wullschleger, S. D., et al. 2007a. Interactive effects of ozone and climate on Southern Appalachian Forests in the USA: I. Effects on stem growth and water use. New Phytologist, 174(1): 109-124.

McLaughlin, S. B., Wullschleger, S., Sun, G., et al. 2007b. Interactive effects of ozone and climate on Southern Appalachian Forests in the USA: II. Effects on water use, soil moisture content, and streamflow. New Phytologist, 174(1): 125-136.

McNulty, S. G., Vose, J. and Swank, W. T. 1997. Regional hydrologic response of loblolly pine to air temperature and precipitation changes. Journal of American Water Resources Association, 33(5): 1011-1022.

Melillo, J. M., McGuire, A. D., Kicklighter, D. W., et al. 1993. Global climate change and terrestrial net primary production. Nature, 363:234−240.

Meyer, J. L., Sale, M. J., Mulhollandm, P. J., et al. 1999. Impacts of climate change on aquatic ecosystem functioning and health. Journal of American Water Resources Association, 35(6):1373−1386.

Ollinger, S. V., Aber, J. D., Reich, P. B., et al. 2002. Interactive effects of nitrogen deposition, tropospheric ozone, elevated CO_2 and land use history on the carbon dynamics of northern hardwood forests. Global Change Biology, 8:545−562.

Oren, R., Ellsworth, D., Johnsen, K., et al. 2001. Soil fertility limits carbon sequestration by forest ecosystems in a CO_2-enriched atmosphere. Nature, 411:469−472.

Patz, J. A., Campbell-Lendroley, D., Holloway, T., et al. 2005. Impact of regional climate change on human health. Nature, 438(17):310−317.

Peng, C., Ouyang, H., Gao, Q., et al. 2007. Building a green railway in China. Science, 31:546−547.

Pittock, A. B. 2006. Are scientists underestimating climate change? EOS, 34(87):340.

Rowley, R. J., Kostelnick, J. C., Braaten, D., et al. 2007. Risk of rising sea level to population and land area. EOS, 88:9.

Running, S. 2006. Is global warming causing more, larger wildfires? Science, 313:927−928.

Schimel, D., Melillo, J., Tian, H., et al. 2000. Contribution of increasing CO_2 and climate to carbon storage by ecosystems in the United States. Science, 287:2004−2006.

Sehlke, G. and Colosimo, M. 2007. Adaptive management of water resources in light of future climate uncertainty. Water Resources Impacts, 9(6):27−28.

Sun, G., Hallema, D., Asbjornsen, H. 2017. Ecohydrological processes and ecosystem services in the Anthropocene: A review. Ecological Processes, 6(1): 35.

Sun, G., Amatya, D. M., McNulty, S. G., et al. 2000. Climate change impacts on the hydrology and productivity of a pine plantation. Journal of American Water Resources Association, 36(2):367−374.

Sun, G., McNulty, S. G., Moore Myers, J. A., et al. 2008. Impacts of multiple stresses on water demand and supply across the Southeastern United States. Journal of American Water Resources Association, 44(6):1441−1457.

Sun, G., McNulty, S. G., Moore, J., et al. 2002. Potential impacts of climate change on rainfall erosivity and water availability in China in the next 100 years. Proceedings of the 12th International Soil Conservation Conference. Beijing, China.

Sun, G. and Vose, J. M. 2016. Forest management challenges for sustaining water resources in the Anthropocene. Forests, 7: 68−80.

Swann, A. L. S., Hoffman, F. M., Koven, C. D., et al. 2016. Plant responses to increasing CO_2 reduce estimates of climate impacts on drought severity. Proceedings of the National Academy of Sciences of the United States of America, 113(36):10019−10024.

Taylor, K. E. and Penner, J. E. 1994. Response of the climate system to atmospheric aerosols and greenhouse gases. Nature, 369(6483):734−737.

Tian, H., Melillo, J. M., Kicklighter, D. W., et al. 1998. Effect of interannual climate variability on carbon storage in Amazonian ecosystems. Nature, 396:664-667.

Tompkins, E. L. and Adger, W. N. 2004. Does adaptive management of natural resources enhance resilience to climate change? Ecology and Society, 9(2):10.

Ward, E. J., Oren, R., Kim, H. S., et al. 2018. Evapotranspiration and water yield of a pine-broadleaf forest are not altered by long-term atmospheric [CO_2] enrichment under native or enhanced soil fertility. Global Change Biology, 24(10): 4841-4856.

Westerling, A. L., Hidalgo, H. G., Cayan, D. R., et al. 2006. Forest wildfire activity warming and earlier spring increase Western U. S. Science, 313:940-943.

第16章　流域水资源的利用及对环境的影响

流域的水资源对一个地区的经济、社会发展具有十分重要的意义。一方面，工农业生产、生活用水、发电、娱乐与旅游业等各个方面都与水资源的量与质紧密相连。有的学者甚至将水称作"社会经济发展的润滑剂"。另一方面，自然生态系统中的生态过程及各种生物也离不开水资源，没有水或水质较好的水，就没有生物。由于生物对气候和自然干扰的漫长适应与进化，生物对水的依赖呈明显的变异性或季节性变化。这种依赖关系有别于社会经济发展对水资源的依赖。人类往往需要稳定的水资源供应，因此必须兴建水库、抽采地下水、建立流域之间的引水工程等。但这些工程措施往往导致流域中水量失衡（图16-1），例如水资源（特别是河流的下游）的减少且单一化（缺乏自然系统中的变异），对环境或生态过程有负面的影响。人类对自然流

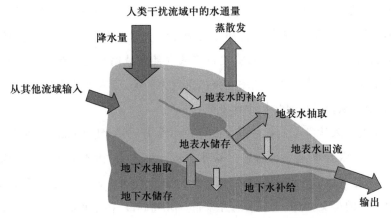

图 16-1　人类干扰影响流域水资源组成（Sun 等，2008）

域水资源供需的影响是多方面的(图 16-2)。

认识流域水资源利用及对环境的影响,有助于我们寻找减缓负面作用的措施,也有助于在条件允许的情况下采取一定的恢复措施以维持流域系统的完整性。对流域中水资源的利用是多样的,本章重点讨论河道地表径流抽取、地下水的开采、水库的储水以及引水工程方面对环境的影响。

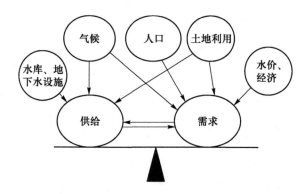

图 16-2 流域水资源供需关系受自然和人为多种因素影响(Sun 等,2008)

16.1 概念

在介绍有关流域水资源利用的概念之前,有必要先区分一下消耗性用水(consumptive water use)与非消耗性用水(non-consumptive water use)。消耗性用水是指河流中的水被移出河流用于灌溉、饮用、工业生产等方面。而非消耗性用水是指水并未被移出河流但用于娱乐(水上运动)、旅游业,甚至用于工业废水的稀释。非消耗性用水不改变河流的水量,而消耗性用水可减少河流的水量,这是它们的根本区别。

对河流水资源的抽取使用常包括直接在河流中安置设备将水抽走及河流分流(river diversion)。河流分流是指将部分或全部河水引入人工渠道。河流分流有许多的原因或目的,包括洪水引导渠道、支持流域内某区域用水的需要或暂时的分流,使河流中的工程便于开展。从河道中直接抽水最为普遍,因为河流附近有许多工业、农业设施与城市,从河道中直接抽水代价低。

地下水的开采从字面上看是指通过打井用水泵从蓄水层(aquifer)抽水。在较干旱的地区,地下水开采是一种普遍的取水方式。事实上,由于地下水的水质一般较好,许多湿润地区或城市也抽取地下水作为生活饮用水。地下水的开采从收支角度有一个学术上的定义,即当地下水的开采量(withdrawal)在较长时间内超出它的补给量(recharge)时,就称为地下水的开采。

水库是指为了储水或发电在河流上修筑水坝从而形成的人工湖泊。水库的修筑在世界范围内非常普遍。例如,在美国,几乎所有的较大河流都被水坝、水库所调节。在我国也很难找到一条较大的自然河流未建水坝、水库。水库修筑的主要目的可能不一样,有的是以储水或供水为主,有的是以发电或防洪为主,有的则是多目的的。在较缺水的(或降水季节性分布明显不均)地区,水库的储水作用对该地区的供水保障是十分重要的。例如,在北京,降水大部分集中在少数几个月份(6—8月),为了确保北京全年的水供应,就必须依靠水库或其他方式拦截、储存在降水较多月份产生的径流,这些被拦截的水量便可在其他降水较少的月份利用。

跨流域引水(inter-basin water transfer)是指为了满足社会、经济发展的需要,将一个流域的水通过人工渠道调入另一流域。跨流域引水与河流分流的区别在于,后者指将本流域内河流中的水量分导,发生的距离也较短;而前者则发生在较大流域之间,发生的距离较长。南水北调工程就是跨流域引水的一个典型例子。

16.2 流域水资源利用对环境的影响

流域水资源利用对环境的影响可以追溯到数千年以前。然而,在过去的50~60年,由于水资源利用的数量和规模有了极大的增加,其引起的环境问题才得到重视。对环境的影响可能是有益的(表16-1)或负面的(表16-2),初级的或次级的,长期的或短期的,以及可接受的或不可接受的。

表16-1 水资源利用对环境的有益影响

阶段	对物理环境的影响	对社会-经济环境的影响	对生物环境的影响
规划和调查阶段		失业率下降,房地产价格增加	
建造阶段	影响地面建筑、通信以及公路建设等	高就业率,高收入,更多商业活动行为,更多的访问者(游客)	补偿性植树造林
操作阶段	促进水的保存,气候更适宜,调节溪流量用于发电,水质提高,减少下游淤泥,地下水位提高,航运便利,集水区域改善	作物和纤维高产,品种多,洪涝灾害减少,充足的生活和工业用水,经济行为更多样;更好的卫生健康体系,更丰富的娱乐活动,从旅游获得高收入,减少贫穷	更多的水生物种和迁徙候鸟,植物区系更多样

表 16-2 水资源利用对环境的负面影响

阶段	对物理环境的影响	对社会-经济环境的影响	对生物环境的影响
规划和调查阶段	轻微增加污染	增加少量经济活动	一些森林被砍伐
建造阶段	建设基地等的侵蚀和污染;流量格局暂时改变,河流沉积物暂时改变,爆破操作造成污染	由于外来者的进入而引起法律和法规问题;文化和历史遗址的损失;移民、不同文化背景的人的迁入	工作人员的健康受到影响,动、植物区系被破坏,下游水质被污染,因水而产生疾病
操作阶段	操作区有被水淹的可能性,河流流量格局的改变;由于分流,下游区水量减少,湿地供水减少,沿海地区径流格局改变,咸水倒灌,水库淤积	人们从淹没区转移(移民),收入减少。因水而产生的疾病可能扩散,人口增加,疾病对旅游和娱乐产生影响	动植物区系丧失,自然保护区损失,水质和沉积物改变,旅游者的活动对生态造成危害,水生草本扩散,疾病扩散

(1) 初级和次级影响。初级影响是由人类开发直接引起的影响。例如,淹没导致森林的丧失,水坝的建造导致河流格局的改变等。这些影响相对容易测定出来。次级影响是人类水资源开发的间接后果。例如,为灌溉而提供水源,那么灌溉对土壤养分的影响就被称为次级影响。次级影响可能等同于或更强于初级影响。然而,次级影响常常更难预测和测定。初级和次级影响之间常常很难区分。

在一个生态系统中,影响通常是复杂的,而且一个影响可能导致另一个影响,引发一系列的作用。例如,砍伐森林可能引起水库淤泥的增加,这可能导致下游鱼类的减少,引起营养不良(malnutrition);反过来,又可能增加疾病。一系列因素的结合常常导致一个大的影响发生。这种影响之间的因果联系可能不是直接的。不同类型的与水资源相关的活动,例如土地清理、修建建筑、水的蓄留(impoundment)、水渠道化以及土地利用格局的变化,都可能导致对环境的初级和次级影响。

(2) 长期和短期影响。短期影响发生在方案调查、工程修建期间以及工程修建之后的短期内。在这些活动完成之后,这些影响也就不重要了。长期影响来源于长久的大规模的改变,例如一个大型湖泊的修筑、长期灌溉而非季节性灌溉的施行、一个大型渠道的修建以及大面积的砍伐森林等。

(3) 可接受的和不可接受的影响。环境影响还可以更粗略地分为:① 完全不可接受的影响,例如重要地方的淹没。这个重要的地方可能是一个大城市、一个重要的历史纪念地、一个国家公园或一块为珍稀物种提供栖息地的森林;② 有条件可接受的影响,例如人口的迁移、林地的淹没、采矿地的淹没,以及由于渠道灌溉而导致的水浸;③ 中性的影响,可以是人为设计的,或是有害的。例如,没有生产力的湿地的淹没。

环境影响可以进一步划分为能定量的或不能定量的影响。能测定并用数学方程以变量函数来表达的影响称为能定量的影响。例如,被水淹没的一块林地的面积可以测定出来,并且能用蓄水能力作为一个变量,用函数表示出来。由于水库的修建,对疟疾发病率的影响则是一个不能定量的例子。

16.2.1 河道抽水对环境的影响

从河道直接抽水对生态环境的影响主要表现在抽水的地方及其下游。在抽水的地方,抽水泵的安置以及其他可能的设置会对河道的形态造成一定的影响,甚至产生河床被冲刷及水质的降低。河道抽水对河流下游环境的影响主要表现在以下方面。

(1) 过度和没有规划的抽水可明显降低其下游河道中的水量,甚至造成断流或干涸。例如,我国的黄河下游出现的断流现象就是其上游过度抽水、分流所至。下游水量的明显减少意味着水深、水宽的减少,导致河流航运能力的下降,也严重影响着下游水量的供给,给下游工农业生产及生活造成困难。

(2) 过度抽取直接影响下游河流的形态及相关的生境。由于水量的减少,河道冲刷能力降低,大量的细泥沙便沉积下来,从而使河床基质构成发生变化。大量的细泥沙沉积对于在产卵和孵化过程中依赖小鹅卵石的大马哈鱼来讲是十分不利的。水量的减少还导致大量的杂草或外来植被侵入河道,这些植被有可能改变河流中的食物与能源结构,从而影响水生生物的多样性。另外,河流在水流量适当时会形成较好的浅滩与深潭组合以及河道弯曲度,这对河流的生态环境及结构的多样性十分重要,是自然河流中生态功能完整的重要指示参数。在水量减少后这些都会出现明显的退化。

(3) 过度抽取对下游的水化学特征也有负面的影响。较少的水量对河流中的污染物等的稀释作用较弱;而且在夏季时较易增温,增温的水中可溶性氧量会减少,对一些水生生物(例如鱼类)则有负面的影响。

综合来说,河道抽水对下游河道的形态、水的理化特征都会产生不利的影响。而这些影响又直接影响河流水生生物的多样性和河流生态的健康。水量明显不足的河流,生态功能肯定会退化,有些水生物种有可能因此而灭绝。

16.2.2 地下水开采对环境的影响

地下水开采几乎发生在世界任一地方,但更多发生在人口密集的城市及农业发达的地区。过度开采地下水可导致一系列的自然环境、社会与经济后果。一般来讲,地下水开采可以产生下列几方面的环境影响。

(1) 造成地面下沉并破坏地区的设施和建筑。地面下沉是指地球表面由于其下层物质的运动而发生缓慢或突然的下沉。不断抽取地下水可导致地面发生永久性的下沉。开采地下水导致地面下沉的现象在我国许多地区都发生过。根据 Xue 等 (2005) 的统计,在我国东部与中部,地下水开采导致大于 7000 km^2 面积的地面下沉。上海市从 1921 年至 2001 年,地面共下沉 1.93 m。又例如,由于地下水的开采,在过去 30~40 年,泰国曼谷平均每年以 5~10 cm 的速度下沉。大面积的下沉对地下铁路以及其他设施可能会产生不可估量的破坏。

(2) 湖泊面积减少以及水位下降。世界上不少湖泊与地下水层是相连的。地下水的过度开采打破了湖泊与地下水层之间长时间的收支平衡,使更多的湖泊水量补给地下水层,从而导致湖泊面积的减少及其水位的下降。例如,在非洲乍得湖(Lake Chad),由于过度开采水资源(包括地下水),其湖泊面积在 40 年内由 30 000 km^2 减至 3000 km^2。湖泊面积减少及水位的下降还导致湖泊动植物栖息地的损失、生态动能的退化。另外,湖泊面积的减少常导致湖边区的加速开发,其结果是产生大量的泥沙并进一步降低湖泊的储水及缓冲洪水的能力。

(3) 地下水水质下降。过度抽取地下水,再加上地下水不断与各种点源(城市污水、工业排放等)及非点源(农业径流等)污染的交换,导致地下水水质下降。由于地下水一般更新很慢,一旦遭到污染,其影响则是长期的、灾难性的。在靠近海洋的地下水层,过度的开采导致海洋咸水的侵入,从而影响地下水的水质。在地下石油或天然气开采后,往往需要注水。如果灌注水的水质不好,也有可能造成地下水水质的下降。

(4) 减少河流基流、湿地面积以及降低有关的生态系统功能。许多地下水层常与地表的河流、湿地、池塘等重要的生态系统相连接。这些系统在水量较多时常补给地下水层,而当它们的水量不够时,地下水便补给这些系统。例如,许多河流的基流往往来自地下水。由于这些地表水与地下水的交换及相互作用,如果地下水过度开采,就有可能减少河流基流、湿地等系统的水量,进而影响与这些系统相关的生态系统功能。正因为地表水与地下水相互作用,许多学者把它们统一起来并称为"one water"。事实上,在这些地下水与地表水相互交换的流域中开采地下水,在一定意义上也就是抽取地表水。

（5）地下水位不断降低，从而导致未来地下水的供给不能持续。同时，由于需要更深的井才可抽取地下水，故开采的费用将增加。随着地下水的不断过度开采，总有一天会由于地下水不足而不能继续开采。

16.2.3 水库的影响

兴建水库对一个地区的储水、灌溉、防洪、发电等具有重要的社会经济意义。然而，它对流域系统产生的生态环境影响也是十分深远的。一般来讲，小水坝对环境的影响要低于大水坝或大水库，但小水坝对河流径流的控制与调节能力也较低。对于相同的库容量来讲，修筑一系列水坝的花费要大于修建一个大型水坝。

了解水库对生态环境的影响是必要的，既可帮助我们在设计水库时尽可能把它的环境影响考虑进去，从而最大限度地降低水库对环境的负面影响；也可帮助我们在运行水库时考虑其下游的生态需要，真正把水库建成一个多目标的水库系统。另外，它甚至可使决策者放弃修筑水库或水坝的计划，或将原有的水坝毁掉以恢复河流生态（Hart 等，2002）。下面简单地讨论水库对流域系统生态环境的可能影响。

（1）土地的淹没及人口迁移。修筑水库使土地被淹没是不可避免的。通常，水库的地址应选在土地被淹没较少的地方，但这取决于对水坝岩基、桥墩和水库技术的需要等因素。一般淹没区应小于受益区的10％，不能大于受益区的20％。这是因为，淹没面积过大，移民的重新安置及环境恢复等问题难以解决。一般迁移人口应控制在计划受益人口的2％~4％为宜。

由于大部分水库都建在河流的上游，一些森林和湿地的淹没也是不可避免的。但这种因修筑水库而损失的森林所占比例一般较小。在一些情况下，为了减少这一损失，可通过造林来补偿。此外，水库修建也可能淹没一些重要的公共建筑，如寺庙等。作为一项恢复政策，这些被淹没的文化遗产可在新的地方重建。修筑水坝或水库应确保它不能对濒危动植物有负面影响。而要做到这一点，就必须在修筑之前，对这些方面进行充分论证。

（2）对下游生态系统的影响。水库或水坝修筑后，下游的水文过程取决于水库中排放的水量，其所产生的径流量、时间、水文的分布格局等都明显不同于自然的水文过程。这种不同对当地的水生物种有负面的影响。除了水量不同之外，从水库中排放的水常来源于水库的底部，温度偏低，这种干净且低温的水对一些当地的物种会带来威胁（Collier 等，1996）。另外，下游水文的改变会导致河滨植被构成、泥沙沉积过程和河流形态的变化。

（3）对鱼类物种迁移的影响。一些鱼类（例如大马哈鱼）需要迁移到上游进行繁殖，幼鱼又洄游至下游和海洋，从而完成整个生命史。早期的水库往往对鱼的洄游或迁移考虑不多,有相当多的水坝并没有安置能让鱼迁移的鱼道(ladder)。这样,鱼的迁移便受到限制。现代水坝的兴建大多数安置鱼道以解决鱼的迁移问题。然而,如果水坝太高,如高于30 m,鱼道的安置就变得困难且昂贵。在一些用于发电的水库,水轮机常导致许多鱼类受到物理性伤害与死亡,在水坝附近由于剧烈的扰动且与空气的混合,排出的水中的气体(特别是氮)也容易过度饱和,从而使鱼类易于感染疾病。

(4)淤积作用。河水使泥沙淤积于水库,这种淤积作用又引起一系列的环境问题。淤积作用既改变水库及其上游的水流速度及河流形态,也极大地影响水库的有效库容及寿命。水库的淤积作用主要来源于上游的水土流失,控制上游的水土流失是减缓水库淤积作用最有效的措施。

水坝或水库还影响河流航运。较大的水库甚至可能诱发地震。

16.2.4 跨流域引水对环境的影响

跨流域引水在世界许多国家(例如美国、印度、中国等)都存在,规模不一。我国的南水北调工程(将长江的水通过东、中、西三线引入北部的黄淮海平原)是世界上最大的跨流域引水工程。跨流域引水工程通常是一项跨学科、跨部门、跨地区且综合性很强的复杂工程,它涉及工程技术、政策、环境、移民等方面。由于工程的复杂性及综合性,它对社会经济及环境的影响是巨大的、长期的和深远的。毫无疑问,为水资源贫乏的地区或流域引入工农业生产及生活所需的水资源,其社会与经济的效益是显而易见的。但事物总有两面性,在认识跨流域引水工程的社会经济重要性的同时,也必须评价它在环境方面可能造成的影响(正面的或负面的)(Berkoff,2003;Xu 和 Hong,1983;Liu 和 Zuo,1983)。由于环境与社会经济的相互作用与依赖性,被影响的环境有可能长期限制社会经济的可持续发展。因此,一个社会或地区对重大的跨流域引水工程的决策必须慎重,必须建立对环境、社会与经济的综合的、长期的评估。下面仅讨论跨流域引水可能对环境产生的一些影响。

(1)影响流域生态系统的整体性。流域生态系统的整体性是指流域系统中的结构、组成成分及各个功能过程的完整性。这种整体性是在漫长时间中由其气候、水文、土壤、生物等的相互作用过程进化而形成的。可以说,地球上任何一个流域生态系统都有其特定的气候、水文、土壤及与其相适应的生物,并且它们之间的相互作用与整体性对整个生态系统的功能非常重要。这是它们各自在漫长时期进化的产物。这种系统整体性的特点也意味着如果系统中某一功能过程或某一结构出现问题,这个问题便会由于系统内的相互作用影响其他功能过程或结构,进而影响系统的整体性。跨流域引水会使水丰富的流域的水量减少,使水贫乏的流域的水量增加。这种一增一减可改变两个流域的水文过程、水文情势及水资源的分布,而水文过程及情势的变化也会影响许多与其有关过程的改变,生物多样性减少,进而影响流域系统的完整性。

(2) 造成水输出流域的水量减少与水位降低。我们在评估一个流域的水资源状况(丰富、干旱或半干旱)时,往往是根据年平均流量来确定,很少考虑平均流量的季节分配及旱年或旱季的发生。事实上,任何流域中的水文都会呈现较大的季节性及年份之间的变异性。水量再多的流域也会出现旱年(50 年一遇、百年一遇或几百年一遇)。因此,仅根据平均流量来决定是否引水往往会有一定的片面性。例如,从长江的年平均流量($960×10^9 m^3$)来看,南水北调工程调出的年总水量($50×10^9 m^3$)只占年平均流量的 5%;但如果长江出现严重的旱年,调出的年总水量所占的百分比就可能达到 10%甚至更高。因此,跨流域引水对水输出流域的水量的影响可能主要体现在旱年较明显的流量减少与水位降低(取决于"旱"的程度)。水量减少与水位降低又产生一系列的环境问题。例如,下游水量的不足使河流冲刷能力下降,造成大量细泥沙的沉积,影响河流的形态与河床基质的构成。水位的下降还可造成海洋盐水的侵入(如果河流下游与海洋相连)。另外,水量的减少会影响下游的航运。

(3) 引水渠道对周边系统的影响。从一个流域通过人工渠道将水引入另一个流域,中间往往需要经过许多湖泊、湿地等生态系统。尽管这些水属于"过路水",但它们的量与质会给这些经过的湖泊、湿地带来非常深刻的环境影响。这些影响可能包括水质变化、地下水与地表水的相互作用更活跃、外来种侵入、地下水位升高等。应该特别注意的是,人工引水渠道的修建又可能因为水资源的现实存在而诱发更多的工农业生产。在没有合理调节与布局的情况下,这种因新的水资源存在而发展起来的工农业就有可能将大量的污染物引入人工渠道,并最终进入水输入的流域。水是生态系统中最活跃的,也是连接许多过程的纽带。这也意味着水可将污染物及外来种从一个地方通过人工渠道传播或转换到其他从前达不到的地方。这是在进行跨流域引水工程时需要考虑的。

(4) 对水输入流域的环境影响。水输入流域应是干旱或半干旱地区。当大量的水输入并用作加强农业灌溉时,不断的下渗水会造成农业用地的地下水位提升,而地下水位的升高会产生土壤盐碱化。另外,灌溉的农业水有一部分回流入河流系统,这些农业回流水常含有较高的农业污染物(由于施肥、杀虫剂的使用),从而对河流造成污染。再者,水输入流域由于地表水量的增加,地表水与地下水交换加强,在一些地区有可能产生地下水的污染。最后,水带来的外来种也是不可忽视的潜在影响。

16.3 管理的策略

流域中的水资源对其所在地区的社会与经济的发展与生态环境的保护具有十分重要的作用。实现区域生态经济与社会的可持续发展是当代社会发展的目标。对于流域水资源来讲,实现其可持续发展应考虑下列管理的策略。

16.3.1 制定和实施水分配与利用的法规

水分配与利用法规的制定和实施是确保河流中水资源社会、经济与生态可持续发展的必需手段。没有完全实施这种法规,流域中水资源的利用便是非组织的、盲目的,最终必然造成河流中水资源的枯竭。在北美洲及许多发达国家,从河道中或地下水层中抽水用于工农业生产、生活等都是需要执照的,没有合法的执照,抽水便是违法。通过具有法律效应的手段,政府部门便可控制任一河流上、中、下游的用水分配,还可考虑满足河道内生态用水的需要。这种手段既可维持水资源的合理开发利用,又不至于造成河流生态环境因缺水而退化。在加拿大,当政府收到新的用水执照申请时,政府部门的专业人员会估算该河流的 7 天 10 年一遇的低河流生态用水量。如果剩余值是正值,则有可能配发新的执照;如果剩余值是负值,则意味着已没有额外水量来满足新的用水需求,即河流已完全分配了(fully allocated)。这种做法可确保河流维持生态用水的最小流量。当然,持用水执照者需缴纳一定的费用。

执照用水能否在我国实行值得讨论。从长远看,这一步应该是一定会走的,因为依靠行政协调不是有效的办法。从短期来看,对于一些流量充沛的河流(例如我国东南省份的河流),实施执照用水的可能性很高;但对于较干旱的北部或西北地区来讲,实施执照用水会有很大的难度。因为河流中水量已经很少,许多地区内已建立起来的耗水工业也不易迁走或关闭。在这些地区,维持河流中的生态用水在短时期内将是一个严峻的课题。为了维持缺水地区人们正常的生产与生活,牺牲的往往是环境。南水北调工程将在很大程度上缓解北部(主要是黄淮海地区)的水资源严重短缺的困境。同时,也为该地区实施执照用水创造了一定的条件。我国有关部门应抓住这一机遇,实施执照用水及其他相关的用水法律,以确保流域中水资源的可持续利用及生态保护。

16.3.2 实施多目标的水利用规划

水资源对生态、社会与经济都有重大的效益,因此水的用途是多方面的。制定并实施多目标的水利用规划是流域水资源生态与经济可持续发展的一条重要策略。半个世纪前，人们对水资源的认识多偏重于它的经济与社会性，其结果是建立大量用于发电、灌溉的水坝。而这些水坝的建立无疑降低了下游的流量，也阻拦了许多水生物种（鱼类）的洄游。其综合结果是下游生态系统退化（例如，河流冲沙能力降低使泥沙淤积、河道变窄、河床基质构成改变、污染物稀释能力降低、杂草侵入河道等）。这些生态问题的出现意味着重新制定并实施河流多目标水利用规划的必要性与紧迫性。下面主要以加拿大不列颠哥伦比亚省（BC 省）为例，谈谈省政府与水电部门合作，针对已建水坝发电项目的河流重新制定水利用规划，并通过合理的放水满足下游地区多目标的用水需要。BC 省是一个水资源丰富的省份，在 20 世纪 70 年代以前，BC 省的水电部门在该省的许多河流建水坝发电，对 BC 省的社会经济起着十分重要的作用。但同时，BC 省的主要河流（例如 Fraser 河、Peace 河等）又是大马哈鱼等物种洄游、产卵、孵化与发育的重要栖息环境。河流中水的量与质直接关系到大马哈鱼的可持续发展。而 BC 省的渔业是主导产业之一，所以保护大马哈鱼的栖息生境对 BC 省的社会、经济与环境都是十分关键的。一方面，由于许多大坝的兴建以及其他方面的人为干扰，大马哈鱼的种群不断减少，栖息生境在不断退化。另一方面，不断的研究也使人们更加认识到水的生态与经济的多目标性。严峻的生态问题以及人们认识的加深，使得省政府决定在 1996 年启动并制定新的水利用规划。该规划主要是针对水电部门的水电设施（水坝或水库），制定更合理的放水方案，以满足水坝下游水资源的多目标发展的需要。为了制定并实施水利用规划，省政府与水电部门合作设计了一套水利用规划的程序及指南。整个程序共包括 13 个步骤：① 针对某一水电设施（水坝）提出水利用规划。这一步的另一个重点是将该提议告之大众；② 确定该河流中与水有关的问题及利益；③ 制定咨询程序；④ 确定要解决的问题及相关的利益；⑤ 针对每一个问题及目标，收集相关的资料；⑥ 选择能满足不同利益与目标的几种可能的规划方案；⑦ 评估各种方案的利害关系；⑧ 确定并记录达成一致的部分以及有争议的部分；⑨ 给负责部门提供规划方案；⑩ 评审方案并形成省级的决定；⑪ 评审被授权的水利用规划并由联邦政府（加拿大渔业与海洋部）做出国家级的决定；⑫ 监测水利用规划方案的实施；⑬ 定期评估规划并根据需要做出适当的调整。

　　经过努力，大部分河流的水利用规划都已完成并实施。这个规划工程还在继续，可预知在不远的将来，所有的主河流（有水电设施）都有一个可实施的水利用规划。可以说，这些具有法律保障的规划对 BC 省河流水资源的可持续发展与生态保护具有划时代的意义。这些规划融入了大量的先进保护理念，是适合时代的行动指南。但任何规划都具有时间性，随着知识的不断更新，任何再完美的规划也会随着时间的推移而不适用。定期对规划进行评估与调整，才能做到与时俱进。

BC省的水利用规划从程序上并没有什么特别之处,与许多规划近似。但它的核心在于整个程序从始至终有不同利益相关者或大众参与,这样制定的规划代表了广泛的利益,较易实施。我国是一个缺水的国家,随着经济的发展,用水方面的矛盾将会不断加剧。为河流制定可实施的(考虑社会经济与生态的各方面)、具有法律意义的水利用规划是实现河流生态系统可持续发展的重要策略。

16.3.3 节水策略

在水资源的综合管理方面,管理模式从过去的供水管理(supply management)转变为用水管理(demand management)。供水管理是指不断寻求水的供给,其主要表现是修筑水库从而增加供水的渠道。供水管理模式过去(尤其是在20世纪60、70年代之前)在北美很盛行,但随着河流中水资源被不断开发而减少,以及人们对这种开发所产生的生态影响的关注,供水管理模式不断受到限制。水资源管理模式更集中在如何控制用水量(即节约用水)的用水管理模式。这种模式又称为软途径(soft path)。

节水策略常包括节水技术的应用、征税、激励与教育。节水技术的应用是一项有效的措施。例如,在农业灌溉时,大量采用滴灌技术要比喷灌技术能节省较多用水。又例如,采用精确的农业灌溉的自动决策系统能够根据土壤中的湿度来决定是否需要灌溉,从而实现因需而灌,可避免过度灌溉。征税是最有效的措施,许多国家的实践都证明了这一点。农业灌溉或工业用水需要执照并根据水的使用量缴纳一定的费用或税。城市居民生活用水则采用水表方法计量,根据水的使用量缴纳一定的费用。例如,在BC省基洛纳市,在采取水表计量并缴纳费用之后,居民用水量降低了30%左右。激励措施是指引入不同比例的缴税规则,从而鼓励用水量较少的使用者。例如,在农业灌溉用水时,对采用滴灌技术的使用者降低单位税率,对其他耗水量较高的使用者,则单位税率较高。教育节约用水也是很重要的,人们更加认识到节约水资源的重要性。教育不仅仅在课堂,还可通过其他各种渠道(报纸、电视等)来进行。

参 考 文 献

Berkoff, J. 2003. China: The South-North water transfer project—is it justified? Water Policy, 5: 1-28.

Collier, M., Webb, R. H. and Schmidt, J. C. 1996. Dams and rivers: Primer on the downstream effects of dams. US Geological Survey Circular: 1126.

Hart, D. D., Johnson, T. E., Bushaw-Newton, K. L., et al. 2002. Dam removal: Challenges and opportunities for ecological research and river restoration. BioScience, 52(8): 669-681.

Liu, C. M. and Zuo, D. K. 1983. Impacts of south-to-north water transfer upon the natural environment (Chapter

12). In: Biswas, A. K., Zuo, D. K., Nickum, J. E., et al. Long-Distance Water Transfer: A Chinese Case Study and International Experience. Water Resources Series Volume 3.

Sun, G., McNulty, S. G., Moore Myers, J. A., et al. 2008. Impacts of multiple stresses on water demand and supply across the Southeastern United States. Journal of American Water Resources Association, 44(6): 1441-1457.

Xue, Y. Q., Zhang, Y., Ye, S. J., et al. 2005. Land subsidence in China. Environmental Geology, 48: 713-720.

Xu, Y. X. and Hong, J. L. 1983. Impacts of water transfer on the natural environment (Chapter 11). In: Biswas, A. K., Zuo, D. K., Nickum, J. E., et al. Long-Distance Water Transfer: A Chinese Case Study and International Experience. Water Resources Series Volume 3.

第 17 章　城市化对流域生态系统的影响与城市流域管理

　　城市化是衡量一个国家发展水平的重要标志。人口超过 1000 万的"超级大城市"数量在迅速增加,特别是发展中国家和地区,城市人口增长最为显著。2011 年 12 月,我国城镇人口占总人口的比例首次突破 50%,2019 年接近 60%。

　　城市化对生态系统最直接的影响是改变控制生态系统能量流动和物质循环的水文循环(Defries 和 Eshleman,2004)。控制流域生态系统功能和服务(例如清洁供水、栖息地)的关键生物地球化学循环包括水循环、养分循环和碳循环。城市土地利用变化影响到流域的许多方面,包括地表水动态、地下水补给、河流地貌、气候、生物地球化学以及河流生态等 (O'Driscoll 等,2010)。城市化通过改变物理、化学和生物过程影响水量、水质 (即沉积物、养分动态)、生态系统初级生产力和碳封存(carbon seques-tration)(Sun 和 Lockaby,2012)。流域水循环的变化是当今城市河流生态系统退化及一系列连锁反应的根本原因。但是,城市化(土地转换、不透水面增加、新污染物产生)、水文(水收支变化、下渗和蒸散过程)和生态功能(生物群变化)在不同时间和空间尺度之间的相互作用还存在知识空白(Wenger 等,2009)。理论上,城市生态学还属于比较新的学科领域,从流域角度关注城市水文的研究还比较缺乏。在这种背景下,系统研究城市化发展对流域生态水文环境的影响,对于合理评价流域生态系统服务功能(傅伯杰和张立伟,2014)、提高流域管理水平以实现可持续发展具有重要意义。

17.1　城市化对地表能量平衡的影响

　　能量是生态系统中物质运输、转换、平衡的原动力,是水循环最根本的驱动力

（Hao 等,2018）（图 17-1）。城市土地利用/覆被变化对环境最直接的影响就是改变流域下垫面的生态水文过程,打破流域能量与水量平衡。早在 20 世纪 60 年代,国外的森林气象水文研究人员对此就有初步认识,指出城市下垫面独特的物理性质造成了其不同于自然下垫面的能量平衡分布特征,并认为这是城市化影响能量再分配、小气候和生态水文的根本原因（Chandler,1967;Oke 和 Mondiale,1974）。城市化过程常使地表植被减少,这会导致地表反照率和粗糙度发生变化,潜热显著减少,显热增加,改变了地表水量与能量的平衡过程（Zhao 等,2014）。

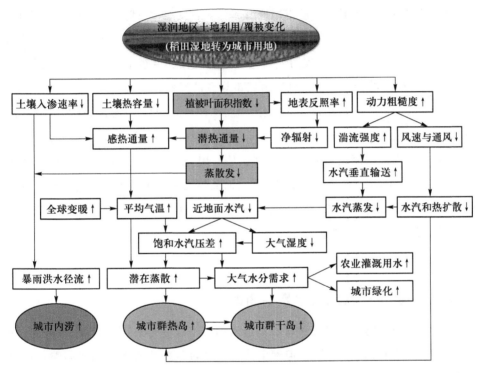

图 17-1　城市化与土地利用/覆被变化影响能量再分配、小气候和生态水文的概念模型

（Hao 等,2018）

城市能量平衡方程（Lee,2018）：

$$R_n + Q_A = H + LE + G + Q_s \tag{17.1}$$

$$R_n = R_{ns} + R_{nl} \tag{17.2}$$

$$R_{ns} = R_s(1 - \alpha) \tag{17.3}$$

式中,R_n 为净辐射;Q_A 为人为热通量;H 为显热通量;LE 为潜热通量;G 为土壤热通量;Q_s 为热储量;α 为地表反照率;R_s 为到达地球表面的实际太阳辐射;R_{ns} 为净短波辐射;R_{nl} 为净长波辐射。

从城市能量平衡来看,以人造结构替代自然景观会从多方面扰乱地表能量平衡。其中,蒸发冷却作用减弱就是导致城市变暖的一个重要因子。人为的热释放作为额外的能量叠加在地表能量平衡中,从而增加地表温度。土地利用/覆被变化引起的低植被覆盖率、低蒸散量会减少潜热通量,加重热岛效应;土地利用/覆被变化引起的反照率降低也会增加太阳短波辐射的能量输入。与自然植被和土壤相比,建筑物在白天可以储存更多辐射能,这些热量在夜间释放,引起夜间增温。地表与边界层大气之间的对流所引起的能量再分配可增强亦可削弱城市热岛效应,其效果取决于城市对流效率是被抑制还是增强(Lee,2018)。

森林砍伐或将林地转换为城市用地增加了地表反照率,减少了净辐射,降低了潜热(Sun 等,2010),增加了显热并加热大气(Taha,1997)。O'Driscoll 等(2010)回顾了美国南部城市对天气的影响,表明城市化最终通过减少绿色植被的冷却效应导致城市热岛现象(Ziter 等,2019)。农村转为城市导致的气候转变幅度取决于局地天气条件、城市热物理环境、几何特征、人为湿源和热源(Taha,1997)。秦孟晟(2019)利用陆面能量平衡模型(surface energy balance algorithm for land,SEBAL)在我国南方湿润区典型城市化的秦淮河流域的研究表明,在土地利用/覆被变化最为显著的城乡界面区(urban-rural interface),潜热通量明显下降,而显热通量和土壤热通量呈上升趋势,且前者的上升速率远大于后者,波文比也呈显著上升趋势,表明该区域能量分配逐渐倾向于显热,出现城市热岛现象。

17.2 城市化对流域水量平衡的影响

城市化驱动的地表过程通过增加不透水面以及改变地表覆被状况,对不同尺度的径流、入渗、蒸散、地下水补给、河网汇流等水文过程产生直接或间接影响(Sun 和 Lockaby,2012)。了解流域水量平衡对于进一步了解城市化对供水、水质和生态过程的影响至关重要(Sun 等,2004)。

17.2.1 城市化对流域水循环的影响

作为全球水循环的一部分,城市水循环包含一系列相对独特的流动过程(Welty,2009)。城市水量平衡(Erell 等,2011;Butler 和 Davies,2011)公式为

$$P + I = Q + ET + F + \Delta A + \Delta S \tag{17.4}$$

式中,P 为降水量;I 为通过管道供给城市的水量;Q 为地表和地下径流量;ET 为蒸散;F 为人类活动导致的水分蒸发量;ΔA 为一定区域内外的净水汽平流;ΔS 为一定时期内储水量的变化。

在城市化影响的水循环过程中,大气中的水蒸气冷却后以雨或雪的形式降落(Alberti,2008),一部分被建筑、道路和土壤"截留",直接蒸发返回到大气中;另一部分通过不透水面裂缝或城市绿地和土壤下渗,这些渗透水可以被植被根系吸收,经由植物的汲取再蒸腾到大气中。蒸散是非生物表面蒸发和植物蒸腾作用的总和。渗透到土壤中的水分可以通过接近水平的潜流移动到河流或其他水体中,剩余的渗透水进一步向下流入地下水。然而,大量水分降落在渗透性很低的城市不透水面时,特别是遭遇暴雨时,降水迅速以地表径流的形式进入管道、沟渠组成的排水系统,然后注入水体。地面和水体的蒸散作用将水分以水蒸气的形式传输回大气中。此外,城市通常用管道将不断流动的清洁饮用淡水输送到地区供居民生活用水,废水经过净化系统或使用污水管道系统进行处理,再输送到附近的水体。

17.2.2　城市化对蒸散的影响

由城市化引起的土地利用/覆被变化通过影响地表蒸散直接影响区域尺度能量平衡(Sun 等,2017)和水量平衡(Fisher 等,2011;Sterling 等,2013)。气候特征(如降水模式、气温、辐射、湿度、风速)、土地覆被组成(如植被覆盖面积、农田种植方式)、植被类型与生产力以及人类活动(如灌溉用水周期)决定流域蒸散总量(Ford 等,2011;Sun 等,2011a),从而影响流域水文特征(如产水量、暴雨洪水量和基流等)(Qi 等,2009)。此外,城市污染物浓度也常常比农村地区高出许多倍,臭氧等污染物会对森林生态系统的生态生理过程产生负面影响(McLaughlin 等,2007),从而影响蒸散。

在我国南方湿润区植被覆盖较好的流域,年蒸散可高达降水的 70%,干旱年份甚至更高(> 90%),是决定流域水循环过程的关键因素。例如过去十余年来,秦淮河流域的水稻田面积减少 27%,且大部分转为城市用地,这导致流域蒸散大幅减少,年总径流量增加近 60%,洪峰流量、河川基流、枯水径流和地下水位均有显著增加趋势,加剧了该流域洪涝风险(Hao 等,2015)。

17.2.3　城市化对产水量、洪峰和基流的影响

用于评价城市化对流量和相关水生生物群影响的水文变量或指标有很多,例如,月或更长时间尺度内的总流量(或产水量)对评估供水的累积效应最为有用。洪峰流量(peak flow)和某些罕见流量的发生频率或流域的平坦程度对评估土地利用变化对洪水和泥沙输送的影响最有帮助。基流(base flow)是流域水文特征阈值变化的另一个重要指标,对水质、纳污能力、供水和维持水生生物有着重要作用,主要受地质条件和气候条件控制。植被也是一个重要影响因素(Sun 等,2011a,2011b)。

（1）总产水量

国内外学者通常使用小的"配对流域"方法研究森林转为其他用地对河川流量的影响，量化水文响应（Sun 等，2000）。世界范围内的"配对流域"试验表明，森林砍伐提高了产水量，而植树造林则降低了产水量（Andreassian，2004）。然而，研究城市化如何影响水文循环，大多数流域尺度的植被控制实验都存在局限性，这是由于实验所采用的土壤和植被干扰一般是温和且短暂的（Lull 和 Sopper，1969；Oudin 等，2018）。

城市气候条件和城市化之前土地利用与覆被类型的不同，会导致城市化后的水文变化具有明显的区域特征（Sun 和 Caldwell，2015）。对于降水量大、地表覆被类型多为森林、湿地或农用地的湿润地区，城市化后对流域产水绝对量的影响会比干旱地区更明显。例如，从 1986—2002 年到 2003—2013 年，秦淮河流域城市面积扩张了 3 倍，年径流量从 353 mm 显著增加到 556 mm，径流系数（径流量/降水量）从 0.32 增加到 0.49，增加了 53%（Hao 等，2015）。在干旱流域，地表覆被类型多为灌木、草地或荒地。由于年降水量相对较小，根据年水量平衡，城市化以后产水量的绝对变化不大。然而，其相对变化不可忽略。

（2）暴雨径流、洪峰径流

Lull 和 Sopper（1969）研究表明，快速城市化流域的年径流、暴雨径流（storm flow）和年最大洪峰径流随城市化进程显著增加。其中，暴雨径流对降水量的响应在城市区域最为敏感。局部城市化流域的丰水径流均高于森林流域。同样 Boggs 和 Sun（2011）发现，城市化流域对降雨事件的响应较高。城市化流域和森林流域的年径流系数分别为 0.42 和 0.24。城市化流域的暴雨径流比森林流域多 75%，洪峰径流也显著高于森林流域，分别为 76.6 mm · d^{-1} 和 5.8 mm · d^{-1}；两个流域之间的差异主要发生在植被生长季。美国东北巴尔的摩城市生态系统研究发现，无论是否进行雨水管理，月流量和丰水径流是森林流域的 3 倍之多（Meierdiercks 等，2010）。

（3）基流

由于自然物理过程（如蒸散减少）与人类活动之间的复杂相互作用，城市化对流域基流的影响有很大不确定性，观测到的基流对城市化的水文响应是可变的（Oudin 等，2018）。一些研究表明，由于地表径流增加和大量抽取地下水，城市化流域具有较低的基流量，从而减少了地下水补给（Barringer 等，1994）。然而，在许多情形下，废水处理厂的污水排放和农业、生活用水的回流等也会导致大流域的基流量增加（Paul 和 Meyer，2001）。不透水面有助于地表水流迅速汇入河流（Dunne 和 Leopold，1978），但由于其他因素，如地形和流域内城市化区域的位置和大小，真正的城市化效应可能会被掩盖（Lull 和 Sopper，1966，1969）。例如，Price 等（2011）在美国东南部湿润地区的研究发现，尽管森林的蒸散较高，但无干扰森林流域的基流高于森林覆盖率较低的其他土地利用类型的流域。这些区域尺度的研究虽然有限,但挑战了传统的"配对流域"的研究结果。

17.3　城市化对水质和水生生物的影响

城市化对水体非点源污染的影响主要体现在使非点源污染的"源""过程"和"汇"发生了变化(McDonald 等,2011)。首先,城市产生大量污染物(因除草剂大量使用、汽车尾气等)和重金属,并发生氮沉降。其次,流域内不透水面比例增大,不仅加快了地表径流的形成,也增大了洪水峰值,同时降低了受纳水体的水质,流域吸收、保留、滞留污染物的能力降低(Sun 和 Lockaby,2012)。暴雨是城市非点源污染发生的另一个主要驱动力。流域非点源污染通常是伴随着降雨径流过程特别是暴雨过程产生的,暴雨洪水冲刷地表,产生径流,对污染物质起到运输作用(Dietz 和 Clausen,2005)。暴雨次数越多、频率越高,洪水面积越广、水量越大,污染物总数量和污染范围就越大(夏军等,2012)。在全球气候变化背景下,许多区域的降水格局发生变化,强降水事件频率呈现增加趋势,不仅极易引发洪涝灾害,而且极端气候变化带来的极端水文过程增加,也加重了非点源污染物迁移的风险。城市暴雨径流中含有诸如营养物、杀虫剂、病菌、石油、油脂、沉淀物以及重金属等污染物,亦成为水质被破坏的主导原因(USEPA,2000)。

Paul 和 Meyer(2001)、de la Cretaz 和 Barten(2007)以及 Nagy 等(2011)总结了森林流域转为城市用地后对水质沉积物和生物地球化学循环的影响,认为城市发展加剧了水量和水质问题,而这主要是不透水面增加所导致的。此外,城市环境中产生了许多污染物,这些污染物比农、林业污染物更为复杂多样(USGS,1999;de la Cretaz 和 Barten,2007)。除了沉积物和营养物质外,城市水域通常还含有抗生素、镇痛剂、麻醉剂等药,草坪和休闲区的杀虫剂,刹车片和工业活动造成的金属污染(Paul 和 Meyer,2001)。而且传统水处理系统无法净化这些新的污染物(如抗生素)。同时,污水管网或合流制污水溢流(combined stormwater-sewer overflow,CSO)也会带来与污水泄漏相关的致病微生物群(Tibbetts,2005)。

一般来说,河流对城市化最常见的物理化学响应是增加 NO_3^- 浓度,总磷(TP)、钾和 SO_4^{2-} 也经常会增加(Schoonover 和 Lockaby,2006)。河流 NH_4^+ 和化学需氧量(COD)浓度对城市化的响应比较多变,既有可能增加也有可能减少(Weston 等,2009)。

相比于沉积物和营养物,河流中的其他污染物也受到很多关注。Nagy 等(2011)发现,在城市地区下游的河流或沉积物中,铜(Cu)、铬(Cr)、铅(Pb)、镉(Cd)、汞

（Hg）、锌（Zn）和镍（Ni）等含量增多。与源自南卡罗来纳州海岸森林的溪流相比,城市中的有机污染物(如多氯联苯)含量更高(Sanger 等,1999)。此外,个人护理产品,如除臭剂和药品残留物,在城市河流中含量也较多。在爱荷华州的一项研究中,在枯水径流期间,城市河流监测样本中含有以下污染物的比例分别为:非处方药 86%、类固醇 80%、香料 40%、抗生素 40% 和处方药 76%(Kolpin 等,2004)。然而,传统的水处理设施去除这些污染物的能力可能有限(Bolonga 等,2009)。

森林向城市用地转化已被证明对河流生物完整性具有重要影响。通常,鱼类、两栖动物、爬行动物和无脊椎动物的丰度和多样性会随着那些对干扰较敏感的物种的减少而减少,取而代之的是那些数量较少的对栖息地改变更具耐受性的物种。同样,鱼的健康水平也会受影响,引起鱼鳍腐蚀、损伤和肿瘤(Helms 等,2005)。流速的增加、河床基质的变化以及物理化学和/或生物污染物的增加等都可能对河流生物群产生影响(Paul 和 Meyer,2001;Barrett 等,2010)。已有研究发现,为了适应城市河流中增加的流速,蜉蝣的繁殖模式发生了变化(Price 等,2006)。

森林向城市转变后发生的水文和水质变化通常会对人类健康有负面影响。例如,在许多城市河流中发现的高浓度粪大肠菌群、大肠杆菌和其他致病生物(Paul 和 Meyer,2001;Nagy 等,2011)可能与接触受污染水域的人群出现胃肠道疾病有关(Tibbetts,2005)。全球每年约有 150 万人死于与供水和卫生问题有关的腹泻(Bjorkland 等,2009)。在美国,由于不透水面增加导致了不稳定的水文环境,CSO 也经常导致暴雨期间未经处理的污水直接注入河流。由于日益严重的污染以及溢流水汇集,一些传播疾病的昆虫如库蚊(Culex sp.)的栖息地增多,将极有可能增加鸟类和人类感染西尼罗河病毒(west Nile virus,WNV)的风险(Vazquez-Prokopec 等,2010)。

17.4　城市化的综合环境效应

林地、湿地(包括自然湿地与稻田等人工湿地)以及农业用地转为城市用地,对不同尺度的生态水文过程产生直接或间接影响,进而对流域生态系统构成压力,对其结构和多重功能产生深远的影响,通过影响生物地球化学循环的各个方面影响水量、水质和生态系统初级生产力和碳封存(Sun 等,2004,2005),影响流域生态系统健康和可持续性(图 17-2),引发或加重一系列生态水文与气候综合环境效应,如热岛、干岛、湿岛、雨岛和浑浊岛的“城市五岛”效应(Chow 和 Chang,1984;Hao 等,2018)。

快速城市化极大地扰动了流域生态系统的结构和功能,引发了一系列生态环境问题,威胁着流域的健康和可持续发展。城市的特点是社会、经济和环境变量之间的复杂相互作用。这些相互作用对流域生态系统的多重功能及其为人类和地球上其他

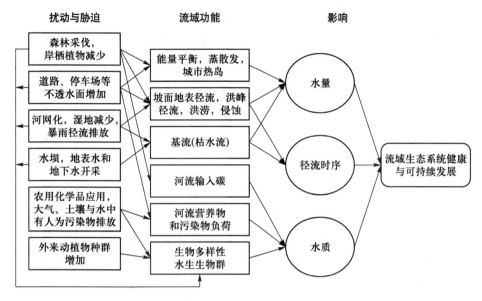

图 17-2　城市化对流域生态系统功能、健康和可持续性的影响（Sun 和 Lockaby，2012）

生命提供的服务产生了重大影响，并最终影响人类健康和福祉。深入理解城市发展与流域生态系统服务之间相互依存的动态关系和相互作用（Alberti，2005），对实现流域生态系统服务综合效益最大化具有重要意义。

流域产水量和生态系统初级生产力是流域的基本生态系统服务功能（Sun et al.，2017）。除此之外，流域生态系统对城市气候也具有调节功能。大规模林地、湿地以及农田转为城市用地导致下垫面热力性质、反照率、粗糙度和含水量等物理属性发生改变，影响近地面大气的物理属性、地-气能量交换和生态系统水分收支。但是，当地气候、植被特征以及城市化强度不同，导致流域生态系统对城市气候的调节功能不同，例如蒸散发及其相应的生态系统服务功能不同。

蒸散发是近地表气候的有效调节者，特别是在温暖干燥的中纬度和低纬度地区。城市化如何影响小气候，如"热岛""干岛"，都需从蒸散发和能量平衡的角度去理解。

Kalnay 和 Cai（2003）发现，1950—1999 年，美国地区同时考虑城市化与农业用地变化所导致的地表升温至少是只考虑城市化影响的两倍。在降水多且生长季长或有大范围灌溉的地区，蒸散对当地水文和气候的影响尤为明显（Zhou 等，2016；Brunsell 等，2010）。在蒸散过程中，由于需要消耗更多的能量作为潜热，森林、湿地往往比其他下垫面具有更强的地表冷却作用（Ellison 等，2017），从而有助于缓解城市热岛效应（Shastri 等，2017）。热岛效应在湿润地区或在以湿地为主的城市化区域特别明显（Sun 等，2017；Zhou 等，2016）。另外，对流层低层水汽凝结过程长期以来一直被认为是大气潜热传递的关键（Trenberth 和 Stepaniak，2003）。除此之外，水汽还是一种重要的温室气体(Kiehl 和 Trenberth,1997),是全球气候变化的重要影响因素。快速城市化除了导致城市局地气温升高外,还会改变地面和大气之间的水汽交换,使城市空气变得更加干燥。当大范围森林、湿地、灌溉农田转为城市用地后,其作为"空调机"的功能大大降低,城市气候会变得更干更热,加重或形成城市干岛与热岛效应(Hao 等,2018;Lokoshchenko,2017)。

17.5 缓解城市生态环境风险

城市生态环境风险指的是城市发展与城市建设导致城市生态环境要素、生态过程、生态格局和系统生态服务发生的可能不利变化,以及对人居环境产生的可能不良影响(王美娥等,2014),包括城市五岛效应、大气环境效应、水环境效应、土壤环境效应、生态服务效应、生态用地流失和区域生态安全等方面。城市生态环境风险是一个系统和完整的体系,具有高度的多样性和复杂性。

城市化过程将原本适宜区域生态环境的自然、半自然景观改造为不透水面景观,其结果是不仅影响城市地表的热环境与热通量特征,也造成城市地表和地下水文过程隔离,乃至阻隔生物体之间的流动,导致城市生态系统功能的退化(陈利顶等,2013),加大城市生态环境风险。如何及时解决城市化带来的生态环境问题、缓解城市生态环境风险,需要城市生态科学包括生态水文学的指导。

17.5.1 减缓不透水面增加导致的水环境效应

城市不透水面的增加是影响城市水文过程的重要因素(Suriya 和 Mudgal,2012;Caldwell 等,2012)。Ferguson 和 Suckling(1990)认为,减少雨水径流的一个方法是在路面表面增加更多孔隙以增强其渗透性,修建多孔路面,其由柏油/沥青或混凝土材质组成,孔隙使得部分径流渗入并向下进入路面之下的沙质土壤中。小雨时大多数雨水可以通过多孔路面渗透,但缺点是在暴雨的情况下渗透比例会小很多。而且,多孔路面容易堵塞,因此在几年内其有效性会下降。目前,多孔路面在人行道和私人车道、停车场这种交通压力小的区域最为有效。

相比之下,透水路面更具优势,它是含有砾石、土壤和草的混凝土砖或大孔隙的塑料结构,因此雨水容易向下渗透并向上蒸散发。另外,可以向土壤灌输具有分解作用的微生物用以清洁雨水污染物。透水路面能增加雨水的渗透,增加水对土壤(也可能是对地下水)的补给,减少输入雨水管道网络的水量,同时减少雨水中的污染物(Brattebo 和 Booth,2003;Asaeda 和 Ca,2000)。重视城市内的自然或者人工湿地的维护与增加,这些湿地对减缓不透水面增加导致的负面水环境效应有重要作用。

17.5.2　发挥以自然生态系统功能为核心的城市水资源管理

基于流域或子流域尺度的土地覆被管理是保护城市水量和水质最为有效的选择之一。根据流域服务功能和目的(Postel 和 Thompson,2005),在相应的水文单元内进行综合流域管理,同时限制开发那些对水量和水质影响较大的重点区域。如果这些流域可以保留或恢复植被(如森林或草地),那么覆被良好的流域不仅可以保障水资源稳定供给,改善水文环境(如减少非点源污染,减少城市内涝)(Nagy 等,2011),还可以改善城市小气候环境(如缓解城市干岛与热岛效应)(Ziter 等,2019;Hao 等,2018)。同时,对减少噪声、降低空气污染、减弱紫外线照射、降低能源消耗、保障人体身心健康、提供野生动物栖息地等方面也大有益处。总之,与不透水面相比,自然生态系统提供了更稳定的生态水文环境和更丰富的可利用水资源(Vose 等,2011),而且这比传统以工程为主的水资源管理的造价低得多。

"低影响开发"(low-impact development,LID)是 20 世纪 90 年代末发展起来的暴雨管理和非点源污染处理技术(Richman 和 Bicknell,1999;France,2003),旨在通过分散的、小规模的源头控制来达到对暴雨所产生的径流和污染的控制,使被开发地区尽量接近自然的水文循环。其核心在于原位收集、自然净化、就近利用或回补地下水。比起不透水的基础设施,这种方式更为有效,对环境的不利影响也更小。其中,分散式植被控制系统利用植被减少雨水径流(France,2003),将雨水径流导入沟渠或由草本植物或木本植物组成的"沼泽地",产生更多的渗透、地下水补给和蒸散,更高的地下水位,更少的地表径流和洪水,更长的洪峰滞后时间,更少的侵蚀和沉淀,较少的地表下陷以及净化雨水等一系列益处。在植被成熟时,其优势更为明显,遇到暴雨时效果也非常稳定,同时成本较低。

17.5.3　从流域生态系统的角度管理城市,降低城市生态环境风险

目前,从系统综合的角度来解决环境或生态问题已逐渐成为学术和资源管理界的共识(陈利顶等,2013)。流域是自然系统中一个具有明显物理边界线且综合性强的独特地理单元。从这个意义上讲,所有的生态环境问题都落入某一流域,都与流域水、土、气资源被破坏或不合理管理有关。因此,把流域作为一个完整的系统,从流域生态水文的角度管理城市,以流域为单元实施最佳管理措施(best management practice,BMP),运用生态水文学理论对流域中的主要过程进行科学管理,通过合理设置流域生态用地,有效提高城市生态服务功能和保障城市生态安全,是一条更有效的系统综合解决城市环境问题的途径。

由于气候变化与人类活动的强烈干扰,多要素、多过程、多格局、多尺度的城市生

态水文与气候效应具有复杂性与不确定性(傅伯杰和张立伟,2014)。随着人口增长、经济发展和城市扩张,人类对建设用地的需求还将持续增长,以调节土地覆被、保护湿地、发挥自然生态系统功能(水热平衡和养分循环)为核心的城市流域管理在稳定城市小气候、改善水质和减缓洪涝等极端水文变化的作用不容忽视。理解并实施流域服务可能是未来维持水质和水量的主要途径(Millennium Ecosystem Assessment,2005),这在发展中国家尤其如此(Bjorkland 等,2009)。

近年来,国内针对城市洪涝及水环境问题,提出"海绵城市"建设模式(俞孔坚等,2015),即一种以实现水文过程动态管理与调控为目的的城市建设模式。为了缓解因水文学、城市水文学领域的各类实践可能引发的过度工程化以及与生态系统脱节等问题(赵银兵等,2019),"海绵城市"建设需遵循流域生态水文基本规律进行设计和调控。尤其在全球变暖、极端气候事件增多的背景下,城市土地覆被变化的环境效应更为敏感,现代城市规划需要遵循流域生态水文基本原理,从城市流域生态系统角度认识近年来新出现的不同尺度城市环境效应,加强流域景观规划,提高综合生态系统服务功能,以减缓城市化对环境带来的负面影响。这不仅有助于增强流域生态稳定性,而且对于适应全球环境变化、实现区域可持续发展具有重要意义。

参 考 文 献

陈利顶,孙然好,刘海莲. 2013. 城市景观格局演变的生态环境效应研究进展. 生态学报,33(4):1042-1050.

傅伯杰,张立伟. 2014. 土地利用变化与生态系统服务:概念、方法与进展. 地理科学进展,33(4):441-446.

秦孟晟. 2019. 秦淮河流域城市化对蒸散及热量平衡的影响. 博士学位论文. 南京:南京信息工程大学.

王美娥,陈卫平,彭驰. 2014. 城市生态风险评价研究进展. 应用生态学报,25(3):911-918.

夏军,翟晓燕,张永勇. 2012. 水环境非点源污染模型研究进展. 地理科学进展,31(7):941-952.

俞孔坚,李迪华,袁弘,等. 2015. "海绵城市"理论与实践. 城市规划,39(6):26-36.

赵银兵,蔡婷婷,孙然好,等. 2019. 海绵城市研究进展综述:从水文过程到生态恢复. 生态学报,39(13):4638-4646.

Alberti,M. 2008. Advances in Urban Ecology:Integrating Humans and Ecological Processes in Urban Ecosystems. New York:Springer.

Andreassian,V. 2004. Waters and forests:From historical controversy to scientific debate. Journal of Hydrology,291:1-27.

Asaeda,T. and Ca,V. T. 2000. Characteristics of permeable pavement during hot summer weather and impact on the thermal environment. Building and Environment,35(4):363-375.

Barrett,K. , Helms, B.S. , Guyer, C. , et al. 2010. Linking process to pattern:Causes of stream-breeding amphibian decline in urbanized watersheds. Biological Conservation, 143: 1998-2005.

Barringer, T. H., Reiser, R. G., and Price, C. V. 1994. Potential effects of development on flow characteristics of two New Jersey streams. Journal of the American Water Resources Association, 30:283-295.

Bjorkland, G., Buulock, A., Hellmuth, M., et al. 2009. World Water Assessment Programme. Chapter 6. Water's many benefits. In: The United Nations World Water Development Report 3: Water in a Changing World. Paris: UNESCO, and London: Earthscan.

Boggs, J. and Sun, G. 2011. Urbanization alters watershed hydrology in the Piedmont of North Carolina. Ecohydrology, 4: 256-264.

Bolonga, N., Ismaila, A. F., Salimb, M. R., et al. 2009. A review of the effects of emerging contaminants in wastewater and options for their removal. Desalination, 239(1-3):229-246.

Brattebo, B. O. and Booth, D. B. 2003. Long-term stormwater quantity and quality performance of permeable pavement systems. Water Research, 37(18): 4369-4376.

Brunsell, N. A., Jones, A. R., Jackson, T. L., et al. 2010. Seasonal trends in air temperature and precipitation in IPCC AR4 GCM output for Kansas, USA: Evaluation and implications. International Journal of Climatology, 30 (8): 1178-1193.

Butler, D. and Davies, J. W. 2011. Urban Drainage. London: Spon Press.

Caldwell, P. V., Sun, G., McNulty, S. G., et al. 2012. Impacts of impervious cover, water withdrawals, and climate change on river flows in the conterminous U. S. Hydrology and Earth System Sciences, 16: 2839-2857.

Chandler, T. J. 1967. Absolute and relative humidities in towns. Bulletin of the American Meteorological Society, 48:394-399.

Chow, S. D. and Chang, C. 1984. Shanghai urban influences on humidity and precipitation distribution. Geo Journal, 8(2): 201-204.

de la Cretaz Cretaz, A. and Barten, P. K. 2007. Land Use Effects on Streamflow and Water Quality in the Northeastern United States. New York: CRC/Taylor & Francis.

Defries, R. and Eshleman, K. N. 2004. Land-use change and hydrologic processes: A major focus for the future. Hydrological Processes, 111:2183-2186.

Dietz, M. E. and Clausen, J. C. 2005. A field evaluation of rain garden flow and pollutant treatment. Water Air and Soil Pollution, 167(1-4): 123-138.

Dunne, T. and Leopold, L. B. 1978. Water in Environmental Planning. New York: Freeman.

Ellison, D., Morris, C. E., Locatelli, B., et al. 2017. Trees, forests and water: Cool insights for a hot world. Global Environmental Change, 43(51): 51-61.

Erell, E., Pearlmutter, D. and Williamson, T. 2011. Urban Microclimate: Designing the Spaces between Buildings. London: Earthscan.

Ferguson, B. K. and Suckling, P. W. 1990. Changing rainfall-runoff relationships in the urbanizing Peachtree Creek watershed, Atlanta, Georgia. Journal of the American Water Resources Association, 26: 313-322.

Fisher, J. B., Whittaker, R. J. and Malhi, Y. 2011. ET come home: Potential evapotranspiration in geographical ecology. Global Ecology and Biogeography,20(1): 1-18.

Ford,C. R. ,Hubbard,R. M. and Vose,J. M. 2011. Quantifying structural and physiological controls on variation in canopy transpiration among planted pine and hardwood species in the southern Appalachians. Ecohydrology,4(2):183-195.

France,R. L. 2003. Wetland Design,Principles and Practices for Landscape Architects and Land-Use Planners. New York: Norton.

Hao,L. ,Sun,G. ,Liu,Y. ,et al. 2015. Urbanization dramatically altered the water balances of a paddy field dominated basin in southern China. Hydrology and Earth System Sciences,12: 1941-1972.

Hao,L. ,Huang,X. L. ,Qin,M. S. ,et al. 2018. Ecohydrological processes explain urban dry island effects in a wet region,southern China. Water Resources Research,54(9): 6757-6771.

Helms,B. S. ,Feminella,J. W. and Pan,S. 2005. Detection of biotic responses to urbanization using fish assemblages from small streams of Western GA,USA. Urban Ecosystems,8:39-57.

Kalnay,E. and Cai,M. 2003. Impact of urbanization and land-use change on climate. Nature,423(6939): 528-531.

Kiehl,J. T. and Trenberth,K. E. 1997. Earth's annual global mean energy budget. Bulletin of the American Meteorological Society,78(2): 197-208.

Kolpin,D. W.,Skopec,M. ,Meyer,M. T. ,et al. 2004. Urban contribution of pharmaceuticals and other organic wastewater contaminants to streams during differing flow conditions. Science of the Total Environment,328(1-3): 119-130.

Lee,X. H. 2018. Fundamentals of Boundary-Layer Meteorology. New York: Springer.

Lokoshchenko,M. A. 2017. Urban heat island and urban dry island in Moscow and their centennial changes. Journal of Applied Meteorology and Climatology,56(10): 2729-2745.

Lull,H. W. and Sopper,W. E. 1966. Factors that influence streamflow in the northeast. Water Resources Research,2: 371-379.

Lull,H. W. and Sopper,W. E. 1969. Hydrologic effects from urbanization of forested watersheds in the Northeast. U. S. D. A. Forest service research paper NE-146. Northeastern Forest Experiment Station.

McDonald,R. I. ,Green,P. ,Balk,D. ,et al. 2011. Urban growth,climate change,and freshwater availability. PNAS,108: 6312-6317.

McLaughlin,S. B. ,Wullschleger,S. D. ,Sun,G. ,et al. 2007. Interactive effects of ozone and climate on water use,soil moisture content and streamflow in a southern Appalachian forest in the USA. New Phytologist,174: 125-136.

Meierdiercks,K. L. ,Smith,J. A. ,Baeck,M. L. ,et al. 2010. Heterogeneity of hydrologic response in urban watersheds. Journal of the American Water Resources Association,46(6):1-17.

Millennium Ecosystem Assessment. 2005. Ecosystems and Human Well-Being: Wetlands and Water Synthesis. Washington:World Resources Institute.

Nagy,R. C. ,Lockaby,B. G. ,Helms,B. ,et al. 2011. Relationships between forest conversion and water resources in a humid region: The southeastern United States. Journal of Environmental Quality,40: 867–878.

O'Driscoll,M. ,Clinton,S. ,Jefferson,A. ,et al. 2010. Urbanization effects on watershed hydrology and in-stream processes in the southern United States. Water,2: 605–648.

Oke,T. R. and Mondiale,O. M. 1974. Review of urban climatology 1968—1973, WMO. Publ. , Tech. Note134,132pp.

Oudin,L. ,Salavati,B. ,Furusho-Percot,C. ,et al. 2018. Hydrological impacts of urbanization at the catchment scale. Journal of Hydrology,559: 774–786.

Paul,M. J. and Meyer,J. L. 2001. Streams in the urban landscape. Annual Review of Ecology and Systematics, 32:333–365.

Postel,S. L. and Thompson,B. H. 2005. Watershed protection: Capturing the benefits of nature's water supply services. Natural Resources Forum,29:98–108.

Price,S. J. ,Dorcas,M. E. ,Gallant,A. L. ,et al. 2006. Three decades of urbanization: Estimating the impact of land-cover change on stream salamander populations. Biological Conservation,133: 436–441.

Price,K. , Jackson,C. R. ,Parker,A. J. ,et al. 2011. Effects of watershed land use and geomorphology on stream low flows during severe drought conditions in the southern Blue Ridge Mountains,Georgia and North Carolina, United States. Water Resources Research,47(2): W02516.

Qi,S. , Sun, G. , Wang, Y. , et al. 2009. Streamflow response to climate and landuse changes in a coastal watershed in North Carolina. Transactions of the ASABE,52:739–749.

Richman,T. and Bicknell,J. 1999. Start at the Source: Site Planning and Design Guidance Manual for Stormwater Quality Protection. 29th Annual Water Resources Planning and Management Conference.

Sanger,D. M. ,Holland,A. F. and Scott,G. I. 1999. Tidal Creek and salt marsh sediments in South Carolina Coastal estuaries: II. Distribution of organic contaminants. Archives of Environmental Contamination and Toxicology,37(4): 458–471.

Schoonover,J. E. and Lockaby,B. G. 2006. Land cover impacts on stream nutrients and fecal coliform in the lower Piedmont of West Georgia. Journal of Hydrology,331: 371–382.

Shastri,H. ,Barik,B. ,Ghosh,S. ,et al. 2017. Flip flop of day-night and summer-winter surface urban heat island intensity in India. Scientific Reports,7: 40178.

Sterling,S. M. ,Ducharne,A. and Polcher,J. 2013. The impact of global land-cover change on the terrestrial water cycle. Nature Climate Change,3(4): 385–390.

Sun,G. ,Alstad,K. ,Chen,J. ,et al. 2011a. A general predictive model for estimating monthly ecosystem evapotranspiration. Ecohydrology,4: 245–255.

Sun,G. and Caldwell,P. 2015. Impacts of urbanization on stream water quantity and quality in the United States. Water Resources Impact,17(1): 17–20.

Sun,G. ,Caldwell,P. ,Noormets,A. ,et al. 2011b. Upscaling key ecosystem functions across the conterminous United States by a water-centric ecosystem model. Journal of Geophysical Research,116: G00J05.

Sun,G. ,Hallema,D. and Asbjornsen,H. 2017. Ecohydrological processes and ecosystem services in the Anthropocene: A review. Ecological Processes,6(1): 35.

Sun, G. and Lockaby, B. G. 2012. Water quantity and quality at the urban-rural interface. In: Laband, D. N. , Lockaby, B. G. and Zipperer, W. Urban-Rural Interfaces: Linking People and Nature. Madison, Wisconsin: American Society of Agronomy, Crop Science Society of America, Soil Science Society of America, Chapter 3: 26-45.

Sun, G. , Lu, J. , Gartner, D. , et al. 2000. Water budgets of two forested watersheds in South Carolina. In: Higgins, R. W. Proceedings of AWRA Annual Water Resources Conference. Water Quantity and Quality Issues in the Coastal Urban Areas. Miami, Florida, pp 199-202.

Sun, G. , McNulty, S. G. , Lu, J. , et al. 2005. Regional annual water yield from forest lands and its response to potential deforestation across the southeastern United States. Journal of Hydrology, 308: 258-268.

Sun, G. , Noormets, A. , Gavazzi, M. J. , et al. 2010. Energy and water balance of two contrasting loblolly pine plantations on the lower coastal plain of North Carolina, USA. Forest Ecology and Management, 259: 1299-1310.

Sun, G. , Riedel, M. , Jackson, R. , et al. 2004. Influences of management of Southern forests on water quantity and quality. Gen. Tech. Rep. SRS-75. Asheville: U. S. Department of Agriculture, Forest Service, Southern Research Station, Chapter 19: 195-234.

Suriya, S. and Mudgal, B. V. 2012. Impact of urbanization on flooding: The Thirusoolam sub-watershed: A case study. Journal of Hydrology, 412-413:210-219.

Taha, H. 1997. Urban climates and heat islands: Albedo, evapotranspiration, and anthropogenic heat. Energy and Buildings, 25(2): 99-103.

Tibbetts, J. 2005. Combined sewer systems: Down, dirty, and out of date. Environmental Health Perspectives, 113:A464-A467.

Trenberth, K. E. and Stepaniak, D. P. 2003. Covariability of components of poleward atmospheric energy transports on seasonal and interannual timescales. Journal of Climate, 16(22): 3691-3705.

USEPA. 2000. Draft EPA guidelines for management of onsite/decentralized wastewater systems. U. S. Environmental Protection Agency, Office of Wastewater Management, 65(195): 59840-59841.

USGS. 1999. The quality of our nation's waters-nutrients and pesticides. USGS Circular 1225.

Vazquez-Prokopec, G. M. , Vanden, J. L. , Kelly, R. , et al. 2010. The risk of West Nile Virus infection is associated with combined sewer overflow streams in urban Atlanta, Georgia. Environmental Health Perspectives, 118 (10): 1382-1388.

Vose, J. M. , Sun, G. , Ford, C. R. , et al. 2011. Forest ecohydrological research in the 21st century: What are the critical needs? Ecohydrology, 4(2):146-158.

Welty, C. 2009. The urban water budget. In: Baker, L.A. The Water Environment of Cities. New York: Springer, pp 17-28.

Wenger, S. J. , Roy, A. H. , Jackson, C. R. , et al. 2009. Twenty-six key research questions in urban stream ecology: An assessment of the state of the science. Journal of the North American Benthological Society, 28

（4）:1080-1098.

Weston,N. B.,Hollibaugh,J. T. and Joye,S. B. 2009. Population growth away from the coastal zone: Thirty years of land use change and nutrient export in the Altamaha River,GA. Science of the Total Environment,407(10): 3347-3356.

Zhao,L. ,Lee,X. ,Smith,R. B. ,et al. 2014. Strong contributions of local background climate to urban heat islands. Nature,511(7508): 216-219.

Zhou,D. ,Li,D. ,Sun,G. ,et al. 2016. Contrasting effects of urbanization and agriculture on surface temperature in eastern China. Journal of Geophysical Research Atmospheres,121(16): 9597-9606.

Zhou,G. ,Wei,X. ,Chen,X. ,et al. 2015. Global pattern for the effect of climate and land cover on water yield. Nature Communications,6(3): 5918.

Ziter,C. D. , Pedersen, E. J. , Kucharik, C. J. , et al. 2019. Scale-dependent interactions between tree canopy cover and impervious surfaces reduce daytime urban heat during summer. PNAS,116 (15): 7575-7580.

第18章　累加的与综合的流域影响

　　前几章在谈论自然或人类干扰对流域生态过程的影响时,仅局限于单一干扰(自然的或人为的)的作用。事实上,任何流域生态系统在不同时间或不同空间尺度上都经历或将要经历一系列的干扰。而这些干扰所产生的影响是累加的。一个流域目前的状况是过去多次不同干扰累加的结果,而未来的状况则是过去、目前或将来各种干扰累加的结果。正因为如此,一些研究者认为,所有的环境影响都是累加的,所有的干扰都能导致累加的影响。从这个意义上讲,累加的环境影响(cumulative environmental effect)或累加的流域影响(cumulative watershed effect)应该受到重视,特别是针对较大的流域。然而,这方面的研究及管理远没有达到人们所期待的水平。除了在北美(主要是美国)开展较多的工作外,世界许多国家或地区在这一研究领域基本是空白。

　　综合的流域影响(integrated watershed effect)是另一个重要的课题。综合的流域影响是指某一干扰(人为的或自然的)往往产生多方面的环境影响。例如,采伐某一流域内的森林资源,往往产生多方面的环境影响。这些影响可能包括生物多样性的变化、水文与水质的改变、河流形态及泥沙流动的变化等。又例如,新建一个水坝也会对生物、水文、水质、泥沙、水生生物生境等多方面产生影响。对流域生态系统进行综合影响的评价以决定某一项目(或干扰)的可能生态影响已受到广泛的重视。任一人类或自然的干扰,其影响都是多方面的、综合的。

　　本章将分别讨论累加的流域影响及综合的流域影响,以及它们的评价和预测。正如前面所描述的,累加的流域影响强调多个干扰所产生的影响的累加或积累,而综合的流域影响侧重于单个干扰所产生的多方面的影响。可见,两者的侧重点不一样。但要准确区分它们则有一定的困难,因为它们在概念上有重叠的部分,容易混淆。例如,在研究森林采伐(多次采伐或流域内不同地方的采伐)对河流泥沙的累加影响时,除了研究泥沙的产生、搬运及在河流网络内的沉积与分布外,还需研究水文的变化或河流形态变化对泥沙规律的影响。事实上,这几方面的影响是相互作用的或综合的。又例如,在研究单一干扰可能产生的综合作用时,往往不能排除过去干扰的影响,同时又需要预测未来干扰的影响。正如前面提到的,所有的环境影响都是累加的。对于具有一定规模的流域来讲,综合影响是由各方面的影响及其相互作用构成的,而任一方面的影响在流域的空间与时间尺度上都是累加的。正因如此,有些评估方法可适用于这两方面影响的评估。

18.1 累加的流域影响及分析

18.1.1 累加的流域影响的概念

美国环境质量委员会(Council of Environmental Quality,CEQ)早在 1971 年就定义累加的影响(cumulative effect):指人类活动添加到过去、现在和可预知的未来的活动后所产生的累积的影响,并指出累加的影响可由一些较小的人类活动(但综合起来较大)在一段时间内产生。这是一个法律层次上的定义,属于《国家环境政策法》(National Environmental Policy Act,NEPA)的一部分。再后来(1977 年)政府颁布《清洁水法》(Clean Water Act),也特别制定条款来确定农业、林业等造成的非点源污染以及它们累加的影响。该法律还制定了一些具体措施用于控制这些污染源。在美国州政府的层面上,加利福尼亚州政府于 1970 年通过的《加利福尼亚州环境质量法》(类似于 NEPA)对累加的影响的定义几乎与联邦政府等同,即两个或多个单独的影响被结合考虑时,表现出更大的累加的作用。可见,早期的累加的影响的定义均来自法律。不同研究者也对累加的影响做出稍有不同的定义。例如,Sidle 和 Hornbeck(1991)定义累加的影响是多种土地利用活动对生物、土壤、大气和水生系统在一定空间与时间尺度上所产生的累积的影响。MacDonald(2000)简单地定义累加的影响为多项人类活动在空间与时间上所产生的累积的影响。尽管有不同的定义,但其基本的内涵一致。在美国,法律要求对于建议的项目(森林采伐)需进行累加的影响的评价。在加拿大,累加的影响是指一种活动及结合过去、目前和未来的人类活动共同作用所产生的环境改变。对累加的影响的评价(cumulative effect assessment,CEA)在 20 世纪 90 年代已纳入联邦政府法规,如《加拿大环境评估法》(Canadian Environmental Assessment Act)和部分省级政府法规,如《艾伯塔省环境保护与改善法》(Alberta Environment Protection and Enhancement Act)和《不列颠哥伦比亚省环境评价法》(British

Columbia Environment Assessment Act)。

累加的流域影响是累加的影响中的一特类,因为该影响与流域中的水流(运输的媒介)相关联。累加的流域影响主要涉及径流、水质、河道形态、水生生态系统等在流域尺度上的变化。因此,累加的流域影响可以是流域内不同(例如水、泥沙、生物等)累积影响的集合,但它们都拥有一个河流网络或水的传送机制。

Swanson(1986)给出累加的流域影响的定义:在一个流域内,森林和其他土地管理措施对下游所造成的水文、泥沙、河流形态以及其他方面的累积变化。由于下游的累积变化是由多种管理措施所造成,因此很难区分一种措施的特定影响。

下面以泥沙的搬运为例来说明累加的流域影响。假设在一个流域内,每年在上游不同子流域内采伐森林的面积一定,且采伐森林所产生的河流中泥沙量与采伐森林的面积成比例,那么若干年后,在下游某处所测量的泥沙量就是不同年所产生的泥沙的总和(假设所有的泥沙都被搬运至下游的观测点)(图18-1)。这个例子是最简单的累加的流域影响。事实上,下游泥沙的累积远比此要复杂得多。上游森林被破坏后,下游的泥沙量并不是多个干扰所产生的泥沙量的简单相加。下游的泥沙量也可能少于或多于各个管理措施所导致泥沙量的总和。其他决定因素包括泥沙在河流网络中搬运、积累的特征,而这些特征又是泥沙与水文、河流形态相互作用的结果。在有些情况下,由于不断沉淀,下游泥沙量也就可能少于各个干扰措施所产生的泥沙量的总和。反之,由于水文的改变诱发更多的泥石流及河岸被冲刷,下游的泥沙量就有可能远高于各个干扰措施所生产的泥沙量的总和。因此,累加的流域影响有其复杂的一面,而它的复杂性表现在各个累加的流域影响之间的相互作用,以及流域内随着时空尺度的变异性。

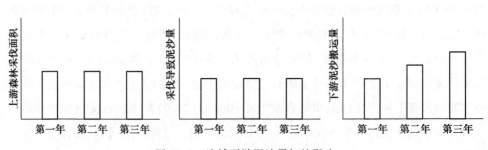

图18-1 流域下游泥沙累加的影响

在所有累加的流域影响的概念中,所描述的管理措施都是人为的,没有把自然干扰考虑进去。事实上,这种概念是不全面的。对于以森林为主体的流域生态系统来讲,自然干扰(例如火灾、病虫害等)是十分重要的。不同的自然干扰往往有顺序地发生,故其产生的影响也是累加的。例如,当森林被病虫害破坏后,往往发生火灾。另外,自然干扰后(例如火灾)往往接着便是人为的干扰(采伐火烧的死木),由此产生的影响便是由自然干扰加上人为干扰累加所致。从这个意义上讲,累加的流域影响的概念中应将各个管理措施扩展为干扰(包括自然和人为干扰),这样,这个概念便具有更宽的范围,也更能反映任何一个流域所发生的真实情况。因此,我们对累加的流域影响的定义是:由流域上游各个干扰所产生的基于下游的水文、泥沙等的变化。

18.1.2　累加的流域影响的评估与预测

从累加的影响的概念首次在 1971 年以法律形式提出以来,不少国家或地区对累加的影响的评价与实施做了大量的应用与探索。一般来讲,如果申请的措施或工程被确定具有明显的累加的影响,则更具体的评估或其他的要求(如补偿或恢复措施)便自动介入。申请者或评估者为了争取项目的实施时间,避免过多繁杂的行政程序,往往对一些较小的项目做出无累加的影响的结论。另外,重要的是目前还没有一个大家都认可的且具有操作性的评估方法。尽管研究者和资源管理者不断尝试不同的方法,但由于评估和预测累加的流域影响的复杂性,所有目前的方法都难以实现从定性到定量的飞跃。这些复杂性是由于下面几方面所造成的。

(1) 难以用实验的手段来研究累加的流域影响。因为用于研究的流域一般较大(大于几百平方千米),很难找到一种可以对比的参照流域。这也就为研究累加的流域影响增加了难度。而缺乏足够的研究在很大程度上限制了我们对其方法的探讨与改进。

(2) 监测常是一个较有效的手段,但由于累加的流域影响往往涉及过去、目前和将来的所有干扰,时间跨度大,需要大量的资源(人力、物力)来实施监测。另外,在多数情况下,我们通常没有足够的资料记载过去的干扰。这样,过去在流域内发生的干扰及其影响难以掌握,为实施监测增加了不确定性。

(3) 在评价或预测累加的流域影响时,往往涉及众多过程的相互作用。例如,前面提到的河流中泥沙的搬运受到水文、干扰的特征、河流形态、泥沙本身的特征等众多因素的影响。换句话说,研究泥沙的累加的影响,不仅仅研究泥沙本身,还需研究其他可能有关的环境变量以及它们之间的相互作用。

(4) 研究及管理累加的流域影响离不开时间与空间的尺度。在空间尺度上,累加的流域影响涉及上游与下游的交换、山坡与河道的交换、支流与干流及汇流区之间的作用等。在时间尺度上,流域的干扰常跨越几百年,而有的干扰则发生于几年或几十年之间。巨大的空间与时间尺度意味着流域中生态过程的巨大的变异可能性。而完整地理解累加的流域影响则必须将生态过程的时空变异性考虑进去。

(5) 缺乏评价的热情。为了保护环境,社会或法律要求我们在实施某一项目前,必须对该项目可能造成的累加的影响做出评价。虽然社会或公众有要求与期待,但涉及工程建设的具体人员(申请者或评估者)面对复杂的课题往往采取回避的态度,缺乏热情与动力。

18.1.3 累加的流域影响的分析

在近几十年来对累加的流域影响的研究、管理与实践中,研究者和管理者根据分析的目的与管理的需求,使用不同的评估方法。由于评估的复杂性及目标不同,到目前为止还没有一种大家普遍接受或采用的方法。但有一种明显的趋势就是,更多的研究者与管理者认可综合性较强的方法,例如流域分析法、综合模拟法。下面有选择性地对一些分析方法做简要的介绍,有兴趣的读者可参阅下列文献:Reid(1993),The University of California Committee on Cumulative Watershed Effects(2001)和NCASI(1999)。

(1)等量采伐面积(equivalent clear-cut area,ECA)与统计分析相结合的方法

要使用此方法,首先必须确定累加的干扰强度。在一个森林流域内,森林采伐常发生在不同的地点和时间。要表达一个流域内森林采伐随时间的积累,就不能简单地将每年的采伐面积相加,这是因为森林采伐后,随着植被的恢复,原来被采伐的地方受采伐的影响逐渐变小。当植被完全恢复或成熟时,原来采伐的影响便完全消失,其采伐面积应为零。这样,要计算ECA,就要考虑采伐面积及采伐后恢复的情况。一个流域的ECA能够较好地反映整个流域在不同时间被干扰的累积状况。

该方法最早由美国林务局提出并于20世纪70年代应用于美国蒙大拿州和爱达荷州的北部。其主要针对的问题是河道的改变,而河道的改变与森林采伐所导致的洪水径流的增加有关。因此,该方法假设,森林采伐面积与河道改变或洪水径流呈正比。森林采伐的面积或累积的采伐面积越大,则累积的流域影响也越大。从这个意义上讲,该方法是一个指示法。

加拿大BC省林业厅在20世纪90年代把ECA作为森林流域评估的重要部分。通过计算任一流域的ECA,并结合一些其他的评估指标(河岸植被、河道形态、干扰等),对该流域的干扰历史或影响做定性的评估,并为决定未来的林业管理措施提供依据。一般情况下,当ECA大于某一临界值(例如流域的30%)时,未来的采伐受限制;而当ECA小于某一临界值时,未来的采伐有可能得到林业部门的准许。

在计算某一流域的ECA时,首先将该流域划分为不同的子流域,然后收集各个子流域内的采伐面积与采伐所发生的年份资料。要确定ECA,就必须建立采伐后的年数与系统参数(例如水文)恢复之间的关系。由于采伐后的年数常与恢复的主要树种的树高有直接关系,而恢复树种的树高可直接反映系统参数的恢复状况。因此,采伐后的年数便可指示系统的恢复状况(图18-2)。

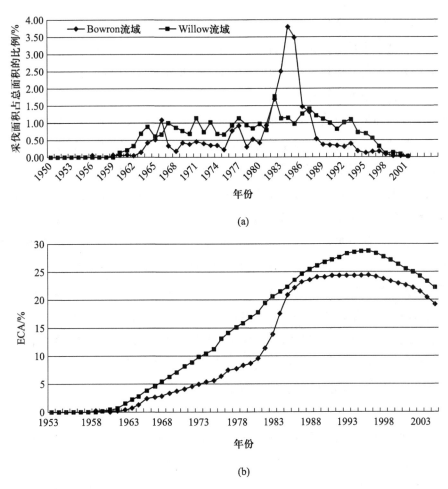

图 18-2　Bowron 流域和 Willow 流域 ECA 的计算结果(Wei 和 Lin,2007)

在确定或量化流域的 ECA 以后,便可使用一些统计方法来检验 ECA 是否对流域水文参数产生了重要的累积性的影响。例如,用时间序列分析方法中的互相关来判别 ECA 序列与年径流量的时间序列的相关性(Lin 和 Wei,2008;Wei 和 Zhang,2010)。

ECA 与统计相结合的方法虽然使用起来较方便,但还有以下不足:① 该方法只适用于评估林业方面干扰的累加的流域影响,如果流域内的干扰有采矿、农业等方面,则该方法不适用。即使在林业方面,ECA 只考虑面积,未能够考虑其他与林业有关的干扰(例如道路建设、整地等),而这些干扰往往产生比采伐面积更重要的流域影响;② 虽然采伐面积对流域系统的干扰影响有重要的指示作用,但它们的关系并不是线性的,ECA 的临界值也通常无法确定,因流域特征不同而异;③ ECA 对一些流域影响参数的指示性可能会强于对其他参数的指示性。换句话说,不同的流域影响参数与 ECA 的关系会不同。因此 ECA 并不能反映全部的流域影响特征。

（2）泥沙-鱼模型

该方法基于大量的对流域干扰（不同的土地利用活动）、泥沙载量及大马哈鱼种群的相互关系的研究而建立，由美国林务局在 20 世纪 80 年代应用于爱达荷州中部地区。该模型首先根据干扰与泥沙的关系计算泥沙的输入。计算泥沙输入时可考虑现在或过去的各种干扰以及干扰后的恢复，然后通过已建立好的泥沙与河道生境或鱼种群的关系估算干扰对鱼生境和种群的影响。因为模型考虑不同时期的干扰及流域随时间的恢复，所以该方法可以较好地用于评价干扰对流域累加的影响。

该方法的主要优点是有助于理解各种不同干扰与流域系统功能的关系。泥沙可以由各种不同的干扰所产生，例如农业活动、森林采伐、开矿等。因此，用泥沙的生产与载量可表达不同类型的干扰。此外，鱼的种群及生态特征对河流生态系统的功能有重要的指示作用。一条河流系统如果有健康的鱼类及适当的种群数量，就意味着该系统的完整性。另一个优点是该方法具有行政管理上的易操作性。模拟的结果可直接用来确定流域系统被累加影响的现状或未来可能的累加的流域影响，从而制定合理的措施。该方法的缺点是需要大量的研究结果。不同干扰与泥沙载量和生产的关系以及泥沙与鱼种群的关系都是经过大量的研究而建立的。而这些关系对于许多流域来讲并不存在，故此法有较大的局限性。

（3）加拿大累加环境影响评估方法

在 20 世纪 90 年代，累加环境影响评估（cumulative environment effect assessment）已作为加拿大环境评估法规必需的一部分。加拿大对累加环境影响评估并没有采用某一特定的方法，而是在原来环境影响评价（environment impact assessment）的基础上，结合对累加环境影响评估的考虑而建立起来的一套程序性框架。这套程序性框架包括 5 个步骤：确定范围与问题（scoping）、分析影响（analysis）、确定补偿（mitigation）、分析重要性或不确定性和跟踪（follow-up）。下面对这 5 个步骤做简单的介绍。

① 确定范围与问题：主要是列出与建议项目有关的主要问题，选择适当的系统成分，确定时间与空间尺度及界线等方面；② 分析影响：通过收集基本的数据，运用不同的工具或手段（例如模式、相互作用矩阵、GIS、指标体系等）来分析各方面的可能影响及其相互作用；③ 确定补偿：因为任一项目或措施都会产生对环境的影响，确定补偿有助于将项目所产生的负面影响降到最低。补偿可以包括各种修复措施或金钱的补偿。因为加拿大一些环境法规（特别是《渔业资源保护法》）规定，任何工程措施或人为干扰都不能产生净负作用（no-net loss）。在一些情况下，这种净负作用便可作为计算补偿的依据；④ 分析重要性或不确定性：这一步是最具挑战的一步。如果在第③步中确定某一建议的项目对某一过程有影响，接下来的问题便是这个影响有多大？是正面的还是负面的？估算的误差又有多大？对这些问题做出适当的定性或定量的答

复对决策具有十分重要的意义;⑤ 跟踪:跟踪的目的是进一步确定环境影响评价的准确性及补偿的有效性。跟踪的结果可以反馈到整个工程的实施。

从上面5个步骤看出,这种方法不是针对某一特定的系统过程或问题(如河流中的泥沙问题),它是综合性的、多方面的。这是因为任一工程措施或人类干扰活动所产生的影响都是多方面的。从这方面来讲,此方法的框架有助于涵盖多方面可能产生的环境影响,并对这些影响在同一框架下进行分析与综合。此方法的缺点在于涉及的面广,步骤多,需要较长的时间才可完成。

(4) 综合模拟方法

美国加利福尼亚大学伯克利分校专门成立了一个委员会评估与预测累加的流域影响。该委员会总结过去评估累加的流域影响方法存在的问题,并提出综合模拟的途径(The University of California Committee on Cumulative Watershed Effects,2001)。该途径并不是一个特定的模型,而是一条通过模拟来解决累加的流域影响的思路或框架。在评估或预测人类活动可能造成的累加的流域影响时,由于涉及问题的多面性与复杂性,实验和统计的方法几乎行不通,那么剩下的只有模拟的方法了。模拟是一种快速且能进行综合的手段。由于遥感技术和GIS的发展,大范围综合的模拟也逐渐成为可能。此方法不追求具体真值的预测,重点模拟人类活动或干扰措施所产生的可能的风险。该方法包括下面几个部分:① 确定利益相关者,并建立系统功能的概念性模型;② 协商并同意综合性评估的特点、决策及模拟结果的应用;③ 数据的获得;④ 结合不同的模型来预测不同人类管理措施方案下对流域系统功能的影响。该综合模拟不仅要预测确定性方案的影响,也应具有模拟环境功能的随机过程与格局,通过这些模拟计算出不同人类措施对流域系统功能过程所产生的可能风险。这些计算及模拟的结果为制定合理的管理措施提供依据。

综合模拟的方法在理论上讲是一种评估或预测累加的流域影响的综合性方法,但它的实用性在很大程度上取决于对数据的掌握及对各个过程响应干扰的认识。在数据不够的情况下,具体的模型可能只停留在概念的层面上。

18.2 大流域中森林变化与水文的关系

18.2.1 必要性

多大的流域算大流域? 在科学上并没有也不会存在一个明确的界限。本书为了方便起见或为了比较的目的,一般用 1000 km² 来区别,即流域面积大于 1000 km² 为大流域,而小于 1000 km² 为小流域。也有的学者把流域分为大流域(≥1000 km²)、中等流域($100 \sim 999 \ \text{km}^2$)及小流域($< 100 \ \text{km}^2$)。总之,区分流域的大小没有统一的标准。

大流域中,土地利用(例如森林干扰与采伐)对水文的影响逐渐得到较多的关注。首先,发生在大流域中的干扰(自然干扰或人为干扰)往往是累积的,包括空间上与时间上的累积,因此所产生的水文或其他影响也是累积的。其次,流域系统的规划、评价与管理也由较小的地域单元(例如几公顷的林业作业斑块)变为较大的景观或地区性的系统。这种空间上面积的扩大就迫切需要大流域尺度上的研究作为支撑。可以预见的是,随着气候变化的影响,未来针对大尺度流域或区域的研究与规划会越来越多,越来越需要。最后,在过去 100 多年,我们在小流域尺度上开展了大量的研究,得到了许多森林变化与水文关系的结果,但这些结果往往难以直接应用到大流域或景观。

18.2.2 挑战性

研究与管理大流域中的森林变化与水的关系具有很大的挑战性。首先在一个大流域中有众多的地貌与景观要素,往往包括湖泊与湿地,也包括不同的土地利用(农业、林地等)及植被类型,所有这些地形、景观要素及土地利用类型都发生相互作用并影响着水文过程。在众多因素及其相互作用中,要定量地确定森林变化与水文的关系是较难的。其次,在研究方法上也有很大的难度。对于小流域来讲,我们常采用配对流域方法来做试验,通过多年观测的数据来确定森林砍伐或森林恢复对径流量的影响。然而,这种经典的、常用的实验方法并不适用于大流域,这是因为我们很难找到两个近似的大流域来组成配对。最后,大流域常跨越不同的行政边界线(不同地区或不同国家),这就为研究与管理大流域生态系统带来困难。

18.2.3 大流域中森林变化与水文关系的综述

尽管研究大流域具有较大的挑战性,但研究者开发了一些科学方法来研究森林变化与径流量的相关性(Wei 和 Zhang,2010)。因为无法应用配对流域试验排除气候的影响,因此这些方法必须考虑森林变化与气候的共同作用,其得出的结果往往是森林变化与气候变化对径流量的相对贡献。Li 等(2017)对全球 162 个大流域的研究做了综述(图 18-3)。其主要结论是,森林采伐增加年径流量,森林恢复减少年径流量。这个结论与小流域的主要结论一致。同时,他们还发现,森林覆盖变化与气候对年径流量变化的相对贡献相当,说明森林覆盖变化对年径流量的改变作用等同于气候变化的作用。另外,综述的结果还表明,水文对植被变化的响应在较小及较干旱的流域会更敏感些。

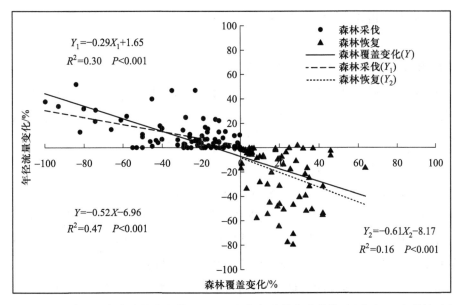

图 18-3　全球 162 个大流域中森林覆盖变化与年径流量变化的关系（其中 89 个是针对森林采伐或干扰的影响,而 73 个是关于森林恢复的影响）

18.3　综合的流域影响评估

18.3.1　概念

综合的流域影响评估（integrated watershed effect assessment）是指对流域内的主要生态过程及其对人类干扰的响应进行评估或预测。流域内的生态过程可以是发生在陆地上的（例如生产力、养分循环、生物多样性与野生动物种群的动态等）,也可以是发生在水中的（例如泥沙动态、水文过程、水质变化、河流形态、水生生物多样性、水生生境等）,但通常偏重与水有关的生态过程。流域内的过程不仅包括各种生态过程,还有社会、经济等过程。综合的流域影响评估在大尺度的流域（例如含有城市、农业等的流域）上会较复杂,涉及对生态、社会和经济等多方面的综合评估与预测。

综合的流域影响评估与累加的流域影响评估有相似之处,也有不同之处。相似之处在于两者都是研究干扰对流域过程的影响。如果我们认为所有的流域过程的改变都是累加的,那么两者几乎等同。不同之处在于两者的侧重点。累加的流域影响强调不同的措施或干扰对流域过程的累加影响,而综合的流域影响评估则侧重于某一干扰或措施对流域内各个主要功能过程的综合影响。另外,综合的流域影响评估有别于完全的流域影响评估（comprehensive watershed effect assessment）。前者是对几个主要的过程做出综合性的评价,而后者则包括所有的功能过程。

18.3.2 综合的流域影响评估的方法

综合的流域影响评估的目的和流域的大小有关。因此,评估的方法也会不同。然而,其核心都是相似的,那就是综合。下面以几个实例来说明综合的流域影响评估的方法。

(1) 加拿大 BC 省森林流域评估程序

1995 年加拿大 BC 省为了实现森林的可持续发展、保护,恢复与森林有关的生态环境,制定了《森林实施法》(后改为《森林和畜牧实施法》)。该法规明确规定,在制定具体的森林采伐计划前,对一些具有重要价值的流域(例如需保护鱼类的生境、社区依赖的流域)必须进行综合评价。评价的结果作为制定森林管理或采伐的重要依据。对于一些已遭受破坏的流域,评价的结果也可作为制定适当的流域恢复措施的参考。自从该法规实施以来,BC 省对许多流域(5~500 km²)进行了综合评估。下面介绍评估的具体方法和程序。

BC 省流域评估方法共有 6 个步骤:① 成立流域咨询委员会;② 收集已有的数据与资料;③ 开展野外评估;④ 提出有总结结果的流域报告卡;⑤ 呈交报告;⑥ 为森林规划提出建议。关于第①步中的流域咨询委员会,它是一个由专家组成的机构,并不是一个由大众参与的组织。该委员会的目标是确定流域中的问题,评审流域评估的结果,以及协助将结果转换为有操作意义的规划、措施或政策。第③步是评估的核心。野外评估的内容主要集中在 4 个方面:① 洪峰径流及水文的恢复:通过测定 ECA,洪峰径流所造成的风险(如泥石流、道路与桥被破坏、河岸冲刷等)便可被估算出来;② 泥沙来源调查:通过各种手段(航空照片或卫星照片、地面测定等),便可确定流域内泥沙的来源及其可能的原因(道路、森林采伐等);③ 河道的调查:河道的形态、基质和干扰的特征能较好地指示河道的功能状况,也能在一定程度指示陆地上森林被干扰的程度。河道调查的内容包括河道类型、受干扰的河段的干扰程度、河床基质构成、河道的稳定性等;④ 河岸植被带的调查:河岸植被带调查的内容包括植被受干扰的状况、河岸冲刷的程度、倒木的载量及生态功能、植被受干扰后的恢复状况等。根据第③步所调查的结果,调查者(法律规定应是水文专家)必须计算一些主要参数(表 18-1)。然后根据这些调查结果对于一些主要功能(例如河道稳定性、泥沙产生与载量、洪峰径流等),确定其状况、风险以及对未来措施或干扰的响应。

表 18-1　流域报告卡(样本)

1. 流域被采伐的百分比,校正后的 ECA(%)
2. 不同海拔区段的 ECA(% 和面积)
3. 总道路密度(km/km^2)
4. 带有高泥沙来源的道路长度
5. 直接进入河道的泥石流数量
6. 带有不稳定坡面的道路长度
7. 河流内桥与排水管道的数量
8. 河岸无植被的河道长度
9. 被干扰的河道长度

（2） PRISM 方法

PRISM 是 Puget Sound 区域综合模型(The Puget Sound Regional Synthesis Model)的缩写。Puget Sound 地区位于美国华盛顿州与加拿大 BC 省交汇处(大部分位于华盛顿州内)。该区域包括森林、岛屿、水体、港湾、城市等,是一个巨大的生态与社会复合系统。西雅图位于该区域的中心,由于人口不断地增长和城市化的加速,该区域的自然生态环境面临着巨大的压力与挑战。森林、湿地和河口的栖息地面积不断减少,泥沙载量增加。所有这些影响导致大马哈鱼种群数量的下降。如果这些干扰因素继续下去,该区域的自然与社会发展将不能持续。

为了应对不断增加的压力与挑战,美国华盛顿大学与其他机构合作建立了一个大尺度的评估、监测模型——PRISM。该模型以水为主线,将系统的自然过程与社会文化相综合。它既是一个大的研究平台,又是一个教育基地。

PRISM 的核心是虚拟,主要功能是将下面主要建立的模型通过共享综合起来。① DHSVM 水文模型:模拟土地利用对水文影响的分布式模型;② 海洋循环模型(marine circulation model)(例如 Princeton ocean model,POM):用于模拟海洋动态的模型;③ ABC 模型:用于在海洋循环模型内模拟养分与水生物动态的关系;④ MMS 模型:用于模拟大气环流与地区气象的模型;⑤ SHIRAZ 模型:用于综合分析大马哈鱼的栖息地、鱼类培育和收获的模型。

随着研究的进展及认识的不断增加,新的模型也会增加。要将所有这些大尺度模型做综合的模拟是一项新的、具有挑战性的尝试。PRISM 是一个活的模型。数据采集(通过监测)—模拟—分析—决策,不断循环,从而真正实现大尺度长期综合评估与预测的目的。

上述两个不同的例子代表两种不同的综合评估方法。方法的选择很大程度上取决于流域的尺度、数据的多少及评估或预测的目的。尽管如此,它们的核心都在于综合。综合有不同的途径或方法。例如,各学科的交流是综合,谈判桌上因为利益而讨价还价也是综合。第一个例子的综合是由评估专家通过打分或个人判断而进行综合的,而第二个例子的综合则是依靠模型来进行的。

18.4 我国重大生态工程的生态意义

为了应对日益严重的生态环境问题,我国从 20 世纪 80 年代开始实施了一系列重大生态恢复工程,包括天然林保护、三北防护林建设、长江与珠江防护林建设、退耕还林、北京与天津防沙林及退牧还草工程。这些工程的实施对我国生态环境的改善产生了巨大的影响。森林覆盖率由工程实施前期的 16% 增加到 23.34%(2020 年),南方水土流失得到非常明显的治理,北京与天津等地的风沙得到很大的减缓,生物多样性得到了较好的恢复,植被贮存的碳也得到大幅度的增加(Lu 等,2018)。除了生态效益外,这些工程对地区的社会与经济建设也产生重大的影响,不少贫困地区也实现脱贫致富的目标。

我国重大生态工程的实施极大地恢复了植被,这种恢复对水文的影响也得到不少的关注与研究。例如 Zhou 等(2010)通过对广东省植被恢复与水文相关性的研究发现,森林恢复不但没有明显降低年径流量,反而对枯水期的低流量有增加的作用。然而,Feng 等(2016)发现,在水分缺乏的半干旱地区(如黄土高原),大面积的森林植被恢复在增加碳的同时,也增加蒸散发,进而降低河道径流量,使径流系数明显降低。根据这些结果,他们认为,黄土高原的植被恢复从 NPP 的角度正接近它的临界点,而且对水资源的供给可能产生负面影响。Sun 等(2006)通过水文模拟发现,我国植被的恢复对年径流量的影响因气候不同而异。一般来讲,在降水量大的地区,植被恢复引起径流量的减少要大,但相对比例低。而在半干旱地区则相反,即径流量的减少要小,但比例要大。最近,Li 等(2018)分析我国各地区植被恢复与水文的关系也发现,不同地区有不同的水文响应,并把这种现象归因于气候以及气候与植被的反馈。

正如前面(第 14.3 节)提到,水文年径流量对植被变化的响应既取决于植被变化的量,也取决于气候及流域本身的特征。我国气候类型多样,因此有不同的水文响应(对植物变化)是合理的、正常的。这种不同的响应也说明,在管理森林与水的关系时,需要因地制宜,不搞一刀切,这样才能合理地发挥植被恢复的作用。

18.5 未来累加的和综合的流域影响评估方法

评价累加的和综合的流域影响都离不开时间与空间尺度。在空间尺度上,流域太小,其累加的和综合的影响不明显,也不易制定与实施管理策略。因此,流域尺度不宜太小,应以几百至几千平方千米较好。如果流域太大,涉及的过程更复杂,所需的数据量较大,不易在短期内完成对它的评估或预测。在时间尺度上,任何流域的评估都应考虑过去、现在和可预知的将来,这样的评价才有现实的指导意义。未来的评估方法应该是多样的,主要取决于流域的大小、数据的多少及评估的目的。然而,我们认为将来的评估方法应具有以下特点或趋势。

(1)模型的应用。可能是一个大模型,也可能是一组模型。在评估累加的和综合的流域影响方面,实验与统计手段的方法几乎被排除(由于不可能实施)。模拟是一个现实可行的手段。因为评价的过程往往是多个的(许多过程也相互作用),所以往往需要多个模型的综合应用。目前,很多人不喜欢模型,因为它往往不能提供准确的预测结果。这实际上是对模型的一种误解。模型的主要作用是比较不同方案所产生的不同趋势与敏感度。当然,任何模型在预估前必须检验。此外,评估流域某一个或多个功能过程可持续发展时,时间尺度往往是几十年或几百年。而要解决这个长时间尺度问题,模型模拟也许是唯一有效的途径。

(2)综合的方法。不论是累加的流域影响评估,还是综合的流域影响评估,其核心是综合。但如何对复杂的系统进行综合仍是一个在方法上值得探索的问题。在前面第一个综合的例子中,综合是依靠水文专家对各个收集的数据进行总结,并对主要参数进行排序、打分等手段进行的。显然,这种综合的方法是半定量的,受评估专家的人为因素所影响。在第二个例子中,综合是通过一个复杂的网络结构将各个分模型连接起来,但如何连接仍是一个值得探讨的问题。总而言之,未来的累加的或综合的流域影响评估应注重综合方法的选择。

(3)技术的应用。未来的综合评估离不开 GIS、遥感以及视频拍摄等技术。这些技术为提高采集、分析数据能力提供了保障,视频技术有助于将结果直观地表现出来。

(4)长期的监测。前面提到的模拟往往是基于实测数据的建模。如果假设太多,模拟结果的不确定性就高。长期的观测既有助于理解一些重要流域过程,又为模拟提供了不断改进和验证的重要数据。没有充分数据作为依靠的模拟只能是"垃圾进去、垃圾出来"的模拟。

参 考 文 献

Feng, X. M., Fu, B. J., Piao, Sh. L., et al. 2016. Revegetation in China's Loess Plateau is approaching sustainable water resource limits. Nature Climate Change, 6(11):1019-1022.

Li, Q. X., Wei, M. F., Zhang, W. F., et al. 2017. Forest cover change and water yield in large forested watersheds:

A global synthetic assessment. Ecohydrology,10 (4):e1838.

Li,Y.,Piao,Sh. L.,Li,L. Z. X.,et al. 2018. Divergent hydrological response to large-scale afforestation and vegetation greening in China. Science Advances,4(5): eaar4182.

Lin, Y. and Wei, X. 2008. The impact of large-scale forest harvesting on hydrology in the Willow Watershed of Central British Columbia. Journal of Hydrology, 359: 141-149.

Lu,F.,Hu,H. F.,Sun,W. J.,et al. 2018. The effects of national ecological restoration projects on carbon sequestration in China from 2001 to 2010. PNAS,115 (31):4039-4044.

MacDonald, L. H. 2000. Evaluating and managing cumulative effects: Process and constraints. Environmental Management,26(3):299-315.

Megahan, W. F. 1999. Scale considerations and the detecability of sedimentary cumulative watershed effects. NCASI Tech. Bulletin,776:327.

NCASI. 1999. Scale considerations and the detectability of sedimentary cumulative watershed effects. 328. NCSAI, Research Triangle Park,NC.

Reid, L. M. 1993. Research and cumulative watershed effects, USDA Forest Service General Technical Rept. PSW-GTR-141,Pacific Southwest Research Station,Berkeley,CA. 118.

Sidle,R. C. and Hornbeck,J. W. 1991. Cumulative effects:A broader approach to water quality research. Journal of Soil and Water Conservation,46:268-271.

Sun,G.,Zhou,G.,Zhang,Z.,et al. 2006. Potential water yield reduction due to reforestation across China. Journal of Hydrology,548:548-558.

Swanson,F. J. 1986. Comments from a panel discussion at the symposium on cumulative effects——the UFO's of hydrology. NCASI Tech. Bulletin,490:66-69.

The University of California Committee on Cumulative Watershed Effects. 2001. A scientific basis for the prediction of cumulative watershed effects. Report No. 46. Wildland Resources Center,Division of Agriculture and Natural Resources. University of California Berkeley.

Wei, X. and Zhang, M. 2010. Quantifying stream flow change caused by forest disturbance at a large spatial scale:A single watershed study. Water Resources Research, 46: W12525.

Wei,X.,Liu,W. F. and Zhou,P. 2013. Quantifying the relative contributions of forest change and climatic variability to hydrology in large watersheds:A critical review of research methods. Water,5: 728-746.

Wei,X. and Lin,Y. 2007. Using GIS and time series analysis to assess the impacts of large-scale forest harvesting on hydrology in the Bowron and Willow watersheds,British Columbia. The technical report submitted to British Columbia Forest Science Programs. Ministry of Forests and Range,Victoria,BC.

Zhou,G. X., Wei, X. H., Luo, Y., et al. 2010. Forest recovery and river discharge at the regional scale of Guangdong province,China. Water Resources Research,46: w09503.

第五部分

流域生态系统管理

第19章 流域生态系统的途径
——必要性、挑战性及应用前景

在讨论流域生态系统的保护、开发及管理的途径时,大家常听到的提法是:生态系统的途径,或综合的途径,或流域的途径。这些提法并不是什么新的思路,几十年前在许多科学文献或政府报告中就可找到。然而,为什么要采取生态系统的途径或综合的途径用于流域系统的研究与管理,在大多数文献中没有讲清楚。本章的目的是从水的生态系统特征角度阐述为什么要用生态系统的途径,并讨论应用此途径的挑战性与前景。

19.1 水的问题

在全球水资源中,约 2.5% 是淡水资源。而大部分的淡水资源以永久性的冰川和不可开发的深层地下水的形式存在,只有小于 1% 的淡水资源存在于河流、湖泊和可开采的地下水层,可为人类使用。由于对水资源的不合理开采、使用与破坏,再加上淡水资源本身的不足与分布不均性,世界正面临前所未有的水资源危机。全球大约有 12 亿人不能享用干净的饮用水,约每年有 500 万人由于水质不良而死于疾病,联合国前秘书长安南在 2003 年的一次有关水资源问题的大会上提到,全球大约有 20 亿人为淡水资源的问题而挣扎。全球水资源问题会因为日益加剧的气候变化问题而进一步恶化。对水的担忧已使许多目前水资源还较丰富的国家开始关注和强化对水的研究与管理。例如在加拿大,由于气候的变暖,许多专家与学者建议国家采取紧急措施建立国家层面的水的管理策略。著名湖泊生态学家 David Schindler 认为,加拿大西部半干旱地区已接近水危机的状态(Schindler,1998,2001)。

水的问题在我国更加严峻。我国人均可用水量不足世界平均水平的 1/3。由于 40 多年的快速经济发展与工业化,加上水资源管理的不合理,水资源的短缺正成为我国经济与社会可持续发展的最重要的限制因素之一。我国第二大河流黄河正成为季节性河流,最严重的年份有 200 多天断流。据统计,2005 年全国污(废)水排放总量达 717 亿 t,其中 2/3 未经处理直接排入水体,造成 90% 的城市地表水域受到不同程度的污染。2007 年在太湖发生了大面积蓝藻水华,造成无锡市的严重饮水问题(Yang 等,2008),这只是这些问题中的一个典型案例而已。概括地讲,目前我国的水问题正在威胁着人们的健康与生活,制约着经济与社会的发展。

19.2 水在流域生态系统中的独特性

人们可以从不同的角度来看待水。当问到什么是水时,大家,特别是研究化学的人可能会马上给出答案:H_2O。而研究物理的人可能还会联想到水的一些物理特征:无色、无味等。那么从生态系统,特别是流域生态系统的角度,水是什么? 我们认为水是一个连接许多流域生态系统过程的独特纽带(connector)。水首先是一种资源,像土壤、岩石、矿产等一样可以被利用而产生价值。但水又不仅仅是一种资源,它的流动性及三态(液态、气态与固态)决定了它在流域生态系统中具有连接性和独特性。认识水的连接性与独特性,便可理解为什么在进行流域生态系统的研究与管理时,必须采用生态系统的途径。水在流域生态系统中的独特性体现在自然属性和社会与经济属性两方面。

19.2.1 水的自然属性

在自然流域生态系统中,水流作为重要的功能过程把许多生物过程、物理过程和化学过程连接起来。这些过程体现在流域中便是泥沙的产生、迁移、积累,水文与水质的变化、河流形态的动态变化、溪流倒木的时空变化、河道水生栖息地及沿河植被物种的更替,以及陆地坡面与河流之间的物质与能量交换等。水文过程从降水开始,降水经过森林植被林冠的截留产生树干茎流、穿透水,而这些与林冠层相互作用后的水进入土壤又与土壤系统(表面土、深层土及岩石层等)相互作用,其量与质进一步发生变化。当土壤水(地表径流、壤中流和地下水)进入河道后,又在河流网络中汇集,不断与河道、河岸中的基质发生作用,其量与质进一步发生变化。随着流域面积的不断增大,流域内各种自然景观结构,例如湿地、湖泊等也对水流有很大的影响(图 19-1)。

从上面的简单描述及图 19-1 可以看出,水从降水开始至较大流域的出口流出,经历了各种各样的基质并与它们发生相互作用。这些基质影响着水的量与质,同时水文过程也影响着这些基质。这也意味着水量与水质受多种因素的影响,这也许是水文较难研究的根本原因所在。

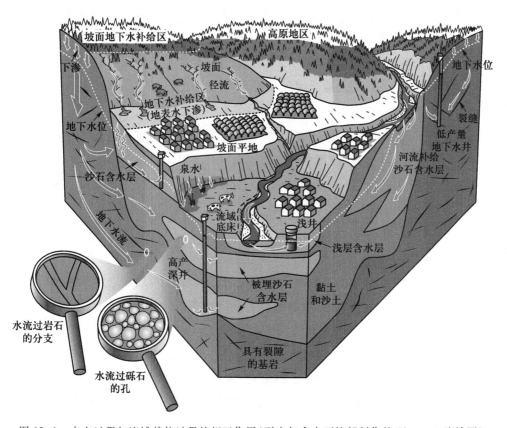

图 19-1 水文过程与流域其他过程的相互作用(引自加拿大环境部制作的 Okanagan 流域图)

有的研究者从河流的三个方向上来描述水的连接性(Kondolf 等,2006)(图 19-2)。第一是水平或近水平的方向,是由上游至河流的下游或由支流进入主流的网络性的连接(水平连接)。第二是河道的地表流与其潜流层和地下水在垂直方向上的连接(垂直连接)。这种连接也常指河道内地表水与地下水的交换,对

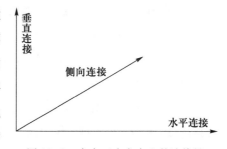

图 19-2 水在三个方向上的连接性

水量与水质的影响较大,但不是所有的河道内都会出现这种垂直交换,取决于河床基质以及更深层的地质结构。第三是侧向连接,例如,河岸植被或陆地系统与河道中水

的相连。这种连接往往通过地表径流、壤中流直接相连。

根据水的自然属性,有些研究者及管理者提倡采用"One Water"途径来管理水资源或解决水质问题。我们知道水在流域生态系统中有很多不同的名称,例如地表水、地下水、大气水、河道水、冰川水,等等。但由于这些不同的水其实都是相连的、相互转变的,所以应称为 One Water。例如,地表水的管理常属于水利或环境部门,而地下水则常归于地质部门管理。研究地表水的专家被称为水文专家(hydrologist),而研究地下水的专家被称为水文地质专家(hydrogeologist),这种区分已造成水资源管理上的破碎化。其实地表水与地下水是高度相连的。地下水来源于地表水或土壤水的补给(recharge),而地下水最终会成为河道径流的一部分,因此,从这个意义上讲,地表水与地下水其实就是一种水(One Water)。

One Water 途径的实质还是水在流域生态学中的连接性,可根据具体的对象或问题来应用此途径。例如,在城市水资源与水质管理方面,可以把污染水、暴雨水和城市地表水统一作为 One Water,并从综合的角度来研究它。又如,在水资源较缺乏的流域,必须把地表水与地下水统一作为 One Water 来研究与管理。

19.2.2 水的社会与经济属性

水作为一种重要的自然资源,可用于发电、航运、农业灌溉,参与制作各种产品以及被开发成旅游资源。因此,水资源对社会经济具有十分重要的作用。早期的文明与城市都兴建于具有丰富水资源的大江大河、湖泊或海洋之毗邻。即使是现代的社会与城市建设发展,水资源的作用仍是十分突出。可以说,有了丰富的水资源就有了发展的优势与基础。但水资源在社会经济上又具有二重性,在认识它的资源优势的同时,还应认识到水资源可能在管理不当的情况下产生频繁的洪涝或干旱灾害,对一个地区的社会经济发展起到限制作用。江西鄱阳湖就是一个典型的例子。鄱阳湖具有丰富的水资源,但由于受困于多方面的生态问题,例如泥沙淤积、水位不稳、水质退化、长江水倒灌等,水资源的优势不但得不到发挥,湖区在 20 世纪 80—90 年代是江西省社会经济最落后的地区之一,水资源成了劣势。可见,水资源既可以是地区发展的引擎(engine),又可以使经济枯竭(drain),这取决于如何保护和管理好这个独特的自然资源。

随着流域尺度的增大,流域整个生态系统包括自然结构,也包括城市、农村与农田等社会结构。在较大的流域系统中,流域中的水文过程事实上已把环境、社会与经济等众多过程连接起来了。图 19-3 是加拿大不列颠哥伦比亚省(BC 省)Nechako 流域中水与环境、社会、经济等各方面相互关系与相互作用的示意图。从该图中可以看出,水既与环境或生态(如泥沙、大马哈鱼栖息地、水质、森林等)有直接的关系,又与社会、经济(如发

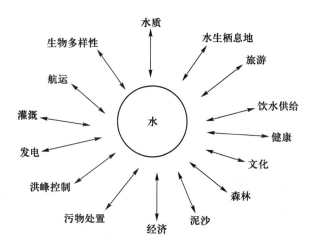

图 19-3　流域生态系统中水与环境、社会、经济的纽带作用

电、娱乐、土著人的文化、旅游、工业废水的处理等)有重要的相互作用。正确处理或协调这些相互作用、相互关系对流域生态系统的保护与发展是十分重要的。

以水作为载体将众多重要的环境、社会与经济过程联系起来的同时,还必须认识到,任何单一的水与某过程的联系出了问题,会通过水的纽带作用扩散到其他过程。例如,工业污染物造成水质下降后,进而影响水生生物、旅游、饮水和人体健康等许多方面。又如,如果森林被破坏,不仅影响水文或增加泥沙,这种负面影响还会扩展到其他方面,如水质下降、河流形态与水生栖息地发生变化、河道导流能力降低、水库淤积而降低寿命、洪峰增加而诱发水灾等。流域中的水过程类似于人体的血液循环,牵一发而动全身。

19.3　生态系统途径的必要性与水的研究及管理

19.3.1　什么是生态系统途径

生态系统途径(ecosystem approach)是指把具有明确边界线的流域作为一个生态系统,应用生态概念与原理,综合考虑系统内各个组成成分、过程、功能以及它们相互作用的一个综合性方法。生态系统途径的目的是通过联合性的手段实现流域的保护或恢复,其核心在于生态系统概念与原理的应用。

生态系统途径有别于综合途径(integrated approach)或多学科相结合的途径(interdiciplinary approach)。生态系统途径一定需要综合,但综合途径不一定只会应用于生态系统。同样多学科相结合的途径也不一定会采用生态学概念与原理。

生态系统途径既然与特定的生态系统有关,那么流域生态系统是否包括人类经济与社会就决定了生态系统途径的应用范畴。如果不包括人类,那么生态系统途径则应用于流域生态系统中各个自然过程或成分的综合。如果包括人类,则生态系统途径除了自然过程的综合外,还包括自然、社会与经济等方面的综合,其范畴更宽。应用生态系统途径对各种资源(水、森林、土地等)进行研究与管理代表着资源管理的现代思想与方法。

19.3.2 流域生态系统途径的必要性和挑战性

(1) 重要意义或优点

① 有助于研究和实现系统的完整性。采用生态系统途径就是尽可能把流域系统中各个重要过程进行综合分析与管理,不仅研究各个过程的相互作用,也研究它们的整合性或完整性。例如,过去对水资源的研究与管理往往分为地下水和地表水。专业的划分造成学科之间、专业人员之间的隔离或不交流。而在流域系统中,地下水与地表水是相互连接的,地表水是地下水的来源或补给,而地下水也是河流径流(特别是枯水季节)的重要部分。正因为地下水与地表水的相互连接或一体性,不少研究者建议用 One Water 的思路来研究和管理水资源。One Water 实际上就是水资源的完整性。

② 有助于评价流域系统的累加影响及流域过程在河流网络内的动态变化。正如第 18 章所阐述的,流域资源管理者越来越关注多种人为或自然干扰在不同时间、不同地点所表现出来的累加影响,以及上游发生的干扰对下游的影响。对这些影响的定量研究对水资源的有效管理与分配都有重要的意义。由于流域系统是由不同等级的子流域系统所构成的,一个子流域系统是一个完整的生态系统,又是其更高一级流域系统的组成成分。不同等级的子流域系统表现为嵌套的关系。而这种系统之间的嵌套关系则反映流域空间尺度的变化。因此,采用生态系统途径还有助于研究流域中各个过程的空间尺度规律,对于综合管理和保护流域系统是十分有利的。

③ 有利于长时间监测流域过程的动态变化规律。任何生态系统都表现出明显的动态规律,既有短时间尺度的日变化,也有长时间尺度的月和年变化。例如,一个以森林为主的流域生态系统,森林会发生明显的演替变化,最后被自然干扰(例如火烧、病虫害或风倒等)毁灭。干扰以后,新的演替又重新开始。这种陆地上发生的演替—干扰—再演替—再干扰的动态变化,也导致河流系统或水生系统发生类似的变化规律。例如,水文、泥沙、溪流倒木和河流形态会随着植被的恢复和干扰发生相应的变化。由于流域有一个固定的边界线,流域内发生的各种动态过程容易进行定量监测。流域的长期监测对于管理与保护流域内重要资源、功能与价值是必需的。

④ 有利于对流域土地、水资源利用进行规划与模拟。流域是一个独特的地理单元，可划定的边界线为流域规划与模拟提供了便利。在世界范围内，许多国家都把流域作为一个区域开发与保护的实体（entity）。各种针对流域的机构或法规也不断涌现。例如我国的水利部长江水利委员会、水利部黄河水利委员会和水利部珠江水利委员会，加拿大的 Fraser 流域委员会、Mackenzie 流域委员会，等等。这些机构的宗旨是把整个流域作为一个大生态系统，协调流域的各种规划、资源利用及环境保护。事实证明，这种做法比把流域内资源分割管理的策略更有效。

⑤ 在社会、经济层次上，采用生态系统途径有助于综合考虑各方面的利益。应用生态系统途径就是要把流域大生态系统中（在环境、社会与经济上）各个重要的组成部分组织起来，并考虑各方面的利益。因为系统中每一个部分都可能对其他部分发生影响。通常在综合考虑各方面利益的基础上所形成的措施、策略或政策比较容易实施。另外，生态系统途径强调综合与各部门的参与。这种参与模式的不断应用可提高各部门的协作精神，建立伙伴关系。

（2）生态系统途径在现实中运用的困难

尽管生态系统途径具有许多优点，但真正实施起来并不是易事。事实上生态系统途径并不是什么新鲜的方法，早在 20 世纪 60—70 年代，不论是在科学界还是在资源管理方面就有许多类似的理念，但生态系统途径在现实中的具体应用往往出现困难，甚至是举步维艰。其主要原因在于以下几个方面。

① 破碎化的政府机构、使命与规划。从生态系统理论与途径上来讲，实现真正流域系统的生态管理需要有一个具有权力与资源的综合性机构。然而这样的机构当今在世界各国与地区并不存在。每一个国家的政府机构（各个层次上的，如联邦政府、省政府或地区政府等）都是按行业或部门来设置、管理和操作。每个部门都赋予自有的使命、法规及规划的要求。部门之间通常没有协调的机制，造成"你干你的、我干我的"的局面。这种破碎化的政府机构组织实际上与生态系统途径相抵触。以一个加拿大在水资源管理上的机构安排为例来说明这方面的问题。不列颠哥伦比亚省对水的管理主要依靠环境署。例如，关于洪水预报及控制由水资源管理处来管理；关于水资源的利用与分配则由水分配处通过执照的方式来管理；水质的问题则由环境污染与防护处来解决；而关于与水有关的大马哈鱼的栖息地环境保护则由联邦政府渔业海洋部来执行；森林对水的影响则依靠省林业署来负责，等等。在通常情况下，各个部门各行其责，对水资源或相关资源（林业、渔业等）的某一方面能够实施较好的管理，但对整个流域资源的综合性、整体性管理则明显不足，效率不高。可以说，破碎化的政府管理体制中没有管理生态系统中各个主要过程或功能的相互联系与相互作用的机构与法规，这是当下无法有效实施生态系统途径的最主要原因。

② 缺乏长期的承诺与投资。由于流域生态系统具有明显的动态性,这种动态性往往体现在几十年甚至更长的时间尺度。短短几年的流域生态系统特征或只是一个短暂的行为(snap-shot),往往不足以表现系统的完整动态性。这种特点意味着必须采取长远的眼光,制定长远的规划并将其实现,这是生态系统途径的客观要求。然而政府的频繁更替、短视与急功近利的行为,以及外在环境的改变常常会打破政府长期的承诺与投资策略。例如,在西方国家每隔 3~5 年就选出新的政府,如果新一届政府由不同的政党所主导,则前面已建立起来的政策及工作重点往往得不到延续。

③ 流域系统的界线往往与行政区域界线不吻合。目前世界范围内行政区域管辖范围的界线很少按流域来设定,因此流域系统的界线很少与地区行政界线相吻合。这可能是因为在确定行政域边界时往往考虑空间的便宜性(例如块状与中心)等因素,便于行政上的规划与管理。而流域的形状往往是不规则的,至少很少表现为较整齐的块状。在我国,行政界线与流域界线最吻合的省份应该是江西省。超过 90 % 的江西省土地面积位于江西赣江鄱阳湖流域内。整个江西省接近一个完整的流域。行政区域与流域边界的不吻合性往往导致流域管理上的难度。一个跨省的流域需要相关省的协调,而一个跨国的流域则需要国家之间的合作。

另外,流域生态系统内地表水的汇流边界线与流域边界线相一致,而地下水的边界线因受地质的影响则不一定与地表水及流域的边界线相吻合。尤其对于大流域而言,一个流域的地下水流入另一个邻近流域的地下水系统是较常见的现象。这种地表水与地下水边界线的不吻合性会给流域系统水资源的利用与规划增加一定的困难。

④ 缺乏跨尺度、跨学科的综合性研究。生态系统途径的应用与实施涉及众多学科以及它们的综合。在流域生态系统中,从自然系统方面来讲,它涉及水文学、地质水文学、河流形态学、森林生态学、水化学、湖泊学、气候学、土壤学等。如果从更宽的领域来看,除了前面的自然学科外,还涉及各种与社会、经济相关的学科。跨学科的综合说起来容易做起来难,既有综合方法上的困难(事实上,目前用来研究系统综合的方法并不多,也不成熟),也有学科内部的保守特点。尽管跨学科的综合是普遍认同的一个重要趋势,但离实际操作还有相当一段路要走。

生态系统中的空间与时间问题是目前研究或资源管理的一个热点。时空尺度问题对于流域生态系统来讲尤其重要。仍需进行大量的研究才能在具体管理措施上真正考虑时空尺度问题。

⑤ 公众教育水平、参与意识与机制。公众的教育水平直接决定了对流域生态系统中各种利益的认识与追求,也决定了对各种利益进行系统综合与平衡的程度。同时,公众的知识结构对生态系统的综合也有重要的影响。例如,一个研究生物多样性

的人和一个建设水利工程的人就容易产生交流上的障碍,会出现各说各话、各干各事的局面。但如果两人在自己专业的基础上都对流域生态系统环境、社会和经济的可持续发展有一些基本的知识,那么交流起来、综合起来就容易许多。上面的例子反映出目前大学在设置课程时既要考虑专业的需要,又要考虑社会的需求。例如,在文科课程设置时,可适当增加一些自然学科的课程;反之在理科课程设置时,增加一些社会、经济学方面的课程。这样学生便会在未来成为真正具有"T"形知识结构的人。

公众的参与意识以及给公众提供一个参与的机制或平台也是实现生态系统综合的重要部分。在这方面,发达国家做得较好,公众的参与意识非常强。公众的参与既可更好地为生态系统综合定义问题及设定目标,也为后来的方案实施创造条件。在我国,公众的参与意识随着经济的增长而增强,但我们还应为公众的参与创造更多的条件或机制。简单的自上而下式(top-down)管理模式与生态系统途径不符。

19.4　生态系统途径的实例及未来应用前景

下面以作者研究与管理的 3 个实例来进一步说明应用生态系统途径的必要性或意义。这 3 个实例是生态系统途径在不同空间尺度上的应用。虽然空间尺度不同、目的各异,但都表达相同的信息,即认识与应用以水作为连接纽带的生态系统途径对于我们研究与管理流域生态系统有十分重要的意义。

[实例 1]　20 世纪 80 年代在我国东部进行的蒙古橡树林生态系统综合研究

在森林生态系统研究中,许多重要的功能过程,例如水循环、能量流动、养分循环等,是相互连接的。以辐射为动力的能量过程中,大部分能量(潜能)用于带动水分的流动(蒸散发)。在森林生态系统中,通常有 60 %~80 % 的总辐射能量用于蒸散发,而水分的流动又带动养分的流动。许多植被所需的化学元素首先需溶于水中才能被吸收,且养分的吸收或流动与水的流动相随而行。由此可见,在森林生态系统中,能量流动(辐射)、水循环和养分循环是密切相关的。然而大量的研究往往把这些相关的过程割裂开来,这种单独研究的结果就有可能对系统过程间的相互作用产生不完整的认识与理解。作者在东北林业大学的研究生学习期间(1984—1989 年),在蒙古橡树林生态系统中把上述几个主要功能结合起来,并从综合角度来认识该生态系统的一些整合性特征。

蒙古橡树是东北地区一种"亚顶极"树种,常分布于相对较贫瘠、干旱的山的上部。由于它的超强适应性,许多其他树种在这样的环境都无法与之竞争,这是它形成"亚顶极"群落的重要原因。经过近 4 年的综合研究发现,该树种的树干茎流非常大,约占总降水量的 13 %,是其他树种(白桦、胡桃楸等)树干茎流的 3 倍以上。这主要是

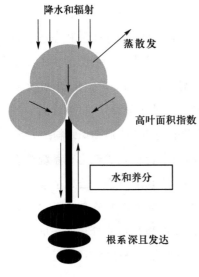

图 19-4 蒙古橡树林水、能量、
养分过程的综合

与蒙古橡树叶片较厚的形态特征有关。蒙古橡树林树干茎流中的可溶性养分含量也明显高于降水和穿透水。高树干茎流量意味着它能将更多的水分与养分导入树系附近的区域。小样方试验进一步发现,蒙古橡树具有很大的蒸发能力,能将绝大部分进入土壤系统的林内雨及树干茎流通过蒸腾方式消耗掉,只有少量水分(少于 10 %)变成径流。在大量蒸腾的同时,树木也吸收大量的养分。养分循环数据表明,蒙古橡树林养分的吸收量与存留量要高于其他东北地区主要树种,甚至高于我国南方的速生树种——杉木。通过这样的综合研究,对蒙古橡树林的高产、高效及高适应性有了完整的了解与认识(图 19-4)。这是分割性的研究或方法所达不到的。多个分割性的研究往往不同时、不同地,尺度也可能不一样,故综合起来有困难。

[实例2] 1992—1993 年澳大利亚联邦科学和工业研究组织(CSIRO)所做的一个中等尺度的流域规划

项目的背景是澳大利亚悉尼市东南方的郊区为了解决用水不足,需要在 Tallaganda Shire 流域的中下部修建一个水坝(称为 Welcome 水坝)。为了拦截和储存水质好且量多的水资源,必须布局好流域内各种土地利用。水坝的流域面积是 1390 km^2。澳大利亚研究者根据大量的研究发现,把一部分森林转变为一般草地(native pasture),可以增加流域的水资源产量(Brown 等,2005),这是因为森林的蒸散发要比草地大得多。但砍伐森林可能诱发水土流失。流域内还有其他重要土地利用类型(林业用地、畜牧业用地、自然保护区等)。改变一种土地类型的面积,就会影响其他土地类型的配置或它们的生态、社会、经济功能。可见,这些不同的土地类型由于其价值不同,表现出明显的利益冲突。而解决好这些土地利用的冲突是实现流域内水资源以及其他资源可持续利用的基础。

那么如何通过流域规划的手段或方法来解决流域内各种土地利用的冲突呢?以往在安排或规划流域内的各种土地利用方面,规划部门常根据当时的社会经济发展需求,通过与各有关部门谈判或自上而下式的方法来定性解决问题。这样的规划往往脱离流域内土地系统本身的特征,或对流域内土地系统本身的特征考虑不足。其结果是不能做到真正的因地制宜,造成资源使用上的浪费。澳大利亚 CSIRO 的野生动物与生态研究所设计了一套解决土地利用冲突与规划的方法,称 SINO-MED(Cocks

和 Ive,1996；Cocks 等,1995)。该方法的主要特点是把整个流域划分为若干单元(unit),每个土地单元都有大量的描述该单元的数据,例如土壤肥力、土壤深度、盐碱度、土壤侵蚀能力(soil erodibility)、植被特征、地貌特征(坡度、坡向等)、降水等。通过对每一数据并针对每一土地类型进行打分,最后算出每一土地单元针对每一土地类型的总适宜分数(total suitability score)。然后通过不同土地类型总适宜分数的比较,决定某一土地单元的最宜土地类型(往往是总适宜分数最高的类型)。该方法还可根据流域规划的目标,对不同的土地利用类型赋予不同的权重。此外,该方法还设有排斥原则。排斥原则是指在分配土地利用之前,由于某些土地单元具有特殊性,直接指定为某一土地类型,排斥其他类型。例如,流域内的部分区域由于坡度太高,水土流失风险大,而被限定为水土流失保护区,不参与土地利用的分配。又如,某一区域可能具有非常重要的生物多样性或是野生动物的栖息地,根据流域规划的目的和规划要求,排斥其他任何土地利用类型,而将此区域作为自然保护区。把流域内一部分面积根据排斥原则剔除后,对剩下的大部分流域区域进行打分、分配及平衡,并最终完成流域规划。可以看出,该方法并不复杂,但要充分考虑土地单元的各种物理生态特征,而不是基于单纯的定性的利益或政治谈判。有兴趣的读者可参阅有关文献(Cocks 和 Ive,1996；Cocks 等,1995),对该方法做进一步了解。

作者根据流域内的目标以及已存在的土地利用类型确定下列 7 种土地利用类型：① 自然保护(针对高水土流失)；② 天然林保护(主要考虑生物多样性及户外娱乐)；③ 火炬松种植类型(已存在的,主要考虑木材需要)；④ 新增造林土地类型(木材需要)；⑤ 草地改良区(已存在的,主要考虑畜牧业)；⑥ 新增草地改良类型(主要考虑畜牧业)；⑦ 自然草地(水量需要)。

简单地讲,该流域规划协调了生态(水土流失、生物多样性)、畜牧业、林业以及水资源之间的矛盾或冲突。事实上,每一土地类型与水资源都有联系。从流域角度来讲,要解决流域中水的问题,就必须解决流域中土地与水的关系,这是实现一个中度规模流域保护与发展所必需的。解决流域内各土地利用冲突的最后平衡规划见图 19-5。

[实例 3] 1996—2001 年加拿大不列颠哥伦比亚省针对大尺度的 Nechako 流域所参与的流域水资源管理项目

Nechako 流域是 Fraser 流域的支流域,面积约 2 万 km²,位于不列颠哥伦比亚省的中部地区。早在 20 世纪 40—50 年代,省政府为了鼓励加拿大西部的开发与投资,邀请当时总部设在魁北克省的 Alcan 工业在 Nechako 流域附近的 Kitmat 开设铝厂。修建铝厂需要大量的电能。为了满足电能的需要,省政府与 Alcan 通过协议决定在 Nechako 流域兴建水坝,开发电力资源满足铝厂的需要。水坝于 20 世纪 50 年代初建

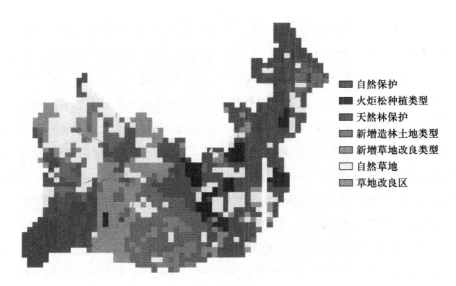

图 19-5　澳大利亚新南威尔士州 Tallaganda Shire 流域的土地利用图

（最后的流域平衡规划图）（参见文后彩插）

成后,对下游其他方面的用水,特别是对鲟鱼(sturgeon)的产卵生活周期产生非常消极的影响。鲟鱼在河流的深水中完成产卵、孵化等过程,对河流的水深、水温有较苛刻的要求。如果上游排放的水量不够,则影响下游河段的水深与水温,进而干扰鲟鱼的发育与生长。如果水温大于 21 ℃,则对鲟鱼及其他大马哈鱼造成危害。当然还有其他许多方面的水资源使用(旅游业、工业废水的稀释、其他鱼种、河流生态等)都受到了影响(图 19-3)。为了保护鲟鱼,省政府与 Alcan 签订新协议,要求 Alcan 在夏季释放更多的水,以满足下游的需要。这种放水量相当于年流量,即 16 m³·s⁻¹。由于从水库中放出的是表层水,水温较高,对下游的水温仅起到一定的降温作用,但能够通过量(即大量的放水)来达到降温目的。在 20 世纪 90 年代后期,省政府拟在水坝旁安装一个装置,从水库底部抽取水温较低的深层水用于下游水温的控制,这样就不需大量的水就可达到控制下游水温的目的。安装这个装置也意味着要省下年均近 16 m³·s⁻¹ 的水流量。为了进一步提高流域水资源管理以及满足整个流域生态、社会、经济各方面的需求,省政府计划将省下的水量进行综合分配,以实现流域可持续发展。

为了对水量进行合理分配,省政府成立了专门的 Nechako 流域咨询委员会。通过广泛征求意见,确定一些主要与水有关的利益或过程(图 19-3)。整个项目最终目的是使所有这些与水有关的过程、使用或利益得到最大的保护。显然,这是一个很艰巨的过程。因为水的分配总量一定,有些水的使用之间相互排斥,例如农业灌溉用水和城市用水。灌溉用水增多,就意味着其他方面的用水要减少。当然也有些水的使用之间是相互联系和一致的,例如,满足鲟鱼的水需要,往往也能满足一些其他生态需求(例如其他鱼类生物等的需求)。要把所有这些相互关联的与水有关的过程综合起来进行系统分析,既需要对每一过程的具体需求有一个定量的把握,又需要系统的分析手段(例如多目标优化方法)才可达到目的。事实上,随着我们对流域内生态过程的不断认识,更多与水有关过程的重要性被发现,图 19-3 中的过程和成分会不断增加,系统的分析与综合会变得更加复杂。

从对上面 3 个实例的分析可以看出,不管流域的空间尺度如何,采用生态系统的途径来综合研究和管理与水有关的各个主要过程、组成成分或价值是非常重要的,对于我们认识流域系统的整体性十分关键。随着流域尺度增大,与人有关的社会与经济过程不断增多,系统的综合不再仅仅是小尺度上的自然过程,而且包括自然、社会与经济各个方面。这也意味着生态系统过程的应用随着人们对流域生态系统认识加深及流域尺度增大而更复杂。但随着技术的发展(例如计算机技术、地理信息系统等手段)及数据采集能力(遥感、LiDAR 等)和大数据分析能力的增强,对于复杂系统进行综合、系统分析更加可能。除此之外,采取流域生态系统的途径还需要在法律、机构建设及财经机制等方面有保障。有关这些方面将在第 21 章中讨论。

参 考 文 献

Brown, A. E., Zhang, L., McMahon, T. A., et al. 2005. A review of paired catchment studies for determining changes in water yield resulting from alterations in vegetation. Journal of Hydrology, 310(1-4): 28-61.

Cocks, K. D. and Ive, J. R. 1996. Mediation support for forest land allocation: The SIRO-MED system. Environmental Management, 20(1): 41-52.

Cocks, K. D., Ive, J. R. and Clark, J. L. 1995. Forest issues—processes and tools for inventory, evaluation, mediation and allocation. Report on a case-study of the Batemans Bay area. New South Wales, CSIRO, Australia.

Kondolf, G. M., Boulton, A. J., O' Daniel, S., et al. 2006. Process-based ecological river restoration: Visualizing three-dimensional connectivity and dynamic vectors to recover lost linkages. Ecology and Society, 11(2): 5.

Schindler, D. W. 1998. Sustaining aquatic ecosystems in Boreal Regions. Conservation Ecology (online publication), 2(2): 18.

Schindler, D. W. 2001. The cumulative effects of climate warming and other human stresses on Canadian freshwaters in new millennium. Canadian Journal of Fisheries and Aquatic Sciences, 58: 18-29.

Yang, M., Yu, J. W., Li, Z. L., et al. 2008. Taihu Lake not to blame for Wuxi's woes. Science, 319: 158.

第 20 章　流域综合规划

　　人们在具体实施各种经营管理措施之前,通常需要制作规划。从这个意义上讲,规划是指导各种措施实行的工具,没有规划的措施是盲目的和低效的。规划必须有目的性,可以是针对一个迫在眉睫的环境问题,也可以是针对一个重大工程或流域开发、治理与保护的协调问题。规划有小规模的(针对较小的空间地域或规模较小的产业)或大规模的(针对较大的空间地域或较复杂的目的要求),有战略性的或操作性的,有短期的或长期的,也有多目标的或单目标的。一般来讲,大规模的战略性规划多是长期的和多目标的,且综合性强,涉及社会产业多,对于一个区域的发展有重大指导意义。规模较小的短期规划往往是操作性较强、针对性较强(或较少目标)的行动指南。

　　流域规划是区域性规划的一种,它的核心是综合,是把流域内各种主要资源的开发与保护以及它们相关的产业综合起来而制作的规划。流域综合规划不仅仅是单纯的流域内的土地规划或流域的水资源规划,还是以流域内土地与水资源综合利用为主的规划。以往许多规划者把流域内的水资源或土地利用的规划作为流域的综合规划,这在概念上是不正确的,也没有突出流域中陆地系统与水生系统相互作用的流域系统特征。流域内土地利用规划或水资源利用规划本身也是综合性的规划,但在这里我们强调的流域综合规划是针对陆地与水生系统的利用与保护及其相关产业的协调发展而制定的。

20.1 流域综合规划的概念与特征

20.1.1 概念与综合性

（1）流域综合规划的概念

把流域内的陆地系统（例如土地）与水生系统（河流、湖泊等）综合起来进行规划已越来越得到资源规划者、学术界以及政府机构的重视。然而，纵观所有发表的科学文献，至今并没有形成流域综合规划的完整科学体系。这方面的科学论文也很少，大多数文献是以政府规划报告或专业技术报告形式出现。我们认为，流域的综合规划应该是在一个流域范围内，综合考虑陆地系统、水生系统的相互关系以及相关的产业，以实现流域生态、社会与经济的协调发展。

（2）流域综合规划的特征

流域综合规划的核心特征是综合性。这种综合性表现在以下几个方面。① 多目标及其措施的综合性。流域内资源是多种的，而且它们相互联系，这就决定了流域规划多目标的特征。② 多行业或机构的综合性。从政府机构来讲，一个流域综合规划通常涉及各个层次的政府机构（联邦政府、省政府、地区和当地政府）。而从产业角度来看，它涉及林业、农业、渔业、运输业、矿业、环保、水电业、旅游业等行业，要把所有这些机构或产业真正协调起来是一个讲起来容易、做起来艰巨的工程。③ 学科的综合性。一个流域的综合规划涉及水文学、生态学、生物学、河流形态学、地质学、土壤学和气候学等学科，依靠少数几个学科的综合显然不能解决整个流域的综合问题。正如机构的综合一样，学科的综合也非易事。④ 公众的参与及决策过程的综合性。公众参与流域的规划已普遍被接受并得到广泛的重视与实施。它既可帮助确定规划的目的及拟解决的主要问题，又为后来规划的实施奠定现实基础。流域规划的决策过程是一个涉及协调各种不同利益或冲突、最大程度实现流域的多目标发展的过程。采取任一规划都会有所得，也有所失。一种使各方利益都能最大化实现的规划在理论与现实中都不存在，这意味着决策过程是一个妥协的过程。

20.1.2 尺度

流域综合规划的核心是综合，但综合的程度及范围在很大程度上取决于流域的尺度或大小。在较小的源头流域，陆地系统的土地利用，特别是林业就显得尤其重要。例如，林业的各种措施及河岸植被带是否得到保护等都对河流的水量、水质、水生生物栖息地等许多方面有直接的影响。在这样的小流域中,流域综合规划的主要目标可能是如何协调林业、水资源和鱼类栖息地保护等关系。随着流域尺度的增大,林业的作用相对减少,其他产业或土地利用类型(例如农业、水电业、运输业、工业、城市化等)的重要性不断增加。在大流域尺度上,流域规划的主要目标则以水资源作为主导资源并考虑它与其他方面的综合联系,其综合的范围与程度要大于针对小流域的规划。可以说,随着流域尺度的增大,规划的重点由以陆地系统为主变为以陆地系统和水生系统并重,进而转为以水生系统为主的格局。规划在很大程度上是以流域水资源为主的综合规划。例如,加拿大不列颠哥伦比亚省 Nechako 流域的规划就是一个主要考虑各种水资源利用(发电、娱乐、鱼类保护等)的综合性规划,对陆地系统考虑甚少。而许多在本省的社区流域(community watershed,一般小于 500 km²),由于森林较多,故综合规划的重点应放在如何处理森林管理对水量、水质、泥沙和大马哈鱼栖息地的影响上。

20.1.3 流域综合评价与规划的关系

流域综合评价(integrated watershed assessment)是针对流域中某一问题或出于管理的目的进行的一次综合性的评价,是对流域现状的诊断。一般不涉及带有情景(scenario)的未来预测,但有些也可能包括,这取决于评价的目的。因此,流域综合评价对规划具有重要的帮助,它可以帮助规划更明确"问题"的严重程度及可能产生的原因,也为流域综合规划提供必需的科学数据。从一定程度上来说,一个好的流域综合规划是以一个好的流域综合评价为基础的,尽管二者没有必然的、绝对的关系。对于较小尺度的流域,综合评价相对容易些;随着尺度的增大,复杂程度增加,综合评价的难度加大,甚至变得难以实施。

流域综合评价是对流域现状的诊断。如何才能快速地、有效地对流域进行综合评价呢?正如医生对患者所做的"诊断"一样,医生常常会测量一些关键的指标,例如温度、血压,以达到诊断的目的。在流域综合评价时,我们也应该测量一些敏感的、具有重要指示意义的参数,并在综合框架上对它们进行评价。例如,加拿大不列颠哥伦比亚省在采伐一个流域(尤其是社区流域)的树木之前,必须进行流域评价。所调查的主要过程或参数包括:已经采伐过的面积及恢复情况,洪水灾害的风险,河滨植被带的功能及破坏情况,泥沙及河流形态。这些参数比较容易测定,且对流域的主要特征(水文、水质、河流形态)、过程及功能有直接的指示作用。获得这些参数后,可从定量及定性两方面进行综合以达到综合评价的目的。应强调的是,综合评价只针对一些关键性的过程,并不是对系统的所有情况进行评价。综合评价时考虑的过程太多太复杂,在现实中往往有难度,耗时耗财,其效果并不理想,针对大流域更是如此。

20.1.4 流域综合规划的类型与实例

根据流域综合规划的定义,下面 2 个是比较典型的实例。

[实例 1] 我国江西省鄱阳湖流域山江湖流域综合治理规划

江西省鄱阳湖流域(图 20-1)是我国长江流域的一个重要子流域。该流域的源头位于江西南部,经赣江从南至北汇入我国第一大淡水湖——鄱阳湖,再经鄱阳湖流入长江。流域的面积约 16.2 万 km^2,占整个江西省面积的 97 % 左右。在全国所有大流域中,鄱阳湖流域是流域边界与省行政区域边界最吻合的流域。在很大程度上整个江西省就是鄱阳湖流域。这种吻合性十分有助于流域的规划与管理,因为它省掉了与其他邻省规划的协调。

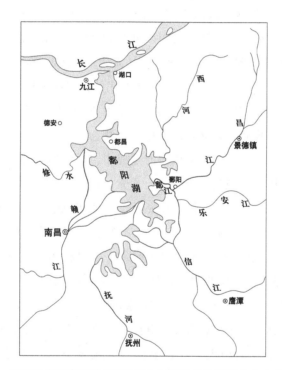

图 20-1 江西省鄱阳湖流域(江西省山江湖开发治理委员会办公室供图)

由于长期不合理的资源利用与破坏(特别是森林资源),鄱阳湖流域存在十分严峻的生态问题,例如水土流失严重、水质下降、河道航运能力退化、洪水频率增加。严峻的生态问题又直接导致社会经济问题。事实上,水资源丰富的鄱阳湖周边地区,受到频繁的水灾、旱灾、血吸虫害、水质退化等许多问题的困扰,已成为江西省最落后的地区之一。丰富的水资源不仅没有为这些地区带来区域发展的动力,反而成为阻碍因素。在不断摸索与研究中,唐楚生等科技人员发现,要治理鄱阳湖的生态问题,就必须治理赣江的生态问题,因为许多湖泊问题(水质差、泥沙淤积等)都来自赣江。他们进而发现,要解决赣江的生态问题,就必须正确处理山区森林的保护利用,因为赣江的生态问题大部分来源于"山上"。因此,将这些规律总结为"治湖必须治江,治江必须治山,治山必须治穷"的指导性原则。该原则体现了流域生态系统的综合概念与思路。江西省政府为此成立了江西省山江湖开发治理委员会办公室。该机构的宗旨是组织与实施整个鄱阳湖流域生态系统的规划与管理。该流域综合规划涉及政府多个部门,不仅考虑生态问题,而且考虑社会经济等各种因素,是一个大流域尺度的生态经济综合规划。该规划于 1992 年由江西省人民代表大会常务委员会立法通过,为规划的实施奠定了法律基础。可以看出,鄱阳湖流域综合规划是由多个政府部门协商并采用自上而下式途径制定的一种综合流域规划。

[实例 2]　美国华盛顿州的流域规划

由于长期存在水资源各种利用之间的冲突,并考虑日益关注的大马哈鱼及其他生物保护的需要,华盛顿州于 1998 年通过了《流域规划法》(*Watershed Planning Act*)。该法规建立了一个流域合作规划且具有法律约束的机制或过程。该机制鼓励当地政府与社区协作,通过规划来协调流域内水资源在生态、社会、经济发展中的各种需要,该法规特别强调基层政府和大众在规划中的作用,是一种参与式的协作性流域规划(Ryan 和 Klug,2005)。在制作流域规划的过程中,流域规划组或委员会可以从州政府拿到一定的资金用于流域研究及规划。通常,流域规划应针对并解决以下 4 个问题:① 流域有多少可利用水;② 目前流域内的水利用状况;③ 目前有多少水利用是持有执照的;④ 未来需要多少水。在所有流域规划中,州政府的作用是提供资金和技术指导。州政府可以派代表参加规划,但并不具有否决权。做出规划决策是需要集体同意的。至 2005 年,整个华盛顿州 62 个流域中,有 37 个流域已开展制定流域规划。

流域规划一般都是综合的,有的以水资源利用为主要目标,有的既考虑水资源利用也考虑各种土地利用。流域规划的类型有很多,但一般分为自上而下式(top-down)和自下而上式(bottom-up)两大类。自上而下式规划类型主要是由政府各部门组织、参与并决策而制订规划,有时又称为政府的途径。而自下而上式规划类型是由基层政府、社区、民间团体、环保组织等共同参与、制定和决策。前者强调政府决策,而后者则是共同决策。除此之外,自上而下式类型往往是更高层次的政府事先确定规划的需要、目标及决策过程,而自下而上式类型则把更多规划权力交给当地或低层次的政府及组织,由它们确定规划的目标及过程。通常,自下而上式的规划虽然易实施,但制订规划所需的时间较长。因为这两种方法具有很好的互补性,现在较新的混合式类型是将它们结合起来。表 20-1 列出不同流域规划类型的优缺点。

表 20-1　不同流域规划类型的优缺点

	规划类型		
	自上而下式	自下而上式	混 合 式
优点	通常由权威性的机构组织规划与实施,确定规划的目标、指南及过程;效率高,目标明确,一致性强	由于鼓励基层大众或各种团体参与及决策,规划充分结合当地的特点与知识;实施较易,且容易对规划进行必要的修改	集中了二者的优点
缺点	在于它的命令或强制性,通常不考虑或欠考虑当地特点;实施起来有一定难度(因为它排斥当地民众在规划阶段的参与)	由于参与者多,且有不同利益,故规划需要较长时间,易造成资源与资金的浪费;往往涉及许多不太重要的细节,较复杂;不知道或常误解许多已存在的高层次的规划指南	易形成具有等级性的规划结构,增加规划的复杂性

20.2　流域综合规划的主要步骤

不管何种类型,一般的流域规划都包括一些基本的步骤。一般在这些步骤之前,都有一个问题:为什么做流域规划? 做流域规划也许是因为法律要求,例如,前面提到的美国华盛顿州的众多流域规划都是因为该州的流域规划法律要求而产生的。有些流域规划也可能是由于问题或"悲剧"事情的发生而诱发的。例如,在加拿大不列颠哥伦比亚省的 Okanagan 流域由于 20 世纪 60 年代末至 70 年代初发生了一系列的蓝藻水华事件,联邦政府与省政府合作实施了一系列的综合研究与规划。这种由问题出现而做的流域规划通常称为反应型的规划(reactive planning);而为了预防问题的发生所做的流域规划称为预防型的规划(proactive planning),例如对一个没有采伐过的森林流域,为了避免未来采伐对各种流域功能的负面影响而制定流域规划。

(1) 组织具有一定代表性的流域规划委员会

流域规划是一项综合性很强的系统工程,涉及不同的机构或领域,因此请具有一定代表性的专家或利益相关者组织规划委员会是非常必要的。流域委员会的大小和成员结构取决于规划的类型或途径。一般来讲,对于自上而下式规划类型,委员会常常由政府指定的专家组成;而对于自下而上式规划类型,委员会则多由不同背景的利益相关者(例如,政府、社区、非营利组织、非政府组织等)组成,委员会的成员人数也相对较多。尽管不同的成员代表不同的部门或利益,但成员之间的协作与信任往往是委员会能否最终制定一个可行的流域规划的关键。

（2）确定流域的问题并建立流域管理的目标

问题与目标往往是相关的,有什么样的问题,就决定什么样的目标。对于目前已存在主要环境问题的流域,其规划的主要目标是治理或恢复流域生态系统。流域规划与管理的目标一般分为单目标和多目标两种。单目标是针对流域中某一功能过程或价值而制定的,例如,控制流域水土流失、恢复河流系统中大马哈鱼的栖息地或控制流域中水的质量等均可作为单目标。但是,由于某一生态问题常通过水的载体或媒介作用而影响其他功能过程,因此流域中的生态问题往往是多方面的,流域规划的目标也是多方面的,即多目标规划。多目标规划在流域生态系统中尤其普遍。除了针对流域的问题(已存在的或未来可能出现的)制定相应的目标外,确定流域的现实目标往往还要考虑其他一些因素,这些因素包括流域的空间尺度、规划的时间尺度以及社会对流域系统的期望。一般来说,随着流域面积的增加,流域问题涉及的范围更广,既有自然环境方面的,又有社会经济方面的,因此流域规划的目标可能更多。规划的目标也取决于规划是长期的(大于 10 年)、中期的(5～10 年)还是短期的(2～3年)。长期规划通常是一个战略性规划,其目标往往带有长期性、战略性和指导性。短期规划通常是一个较具体的行动规划,目标明确、具体甚至量化。

（3）收集可能的资料与数据

科学的规划依赖于对流域已存在或未来可能发生的问题的深度分析,这样的分析又在很大程度上依赖于对流域的了解及已有的资料和数据。一个没有建立在丰富数据及定量分析基础上的规划,只能是利益谈判的结果。为了便于综合与分析,收集的数据应尽可能格式化,采用统一的标准并储存为单一信息系统,例如,地理信息系统(GIS)是一个很好的储存、分析和图像化数据的综合平台。由于不同数据通常由不同部门采用不同方法或标准收集而来,对所有数据进行综合管理、分析不是一件容易的事情。对于具有重要意义的关键数据,如果在规划期间无法得到,可以考虑先收集野外数据,然后再进行规划。

（4）确定不同的可行的规划或措施方案

针对要解决的问题或拟达到的目标,设计不同的可行的规划方案。规划的多目标性就意味着可能有多种方案,如何选择既有针对性又具有可操作性的方案就显得十分重要。方案不宜太多也不宜太少。方案太多往往增加分析与综合的难度,而方案太少又存在不能完全反映最好措施的风险。在选择可能的规划方案时,应充分考虑各种可能的限制条件,例如政策法规上的限制。在加拿大,如果流域规划的目标是解决各种用水之间的矛盾冲突,显然不应把"取消一些农户灌溉用水的执照"作为一种可能的方案来增加河道中的水量,从而保护河流生态需水,因为农户的灌溉用水执照是受到法律保护的。这说明,确定可能的规划方案或措施不应超出法律的保护范围,要受到法律的制约。

(5) 对选择的各种规划方案进行评价

评价是指针对任一选择的方案,对其可能产生的各种生态、社会与经济方面的影响进行综合分析。分析的方法有定性的、定性与定量相结合的以及完全定量的。定性分析通常是受数据或时间的限制而采取的方法。对社会与经济方面的部分影响,例如采伐森林或过度抽取地下水对居民生活及心理上的影响,难以进行定量分析,采取定性分析就成为唯一的选择。对主要的影响进行定量分析是一种比较理想的办法,它可将各种不同的影响置于同一量化的框架中,这就为后续的方案比较提供了方便。进行综合的(社会、经济和环境)定量分析需要大量的时间,能否进行分析也取决于数据的多少。比较可行的分析方法是定性与定量相结合,对有些难以定量的影响进行定性分析,而对一些容易定量的影响进行定量分析。

在定量分析方面,可以使用一些工具或方法。这些方法包括环境计量法、计算机模拟、系统动力学方法等。为了对各种环境、社会经济方面的影响做出适当的评价,选择适当的指标参数或变量(indicator)是必要的。有关指标参数,特别是体现可持续发展的指标参数的研究受到特别的重视。不同的国家或地区逐步确定和完善自己的指标体系(表 20-2)。

表 20-2　加拿大不列颠哥伦比亚省沿海地区环境状况评价指标体系

人口与经济活动	① 土地利用的变化 ② 拥有市政废水处理系统的人口比例 ③ 排污造成贝类减少的趋势 ④ 海洋交通密度的趋势 ⑤ 港湾区经济和保护活动是否有许可证 ⑥ 海洋渔业经营造成的养分载量 ⑦ 沿海森林的覆盖 ⑧ 流域中土地利用的指标
气候变化	① 气温的长期变化 ② 降水量的长期变化 ③ 近海温度变化 ④ 海岸水位的变化
工业污染	① 造纸厂排放物中二氧化物和呋喃含量 ② 污染物(多氯联苯,二氧化物和呋喃,多环芳烃,水银)沉积量的趋势 ③ 污染地被清理的数量 ④ 海洋哺乳动物中有机污染物的含量

续表

生态系统保护	① 保护区数量和面积 ② 被保护的海洋与陆地面积所占的比例 ③ 沿海保护区所面对的干扰 ④ 保护区中未受干扰的比例 ⑤ 保护区中海洋栖息地环境未受干扰的比例
生物多样性	① 被威胁动物的状况 ② 鲸鱼种群的状况 ③ 外来种的变化 ④ 水禽的丰度 ⑤ 敏感系统的变化 ⑥ 针对有危险物种采取的恢复措施

（6）推荐合适方案并付诸实施

在完成对各种方案的综合分析后，根据投入与产出的不同，可选择一套较合理的方案。事实上，让各方面都能达到正效益最大化的方案是不存在的。规划者需认真权衡各种方案的得与失，从中选择一种让大多数利益相关者能接受的方案。推荐的方案需要广泛征求社会的意见与反馈，并针对这些意见做进一步调整与修改，最后交由决策机构审批。审批后的规划应具有法律的正当性，这是规划实施的根本保证。

从上面的讨论可以看出，流域规划是一个有逻辑顺序的过程。但同时我们必须认识到，任何流域规划都是基于当时对于流域中问题及数据的认识与理解。随着不断地研究、采集数据及实施规划，新的知识不断积累，以前规划中的假设也许站不住脚而需要被替换。这就意味着规划的过程是一个连续的过程，任一流域规划都只是某一时段内的产物。

科学研究在规划过程中具有十分重要的作用。首先，科学研究能帮助规划委员会确定流域问题的性质、流域主要功能过程之间的联系以及指出可能存在的知识或数据的空缺。另外，当流域规划方案确定后，需要应用大量科学技术的方法与手段分析与评估每一方案可能的生态、社会与经济影响，并估算风险与不确定性。最后，在规划实施期间，科学研究可以监测方案的具体影响，并将这些新的监测数据反馈于规划中。总之，科学研究在规划中的作用是不可替代的。

20.3　流域规划的经验与教训

下面 10 条有关流域规划方面的经验与教训，主要摘自美国环境保护局（Environmental Protection Agency,EPA)网站,并根据作者的理解做了一定的修改。

(1) 最好的规划必须有明确远景、目标和措施

远景(vision)指在较长时间(5～10 年)通过努力能达到或实现的目的。目标(goal)则是把远景或长远目的进行具体化,目标常常是定量的。措施或任务(action)则是实现目标所需要的更具体的行动。一个好的流域规划应该在这些重要的方面有明确的描述,为规划的实施提供方便。远景一般是高层次上的、简要或形象的。例如,美国马里兰州的参议员 Bernie Fowler 为了形象地表达 Patuxent 河流中泥沙的问题,站在齐胸部高的河水中说:"我想能看到我的脚。"他显然把河流中的高泥沙含量问题或需要达到的长远目的形象化了。这种做法有助于引起社会对问题的认识和重视。

如何形成远景和目标呢? 许多经验表明,在形成远景和目标之前,应首先明确规划要解决的问题是什么。问题可以是已经存在的(例如河流高泥沙含量或水土流失),也可以是有可能发生的。根据要解决的问题,形成规划的远景和目标。

(2) 要有一个好的组织者并能赋予他人权力

组织者(leader)可以由政府指派,也可以是农民、非营利组织的成员或其他不同机构或民间组织的代表。组织者应该对流域的规划与管理十分关心和热心。组织者具有很高的组织能力,拥有很强的交流能力,知道如何调动各方面的资源与积极性并适当地考虑各方面的利益,也懂得如何尊重他人并赋予他人权力。事实上,一个好的组织者对流域规划制定以及未来的实施起着十分重要的作用。

(3) 协调者的作用

由于流域规划和管理涉及许多不同的利益相关者,这就意味着流域规划需要很多的协调。协调者(coordinator)有别于组织者。组织者是整个流域规划的推动者,具有明确的责任,而协调者通常是自愿的、中性的(neutral),即没有涉及流域规划的任何利益。雇佣一个协调者对于整个规划的进行很有帮助,他可以与不同利益相关者保持联系,协调各种利益冲突,寻找较合适的方案等。理想的协调者是一个有较多的时间且志在有所作为的人。

(4) 把环境、社会和经济价值等同看待

实现可持续发展(sustainable development)是现代发展与保护的主流。可持续发展的本质是把环境、社会和经济作为彼此不可缺少且相互依赖的整体。以前由于认识不一致,对环境、社会和经济的价值观不同常造成利益冲突。要使流域规划和管理真正实现可持续发展,所有的利益相关者或流域规划者要对环境、社会和经济的同等性、互补性、相互依赖性有统一的认识。但在现实中,由于规划者拥有不同的教育背景,代表不同的利益团体,实现具有真正意义上的统一认识是很难的。

（5）只有被实施的规划才是成功的规划

规划代表着所有利益相关者的集体智慧、利益及决策。一般的规划包括远景、目标、具体任务及时间尺度。一般规划的寿命为 5~20 年。好的规划应允许采纳新的知识和信息，反映流域的动态需求。最大的挑战是如何使制定的规划能够实施，而不是将规划放在办公室的书架上积尘。在实施方面，比较可行的是指定一个人或一个机构负责实施工作，并将较大的目标细分为具体可操作的任务。

（6）赋予合作伙伴同等权力

流域规划的核心是相关利益者之间的合作。有效的合作伙伴关系常包括以下方面：关注共同的兴趣或利益、尊重他人的观点、相互感激、愿意听取别人的需要和立场及建立信任。合作伙伴的参与者要代表规划的主要利益和价值，但如果太多则不易协调和统一，造成规划时间冗长。再者，在选择参与者时，应尽可能考虑主要的利益相关者，这些相关者通常有信誉、资源以及参与实施的能力。

（7）具备好的工具

重要的工具是必需的，如 GIS、工作指南、法规、监测和模拟的项目等。资金与技术指导也十分关键。对于许多流域规划来讲，特别是自下而上式的规划，技术指导或顾问是不可或缺的，帮助流域内的当地居民获得较好的知识，并做出适当的决策。在许多情况下，资金不足会限制规划的进展与完成。GIS 能提供大量直观的图表，有助于讨论与分析流域的问题。

（8）评价和交流流域规划的进展

建立一个好的系统，及时评价流域规划的进展，并将评价结果反馈给社会，这是有效流域规划的一部分。这种做法不仅让社会更深刻地理解流域的问题，也有助于参与规划的利益相关者产生成就感。交流的方式有很多种，例如各种媒介（小册子、讲座、新闻发布会等）。

（9）传授知识，鼓励公众参与

大量的事例表明，流域规划的完成与实施离不开公众的支持。公众的支持又取决于公众对流域问题的了解、兴趣和参与。所有这些都离不开对公众的教育。根据流域教育工作者的经验，要将流域知识传授给普通公众，需要注意下列几方面：了解听众、使用简单术语、避免使用复杂的技术描述等。

（10）从小成功开始

不要小看小成功，它是大成功的基础或前奏。事实上，在开始进行流域规划时，成功地完成一些较小的规划任务有助于提高参与者的积极性，形成更强的合作关系。流域规划是一个费时的过程，往往很难一步达到。

参 考 文 献

Ryan,C. M. and Klug,J. S. 2005. Collaborative watershed planning in Washington State:Implementing the Watershed Planning Act. Journal of Environmental Planning and Management,48(4):491-506.

第21章　综合流域生态系统管理

所谓管理,就是对要实现的目标或针对的问题采取行动。而要实施有效管理,就离不开法规以及相应的机构配置。那么,对于流域生态系统管理来讲,需要什么样的法规和机构配置?目前是不是把流域作为一个生态系统来综合管理?有没有成功的管理模式可以推广?这些是本章要重点讨论的问题。另外,对比国外较成功的模式,结合我国在这方面存在的问题,讨论我国在综合流域生态系统管理方面应该采取的模式或发展方向。

21.1　流域水资源短缺和对策

流域生态系统中包括各种资源及生态系统功能,水资源是流域系统中最重要的资源,还是连接许多功能过程的纽带,所以它是一个重要的、独特的资源。有关这方面的详细阐述见第19章。这里着重讨论应对水资源短缺的对策,包括技术和管理层面上的不同对策。

由于人口的不断增长和工农业需求的不断增加,水资源的短缺会不断加剧。事实上,水资源已成为不少地区社会经济发展的限制因素。同时,未来气候变化也使水资源产生巨大的不确定性。为了解决水资源的不足,不同的国家和地区采取不同的应对策略。

21.1.1　技术策略

目前已有的或正在研究的技术策略归纳起来包括7个方面。下面做一简单讨论,具体可参见 Bouwer(2000)和 Glennon(2005)。

（1）使用更多的地表水和地下水

对于地表和地下水资源较充沛的地区来讲,从河道和地下水层中抽取更多的水来满足对水资源的需求是一种最直接和便宜的策略。然而这种策略的应用前景或机会正在不断变小变窄,甚至完全没有。在一些需要用水执照才可抽取地表水的地区,由于过去给出了过多用水执照,再加上河道中生态水的需求,这些地区只能减少申请。例如,在加拿大不列颠哥伦比亚省的 Okanagan 流域,政府决定几乎所有河流都不再受理新的用水执照的申请。在一些不需用水执照的地区,过度地使用地表水已造成许多河流干涸、生态系统退化,这方面的例子在许多发展中国家十分普遍。

过度抽取地下水也带来许多环境问题。

① 过度抽取地下水是指抽取的地下水量大于地下水的补给量,其结果是地下水位不断降低,并诱发一系列其他环境问题。例如,地面下沉并破坏表面建筑物、湖面的面积减小和湖水水位降低、地下水流方向改变、沿海区地下水层中咸水侵入、地下水质污染与退化以及地下水利用的难度增加等。

② 在许多流域系统中,由于地表水与地下水直接连接,过度抽取地下水常导致河流与湿地中地表水量的减少并影响与其有关的生物与生态过程。在这方面,有两个观念必须更新:一是地下水是采之不尽、用之不竭的资源;二是地下水与地表水是分开的。这两个观念是不科学的、错误的。应该将地下水与地表水结合起来,用 One Water 以及有限性的概念来指导水资源的利用与管理。

（2）修筑更多的水库及海水去盐化以增加水量的供应

水库储水是最重要、最常见的增加淡水资源供应的手段。在降水量分配不均的地区,利用水库可拦截更多在降水季节或融雪季节所产生的径流,用于枯水季节各方面的需要。水库还具有防洪、发电、增加地表水的滞留时间而改善水质等作用。可以预见,在相当长的一段时间内,不同国家或地区仍会将修筑更多的水库作为增加水供应的主要手段。但水库的负面作用也很明显,主要体现在水库的下游由于水量不足,河岸植被带、河道基质、河流形态与相关的栖息环境等都受到不同程度的影响。水库下游不仅需要最小河流量以满足下游水生生物的基本需要,还需要水文的变化格局（既包括最小流量,也应包括洪流量以及其他水文变化参数）（Poff 等,1997）以维持河流生态系统的完整性、动态性及健康。一些较发达的国家认识到水库或水坝的负面作用,正在采取废除水坝的措施。例如,从 1999 年至 2005 年,美国已废除 140 个水坝,从而恢复了几千英里河流的自然水文过程。

海水去盐化也逐渐得到重视。海水去盐化在过去几十年的研究与应用中已成为较成熟与可靠的技术,目前已有 120 多个国家和地区在应用这个方法。但是,海水去盐化的成本较高,且存在一系列环境问题（例如高耗能、空气质量与噪声问题、破坏沿海生态环境等）。尽管如此，由于全球对水资源的需要不断增加（特别在地中海的干旱地区等），随着海水去盐化技术的完善及成本的下降，该技术在未来有较好的应用前景。

（3）水的再利用

城市污水经处理后，可以再利用，这一技术已得到广泛的关注。这主要是因为以下两点。

① 考虑水生生物保护、娱乐和下游用水的需要，城市污水处理后的排放标准逐渐提高。这意味着城市处理污水、废水需要更大的资金与设备投入。如果这些被处理后的水能被再利用，而不是排入河流中，则城市可降低污水处理的成本。

② 处理后的水可以满足农业灌溉、工业使用、环境改善（如湿地、河岸植被带栖息环境等）以及其他方面的利用，但不能作为饮用水。市政府需要修筑不同的分水系统，以便将这些处理后的水运到所需的地点，这些基础设施建设也需要较大的财政投入。

（4）节约用水

节约用水是大家公认的最佳策略。节约用水可以表现在许多方面，例如，农业灌溉系统由喷灌改为滴灌、应用更精确的农业灌溉自动控制系统、节约生活用水与草坪灌溉，等等。在这方面，政府应建立好的激励机制和规划，例如按照用水量收取水费。由于水费明显低于它的实际市场价值，水资源常被当作一种十分便宜的资源来使用，造成大量的浪费。因此，节约用水的策略还有待改进。

（5）人工地下水储存

水可通过水库储存在地面上，也可通过人为措施将地表水变为地下水而储存。这个策略需要有较好的下渗系统，而此系统又需下渗性高的土壤（如沙石土）、未受限制的地下水层等条件。人工地下水储存的最大优点是减少蒸发的损失。由于经过土壤层的过滤以及在地下水层的长时间滞留，如果控制得好，地下水的水质明显好于地表水。但人工地下水储存也有可能将污染物引入地下水层，造成地下水的污染。

（6）用水再分配

把效益低的用水类型转变为效益高的用水类型有助于更好地利用水资源。不同的土地利用类型和工业类型的用水或耗水量是不一样的。第一，对于水资源较缺乏的干旱、半干旱地区，选择耗水量较少的土地利用类型和产业就十分必要。例如，草地（牧业）的耗水量就少于森林，针叶林的耗水量少于阔叶林。因此在选择何种土地利用类型时，可以因水制宜。第二，用水再分配还包括让不同的"用水者"可以自由交换或转让其份额。要做到这一点，就必须有一个允许用水再分配的市场机制，这种机制有助于水从价值较低的产业流向价值较高的产业。第三,缺水地区还可通过进口那些十分耗水的产品而减少水资源短缺的压力。这种做法不仅进口了产品,实际上也进口生产这些产品的水。有些专家将这种包含在产品中的水称为"虚拟水"(virtual water)。例如,进口 1 kg 小麦,实际上也等于进口了约 1 m³ 的"虚拟水"。

(7) 跨流域或地区调水

干旱或半干旱地区解决水量短缺的问题时,跨流域或地区调水是一个备受争议的策略。从社会经济角度来讲,该策略有助于解决水资源贫乏的国家或地区所面对的水需要日益增长的问题。例如,中东地区的许多国家(利比亚、约旦、以色列、科威特等)在 20 世纪 90 年代就急切地考虑从其他国家引水。目前,在我国实施的南水北调工程旨在将南方长江的水引入水资源严重短缺的北方地区,以满足社会经济发展的需要。但从环境角度来讲,跨流域或地区调水的负面作用肯定也是深远的,既涉及被调水的地区,也影响受水地区及调水过渡区。既涉及水文过程的改变,也影响与水有关的其他环境过程。美国华盛顿州曾与加拿大协商,计划从加拿大不列颠哥伦比亚省调水,但遭到很多社会组织特别是环境保护组织的反对,计划未能实施。输水或卖水常被看作卖生态系统。不列颠哥伦比亚省的 Okanagan 流域是一个水资源缺乏的地区,由于人口的快速增长(由于气候适宜,该地区是加拿大人口增长最快的地区之一),再加上气候变化的影响,水资源不足已成为一个紧迫的问题。为了解决这一问题,曾有方案提出从附近的 Shuswap 流域调水,但由于 Shuswap 流域是 Fraser 流域的重要源头,而且是重要的大马哈鱼的繁殖与生长的栖息地,这一方案要在近期实施是十分困难的。

跨流域或地区调水是一个涉及环境、社会与经济的复杂工程,在很大程度上是一个不得已的工程,即其他策略都不能减少水资源短缺的压力。在其他策略可行的情况下,应尽量避免跨流域或地区调水,因为更多的生态后果难以预知。可以肯定地讲,这一策略在发达国家或地区很难实施。

在上述 7 种技术策略中,除了节约用水没有争议外,其他 6 种策略都有争议。争议较大的策略是建坝修水库、跨流域或地区调水以及使用更多的地下水。在制定水资源技术策略时,应该综合考虑社会经济与环境各方面的因素,算一算所得所失、短期的和长期的利益与代价,才能选择适当的策略,做到因水制宜。

21.1.2　管理策略

在管理流域水资源方面,目前在世界范围内较认可的两种策略或理念是综合水资源管理(integrated water resource management)和需求管理(demand management)及软途径(soft path)。这两种策略之间是有交叉的,软途径建立在综合水资源管理的理念之上。但二者的侧重点有所不同,软途径是针对过去的工程措施(建坝、建水库以扩大水供应)而言,强调政策、教育、社会参与等措施,从而达到合理用水、节约用水、综合用水等目的。下面对这两种管理策略或理念做一简要介绍。既然是管理策略,就离不开法规与机构的设置等。鉴于综合水资源管理与综合流域管理在这方面有相似之处,故将在后面的小节中做较具体的讨论。

(1) 综合水资源管理

目前,对综合水资源管理存在不同的定义。例如,Dixon 和 Easter(1986)定义它是在一个生态系统内通过使用不同自然与人类资源,综合地考虑社会、经济和机构等因素以实现特定的社会目标的过程。Bouwer(2000)则将综合水资源管理定义为一个对水、土地和其他资源实施管理协调以实现最大社会经济价值,并且不影响生态系统可持续发展的过程。尽管不同学者使用不同的定义,但有几个重要方面是相同的,即多目标和实现多目标所需的多个机构的协调措施。综合水资源管理有别于全面水资源管理(comprehensive water resource management)。二者都强调多方面的综合,都属于生态的途径。但前者考虑系统中的主要过程和价值,具有选择性;后者则考虑全部的过程和价值,没有选择性。由于考虑的过程和价值更多、更全面,实施(研究或分析)全面水资源管理需要更长时间。在一些情况下,分析还没有完成、分析的结果还没有出来时,最初分析的背景或管理需要就已发生了变化。从理论上讲,越全面越好,但如果耗时太长,耗财太多,则全面的途径往往不切实际而难以被社会采纳。综合水资源管理途径则集中在一些主要或关键的过程或价值,而不是考虑系统中所有的成分及成分之间的连接,实施起来比较容易,更有可能获得产出。越来越多的部门在进行流域环境资源研究或规划时采用综合的途径。下面用一个较典型的例子来进一步说明上面两种途径的差异性。在加拿大不列颠哥伦比亚省 Okanagan 流域,由于 20 世纪60 年代末期水质退化和主要蓝藻水华事件的发生,联邦政府与省政府在 70 年代实施了一个为期 5 年的全面流域研究。研究的领域涉及环境、社会与经济所有方面。这个研究在加拿大可以说是最全面的一个流域系统研究。该研究耗时长,从研究至最后形成决策性的协议并将它们付诸实施已长达 8~10 年。毫无疑问,该研究对整个流域的综合管理起着十分关键的作用,但它过于全面,导致时间过长,既影响流域治理的进程,也造成一些资源的浪费或低效产出。在回顾并总结这个研究时,多数人都赞同:选择全面研究是一个教训,未来如有机会再实施流域的跨学科研究,采取有选择性的综合的途径应是明智的选择。

综合水资源管理作为一种新的水资源管理模式,于 20 世纪 80 年代在一些发达国家被应用,并于 90 年代在世界范围内被接受。尽管在更早时期,一些水利工程(例如两千多年前的都江堰)就通过工程措施实现了多个目标(防洪、治沙和提供下游农业灌溉),但把流域作为一个生态系统,从综合的角度来协调各部门、各方面的措施以实现水资源利用的多目标,应该是近几十年出现的管理模式。这个模式的出现大概有以下几方面的原因:① 过去在环境方面的管理通常是被动的、分割的,其目标也单一;② 大量的研究表明,许多环境问题常常有众多的生物、物理、社会和经济方面的联系,因此很难做到就问题解决问题,必须从系统角度出发才能解决问题;③ 不断的水资源开发常诱发利益上的冲突,有些资源使用常有排他性(即你多我少或我多你少)。所以,解决水资源的问题就离不开协调各方面的措施和解决各方利益的冲突。

综合水资源管理跨越许多机构或部门并需要协调它们之间的行动。很显然,正如其他资源的综合管理一样,它涉及不同水资源利用之间的冲突、不同水资源使用权的解释、不同法律与部门各自的使命、实施管理所需的资金、机构的设置、社会参与、部门之间的协作机制等一系列问题。如何解决这些问题,使综合水资源管理成为能实现流域水资源可持续发展的重要有效手段,是所有社会必须面对的。一个国家或地区,由于其政治制度、社会经济发展状态不同,以及面对的水资源问题不同,在采取的综合水资源管理策略、社会能力配置以及社会期望与参与方面就会出现不同的组合。这也就不难理解,不同的国家或地区会出现各种各样的综合水资源管理的模式。一些成功的模式可能不一定适合社会经济发展明显不一样的地区。

(2) 需求管理及软途径

需求管理是相对于供应管理(supply management)而言,代表一种管理理念或模式的转变。在 20 世纪 70 年代以前,水常常被认为是一种用之不尽的资源,人们建造了大量的水坝和水库以增加水资源的供应。社会资源的分配、机构的配置以及法律等各方面都集中在增加水资源供应,以满足社会各方面的需要,这种管理方式被称为供应管理。随着对这些水库、水坝的环境影响的不断认识,需求管理的模式也逐渐得到重视。需求管理是指通过政策或措施来控制或影响水的使用量。简单来讲,需求管理就是如何节约用水和高效用水。通过需求管理能够节省多少水呢? 许多学者对此做了估算。对于高收入的发达国家,例如以色列,25 % ~ 35 % 的用水可以节省下来,有的国家或地区甚至可以高达 50 %。而对于低收入国家,节省的水相对较少,部分是因为这些国家需要扩大灌溉农业,部分是因为不断增加的家庭、城市和工业需水抵消了节省的水。因此,对于较缺水且欠发达的国家或地区来讲,如何选择适当的产业并大量应用节水技术可能是需求管理的重点。

需求管理一般包括许多不同的措施,例如,水的价格与水税、水分配系统的维修、有效滴灌系统(农业、花园、草坪等)、水的再利用和再循环,等等。然而,要通过需求管理达到节水的目的还需要下面的策略和保证:① 需求管理就像供应管理一样,需要从机构和法规上解决水权、水权转让、土地权、机构配置和各种法律机制等问题;② 需要建立市场为基础的水价、水税和补贴等。激励机制对实施需求管理也是必要的;③ 其他一些非市场的措施,例如信息交流、咨询服务、教育以及技术指导等,对于实施需求管理也是有帮助的;④ 政府部门和供水部门直接参与并提供指导,帮助改善技术设备等也能够有效地降低水量的使用,或提高水的利用效率。

水的需求与供应管理都是整个综合水资源管理的重要部分,两者都不可或缺。尽管水的需求管理已逐渐得到广泛的重视,特别是在发达国家,但水的供应管理在可预见的将来仍占有十分重要的地位。如果把水资源管理模式看作一个连续体(continuum),在这个连续体的一端是增加水供应的途径(通过增加水库等工程措施),而在另一端则是真正的长期的综合的途径,又称为"软途径"。在这个连续体的中间则是需求管理途径。随着需求管理变得更加全面、长期与综合,需求管理便成为一条综合性强的软途径。由此可见,软途径不仅是节约用水(用更少的水做同样的事),它还考虑水是如何用的。它的主要焦点是确保从生态的角度满足人类对水的需要。它不仅把水看作有限的资源和商品,还认为它能为社会提供各种服务。参见表 21-1,进一步了解水资源管理的一体化和软途径。

表 21-1　水资源管理的连续体

	供 应 途 径	需 求 途 径	软 途 径
哲学方面	水资源是无限的,有限的是人类开发或储存水资源的能力	水资源是有限的,应该有效地使用。节约是关键。经济分析指导着策略的形成	水资源是有限的并由生态过程所决定。重点在于怎样开发、管理和使用水资源
基本途径	被动式的,根据人类需求开发资源	短期的,通常看作供应途径的补充策略。此途径可以延缓对水资源的开发,也是迈向软途径的重要一步	具有长期性和预防性,影响社会对水资源使用的态度
根本问题	根据未来人口增长和水资源利用趋势,如何才能满足未来水资源的需求	如何减少目前和未来对水的使用量,从而节省水资源并减少对环境的影响	如何用最持续的方式将水的各种服务用于满足社会的需要

	供 应 途 径	需 求 途 径	软 途 径
主要手段及措施	大尺度、政府控制的昂贵的工程手段。例如水坝、水库、分水系统、抽水站等	创新的工程技术和经济手段,用于提高水利用效率。例如低流技术、滴灌技术、水价、教育、政策和激励	包括所有社会、科学手段,依赖非政府控制的策略以实现有效的水资源使用。重点是为社会提供水的服务,如抗旱景观设计、水重复利用、超低流技术、干燥清洁法等
规划过程	规划者模拟未来需求,从目前消耗来推算所需的水资源供应,然后开发新的水资源	规划者模拟未来需求并考虑水的使用效率和节约用水	规划者模拟未来增长的需要,考虑未来各方面需求的状况,然后用反演的方法设计一条由现在通向未来的途径。可用需求管理途径以及生态恢复手段来实现生态系统的可持续发展

注:摘自 Brandes 和 Kriwoken,2005。

21.2 流域生态系统的综合管理模式

上一节主要讨论流域中水资源的管理问题。抓住了水资源,也就抓住了流域管理的关键。流域中的水资源问题没有处理好,流域系统就有问题,反之也是如此。但流域生态系统不仅有水资源,也包括其他资源及土地利用,以及水文过程与其他系统过程的相互作用。这也表明,只研究和管理水资源是不够的,必须把与水有关的其他成分和过程综合起来,这种综合既可帮助管理和研究整个流域生态系统,又可更好地管理与研究水文过程或水资源本身。流域生态系统的综合管理就是把流域作为一个生态系统,以水资源为核心并考虑水文过程与其他系统过程,以实现环境、经济和社会协调发展为目标的综合管理。

从哲学上讲,系统是由部分构成的,由于各个部分之间存在相互作用,所以系统不完全等同于部分之间的总和。要研究系统的问题,既要研究不同的部分,又要研究部分之间的相互作用。这是由部分至系统的研究思路。反过来,也存在由系统至部分的思路,两个思路概括起来称为双向系统因果关系。在过去,我们侧重于由部分至系统的研究思路,即要研究系统,就先研究部分,然后通过部分的综合达到理解系统的目的。这种思路对研究系统是必需的。但我们常忽略由系统至部分的思路。这种思路的核心是在研究部分时,必须站在系统的角度,以系统作为框架。在流域生态系统中,系统与部分的关系就是生态系统与水文过程的关系(图 21-1)。这就意味着如果要研究和管理流域生态系统,就必须研究水文过程和其他部分以及它们之间的相互作用。反过来,要研究或管理水文过程(部分),必须把流域作为一个生态系统,以这个系统作为框架才能真正研究和管理好水文过程。不仅是水文过程,其他过程或部分,例如泥沙、水质、水生栖息环境、森林等等也是如此,在研究与管理它们时,一个系统的框架是十分重要的,否则只能就事论事。

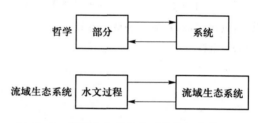

图 21-1 流域生态系统中系统与部分的关系

那么,如何把流域作为一个生态系统来综合管理? 所谓管理就是通过人的行为把事情有效地做起来的过程。在法治化的国家和地区,人的行为离不开法律的约束。从理论上讲,要实施综合流域生态系统的管理,就必须要有把流域作为生态系统的综合管理法。流域生态系统综合管理本质上是针对流域的生态系统管理(ecosystem management)。什么是生态系统管理? 在一个流域中,真正实施生态系统管理需要哪些机制和机构配置? 目前有哪些成功模式或经验教训? 这些问题将在本节讨论。

21.2.1 生态系统管理和适应性管理

(1) 生态系统管理

生态系统管理是 20 世纪 80 年代末和 90 年代初被广泛采纳和推动的一个概念或策略。在此之前,由于对资源的过度使用造成生物多样性减少、生物栖息地退化等一系列环境问题,科学界与自然资源管理部门都认识到,传统的自然资源利用与管理方式必须改变,一种新的以生态系统为基础的管理模式应运而生。然而,获得一个普遍接受的适当的生态系统管理定义并不容易。事实上,到目前为止,一个统一的生态系统管理的定义仍没有出现。例如,Agee 和 Johnson(1987)将生态系统管理定义为调节生态系统的结构与功能、输入与输出,以实现社会所需的目标。USDA Forest Service (1993)的定义是实现在景观尺度上所有价值和功能的措施,并且强调协调利益相关者之间的关系是生态系统管理的必需部分。Grumbine(1994)发表了《什么是生态系统管理》一文,并将生态系统管理定义为在一个复杂的社会政治和价值框架下,综合生态系统各种关系的科学知识以实现长期保护自然生态系统完整性的目标。尽管有许多不同的定义,但有两方面是相同的:一是所有定义都把维持或改善生态系统作为管理的出发点;二是认识到生态系统管理目标是为目前或将来提供多样的功能与服务。

生态系统管理由于其巨大的包含性以及政府破碎化管理体制(fragmented governance)而难以在实践中操作。它既涉及自然生态系统中各个结构与功能,又包括社会经济价值、人的参与决策等过程。正因为它包罗万象的特征,一些学者甚至将生态系统管理比喻为医学中的健康(health)或法学中的公正(justice),是一个松散、难以精确或具体化的概念。因此,很难为生态系统管理制定具有综合性与协调性的法规或政策以指导人们的管理行为。在缺乏这样的政策的情况下,生态系统管理的具体实施就只能是一个概念的指南,而不是受法律约束的行为。在经历高峰时期后(20 世纪90 年代中期),生态系统管理概念的使用频率无论在大众媒体还是在科学文献中都有回落的趋势(Bengston 等,2001;Breckler,未发表论文)。尽管生态系统管理在概念上存在较大的争议,但把自然系统作为生态系统来综合管理以满足社会各方面的需要是共识,也是未来自然资源保护与管理的必然选择。事实上,从 20 世纪90 年代中期,美国大多数联邦政府机构在自然资源管理方面都采纳了生态系统管理的理念或途径。为了使生态系统管理成为一个可操作的策略,一些学者对生态系统管理所包括的内容进行了研究与总结。例如,Grumbine(1994)在综述所有有关的文献后,列出了以下 10 个有关生态系统管理的主题:等级的结构(hierarchical context)或大视野的思想、生态界限(ecological boundary)、生态完整性(ecological integrity)、数据采集(data collection)、监测(monitoring)、跨部门合作(interagency cooperation)、人与自然一体化(humans embedded in nature)、适应性管理(adaptive management)、机构改革(organizational change)和价值观(value)。有兴趣的读者可阅读其全文以及 Grumbine(1997)。

(2) 适应性管理

适应性管理(adaptive management)的概念最早由适应性环境评价与管理(adaptive environmental assessment and management, AEAM)(Holling, 1978)发展而来。近 30 年来,该管理途径得到广泛的应用,尤其在自然资源管理方面。该术语已成为常见的管理口头语。其定义是一个能通过学习结果连续改善管理政策和措施的规范过程(Taylor 等,1997)。适应性管理有别于传统管理。适应性管理强调学习过程(learning),从开始采取管理政策和实施措施就有针对性地考虑如何学习或理解要管理的系统。然后通过监测对结果的评价进一步学习系统并将新的知识反馈到管理的政策与措施中。而传统管理,学习是偶然的、任意的,其结果是管理政策的改进速度慢。传统管理通常较少考虑对过程的监测并缺乏可靠的反馈机制。另外,传统管理往往假设政策和措施是对的,而适应性管理则接受政策的不确定性。适应性管理之所以在自然资源管理中得到广泛的应用,主要是人类对自然系统的了解不充分。事实上,人类不可能做到对系统完全认知,现有的管理政策也是基于对自然系统的了解或认知不完整。适应性管理把对系统了解的不完整性、管理产出的不确定性作为前提,并强调不断学习及反馈机制的重要性,是一种不断通过做来学(learning by doing)的过程。适应性管理通常被看作一个包括 6 个环节的循环过程(图 21-2)。

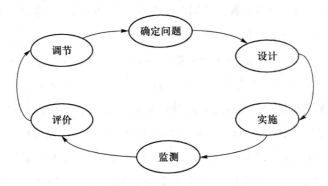

图 21-2　适应性管理的 6 个环节

真正实施的适应性管理需要完成所有的 6 个环节或步骤:第一步是认可政策或措施的不确定性或目前的政策或措施不一定就是最好的;第二步是仔细地选择和设计适当的政策或措施;第三步是实施有助于获得重要知识的计划。该计划不仅是一般的规划,而且是有助于更好认识系统的计划;第四步是监测主要响应指标;第五步是对产生的结果进行评价并与最初设定的目标相比较;第六步是将对结果的反馈应用到未来的计划和决策中。

适应性管理分为主动式适应性管理(active adaptive management)和被动式适应性管理(passive adaptive management)。主动式适应性管理涉及组建一系列可能的假设或实施方案,并在实施过程中确定或比较不同方案的结果。而被动式适应性管理通常假设只有一种方案是对的,然后实施和监测此方案并将结果反馈至未来的规划或决策中。从上面的比较可看出,主动式适应性管理更有效。

21.2.2　流域生态系统综合管理的理论模式

流域管理由 20 世纪 80 年代以前的以水资源开发和利用为中心的单一目标或多

目标的管理模式过渡到现今的流域综合管理模式。这种过渡有它的必然性：① 传统的流域管理通常是响应（或回应）式（reactive）、分割式并且目标较窄（以水资源开发利用为主）；② 流域中出现的环境问题往往涉及自然、社会和经济各种因素的相互作用，并且各种环境问题本身也存在联系。要单独处理某一问题显然不会有好的效果。换句话讲，头痛医头、脚痛医脚的管理模式对于流域系统来讲已不是最好的方法了；③ 由于流域中资源的有限性，对资源需求的不断增加已逐渐造成更多的利益冲突，而要保护流域或治理流域中的环境问题，就必须从系统或综合的角度来处理这些冲突。总之，现在已进入一个把流域作为完整的生态系统进行综合管理的时代。这种综合既考虑流域内生态、社会与经济的相互作用，也考虑各部门之间或多学科之间的合作。

事实上，水资源或流域综合管理并不是新的思路或提法，早在 20 世纪 90 年代初期，不少学者或部门便倡导和尝试综合流域管理的途径。特别是 1992 年在巴西里约热内卢召开环境与可持续发展高峰会议后，应用综合或系统的思想来解决环境和地区可持续发展的问题得到了巨大的飞跃。可以说综合的或系统的流域管理途径已得到世界范围内科学界和资源管理部门的广泛认可。但 20 多年过去了，在这方面的应用与实施如何呢？不可否认，许多国家或地区都在寻找适合本地的模式，一些较成功的流域综合管理模式也相继出现（下一章会介绍一些成功案例），但总的看来进展不大，在一定程度上可以说是举步维艰。作者在考察一些地区的流域综合管理时吃惊地发现，20 多年前倡导的流域综合管理，现在仍只是强调和论证这一途径的必要性，在具体实施上几乎是原地踏步或只在某些方面稍有进展。如果没有有效的流域综合管理模式在世界范围内普遍、真正的实施，我们所面临的众多严峻的环境问题（例如生物多样性减少、栖息地环境退化、水土流失、水污染和气候变化等）就无法解决，人类的生存与发展面临挑战。

造成这种局面（综合管理难以实施）虽有许多原因，但其中最根本的原因是缺少有效的机构配置（institutional arrangement）和决策机制。流域综合管理的核心在于综合，但几乎所有的政府机构都是按部门分工。这种机构的组织与实现流域系统综合管理的需要相违背。正如 Mitchell(1991) 所指出的，"几乎所有的自然资源管理部门和组织都不是按照解决具有众多相互联系的生态问题而设置的"。正因为如此，与其讲存在水危机，倒不如讲存在政府管理（governance）的危机。在理论上有没有一种最有效的流域生态系统综合管理模式以实现生态和社会的各种需要？作者认为，从生态系统出发，一个有效的流域综合管理模式必须包括下列 5 个重要方面：法律与政策、机构配置、合作与参与机制、科学与技术和财政机制。这 5 个方面缺一不可。事实上，这 5 个方面对于实施任何资源管理都是重要的，这里着重从流域生态系统的角度，针对每一方面来讨论。

（1）法律与政策

法律是由政府颁布的用来控制或约束人们活动的法规。几乎所有的国家或地区的政府部门和法律制定部门的设置都是分割的（fragmented）。例如，林业部门的林业法、水利部门的水法、环境部门的环境法、渔业部门的渔业法等。这些法律和政策对于执法部门管理人们的各种经营活动起着非常重要的作用。但随着环境问题不断增加，许多环境问题已跨越不同的部门和法律。例如，水的问题（水量或水质）涉及许多相关法规或部门（林业、渔业、航运等）。过去制定的单项的、行业为导向的法律难以解决这些跨部门跨行业的环境问题。因此，许多法律和政策需要不断改正或调整以适应解决新问题的需要。

从流域生态系统理论上来讲，一部针对流域生态系统而制定的法律应该是最有效的。这部法律以水资源为中心，考虑水与其他流域生态过程（生物多样性、河道生态栖息环境、水土流失、植被动态等）的相互作用，考虑陆地与水的连接性，通过协调各个利益相关者的合作关系以实现生态、社会与经济协调发展的目标。这是一部理想的法律，因为它的实施需要一个大的综合性机构。而这种机构与目前政府部门的分割性结构是相悖的。因此，这种1个综合法律加上1个综合实施机构的模式（即one+one模式）理论上存在，但现实中几乎不可能。

第二种有效且较现实的模式是在各方面法律的基础上，制定一部高一层次的且有协调性的法律。这部法律针对某一流域重点解决跨部门、跨学科的综合性问题。该法律在权力上要高于各部门的法律，因此是one+many模式。该模式基本上不影响各部门的法规及其运作，但仍需一个较高层次的机构来协调各部门对该协调性法律的实施。作者认为这种模式也许是实现流域生态系统管理的最佳可行模式。当然第一种模式中的one与这种模式中的one有明显的区别，前者是一部完整的法律而后者则侧重于协调方面，具体的则在各个方面的法律中（many）。

第三种模式是没有针对流域的任何法律，只有各部门的法律，即0+many模式。流域的管理完全依赖于各部门制定的法律（例如水法、森林法、环境评估法等）及它们的实施。如果某一环境问题超出了各部门的法律范畴，该问题便成了无人管的问题（nobody's problem）。因为流域中许多与水有关的问题往往具有较强的连接性、复杂性，涉及多个部门，在没有一个综合性法律的情况下，这些问题便成为与人人有关但无人愿管的问题（这些问题被一些学者称为wicked problem）。这种模式目前在世界范围内是最普遍的，许多国家与地区都依赖这种模式来"间接"管理流域。所谓"间接"就是没有把流域作为一个区域单元或系统来管理。虽然这种流域管理属于切割式，但随着人们对流域生态系统认识的加强，一些国家或地区（特别是在发达国家）将部门性的单方面法律做适当的更新，从而管理一些与本部门有关联的流域系统过程。

例如在 20 世纪 90 年代之前,加拿大不列颠哥伦比亚省的林业法只是针对陆地上的森林的经营、管理与保护。在 90 年代中期颁布了《森林实施法》,该法不仅考虑陆地上的森林,还包括一些针对森林采伐与水、泥沙关系的条款和细则。例如,河岸植被带的保护,在森林采伐前必须对具有重要大马哈鱼栖息地的流域或社区流域(对社区提供重要水源的流域)进行综合评估,等等。这些单项法律的不断改善并逐渐包括一些重要的具有连接性的系统过程,对流域环境的保护具有十分重要的作用。特别是有些法规是以结果性的指标作为法规执行的判断。例如,美国的《清洁水法》和加拿大的《加拿大联邦渔业保护法》都明确了具体的目标。《清洁水法》采用的日最大承载总量(total maximum daily loads,TMDL)和加拿大的零损失(zero loss)栖息地的指标对保护水环境有着重要作用。然而这种基于单项法律的扩展并不能实现真正的、完全的系统综合。

(2) 机构配置

机构的设置往往与法律连在一起,通常是先制定某法律,然后建立一机构实施该法律。因为有关流域的综合法律不多,故这方面的综合性实施机构也不多。下面这些例子是综合性流域管理机构。

① 美国的田纳西州流域管理局(Tennessee Valley Authority,TVA)。TVA 是在 1993 年美国前总统罗斯福签发的相关法律的基础上成立的,其主要职责是协调发电、航运、防洪、保护水质等多项综合管理。是一个最老、最有名、有实权的流域综合机构。

② 加拿大在 20 世纪 40 年代建立的格兰德河保护局(Grand River Conservation Authority,GRCA)。该机构在加拿大安大略省 1946 年颁布的保护法的背景下建立,是加拿大第一个跨城市进行流域综合管理的机构。该机构协调相关城市的工作,对流域内的水和其他资源进行综合管理。

③ 中国江西省山江湖开发治理委员会办公室。该机构是在《江西省山江湖开发治理总体规划纲要》的指导下针对鄱阳湖流域开发治理所建的综合机构,对于发展中国家来讲,不失为一个较好的地区性的流域综合管理范例(在后面的章节中对山江湖的实例还会有较具体的分析)。不足的是该机构缺乏协调各部门工作的权力与资源。

从上面为数不多的成功机构可看出,具有一定实权且以法律为基础的综合流域机构建设是十分必要的。应该特别强调的是,它是否拥有实施或协调流域内各方面工作的综合能力,是决定该机构是否更有效的关键。目前大多数的流域机构并不具有法律基础或依赖的法律基础不强。这些机构可能是咨询委员会(advisory committee)、学术团体(association)、委员会(commission、council 或 board)等。这些机构对流域的综合管理虽然有较好的作用,但由于它们协调的权力不够以及拥有的人力物力有限,它们的作用是有限的。

(3) 合作与参与机制

合作与参与机制对流域系统的综合管理的重要性越来越受到关注。这主要有以下几方面原因。

① 流域管理是跨行业、跨学科的综合,涉及生态、经济与社会的方方面面,仅靠一个部门或一个学科是不可能完成综合的。各个横向部门的合作、各个纵向部门的合作以及社会各界的参与是实现流域系统综合的关键。

② 社会的广泛参与有助于对流域系统中各方面问题的认识,也有助于流域综合规划或措施的最大程度的实施。

③ 建立合作与参与机制是实施流域生态系统管理的重要前提,没有这种机制,把流域作为一个生态系统进行综合管理就不可能。

既然合作与参与机制如此重要,那么应该如何确保合作与参与机制的建立呢?以下几个方面有重要影响。

① 法律上的保证。应尽可能以法律的形式明确规定部门之间的合作关系,明确规定社会各界的参与机制与权限。对于如何解决合作过程中的利益冲突、决策程序、各利益相关者的权力等问题也应在法律意义上有明确的定义与措施。

② 参与模式的选择。过去在流域方面大多数模式是自上而下式,随着公众参与意识的不断增强以及政府的不断放权趋势(decentralization),自下而上式已得到广泛的应用,该模式又被称为参与式(participatory approach)。越来越多的实践证明,两种模式的综合应用(merging of both)也许是最佳的途径。总之,应该根据流域的特点选择一种适当的公众参与模式以确保整个流域综合管理具有广泛的合作与参与。

③ 领导的作用。需要一位强有力的领导,具有协调能力,并能解决利益冲突。这个领导可以是某一个人,也可以是某一机构。因为流域综合管理涉及众多部门和广泛的公众,没有一个有效的领导是不可想象的。如果有专门的流域综合管理机构,则该机构是牵头的机构。如果没有专门的流域综合管理机构,则应指定一个机构作为牵头的机构。

④ 增加公众的流域生态环境意识。公众的环境意识是决定其参与流域综合管理的原始动力。应通过各种方式(例如学术报告、电视宣传片、网络宣传、野外考察等)教育公众。

(4) 科学与技术

科学研究,特别是多学科的综合研究,对流域综合管理有着十分重要的作用。流域综合管理经历了不同的发展模式,从早期的以水力发电和防洪为主的水开发为中心(hydro-centric)的模式,到20世纪50—80年代的多目标管理,再到现今的流域综合管理(考虑生态、社会与经济)的转变,都是以科学研究的不断进步作为基础的。可以说,科学研究与流域管理及相应的政策制定与实施是平行的,尽管科学研究一般要明显超前于流域管理的模式与实践的发展。科学研究既研究流域系统中的各个过程,又研究各个过程的相互作用,从而使我们对系统的整体性和复杂性的认识逐渐完善。这些科学研究数据与结果为制定流域系统的综合管理政策提供依据。应当特别强调的是,由于每个流域系统(特别是较大尺度的系统)有其独特的流域过程,这些过程取决于气候、地质、地形与植被等因素的综合影响。因此,科学研究的数据或结果可能只适用于该流域或附近少数的其他流域,科研成果推广时应特别慎重。在很大程度上,一个流域的综合管理的具体策略或措施往往是特定的,不过一般较普遍的原则可适用于较多的流域系统。

　　技术的发展对流域的综合管理的作用也是不可忽视的。流域生态系统管理的本质在于综合。既有部门的综合,也有科学及信息的综合。如何将不同学科的数据或获取的信息综合起来支持流域规划、综合评估甚至科学研究,是实现现代流域综合管理与决策的重要环节。这方面可以应用的技术很多,遥感技术、模拟软件、LiDAR 技术、大数据分析、快速的计算与统计工具等都可在流域综合管理与应用上发挥作用。例如,目前应用广泛的 GIS 技术就为不同信息的综合、处理、模拟提供了一个重要的平台或工具。

　　在此还特别强调开展跨学科的流域综合研究的重要性。在同一时间内开展综合性的研究有助于认识流域内各个过程的相互作用,对制定流域综合管理措施起着独特的作用。这种综合研究有别于将不同时间内的各种研究进行累加,因为这种简单的累加往往不能反映系统过程中的真正相互作用。开展跨学科的综合研究的重要性已得到学术界的广泛认可,但真正实施起来不容易。一方面,综合研究需要大量的财力与人力;另一方面,开展跨学科的综合研究方法还不够成熟。至今还没有很好的方法能把许多生态系统过程综合起来开展研究。

　　(5) 财政机制

　　流域生态系统的综合管理是一个长期的事业,离不开长期的财政支持和承诺。缺乏这种财政机制,再好的法律也无法实施,再好的机构也无法运作,合作也只是一个愿望。可见建立一个稳定的、长期的财政机制是持续进行流域综合管理的保证。税收政策是广泛采用的一个重要财政机制,通过法律程序明确把一定比例的财政税收用于流域综合管理是可行的、稳定的。例如在加拿大不列颠哥伦比亚省 Okanagan 流域,政府规定将流域 3% 的用水税收用于该流域的管理。其他财政机制,包括政府拨款、社会捐款等也在不同的地区被采用。

　　通过对上面 5 个要素的分析可以得出,一个有效的流域生态系统综合管理模式应该是具有针对流域系统的、可以协调和组织各学科和各部门的法规和政策,有被授予权力的机构,有社会广泛参与和部门合作的机制,有多学科的综合研究及广泛的现代技术的应用,有稳定和长期的财政机制。这是一个理想中的模式。当然,这种理想的模式还受其他因素,例如政治制度、文化、流域大小、流域的政治关系(跨国家或地区等)等的直接或间接影响。例如,一个国家的政治制度及法制很大程度上决定了公众参与的程度及合作模式的选择。在较发达且法制实施程度较高的国家,公众参与流域管理的意识和程度都高,且参与式的合作或决策模式更为有效。流域的文化在一些特定地区也可能成为决定流域管理的重要因素,在一些原住民较多的流域,原住民的文化与价值也作为流域综合管理或保护的目标,对流域的综合管理的决策有着重要的影响,甚至起到支配作用。一般认为,流域的边界与行政边界吻合或者流域的边界在行政边界之内有利于流域的综合管理,如果不吻合(例如许多跨国家或地区的大流域),则实施流域综合管理相对要难一些。

参 考 文 献

Agee,J. K. and Johnson,D. R. 1987. Ecosystem management for parks and wilderness. Washington:University of Washington Press.

Bengston,D. N.,Xu,G. and Fan,D. P. 2001. Attitudes toward ecosystem management in the United States,1992—1998. Society and Natural Resources,14:471-487.

Bouwer,H. 2000. Integrated water management:Emerging issues and challenges. Agricultural Water Management,45:217-228.

Breckler,M. E. 2006.The evolving face of ecosystem management. Environmental Science:53687015.

Brandes,O. M. and Kriwoken,L. 2005. Changing perspectives-changing paradigms:Demand management strategies and innovative solutions for a sustainable Okanagan water future. In:Canadian Water Resources Association British Columbia Branch 2005 Conference Proceedings(Water-Our Limiting Resources:Towards Sustainable Water Management in the Okanagan). Feb. 23-25,2005. Kelowna,BC,Canada.

Dixon,J. A. and Easter,K. W. 1986. Integrated watershed management:An approach to resource management. In:Easter,K. W.,Dixon,J. A. and Hufschmidt,M. M. Watershed Resources Management:An Integrated Framework with Studies from Asia and the Pacific,3-15. Studies in Water Policy and Management Number 10. Boulder:Westview Press.

Glennon,R. 2005. Turning on the tap:The world's water problems. Frontiers in Ecology and the Environment,3(9):503-504.

Grumbine,R. E. 1994. What is ecosystem management? Conservation Biology,8(1):27-38.

Grumbine,R. E. 1997. Reflections on"What is ecosystem management?". Conservation Biology,11(1):41-47.

Holling,C. S. 1978. Adaptive Environmental Assessment and Management. London:John Wiley and Sons.

Hooper,B. 2005. Integrated River Basin Governance:Learning from International Experience. London:IWA publishing.

Mitchell,B. 1991. Resource Management and Development. Oxford:Oxford University Press.

Poff,N. L. ,Allan,J. D.,Bain,M. B.,et al. 1997. The natural flow regime—a paradigm for river conservation and restoration. BioScience,47:769-784.

Rouse,M. 2007. Institutional Governance and Regulation of Water Resource:The Essential Elements. London:IWA publishing.

Taylor, B., Kremsater, L. and Ellis, R. 1997. Adaptive Management of Forests in British Columbia. British Columbia:Ministry of Forests-Forest Practices Branch.

USDA Forest Service. 1993. Sub-regional/regional ecological assessment. Portland:USDA Forest Service Regional Office.

第22章 流域生态系统综合管理
——实例分析

　　根据第 21 章对流域生态系统综合管理中的 5 个要素的分析,可把任何一个流域的综合管理与这个理想模式做一对比,从而找出该流域在综合管理上的不足之处或限制因素,为该流域未来综合管理的改善提供参考。事实上,这个"理想"的模式在现实中几乎不存在,但可帮助我们建立一个参照体系。下面将利用这个参照体系或"理想"模式来对几个现实中较成功的模式进行剖析和讨论。

22.1 澳大利亚墨累河–达令河流域模式

　　下面的描述与讨论参见文献 Blomquist 等(2005)和 Goss(2003)及相关网站[①]。

　　(1) 流域概况及问题。澳大利亚墨累河–达令河(Murray-Darling)流域是一个大流域,其面积为 $1.06 \times 10^6 \ km^2$,约占整个澳大利亚国土面积的 14%(图 22-1)。它包括昆士兰、新南威尔士、维多利亚、南澳大利亚与首都直辖区(ACT)5 个州,由墨累河和达令河水系所构成。每年的经济收入 230 多亿澳元(相当于约 155 亿美元),其中农业的经济收入约 100 亿澳元,相当于整个大洋洲农业产出的 1/3。可以说,墨累河–达令河流域在整个大洋洲的社会经济发展中有着十分重要的地位。然而,该流域绝大部分属于内陆干旱或半干旱气候带,流域中约 86% 的土地不产生径流。年平均流量仅 $400 \ m^3 \cdot s^{-1}$,是世界上大尺度流域中最干旱的流域。流域内水资源开发利用程度很高,其中 96% 的利用是

---

① www.mdbc.gov.au。

362

在农业灌溉上。由于流域干旱及大量的农业用水需要,水资源缺乏及过度利用是流域的第一大问题。第二大问题是农业灌溉及干旱而引起的大面积盐碱化问题。另外,流域水质及由于水资源过度利用造成的河流生态功能降低的问题也很突出。

图 22-1 澳大利亚墨累河-达令河流域①

(2) 法律与政策。澳大利亚认识到在其现有的法律体制下,任何单一政府部门都不能有效地解决整个流域内出现的各种问题。因此,联邦政府与相关的州政府在1985 年协商制定了《墨累河-达令河流域协定》。该协定取代了 1915 年的《墨累河河流水资源协定》。1985 年协定的目的是实行流域的有效规划和管理,从而实现流域内资源的平等、有效分配和可持续发展。1993 年颁布《墨累河-达令河流域法》,协定被正式赋予法律地位。这是一部针对特定的墨累河-达令河流域,且具有法律效力,能协调各有关部门与机构的管理措施的流域综合法律。特别是,该法律还包括一个重要的条款,即水转移利用的上限(cap of water diversion)。这个条款后来被证实是一个非常有效的法律工具,对限制水利用、保护河流中的环境用水起着十分重要的作用。另外,所有使用水资源的活动都需要用水执照,从 1995 年起,用水执照可以自由转让,这种转让或买卖交易可以有效地提高用水效率,有助于将水资源用于开发利用价值高的产业。

(3) 管理体制。针对墨累河-达令河流域,不同层次的机构建设得以完成并不断完善。其中 3 个机构是所有流域机构的核心。第一个是墨累河-达令河流域部长委员会。该委员会是一个高级别的决策机构,每个委员会成员都拥有对某一提议的否

---

① http://rivermurray.com/html/management/mdbc.html#basinmap。

决权(veto power)。第二个是墨累河-达令河流域委员会,该委员会是第一个委员会的执行机构,向部长委员会负责。第三个机构是社区咨询委员会,宗旨是担负部长委员会与流域居民社区的直接联系,这样能将流域居民的实际问题反映到最高级别的决策机构,也有助于形成的政策在基层实施。除了上述机构外,在支流域尺度上还有其他一些机构,涉及解决一些较具体的流域管理问题。

(4) 合作机制。流域合作机制对流域综合管理非常重要。第 20 章比较了自上而下式和自下而上式途径的优缺点,使我们更清楚地了解到,这两种途径的结合是最有效的。墨累河-达令河流域管理在机构配置上和法律上都十分注重这种结合。所设置的社区咨询委员会便充分体现了这种结合。总体来讲,社会的参与是整个流域管理的重要部分。另外,建立这种合作机制离不开联邦政府的权力下放。墨累河-达令河流域管理的主要权力在次流域的州政府机构。联邦政府的作用则重点放在参与和提供资金。这些稳定的资助用于维持流域机构的运作及一些较大项目的实施。合作机制还包括冲突解决方案,这方面的配置已存在,但谁用何种过程去解决冲突仍不够明确,有待进一步完善。

(5) 财政机制。联邦政府依据相关的法规为流域的机构(即前面提到的 3 个核心机构)提供稳定的财政支持。此外,联邦政府还资助一些跨州的实际项目及研究、监测等。然而,财政机制对于一些在支流域层次上的机构目前没有绝对的保证。

(6) 科学与技术。墨累河-达令河流域是澳大利亚甚至世界范围内研究最多的大流域之一。联邦政府与相关州政府对科学研究与技术应用给予了长期的资助,盐碱化治理、农业灌溉技术等都取得了很大进步。GIS 作为整个流域的基础数据库、流域指标体系和监测网络都进入了一个较成熟的阶段。然而,真正意义上的整个流域的综合研究并没有实施。整个流域的综合研究有助于对流域内各系统过程之间关系的深度认识,是实现流域综合管理的科学基础。

22.2 加拿大 Okanagan 流域模式

(1) 流域概况及问题。Okanagan 流域位于加拿大不列颠哥伦比亚省的南部内陆地区,是美国的哥伦比亚流域(Columbia basin)的支流(图 22-2),其位于加拿大境内的总流域面积约为 8000 km^2。Okanagan 流域的气候属于半干旱内陆性气候,Kelowna市(流域内最大的城市)的年均降水量是 450 mm,但在海拔较高的山丘则可达 800 ~ 900 mm(Joe Rich Creek 气象站)或 1250 mm(McCulloch 气象站)。降水以冬季的降雪为主,每年的 4—6 月是融雪季节,水量较充沛;但生长季节(7—9 月)干旱且需水量大,常造成水量的严重供需矛盾。由于温暖的气候及发达的农业(果园等),该流域在

2006 年已成为加拿大人口增长最快的地区。它又是一个旅游和退休后定居的目的地,目前整个流域的总人口约 33 万。农业的发展、人口的快速增长和水量的不足已引发了一些环境问题。例如,依赖支流及栖息环境完成生命史的大马哈鱼由于栖息环境质量的退化及河流中水量的不足,种群呈现衰减趋势。另外,未来气候变化对水资源的可能影响也受到日益增多的关注。一些研究表明(Cohen 等,2005),未来的气候变化会增加生长季节的蒸发量,从而使该流域的水资源更趋匮乏。因此,该流域目前最大的挑战是如何管理有限的水资源以满足生态与社会经济发展的需要,并应对未来气候变化的可能影响。另外,由于森林采伐和森林灾害(火烧与松天牛的大规模干扰)以及城市化的增强,非点源污染造成的水质污染也日益受到关注。在管理方面的问题则是常见的资源分割管理。例如,流域共包括 13 个市、3 个地区、4 个原住民社区和 59 个“改善区”(improvement district)。所有这些区域分享同一水资源,但缺乏统一的管理。这种缺乏既限制了流域的综合管理,又极大地浪费了资源。

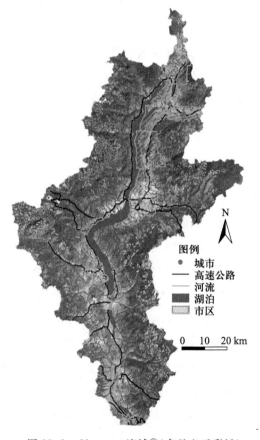

图 22-2　Okanagan 流域①(参见文后彩插)

① http://www.obwb.ca/about/。

（2）法律与政策。在加拿大，流域内各种资源管理的法律与政策涉及不同层次的政府各部门，属于分割管理模式。例如，在国家层次上，有《加拿大环境保护法》《渔业法》《加拿大环境评估法》等。在省政府层次上（以不列颠哥伦比亚省为例），有《水法》《渔业保护法》《森林与牧业实施法》等。这些单项的法规用于规范和指导各种自然资源的开发与保护，然而没有一部针对 Okanagan 流域的特定的综合管理法规。尽管如此，一些用于指导流域水资源或渔业保护和管理的协议值得一提。20 世纪 70 年代初，针对流域内大范围的富营养化问题，联邦政府与不列颠哥伦比亚省政府联合实施了一个综合性的流域研究，涉及生态、社会与经济等诸多领域。通过该研究，联邦政府与省政府协商确定了一些具有一定法律意义的规则，用来指导整个流域的水资源管理，以实现保护渔业资源、控制洪水、维持与水有关的娱乐机会及合理分配用水等目的。这些协商的规则或策略虽然不具有真正的法律意义，但它们的作用是不可忽视的。另外，省政府为了掌握流域内水资源的可分配量，于 1994 年对整个流域做了一次计算与分析，并得出整个 Okanagan 湖库未来分配用水的限量。然而，这个限量是建立在不少假设基础上而算出的，它能否准确地反映整个流域水资源的供应还是一个问题。因此，省政府与 Okanagan 流域水资源委员会（Okanagan Basin Water Board，简称 OBWB）开展了一个水资源供应与需求的研究，以确定一个合理的限量来指导未来的水资源利用。这个限量的建立对流域的用水管理起到重要的作用。应特别指出，所有汇入 Okanagan 湖库的支流河流的未来用水执照的申请全部被冻结了，其目的是保护河流中的环境用水。

（3）管理体制。为了解决流域水质和水量供应问题，OBWB 在市政法规的框架下于 1969 年成立，其目的是更好地确定流域中水的重点问题及解决的办法与对策。OBWB 每年还资助一些涉及流域管理与改善方面的项目，参与和协商部门之间的合作。在 20 世纪 70 年代的综合流域研究完成后，OBWB 又与 Okanagan 流域实施委员会合作实施所建立的流域综合管理的规则或建议。OBWB 还积极资助和参与 Okanagan 流域水资源供需研究。在 2006 年，Okanagan 流域内的三个行政地区授权 OBWB 成立 Okanagan 水管理委员会（Okanagan Water Stewardship Council）。该委员会是 OBWB 的一个咨询机构，其目的是改进有关水资源管理的决策。总之，Okanagan 流域管理在管理体制建设上做了不少努力，也取得了较好的成效，但由于资源有限，以及协调部门机构的权力不够，因而流域综合管理的能力受到较大的限制。

（4）合作机制。由于对水资源不足的担忧，流域内公众对水资源的忧患意识很强。遗憾的是，目前仍没有一个具有法律效力的合作机制，能让公众参与有关流域的决策过程。换句话讲，目前管理途径仍是自上而下的模式，尽管公众能透过各种媒介表达其关注或利益。成立的 Okanagan 水管理委员会，由于其成员来自政府、原住民社区、环保组织、工业及学术界等多个领域,在一定程度上弥补了这方面的不足。然而这种弥补的作用究竟有多大,还需要时间来验证。

(5) 财政机制。OBWB 依靠流域内三个地区的一小部分税收作为财政来源。这些资金用于维持 OBWB 的运行并每年资助一批有关流域恢复和监测的项目(每年 30 万加元)。显然,仅依靠这种单一的财政机制并不能有效地应对未来的一些涉及整个流域综合管理的大项目。仍需发掘更多的财政机制。

(6) 科学与技术。在世界范围内对整个流域进行跨学科的综合研究并不多,在 20 世纪 70 年代由联邦政府与不列颠哥伦比亚省政府联合实施的一个大的研究项目就属于其中一个。该研究持续 4 年,几乎涉及生态、社会、经济各方面。该研究被称为全面性的研究(comprehensive study),并不是有针对性的、有重点的研究。然而,不管属于何种研究,它的作用是深远的。它为后来相关政策的制定与实施奠定了基础。当时获得的许多有用的资料现在仍被广泛地采用。由于对气候变化影响的关注,气候变化对该流域水资源可能影响的预测与应对策略也已完成(Cohen 等,2005;Cohen 和 Neale,2006),对合理利用和管理水资源起着重要作用。可以说,该流域是加拿大被研究得最多、最全面、最深入的较大流域。

(7) 不足之处。① 虽然一些流域政策和机构体制不断得到完善,但这方面仍相对薄弱。可以预见,这种社会政策层面的安排不能适应未来水资源的挑战,必须进行更多的改革与完善。② 整个管理模式仍是自上而下式,未来应加强公众参与机制的建设。③ 关于地下水的法律虽有,但它目前只要求地下水使用者报告其地下水井的有关资料,其用水量并不受法律的约束。④ 一个涉及整个流域的数据采集、监测和管理系统还未建立。

22.3 中国江西省鄱阳湖流域模式

(1) 流域概况及问题。江西省鄱阳湖流域包括江西境内五大水系(赣、抚、信、饶、修)。整个江西就是一个完整的大流域,流域的生态经济就是整个江西省的生态经济;另外,流域面积、边界与行政区划相吻合,有利于更好地组织流域的规划与管理。流域水资源丰富(年降水量 1612 mm,约为全国平均值的 2.5 倍),但在时序分配上不均衡,年降水主要集中在 4—6 月,约占 50%,而 7—9 月只占 20% 左右。径流量的年际变化较大。例如,1973 年的年径流量最大,达 2343 亿 m^3;1953 年最小,仅为 574.5 亿 m^3,最大值是最小值的 4.08 倍。鄱阳湖湖口的最高最低水位差可达 15 m,使得整个流域的河湖呈现"洪水一片,枯水一线"的独特景观,也使得流域常面临洪涝、干旱灾害的严重威胁。

流域的生态经济问题是十分严峻的。大量的森林采伐(尤其在 20 世纪 90 年代以前)造成严重的水土流失,引起水库河床的淤积。据统计,鄱阳湖流域内的赣江流域每年土壤侵蚀量为 3000 万 t,其中 85 % 的泥沙滞留在流域内。例如,赣县区自 1985 年以来,修建小型水库 43 座,至 1990 年已损失的库容占总库容的 24 %。泥沙淤积使航道大大缩短,近 30 年来仅赣州地区的航道里程就缩短了超过 700 km。此外,鄱阳湖流域是我国重要的商品粮基地,素有"鱼米之乡"之称,是江西省资源最富裕的地区,但有关材料说明,鄱阳湖区的人均收入及科学文化水平在 20 世纪 80—90 年代都低于全省的平均水平,究其原因主要是频繁的洪涝、干旱灾害。鄱阳湖水位变化无常,极大地限制交通、能源、工业布局及养殖业的发展,这是湖区贫困落后的另一重要原因。水资源的优势不但得不到发挥,还在一定程度上阻碍了社会经济的发展。

针对以上这些生态经济方面的问题并结合流域系统的特点,江西的科研人员在 20 世纪 80 年代中期就提出了"治湖必须治江,治江必须治山,治山必须治穷"的思路,确立了把流域中的山、江、湖综合起来、生态与社会经济结合起来进行管理的生态系统途径。这一思路及途径很快得到江西省政府、国家有关部门及不少国际组织的支持与认可。随后,省政府在 1985 年成立了江西省山江湖开发治理委员会办公室(简称"山江湖办"),开展针对整个鄱阳湖流域系统工程(山江湖工程)的管理。

(2) 法律与政策。为了持续地开展山江湖工程建设,江西省山江湖办制定了《江西省山江湖开发治理总体规划纲要》(简称《规划纲要》)。该《规划纲要》于 1992 年通过了立法程序。这部具有法律意义的《规划纲要》是一部针对特定流域而制定的地区性的大流域生态经济综合规划纲要。然而,这部《规划纲要》仅是一个框架,并不是一部真正的操作性强、具有协调各部门能力的法律,对于流域综合治理的机构体制建设、合作机制、财政机制等也没有明确规定。

(3) 管理体制。山江湖办是唯一的在该委员会指导下的政府机构,实施山江湖或流域综合管理有关的项目。主要通过建立一批具有推广意义的生态经济示范地或模式,促进流域内的生态与经济建设。随着时间的推移,该机构虽然权力有所增加,但仍没有协调其他部门的权力。流域内最重要的资源是水资源。目前流域的水资源仍直接由水利局和环境保护局(主要负责水质)直接管理,山江湖办对其参与或决策都非常有限。

(4) 合作机制。鄱阳湖流域的综合管理属于自上而下式的,这样方式对于我国的国情(例如政治制度和法律)来讲是有效的,但不能有效地反映大众的利益与价值观,制定的策略也不易实施。因此,鄱阳湖流域在合作机制方面比较薄弱。

(5) 财政机制。山江湖办属于省政府副厅级事业单位,其日常运转经费来自省政府财政。但山江湖开发治理的各种管理项目则缺乏稳定的财政机制。目前许多开发治理项目依赖于国际组织及国家有关部门的短暂资助。是一种"有多少钱干多少事"的模式,持续性的问题因为缺乏一个法律上的财政机制而得不到很好解决。

（6）科学与技术。作为一个地区性的大流域（不像长江流域跨不同省、不同地区）,鄱阳湖流域由于其生态经济综合的理念较先进,一直得到学术界、政府部门和国际组织的关注。不少联合国组织（联合国开发计划署、联合国粮食及农业组织等）也投入不少资金用于流域规划和机构的建设。日本和德国有关部门也参与资助过山江湖流域的一些项目。针对鄱阳湖流域及相关湿地的研究机构或者实验室也陆续成立。所有这些对流域的科学研究与技术应用都起着重要作用。但至今还没有一个针对整个流域的综合性研究。一个包括所有数据的流域地理信息系统虽有些进展,但距完善还有一段距离。部门之间的数据不共享,数据采集的标准不一,这些都是亟须解决的问题。

22.4 三个流域生态系统模式的比较

从上面对三个流域的分析可以看出,流域综合管理中主要的 5 个要素因流域特征和国家国情（政治制度、法制与经济发达程度等）不同而不同。一些好的流域管理措施适用于一些流域,但不一定能推广至其他流域。然而,将流域中的每个要素与理论中的相应要素做比较,有助于找出流域综合管理方面的不足之处,为将来改进提供参考（表 22-1）。

表 22-1　三个流域生态系统模式的比较

综合管理要素	理论分数	墨累河-达令河流域	Okanagan流域	鄱阳湖流域
法律与政策	20	18	12	10
管理体制	20	15	12	8
合作机制	20	15	8	2
财政机制	20	15	12	8
科学与技术	20	10	18	6
总分数	100	73	62	34

从每个要素的得分情况便可看出在某些方面的差距。从三个模式的总分比较可得出,澳大利亚的墨累河-达令河流域管理是最成功的,而另外两个模式的得分要差不少,距离真正实现流域生态系统管理还有较大的差距。这种分析与比较为综合管

理特定流域指明了方向。

　　上面的分析与打分比较简单。读者根据流域的情况及数据的结构,在有条件的情况下可进行更具体与详细的打分。例如,可将某一要素进行细分并打分。另外,基于统一框架下的打分方法往往不能考虑不同国家与地区在制度、文化与经济状况方面的差别。因此,在比较不同流域管理模式时应对流域的自然与社会背景有一个清楚的说明。这样比较才有一定的意义。

参 考 文 献

Bellamy,J.,Ross,H.,Ewing,S.,et al. 2002. Integrated catchment management:Learning from the Australian experience for the Murray-Darling Basin. Canberra:CSIRO Sustainable Ecosystems.

Blomquist,W.,Haisman,B.,Dinar,A.,et al. 2005. Institutional and policy analysis of river basin management:The Murray Darling River Basin. Australia:World Bank Policy Working Paper,3527.

Cohen,S. and Neale,T. 2006. Participatory integrated assessment of water management and climate change in the Okanagan Basin,British Columbia. Vancouver:Environment Canada and University of British Columbia.

Cohen,S.,Neilsen,D. and Langsdale,S. 2005. Exploring options for adapting water management in the Okanagan region to future climate change. In:Canadian Water Resources Association.B. C. Branch,Water—Our Limiting Resource:Towards Sustainable Water Management in the Okanagan. Proceedings of a conference held in Kelowna BC,Feb. 23-25,2005,306-319.

Cohen,S.,Neilsen,D. and Welbourn,R. 2004. Expanding the dialogue on climate change and water management in the Okanagan Basin,British Columbia. submitted to Adaptation Liaison Office,Climate Change Action Fund,Natural Resources Canada,Ottawa. 230.

Goss,K. 2003. Comprehensive water management in the Murray-Darling Basin. Proceedings of River Engineering,JSCE,8:1-6.

第23章 流域生态系统的恢复

人类的所有活动都在一定程度上影响着环境,尤其是工业革命、大规模森林采伐和不合理的资源利用对自然环境的破坏是空前的、深远的。环境的破坏导致生物多样性衰减、野生动物栖息地的质量下降、气候发生改变等一系列生态问题。而这些生态问题又直接影响着社会经济的发展及人们的健康。自 20 世纪 80 年代以来,特别是在 1992 年在巴西召开的联合国环境与发展大会以来,可持续发展、生态安全等问题得到广泛的关注。保护良好的生态系统和恢复已被破坏的生态系统已成为许多国家和地区在环境方面的工作重点。如果流域中的河流或水生生态系统出了问题,该如何治理,使它们恢复到较好的状态?

除了人类活动造成环境问题外,自然灾害或干扰(例如森林火灾、森林病虫害、暴风雨等)也产生一些对人类不利的环境问题。例如,大面积森林火灾会引起大量的水土流失,诱发泥石流等一系列环境问题。那么,面对这些问题,我们又该如何治理呢?另外,如果自然灾害发生在自然保护区内,是不是也要采取治理和恢复的生态措施?这既是一个哲学上的问题,又是一个很现实的问题。本章主要讨论流域生态恢复问题。

23.1 概念与意义

下面有关生态恢复的定义是文献中引用较多的几个。

(1) 生态恢复协会(Society for Ecological Restoration)1996 年的定义。生态恢复是指协助恢复生态系统整体性的过程,而生态整体性包括生物多样性、生态过程与结构、地区与历史背景和持续性文化实践等。可见,这个定义很宽泛。该协会于 2002 年将此定义简化为协助退化、被破坏或毁坏生态系统的恢复①。

（2）美国国家研究委员会（The National Research Council，简称 NRC）在 1992 年的定义。生态恢复是指把被干扰的生态系统恢复到接近于干扰前的状况。同时，该定义还强调恢复是指重建干扰前的水生系统功能和恢复有关的物理、化学和生物特征。

（3）加拿大不列颠哥伦比亚省环境署的定义。生态恢复是指把一个被破坏的系统或地点恢复至有目的的状况或状态的过程。显然，这个带有目的的状况与美国 NRC 定义中的干扰前的状况有一定的不同。前者是人为设定的，而后者则是自然过程确定的。尽管有不同的定义，但共同之处是将一个被破坏的系统恢复至一种较健康的状况。这样，生态系统的功能、生物群落得以维持。

任何自然生态系统都是动态的，其结构与功能都经历着干扰—恢复—再干扰—再恢复的不断更替过程。一个被人为或自然干扰的系统，只要有足够的时间，其最终会自然地恢复至干扰前的状况（只要它的功能过程或结构具有恢复的能力）。从这个意义上讲，人为的生态恢复的目的就是加速生态恢复的过程。在一些情况下，流域中某些资源被破坏后（例如水被工业污染）直接影响人们的正常生活、威胁河流健康，这些问题必须尽早解决。另外，为了保护生物多样性及野生动物栖息地，许多国家与地区不断建立大量的自然保护区。然而，这些自然保护区很少包括完整的、未被人为破坏的生态系统（尤其在许多人口密度较大的流域或地区）。这些自然保护区往往被一些不匹配的、破碎化的景观或土地利用所包围，也被一些空气污染、外来物种入侵、气候变化等因素所改变。生态恢复为这些自然保护区提供了阻止功能退化的机会。从长远来看，自然生态系统是人类进步与社会经济发展的根本基础，保护和恢复自然生态系统的完整性是社会可持续发展的关键所在。

23.2 流域生态恢复的指南

23.2.1 流域生态恢复模式的转变

流域生态恢复从 20 世纪 80 年代实施以来（尤其是在北美洲与欧洲），在认识、具体措施和方法上都发生了较大的转变（paradigm shift）。根据美国在太平洋西北地区的大马哈鱼保护及流域恢复方面的经验，Heller（2002）认为，最重要的转变是现在的焦点放在重点流域（key watershed）并在实施流域恢复措施之前先进行流域分析，以确定需要恢复的地点、过程及措施。这种做法有助于将有限的财力物力用来解决重点

①　www.ser.org/definitions.html.

流域内的关键问题。在采取流域恢复措施之前,流域系统分析的作用十分重要,它改变了整个流域生态恢复的思维。通过流域系统分析(特别是由跨学科的团队所实施的分析)可以把生态恢复放在一个流域的系统框架内,而不仅仅是针对某一个或几个有问题的河段或河岸地。这实际上是一个系统与部分的关系问题(表 23-1,表 23-2)。

表 23-1　生态恢复的新旧策略在水生与河滨植被带方面的对比

新　策　略	旧　策　略
优先治理与恢复最"好"的流域。重点措施是消除坡面上有问题的因素,因为它们对整个流域的完整性有威胁	优先治理与恢复最"差"的流域。重点措施着眼于最"差"(被破坏得最严重)河段的栖息地的恢复
只针对几个重点流域	措施常用于一些分散的河段,即没有流域系统的安排
在流域恢复实施之前做流域尺度上的分析。通过分析,确定需要恢复的地方与过程。通过分析而确定的措施针对问题的"根源"而不是"症状"	分析只针对项目。通常分析的目的是寻找用于解决某一问题的不同措施。措施往往针对问题的"症状"
具体措施通常将整个流域尺度结合起来,并且根据规划有顺序地安排	措施集中在某一地点或某一问题,未从流域尺度上结合起来,也缺乏一个针对流域尺度的恢复规划
把一个流域内最重要的恢复措施完成,然后转入另一个重点流域	重点措施针对某一地点来完成,缺乏针对整个流域的措施选择与实施

注:引自 Heller(2002)。新旧以 20 世纪 90 年代中期为分界。

表 23-2　河道内生态恢复的新旧策略对比

新　策　略	旧　策　略
恢复措施一般考虑整个河流系统,并且考虑发挥作用的漫滩地	恢复措施常局限于流量低的河段
恢复措施看起来像"杂烩",按模拟自然过程产生的结构来设计	措施通常看起来"整齐"和"工程化"。常针对某一个地点恢复某一生态指标而设计
恢复措施所用的物质,例如大石头与枯死木等,常不用固定。允许这些物质搬移与再集合(更类似自然过程)	措施所用的物质通常用铁钉或铁丝固定,如果物质被搬移了,则被认为恢复措施失败了
把垂直(上游与下游)与侧向(河道、非河道与漫滩地)的关联性作为重点	垂直与侧向的关联性有限,更多考虑上游与下游的连接
河流措施按流动性与少量维持性的要求来设计	由于措施是固定的,所以需要维护以实现稳定

注:引自 Heller(2002)。新旧以 20 世纪 90 年代中期为分界。

从流域系统出发,一般将流域恢复措施归纳为以下4个方面:① 道路与排水管道。包括改善流域排水、加固道路或废除一些少用的道路、改善鱼道等。② 坡面陆地。包括控制水土流失、泥石流等。③ 河滨植被带。包括恢复植被、使用大口径枯死木和隔离带等。④ 河道内。包括引入大砾石与枯死木,以改变河流形态及增加栖息地的复杂性;稳固河岸、保护环境用水、补充河道中的养分等。

最近,Choi(2007)建议新的流域生态恢复模式应包括下列4个方面:① 建立能够维护未来(不是过去)环境的生态系统;② 应有多种可选择性的目标和预测以面对未来不可预知的结果;③ 重点放在生态系统功能的恢复,而不是树种的构成或景观装扮;④ 承认它是一个充满价值且社会易接受的应用科学。

23.2.2　尺度

Ziemer(1997)就生态系统恢复的空间时间尺度问题做了很好的讨论。在空间上,通常有4个空间尺度作为生态恢复的参照(FEMAT,1993),它们是地区、大流域、小流域、项目地点(图23-1)。

在过去,流域恢复常着重技术,忽略宏观设计。而且恢复措施常针对小尺度的集水区,按项目来设计与实施。以点为对象的生态恢复往往效果不好,因为它忽视此点与周边环境的联系。许多实践表明,要真正实现流域恢复,除了考虑小尺度的项目地点或小流域外,还必须考虑更大的流域尺度。在恢复大马哈鱼的栖息地方面,即使考虑整个大流域也不够,还需考虑跨几个州的地区以及它们与海洋的联系。

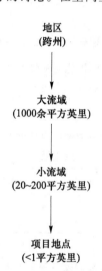

图 23-1　用于确定流域生态恢复的不同空间尺度①(Ziemer,1997)

在评价流域恢复措施的应用效果方面,必须选择更大一些的尺度。例如,针对一条100 km的河流进行流域恢复,如果恢复措施只针对2~5 km河段,那么从100 km的角度来看,对这种恢复的效果肯定会提出疑问。因此,考虑不同的空间尺度对于进行流域生态恢复是必需的。

选择适当的时间尺度来规划和评价流域恢复和选择空间尺度一样重要。流域系统内不同资源和过程往往具有不同的循环周期。例如,大马哈鱼生活周期(产卵—孵化—生长—成熟)往往需4~6年,北方针叶林小杆松林平均火烧周期为100~120年,等等。不同的循环周期意味着在规划流域生态恢复时必须考虑目标过程或价值的自然周期。另外,不同生态过程对恢复措施的响应时间也不一样。有些过程可能响应

---

① 1平方英里 ≈ 2.59 km²。

时间较短,在采取恢复措施后,短期内便可确定效果(例如测量某些水质参数)。而另一些过程则往往需要几年甚至数十年的时间才能测量到恢复措施的效果(例如生物物种恢复、河流形态变化等)。

23.2.3 生态恢复指南

美国环境保护局(EPA)列出了 17 个有关水生系统生态恢复的指导性原则。

(1) 保护水生资源。现有的尚未被人为破坏的水生系统对保护生物多样性十分重要。它们还能为遭破坏的系统提供生物种群及其他自然物质。恢复不能替代保护,恢复与治理只能是保护的辅助性措施。预防破坏永远是最有效的保护策略。

(2) 恢复生态系统的完整性。流域生态恢复应重建水生系统的完整性。生态系统的完整性是指生态系统在结构、成分、生物群落和物理环境方面的完整性。

(3) 恢复自然结构。许多流域系统的问题都是由于结构被破坏才出现的。例如河道的工程化、湿地挖沟等,自然结构的改变使得河流形态与栖息地的质量下降。在这种情况下,恢复河道的自然结构与形态(例如河道弯曲度、倒木载量等)对于恢复整个河流系统的功能十分必要。

(4) 恢复自然功能。结构与功能在河流、湖泊、湿地及其他水生系统中是紧密相连的。重建适当的自然结构能使功能过程得以恢复。为了使生态恢复产生最大的社会、经济与生态效果,通常需要确定什么生态功能已被破坏而需要恢复。

(5) 把整个流域作为恢复对象并考虑更大的景观尺度。流域生态恢复设计应考虑整个流域,不能只局限于被破坏或干扰的一部分。

(6) 认识流域的自然潜在能力。任一流域系统都是气候、地质、植被、水文等综合的结果。了解流域系统的潜在能力有助于确定流域恢复的现实目标。

(7) 抓住问题的根源所在。如果只针对问题的症状而不是根源采取恢复措施,成功的可能性很小。从这个角度上讲,在决定措施前,做流域尺度及系统分析有助于确定问题的根源所在,从而做到对症下药。

(8) 确定明确的、可达到的、可测定的目标。确定的目标应该在现有的财力物力和生态条件上能够实现。另外,参与生态恢复的各机构应对恢复目标有一个清楚的理解。好的目标往往使工作集中,可提高恢复的效率。

(9) 关注可行性。在规划阶段了解项目的可行性是十分必要的。这种可行性来自科学上、财力上、社会上及其他方面的考虑。特别强调的是,社会公众对生态恢复项目的支持是十分重要的,因为它可确保项目的顺利进展及持续性。

(10) 使用参照地。参照地是指没有被破坏,但与被破坏的恢复地在结构与功能上有可比性的地方。参照地可以作为生态恢复项目的参考模板及判别生态恢复措施是否成功的度量。一般把一个相对健康、大小类似的地方或小流域作为参照地。但我们应知道,每一个小流域或一个河段都有其独特之处,没有完全相同的两个地方。

(11) 考虑未来的变化。环境及社会都是动态的。尽管不能准确对未来做出预测,但在设计生态恢复项目时把未来在生态与社会方面的可能变化考虑进去是十分有帮助的。例如在修复一段河道时,有必要考虑上游城市化使不透水面积增加而导致水文变化的可能影响。

(12) 组成一支跨学科的队伍。流域生态恢复是一项涉及多学科(例如生物、生态、水文、河流形态、工程、规划、社会经济等)的复杂工程。组成一支跨学科的队伍并鼓励他们从项目的设计阶段就开始参与,直至最终完成。大学、政府部门及其他私有企业往往能在专业人员的配置上提供帮助。另外,当队伍较大时,选择合适的组织者也是十分关键的。

(13) 按自我维持来设计。因为生态恢复是长期的过程,有些项目也许数十年后才能看到效果,而用于生态恢复的财力物力往往在未来有不确定性。因此,生态恢复措施实施后,如果能自我维持而不需要未来不断地投入则是最理想的。自我维持的途径也有助于重建生态系统的完整性。

(14) 尽可能使用被动式的恢复。"时间会医治一切创伤"也适用于流域生态恢复。在实施修复措施之前,判断采取被动式的措施(例如,简单地减少或消除生态问题的根源并允许一定的恢复时间)是否足够。被动式的恢复适用于许多不期待即刻出结果的项目。例如,被动式的恢复可用于河流形态的恢复、河岸植被带的恢复等。尽管被动式的恢复更多依赖于自然恢复过程,但这种恢复途径能够真正满足恢复的需要。

(15) 恢复本地种,避免外来种。外来种入侵的危害已逐渐得到更多的关注。在选择物种进行生态恢复时应尽可能使用本地种。

(16) 尽可能使用自然修复及生物工程技术。生物工程可将活的植物与死的植物或其他无机物质混合使用。该方法可产生具有活力的、有功能的系统,从而防止水土流失、控制泥沙或其他污染物,同时也可恢复生物栖息地。生物工程措施已得到广泛的使用,它可用于控制水土流失、稳固河岸、减缓洪水甚至处理污水等方面。

(17) 监测和调整。每个生态恢复的项目(包括问题、采取的措施)都是独特的。生态恢复的效果也往往与最初的目标有所偏差。因此在项目实施前及期间对项目进行监测就显得十分有意义,因为它可帮助我们判别生态恢复的目标是否达到,也可通过数据的采集与分析为做出相应的调整提供依据。

23.3 生态恢复技术

流域生态系统中的生态问题多种多样,有些问题还有关联。例如,河岸植被被砍伐后,不仅影响水温与水质,也影响河中有机物质的输入。针对不同的生态问题,就会有不同的生态恢复技术或措施。从流域生态系统的角度来讲,这些生态恢复技术分为4个方面:系统连通、陆地坡面生态恢复技术、河岸及河滨植被带恢复和河道生态恢复措施。下面对这4个方面做一简单介绍,并对每一方面有选择性地介绍几种具体恢复技术。因为恢复技术很多,有兴趣的读者可以参考其他文献。

23.3.1 系统连通

流域系统连通是指为了确保鱼类等生物洄游的需要,将系统内人为设置的结构所造成的障碍移掉或做出适当的调整。例如,大马哈鱼需要从海洋中洄游进入淡水河系统完成产卵、孵化等生命过程。畅通的河流及适宜的河流生态环境是它们完成这些过程的前提。大马哈鱼需要适宜的水温、水流量、水速才能洄游至它们原始的产卵地点(洄游距离因物种不同而异,有的几十千米,有的可达上千千米)。水温太高、水流速度太快都直接影响洄游过程。过去,由于兴建水坝、修筑穿过河道的排水道以及切断湿地或水塘的道路,所有这些结构都在很大程度上阻碍了大马哈鱼及其他水生生物的活动。消除这些障碍,从而保护水生生物的正常生命活动是一项最有效的流域恢复措施。一个河流即使其生态环境很好,但水生生物(特别是鱼类)由于受到阻碍而不能在此生活,再好的河流环境也无济于事。而一旦将此障碍排除,便有"排除一点,解放一片"的意义。这就是为什么系统连通是流域系统生态恢复技术中最有效的一种。

(1) 排水管道(culvert)的合理使用。不合理使用排水管道常诱发许多环境问题。在选择跨越较小的河流的结构时,有关部门或机构为了节约经费、减少开支,常选择铺路并安置排水管道,而不是筑桥。如果排水管道的直径偏小且管道安置的坡度过大,便会产生管道内水流集中且流速过快等水力问题。而过快的管道流速冲刷管道下段的河床,易产生排水管道的空中悬挂现象,从而影响鱼类的洄游(图 23-2)。为了解决排水管道所导致的生态问题,恢复措施包括:① 在条件允许

图 23-2 排水管道的影响(照片由 A. Wilson 提供,加拿大不列颠哥伦比亚省环境署)

的情况下,使用桥梁取代道路和排水管道;② 用大口径的排水管道取代小口径的排水管道,并严格按设计要求放置排水管道;③ 选择管道内具有挡水结构的排水管道,或在排水管道内放置一些石块,以形成水流速度的多样性(水流速度慢的地方有助于鱼类在穿越管道时做短暂的休息);④ 排水管道放置后,应分别在入口与出口处用石块加固,以减弱水土流失或冲刷。

(2) 连接非主河道的栖息地(off-channel habitat)。非主河道的栖息地(池塘或湿地等)通常只有当主河道水位较高时才与主河道相连接。这种连接为水生生物(鱼类)躲避主河道的高洪水或含泥沙量较高的水流提供避难所。但这些栖息地由于人类开发或筑路的需要常被切断,使得它们不能为水生生物所利用。在这方面的恢复措施是用排水管道或桥梁将非主河道的栖息地与主河道连接(图 23-3)。

(3) 拆除水坝。人类为截留与储存水资源以增加水量的供应,常修筑水坝或水库。但水坝建成后在河流的上、下游产生一系列的生态问题(图 23-4)。在认识这些生态问题后,一些发达国家和地区出于环境保护的考虑,兴建新的大型水坝已变得十分困难。相反,在美国,拆除水坝已成为一个新的流域恢复的举措。据报道,现在美国已有百余座水坝被拆除。

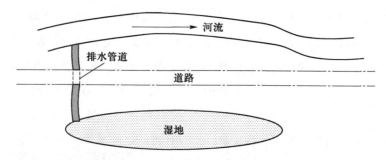

图 23-3 使用排水管道连接非主河道的栖息地(池塘或湿地)

图 23-4 水坝可能对河道生态环境造成影响

23.3.2 陆地坡面生态恢复技术

陆地坡面的水土流失或泥石流往往是造成河道中泥沙淤积、河道形态改变及栖息环境退化的源头。因此,陆地坡面生态恢复的目的是控制坡面上的水土流失及泥石流、塌方的形成。具体的生态恢复技术需要针对两方面:道路及被干扰的坡面。为了采伐森林或利用其他土地类型,修筑道路是必需的,特别是在发达国家,采伐与搬运木材都离不开机械。坡面上的道路通常改变水文的路径,具有汇流作用。而汇流常产生大量的冲刷面与泥沙。这些泥沙及道路路面本身裸露产生的泥沙就使道路常成为河流中泥沙的主要来源。治理由道路产生的水土流失与泥沙问题的最好措施是切断道路,封山育林。其他措施包括在路边小沟内设置一系列拦截泥沙的栅栏(fence)或泥沙塘(sediment pond)(图 23-5)。

图 23-5　拦截泥沙的网布

坡面上的水土流失控制措施主要是根据水土流失的程度来决定。在水土流失较轻的情况下,加快植被恢复则是最有效的措施。在水土流失较严重的坡面,则需要考虑工程与植被恢复相结合的技术,通过在坡面采用等高浅沟的技术截持坡面上的养分与水分来培植植被,从而达到控制水土流失的目的。我国在流域治理方面积累了大量的经验与技术,大量文献可供读者参阅。另外,在一些坡度较大、坡面不稳定及土壤质地较细或疏松的情况下,防止坡面塌方或形成泥石流则是恢复的重点。这方面的措施包括分散冲刷能量,使用繁殖快、生长快的植物进行生物护坡,清除一些林地上的倒木(倒木有时会诱发倒木流)等。

我国在 1998 年长江流域的大洪水灾害之后认识到了保护森林的重要性,并决定在长江与黄河的源头流域禁止天然森林采伐活动。同时又在全国范围内大力开展造林活动,一些重大的森林恢复项目(例如,天然林保护工程、三北防护林、退耕还林工程等)相继问世。这些重大举措无疑对我国林业建设、改善与林业有关的生态环境都具有重大战略意义。但任何事情常有两面性,尤其在生态方面。生态过程在任何一个地点都是独特的。这就意味着某一政策性的生态恢复措施可能适合于一些生态系统,但它不一定适合于另一些生态系统。例如,在不缺乏水资源的亚热带地区,大面积造林具有控制水土流失等一系列生态功能,即使减少年径流总量,总体上也不至于造成水资源短缺的问题,且造林后径流的分配可能会更有助于控制洪峰流量,增加枯水季节流量。然而,大面积造林发生在水资源短缺的半干旱地区,除了正面生态作用外,还有使水资源更加短缺的负面作用。因此,大面积造林工程应根据生态系统的特点与目标,权衡大面积造林对各方面的影响,做出更现实的决策,做到因地制宜,不搞一刀切的做法。

23.3.3 河岸及河滨植被带恢复

河滨植被带是陆地系统与水生系统之间的交错地带,可以说,此带是河流系统免受陆地系统干扰影响的最后一道防线。河滨植被带的状况直接关系到水生生态系统(河流、湿地或湖泊等)的完整性。正是由于它的重要性,一些国家与地区都建立法规来保护河滨植被带。尽管如此,河滨植被带的结构与功能由于受人类或自然的不断干扰而退化,相当多的河流特别是在人口密度较大的地方已基本或完全丧失河滨植被带的保护。如何恢复或重建河滨植被带的结构与功能是流域生态系统修复的最重要策略之一。修复河滨植被带的技术要根据河流中的生态问题或拟达到的目标而定。河滨植被带中的植物物种多样性一般要高于陆地坡面,这种高植物多样性产生的结构与功能的多样性是它的最重要特点,也是在选择恢复河滨植被带的措施时必须考虑的。如果河流中的高泥沙含量是最重要的问题,选择单一或混合的快速生长的本地植物(草本、灌木或杨柳等快速生长的树种)可产生明显的效果。如果河流中缺少溪流倒木或与之有关的河流栖息地质量退化是最主要关注的问题,则最初选择快速生长的阔叶树种,并逐渐引入生长较慢的针叶树种是一种较好的修复策略,因为这种策略有利于为河流提供不断的溪流倒木及其他有机物质。

在河滨植被带缺乏或不完整的情况下,河岸常处于不稳定状况,且河岸的冲刷使大量的泥沙进入河流系统。如何维持河岸的稳定,特别是对一些在城市里或开发程度较高的河流来讲,显得很有必要。这方面的修复技术很多,尤其是被广泛采用的生物与工程相结合的措施。例如,Donat(1995)就总结了在中欧地区的 15 个生物工程措施(例如图 23-6)。有兴趣的读者还可通过文献了解更多技术。

图 23-6　维持河岸稳定的生物工程措施

23.3.4　河道生态恢复措施

本书第 6 章详细讨论了河流形态及栖息地。一般来讲,河流中的结构复杂(溪流倒木、弯曲度高、浅滩与深潭结构多等)意味着栖息地的多样性高,河流就表现得更自然、更健康。在明显被人为破坏或工程化的河道中,河道内的结构单一,河道形态也较通直,缺少变化。因此,河道生态恢复的技术是增加一些结构,以增加河道的复杂度。图 23-7 是增加溪流倒木和大石块的方法,图 23-8 和图 23-9 是修建河道内的浅滩与深潭结构的方法。

河道的生态恢复除了恢复结构外,还可通过人工施肥来提高水生生物的生产力,进而为水生生物系统的食物链提供初始能量。

(a)

(b)

图 23-7　增加溪流倒木(a)和大石块(b)的方法

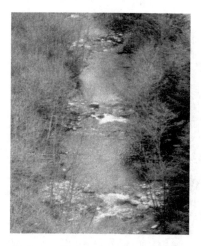

图 23-8　修建河道内的浅滩与深潭
结构的方法(照片由 A. Wilson 提供)

图 23-9　采用工程方法恢复河道深潭,同时
起到消能、增加河水中氧含量的作用(该河流
恢复试验位于美国北卡罗来纳州 Asheville 市)

23.3.5　湖泊、水库的生态恢复措施

与河流生态系统不同,湖泊和水库一般水滞留时间长,因此更容易蓄积营养盐和其他污染物,其生态系统受损后更难以修复。世界上许多国家和地区的湖泊和水库水质已经恶化,一些地区的水体已经被污染到足以危害人体健康(Cooke 等,2016)。据美国环境保护局 2017 年的报告(U. S. Environmental Protection Agency,2017),美国受监测的湖泊和水库中有 55% 呈富营养化或超富营养化状态;据 2018 年《中国生态环境状况公报》,在受监测的湖泊和水库中,有 63% 水质处于Ⅲ类及以下。

湖泊和水库生态系统修复措施主要包括外源(点源和面源)污染截留、内源污染控制、水生生物修复等。提升或恢复富营养化和超富营养化湖泊和水库的水质,第一步就是去除或减少点源和面源污染,这些污染包括生活污水、工农业废水、暴雨径流等,如果外源污染负荷没有被清除或减少,任何其他长期的湖内修复措施均效果甚微(Cooke 等,2016)。外源污染截留措施包括雨污分流、建立污水处理厂、在湖滨带建立人工湿地等。

一些湖泊和水库自净能力较强,外源污染减少以后能够很快恢复到原来的健康状态,有些湖泊和水库在外源污染控制减少后仍然保持较长时期的富营养化状态,这是因为内源污染(主要是底泥中的营养盐和污染物)负荷较大。内源污染控制的主要措施包括底泥疏浚、底泥原位覆盖、湖水稀释和冲刷、水生植物吸附和收割管理(如人工浮岛)等。

由于不同水生生物的适应能力不同,因此当水环境改变(例如水体富营养化和污染)以后,有些物种会迅速增长(如蓝藻),另一些物种则会衰退甚至消失,从而造成水生态系统生物多样性降低,生态系统服务功能下降。水生生物修复措施主要包括水生生境改善、微生物激活、人工种植水生植物或放养水生动物、水生生物群落结构调整等。

此外,湖泊和水库另一个重要的生态问题就是外来种入侵。据报道,美国和加拿大五大湖中有 140 多个外来种,并且平均每年增加一个新的入侵种(Cooke 等,2016)。外来入侵种能够挤占湖泊和水库本地种的生存空间,降低生物多样性,从而使湖泊和水库生态系统失衡。外来入侵种的控制措施主要包括生境操纵(改变水生生境,使其有利于本地种生长而不利于外来种生长)、机械或人工清除、生物方法(引入外来种天敌等)、化学方法(使用特异性化学药剂去除外来种)、综合控制等。

值得注意的是,不同湖泊和水库其人文历史、自然地理、气候、水文、水质等条件有差异(Jeppesen 等,2007),因此并没有统一、普适的湖泊、水库生态恢复措施,需要根据湖泊(水库)自身条件制定特定性恢复措施,即"一湖一策"。并且单一修复措施往往难以奏效,需要综合多种修复措施并加以有效管理,方能产生较好的修复效果(Qin,2009;Søndergaard 等,2007)。

参 考 文 献

Choi, Y. D. 2007. Restoration ecology to the future: A call for new paradigm. Restoration Ecology, 15 (2): 351–353.

Cooke, G. D., Welch, E. B., Peterson, S., et al. 2016. Restoration and Management of Lakes and Reservoirs. Florida: CRC Press.

Donat, M. 1995. Bioengineering techniques for streambank restoration: A review of central European practices. B. C.Min.Environ., Lands and Parks, Watershed Restor. Progr., Vancouver, BC.WRP Proj.Rep. No. 2.

FEMAT. 1993. Forest Ecosystem Management: An Ecological, Economic and Social Assessment. USDA Forest Service, BLM, USFWS, NOAA, EPA and National Park Service. Portland, Oregon.

Heller, D. 2002. A new paradigm for salmon and watershed restoration. The 13th International Salmonid Habitat Enhancement Workshop held in Westport. Co. Mayo, USA.

Jeppesen, E., Meerhoff, M., Jacobsen, B. A., et al. 2007. Restoration of shallow lakes by nutrient control and biomanipulation—the successful strategy varies with lake size and climate. Hydrobiologia, 581(1): 269–285.

Qin, B. 2009. Lake eutrophication: Control countermeasures and recycling exploitation. Ecological Engineering, 35: 1569–1573.

Søndergaard, M., Jeppesen, E., Lauridsen, T. L., et al. 2007. Lake restoration: Successes, failures and long-term effects. Journal of Applied Ecology, 44(6): 1095–1105.

U. S. Environmental Protection Agency. 2017. National Water Quality Inventory: Report to Congress.

Ziemer, R. R. 1997. Chapter 6. Temporal and spatial scales. In: Williams, J. E., Christopher, A. W. and Michael, P. D. Watershed Restoration: Principles and Practices. Maryland: American Fisheries Society, 80–95.

第24章 流域最佳管理措施

在美国,联邦和州两级政府制定多种法律保护水质。最早用于保护水质的联邦法律是1972年颁布的《联邦水污染控制法》(*Federal Water Pollution Control Act*),又称《清洁水法》(*Clean Water Act*)。1972年《联邦水污染控制法修正案》(*Federal Water Pollution Control Act Amendments*)和《公共法》(*Public Law* 92-500)及其1986年修正案(319条,1986)要求,对造成非点源污染的源区(主要是农业、城市用地)进行治理。该法提出了两个新的水质管理概念:① 要求各个州提出流域和区域性的废物处理管理规划;② 将水污染分成点源和非点源两大类。一开始《清洁水法》只是针对被污染水体本身,后来美国环境保护局(EPA)决定加强对全国范围的污染源的治理。EPA要求各州建立非点源污染控制机构,开发适合本地的最佳管理措施(best management practices,BMPs)。1986年修正案的主要目标就是通过流域管理手段改善水质,使水体适合游憩,如钓鱼和游泳。《清洁水法》第303(d)条要求各州提出水质不达标的水体清单。对于列入清单的水体必须根据其污染程度、轻重缓急分期治理。水体能接受某种污染物的程度由最大污染日负荷总量(total maximum daily load,TMDL)来计算。

EPA认为,BMPs是降低非点源污染的主要手段。美国不同州和不同管理部门根据实际情况建立了相应法律并提出了相应行业的BMPs,例如农业上以防治土壤流失为主的农业BMPs,城市地区以减少暴雨径流和污染物为目的的城市BMPs,林业上以减少森林集约经营(采伐、施肥)对水体污染为主的林业BMPs。本章对农业和城市BMPs只做简要介绍,重点介绍美国林业部门使用的林业BMPs。

24.1 流域最佳管理措施的定义

由于 BMPs 涉及多个领域,涵盖的范围很广,所以其定义较模糊。通常可认为,BMPs 包括所有能减轻非点源(即面源)污染对环境影响的有关实用管理政策、经济手段、程序和有效的工程或非工程措施。BMPs 的实施有助于防止土壤侵蚀,减弱养分流失,降低动物粪便、杀虫剂、重金属和其他有毒物质对水体的污染。非点源污染无处不在,在某一点上可能影响不大,但是当整个流域各点污染物加起来就有可能造成水质问题。

EPA 提出 BMPs 的官方定义为:"BMPs 是由各州或其指定的区域规划部门确定的一种或几种结合的最佳最有效的管理方法。这些方法对所要解决的问题进行评估,利用多种管理方法,同时要有公众参与。BMPs 包括使用多种手段(如实用性、技术性和经济手段)防治或降低非点源污染总量以达到水质标准。"

(1) 农业 BMPs

农业上最常见的污染物包括泥沙、养分、有机化合物组成的杀虫剂和除草剂、致病微生物、燃料化合物、溶剂、油漆、重金属等。农业 BMPs 包括条带耕作、梯田、等高耕作、排水道种草、动物废物储存、水塘、最小化耕作法、采用人工草或天然植被作为过滤带和适当施用某种养分。

常用的 BMPs 包括 3 种类型。① 降低化肥、农家肥和除草剂的使用量。② 在了解病虫害的基础上,采取物理、化学、生物和文化联合措施,即采用"综合害虫管理措施"。③ 控制水土流失,保护地表水质。例如采用条带耕作、防风林带和作物覆盖均可降低农地中养分和除草剂的运动和流失。以管理秸秆残余物为重点的土壤保持耕作法和连续性作物栽培方式能有效控制土壤流失。但是,这些方法需要施用大量的化肥和除草剂,因此要权衡其减少土壤流失的作用和影响水质的危险性。排水道种草能起到淤积泥沙、保持养分、固岸并减少水流冲刷的作用。

(2) 城市 BMPs

城市 BMPs 主要关注的对象是城市暴雨径流(stormwater)及径流中的养分和有毒物质,如磷、氮和重金属。暴雨径流指来自街道、马路、停车场等地的地表径流。表 24-1 列出了美国一典型城市观测到的暴雨径流污染物成分。

表中绝大多数污染物的浓度远超过自然背景,降低其对河流水质的累积影响需要从多方面入手,采用综合性的措施,因地制宜加以解决。城市非点源污水防治主要 BMPs 见表 24-2。美国不同州有不同的 BMPs 详细指南。流域保护中心(The Center for Watershed Protection)在 BMPs 的作用方面做了大量研究。我国近期兴起的"海绵城市"建设也旨在增加城市持水、渗水的能力,从而达到减少暴雨径流的目的。

表 24-1　美国科罗拉多州 Denver 市区暴雨径流水质成分浓度和州内其他城市的对照

单位:mg·L^{-1}

成　　分	工　业　区	商　业　区	居　民　区	其他城市
总磷	0.43	0.34	0.87	0.33
总氮	2.7	3.9	4.7	2.2
生化耗氧量(BOD)	232	173	95	165
总锌	0.520	0.294	0.182	0.160
总铜	0.084	0.081	0.031	0.034
总铅	0.128	0.059	0.053	0.144

表 24-2　城市暴雨径流 BMPs(Ward 和 Trimble,2004)

管　理　内　容	BMPs
防止径流污染	
减少不透水层面积	街道、停车场和胡同合理设计,房顶绿化、铺草皮
家庭庭院管理	改进铺路方法、动物管理、景观设计和维护、BMPs 维护
建筑活动	降低路坡度、优化程序、控制交通
土壤侵蚀控制	采用覆盖物(毯子、席子、植物)覆盖,工程方法,建设泥沙护栏网、存泥沙坑和淤地坝,水湾保护
处理暴雨径流	
入渗系统	就地入渗,建入渗池、入渗渠
过滤系统	生物降解、表层沙土过滤系统、地下过滤系统、条形过滤系统
人工湿地	暴雨径流湿地、湿的洼地
减洪系统	湿池塘、扩大的储水塘、湿地窖,使径流永久性蒸发或入渗
滞洪系统	采用干池塘、大型号管道、油或沙分离系统、干洼地暂时储存暴雨径流,为处理做准备
径流控制结构设施	可渗透性的堰,径流分流设备,私人径流控制设备

(3) 林业 BMPs

大多数由造林引起的非点源污染问题从暴露裸土和土壤扰动开始。雨滴落到地面使土壤颗粒脱离和分散,并使地表土壤变得更紧实,从而产生地表径流和土壤侵蚀,使泥沙运输至河流系统。如果肥料或农药最近被施到土壤中,地表径流将携带这些化学品至溪流中。因此,BMPs 的目的是最大限度地减少土壤裸露的面积和时间,以及裸土区和河流的水利联系(Sun 等,2004)。

林业 BMPs 主要针对营林活动中产生的非点源污染问题,以期达到如下水质保护目标:① 保证河流的完整性;② 减少来自受干扰林地的地表径流流量,并减少直接流入的地表水;③ 减少污染物(如杀虫剂、养分、石油产品及泥沙)的迁移,防止它们流入地表和地下水;④ 采用自然或人工植被的方法稳定裸露土壤。

俄勒冈州是全美唯一在 1972 年以前就进行了营林非点源污染控制项目的州。南方的佛罗里达州和南卡罗来纳州是较早提出林业 BMPs 的少数州。南卡罗来纳州于 1976 年提出了该州的第一个水质管理方针。同年,佛罗里达州建立了该州的 BMPs。1986 年《公共法》修正案第 319 条要求各州制定并实施有关计划,以控制非点源污染问题。这项修正案刺激了各州在 1987 年之后加快开发林业 BMPs。

在美国东南部,除了弗吉尼亚州外,林业 BMPs 的实施都是自愿的。在弗吉尼亚州,森林采伐机构和林地所有者必须在采伐活动前通知该州林业行政部门。当水质受到威胁时,州政府有权要求森林采伐者采取纠正行动。

因为美国环境保护局目前接受 BMPs 作为一种保护水质的方法并满足 TMDL,森林工业部门多会主动使用 BMPs,这本身也符合其利益。如果没有高的 BMPs 遵守率,森林经营者可能会受到违反水质法律方面的指控。如果来自上游的径流造成下游水质问题,下游的土地所有者可能会起诉上游森林经营者,要求赔偿。在这种情况下,森林经营者是否遵守 BMPs 对于法院的裁决来说起到很关键的作用。在过去 20 年中,林学和河流生态学研究一直是林业 BMPs 开发的基础。森林经营者的经验、知识和政治协商,也对发展 BMPs 有影响。由于各州在土壤、地形、气候和政治环境方面各不相同,BMPs 的内容也有所不同。

24.2 林业 BMPs 设计方法

一般来说,BMPs 与下列 4 大类型区有关:① 河滨带;② 道路;③ 湿地;④ 采伐地。

(1) 河滨带

河滨带(riparian zone)是指河道与陆地相邻的地方。河流及高地下水位是最重要的河岸植被和土壤发育的直接动力。反过来,植被通过改变小气候并提供有机投入,也对河流生态特征产生影响。河滨带改善水质的功能包括:① 稳定河岸;② 过滤地表径流和吸附径流中的化学物质(图 24-1);③ 浅层地下水的反硝化作用;④ 维持植被遮阴和向河道中提供有机碎屑。因此,多数 BMPs 要求维护一部分自然河滨带,减少坡地上的经营对河流水质造成的潜在不良影响(图 24-2)。

图 24-1 溪流岸边缓冲区具有重要的水质过滤作用,同时为水生生物提供食物和良好生境

图 24-2 河滨带在森林流域经营中有保护水质的重要作用(照片由北卡罗来纳州自然资源与环境部提供)

　　在美国东南部,通常从两个方面考虑河滨带 BMPs 设计指标:一方面涉及距严重干扰(如道路或木材集散点)的最近距离;另一方面与河岸区允许的采伐面积有关。在大多数州,为减少地表径流对常年流水性河流和湖泊的影响,河滨带距离严重干扰坡地的距离随坡度增加而加大。在常年流水性河滨地区,多数州允许采伐 25%～50% 的上层林冠。一般来说,BMPs 对间歇性溪流限制较少,因为它们对河流潜在非点源污染的影响较小。在东南部地区,大约有半数以上的州采用一个固定的干扰点至河流的距离,约有一半的州考虑坡度对该距离的影响;但是,同常年性水体相比,对间歇性河流设置缓冲带时,这些距离一般都相对较短,允许采伐上层林冠的范围为 75%～100%。我们对水源区林业作业对河流水质的影响和如何有效保护间歇性河流了解甚少。大多数州对间歇性河流的岸边管理区(SMZ,属河滨带的一种)没有明确设计方案。东南部地区北部的部分州还对如何保护冷水溪流中的鳟鱼提出了指导方针。一般来说,BMPs 为冷水溪流设立了比常年溪流更多的限制,例如对河岸宽度和缓冲带内上层林冠采伐强度等的限制。

　　(2)道路

　　因为伐木造成道路永久性的土壤裸露和土壤紧实,道路成为林业活动中产生泥沙的主要原因(图 24-3)。道路和木材集散地在流域中的位置、土壤类型、地质条件和道路闲置方式,最终决定输送到河流中的泥沙量(Stringer 和 Thompson,2001)。

　　通过减少或消除道路与河流的水利联系可大大降低道路引起的径流和泥沙输送。在道路上分段对径流水进行疏导,使径流向山坡下分散和重新入渗。水障(water bar)、缓冲坡(broad-based dip)、横向排水管(cross-drain)是典型的方法,可用于将道路上的径流导入山坡。视坡度及土壤情况在道路表面铺设沙砾或石子,可以减少地表侵蚀。

水流方向

图 24-3　林区道路是泥沙的主要来源(照片由北卡罗来纳州自然资源与环境部提供)

在道路两旁设置过滤带也能减少泥沙通过排水管网进入溪流。过滤带通常包括天然植被,如果再加些树和采伐残余木质材料,从而形成屏障作用,效果更好。这类材料使泥沙运动的距离可减少 40% ~ 50%(Swift 和 Burns,1999)。天然森林凋落物还有利于抑制火烧地泥沙运移。

Grace(2000)在美国南方亚拉巴马州研究了 3 种常见措施控制切割及填土斜坡上的道路土壤侵蚀的效果。3 种处理包括:本地混合植被、外来草种混合、外来种组合加侵蚀控制席垫。试验观测表明,3 种控制措施使切割及填土斜坡上的地表径流泥沙量明显减少 60% ~ 90%。其中,第 3 种措施效果最佳。

Clinton 和 Vose(2003)调查了铺道方法减少林区道路泥沙输移的效果。4 个地表铺盖类型包括:两年新的沥青公路、改善了的砾石路面、改善了的碎石路面附加泥沙控制措施、无改善沙石路面。研究表明,两年新的沥青公路产生的泥沙最少,而无改善沙石路面产生的泥沙最多。泥沙搬运的距离也与路面状况密切相关。

(3) 湿地

《清洁水法》允许林业活动中采取小型排水作业,而且不需要预先取得许可证。然而,这样的排水系统不能连接湿地和附近高地。对于大多数湿地,间伐或采伐上层林冠是允许的。但是,美国环境保护局(EPA)和陆地工程团(COE)的有关规定限制为建立松树林而对某些湿地进行机械整地。大多数州的 BMPs 手册没有对沟渠或排水系统提出很多指导性意见。然而,许多森林管理公司开发了自己的湿地 BMPs,对胸径或树冠指标做出规定。因此,各公司间在湿地附近或湿地内采用的营林方法差异很大。

(4) 采伐地

采伐和整地方法包括:采伐平台(landing area)、集材道(skid trail)、机械性整地和控制火烧。在森林采伐季节,为建设采伐平台和集材道,需要开出一片临时的土壤裸露地块。同公路一样,为防止泥沙流入河道,要限制这些地区与溪流的水利联系。对任何采伐地,要尽量减少采伐平台的数量,尽量增加它们与河流的距离。BMPs 要求尽量减少临时性过水道,并使用分水障,分散集材道上的径流。在所有地点,应尽量避免土壤搅动,应将其减少到最低限度。湿地营林中应采用对地面产生低压的机器设备。在较湿的采伐地,设备在集材道中运作时应采用树枝作铺衬(图 24-4,图 24-5)。

图 24-4　集材道是森林经营中泥沙的主要来源(照片由北卡罗来纳州自然资源与环境部提供)

图 24-5　采伐平台是森林经营中泥沙的重要来源(图中科学家 McNulty 和 Boggs 在美国南部阿巴拉契亚山区测量林地坡面上来自采伐平台区的泥沙的输移距离和总量)

BMPs 要求机械性整地为栽苗木准备(春耕、做床、分散)时,要沿等高线操作,以阻止地表径流,减少水土流失。采伐残留物应沿等高线堆放,形成有机淤泥栅(图 24-6)。大多数的 BMPs 不建议在陡峭的山坡上用火进行整地,建议用冷火(低强度火)以免烧掉腐质层造成地表土壤侵蚀。

图 24-6　集材道 BMPs 有效地降低地表土壤侵蚀(照片由北卡罗来纳州自然资源与环境部提供)

24.3　林业 BMPs 对水质的影响

美国全国州林业工作者协会(National Association of State Foresters，NASF)定期跟踪调查各州 BMPs 执行情况。在第四次调查中，NASF(2001)的报告指出，美国所有 50 个州都制定了林业 BMPs。与 1990 年的调查相比，这是一个进步，那时只有 38 个州有 BMPs。NASF 调查表明，全国的 BMPs 执行率为 86%。有 22 个州整体的 BMPs 执行率在 90% 以上，但有几个州报告执行率少于 80%。除了实施监测外，许多州还对 BMPs 的效果进行了评估。这些调查都发现，BMPs 在林业经营中十分有效地保护了水质。不过，南方各州在 BMPs 执行情况的调查中所采用的标准相差很大。

(1) 泥沙和径流量

在肯塔基州东部，Arthur 等(1998)在 3 个流域对 BMPs 的效果进行了流域尺度的配对试验。研究发现，在 17 个月的观测中，无 BMPs 的皆伐流域悬浮泥沙量增加了 30 倍，有 BMPs 的流域泥沙量仅增加 14 倍。皆伐对泥沙量的影响 5 年后消失。泥沙量增加的部分原因是产水量的提高，但主要是因为悬浮泥沙浓度的提高。大部分的影响在处理后 5 年内消失，但是对有些径流的影响在 9 年后还能检测到。

Wynn 等(2000)在东部弗吉尼亚州也采用类似方法，用 3 个流域(无采伐、有 BMPs、无 BMPs)研究了 BMPs 对水质的影响。类似 Arthur 等人的结果，他们发现，无 BMPs 的流域在皆伐后，中等暴雨径流的总悬移物(TSS)浓度增加了 8 倍。经过整地后，无 BMPs 流域的中等暴雨径流 TSS 浓度比采伐前增加了 13 倍。当考虑到气候浮动变化，与控制流域相比，有 BMPs 流域的 TSS 浓度没有显著增加。

采用跨景观对比 1 级溪流流域,完全随机区组设计,Keim 和 Schoenholtz(1999)在密西西比州的黄土阶地地区比较了 4 种管理方式对径流水质的影响:① 无限制采伐;② 有 SMZ 的缆式择伐;③ 不采伐 SMZ;④ 参考区。密西西比州的黄土阶地地貌表现为:坡度高、土壤易侵蚀。研究发现,对于处理①和②,由手工采样和机械复合法测定的 TSS 浓度要较参考区高。处理③的 TSS 浓度与参考区无差别。这项研究说明,SMZ 应重点消除溪流 10 m 以内木材机器运输造成的干扰。

（2）养分

Arthur 等(1998)在研究中发现,采伐前三年平均硝酸盐浓度从不到 $1\ mg \cdot L^{-1}$ 上升到接近 $5\ mg \cdot L^{-1}$。有 BMPs 流域的硝酸盐浓度与无 BMPs 流域相差不大。PO_4^{3-}、K^+、Ca^{2+}、Mg^{2+}、Na^+、SO_4^{2-} 浓度和碱度对采伐干扰没有明显反应。Wynn 等(2000)在无 BMPs 流域也发现了类似的硝酸盐响应。他们还发现,无 BMPs 流域在采伐后,由于吸附在泥沙中的不可溶性磷输出增加,总磷输出量有所增加。在低洼地区,通过有效控制排水也可改善水质(Amatya 等,1998)。对位于北卡罗来纳州沿海平原排水不畅的火炬松人工林流域的研究表明,采用活动堰控制流域排水总量和洪峰值,每年可分别减少出口处 57% 的 TSS、16% 的硝酸盐+亚硝酸盐和 45% 的总凯氏氮(TKN)。年总磷和铵态氮输移量也都有降低。

（3）水温

河滨带森林采伐活动造成的地表水温度变化对水生生物有很大影响。树木遮阴隔热作用降低了水流的温度波动,为水生系统提供了一个凉爽的生态环境。试验表明,高强度采伐河滨带树木可使日最高溪流水温升高 5~10 ℃(Lynch 等,1985)。因为河滨带采伐会造成水温升高,从而改变水生生物系统,BMPs 的设计中需考虑溪流附近采伐干扰对水温的影响。对于常年性溪流的河滨带,BMPs 通常允许采伐 25%~50% 上层林冠。虽然许多研究显示,河流附近采伐会对河流水温有影响,但是 BMPs 设计对此考虑不多(NCASI,2000)。文献表明,15~30 m 河岸缓冲宽度可有效缓解 85%~100% 由于采伐增加的太阳辐射(NCASI,2000)。在佛罗里达州北部的研究表明,当采取保留大树、移走 50% 树冠的采伐强度时,采伐 10.6~60.9 m 宽河滨带,没有造成溪流水温升高(Vowell,2001)。美国林务局西弗吉尼亚州费尔诺森林试验站(Fernow Experimental Forest Station)的采伐研究表明,在 20 m 宽的河滨带"轻型"采伐使河流温度增加 1℃ 左右(Kochenderfer 和 Edwards,1990)。北卡罗来纳州 Coweeta 水文站早期的研究表明,采伐 22% 的林木基础面积(basal area)不影响溪流水温。虽然在东南部有关 BMPs 和水温关系的资料不多,但现有的几项研究支持"河滨带 25%~50% 采伐不会导致溪流水温增加"的结论。

（4）水生生物群

与河滨带有关的林业 BMPs 被广泛用于减少采伐对水质的影响。普遍认为保护了水质就是保护了水生生物群落系统。因此,在评定 BMPs 效益的过程中很少有人关注评价水生生物群落系统方面的工作。

在河滨带集约性森林采伐或清理地面会增加阳光入射量,提高河流水的温度,增加径流,增加河水泥沙和营养物输送量,通常会导致更大的初级生产力,并改变植物群落(Barton 等,2000)。

佛罗里达州北部的研究结果表明,清除 50% 河滨带上层林冠但不砍伐河道旁的树木,对栖息地或溪流状况指数(stream condition index)无影响(Vowell,2001)。溪流状况指数是建立在无脊椎动物种群基础上的生物评价方法。南卡罗来纳州的一项综合研究表明,河滨带 BMPs 的实施对溪流生境和无脊椎动物群落影响很少或几乎没有影响(Adams 等,1995)。然而,当 BMPs 不执行或执行不正确,会对水生系统产生不良的影响。虽然有关 BMPs 设计与水生生物关系的研究不多,但有关研究说明,BMPs 能有效地减轻森林经营对溪流生物群落的影响。

参 考 文 献

Adams,T. O.,Hook,D. D. and Floyd,M. A. 1995. Effectiveness monitoring of silvicultural Best Management Practices in South Carolina. Southern Journal of Applied Forestry,19(4):170-176.

Amatya,D. M.,Gilliam,J. W.,Skaggs,R. W.,et al. 1998. Effects of controlled drainage on forest water quality. Journal of Environmental Quality,27:923-935.

Arthur,M. A.,Coltharp,G. B. and Brown,D. L. 1998. Effects of best management practices on forest streamwater quality in Eastern Kentucky. Journal of the American Water Resources Association,34(3):481-495.

Barton,C. D.,Nelson,E. A.,Kolka,R. K.,et al. 2000. Restoration of a severely impacted riparian wetland system: The Pen Branch project workshop summary. Ecological Engineering,15:3-15.

Clinton,B. D. and Vose,J. M. 2003. Differences in surface water quality draining four road surface types in the Southern Appalachians. Southern Journal of Applied Forestry,27(2):100-106.

Grace Ⅲ,J. M. 2000. Forest road sideslopes and soil conservation techniques. Journal of Soil and Water Conservation,55(1):96-101.

Keim,R. F. and Schoenholtz,S. H. 1999. Functions and effectiveness of silvicultural streamside management zones in loessial bluff forests. Forset Ecology and Management,118:197-210.

Kochenderfer,J. N. and Edwards,P. J. 1990. Effectiveness of three streamside management practices in the central Appalachians. Proceedings of the 6th Biennial Southern Silvicultural Research Conference. Memphis,TN. 688-700.

Lynch,J. A.,Corbett,E. S. and Mussallem,K. 1985. Best management practices for controlling nonpoint-source pollution on forested watersheds. Journal of Soil and Water Conservation,40(1):164-167.

NASF. 2001. State nonpoint source pollution control programs for silviculture. Washington,DC:2000 Progress Report,NASF.

NCASI. 2000. Riparian vegetation effectiveness. Technical Bulletin No. 799,Research Triangle Park,NC.

Stringer,J. and Thompson,A. 2001. Comparison of forestry best management practices,Part 2:Forest roads and skid trails. Forest Landowner,60:39-44.

Sun,G.,Riedel,M.,Jackson,R.,et al. 2004. Chapter 3:Influences of management of southern forests on water quantity and quality. In:Rauscher,H.M. and Johnsen,K. Southern Forest Sciences:Past, Current, and Future. Gen. Tech. Rep/SRS - 75. Ashville, NC U.S. Department of Agriculture, Forest Service, Southern Research Station. 394.

Swift,L.W. Jr. and Burns,R.G. 1999. The three R's of roads. Journal of Forestry,97(8):40-45.

Vowell,J.L. 2001. Using stream bioassessment to monitor best management practice effectiveness. Forest Ecology and Management,143:237-244.

Ward,A. and Trimble,S.W. 2004. Environmental Hydrology,2ed. Washington:Lewis Publishers,475.

Wynn,T.M.,Mostaghimi,S.,Frazee,J.W.,et al. 2000. Effects of forest harvesting best management practices on surface water quality in the Virginia Coastal Plain. Transactions of the ASAE,43(4):927-936.

第六部分

流域科学研究方法

第 25 章　流域试验与统计分析方法

如其他自然科学一样,流域科学的方法包括试验、统计分析及模拟三大类及它们的不同组合。试验是在野外或室内依据统计和设计的原理开展的数据收集及分析的方法。如果试验设计合理,采集的数据比较长期,得出的结论最为可靠,但试验涉及的费用很高,且周期较长。统计分析是根据已收集的数据(例如遥感数据、长期监测的水文或气象数据),采用一些统计分析技术(例如时间系列分析等)进行研究的方法。这种方法往往需要大量及长期的数据及可靠的分析技术才能获得有意义的结果。模拟方法常用来模拟不同情景对未来一些过程的影响。模拟的可靠性取决于使用的数据、验证过程及研究者的科学素质。模拟可在较短时间实现,但模拟的结果具有很大不确定性。一般来讲,小流域采用试验方法,大流域采用统计分析方法,而模拟方法适用于任何面积的流域。另外,遥感方法、地理信息系统及大数据分析也作为重要的数据采集、存储、处理与分析方法得到了广泛的应用与发展。这一章主要讨论试验与统计分析方法,第26章讨论模拟方法。

25.1　流域科学研究的内容和目的

当代流域科学最关心的问题是自然干扰(例如火、干旱、气候变化、病虫害)和人类活动(例如森林经营、土地利用变化)对流域生态系统能流和物流的影响。流域科学研究的核心内容是流域的生态水文功能,包括对人类有益的生态服务功能。流域科学研究的主要目的包括:① 探讨干扰与流域功能过程的相互作用机制和因果关系;② 预测气候变化、植被变化和人为活动对流域功能过程的影响;③ 确定有效管理流域自然资源的方法,使其在永续利用的基础上为人类服务。要实现这些目的,可靠的流域科学研究方法是必要的。

25.2 流域科学野外研究的基本原理

当代流域科学在野外研究方面所包括的内容越来越广泛,从过去的水量和水质调查,到现在的水生生物调查、河滨带水质净化功能研究、地表水-地下水交换研究等。同时,对流域的监测手段也趋向自动化(图25-1)。流域研究的时间和空间尺度跨越很大,各种尺度间联系紧密。流域研究的尺度从传统的点、小区和小流域向大流域拓展。

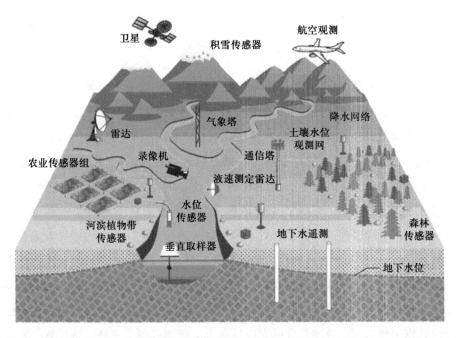

图25-1 美国协同促进水文科学发展大学联盟(Consortium of Universities for the Advancement of Hydrologic Sciences, Inc, CUAHSI)为促进多学科、大尺度环境科研和教育建立的野外 WATERS 观测系统(WATer and Environmental Research Systems)

不同流域管理单元在空间(小集水区、集水区、流域)和时间(从分钟到100年)上的关系及观测取样范围可参阅图25-2。该模式由 CUAHSI 提出,旨在从水文观测上应对水文科学3个方面的挑战:① 在环境变化条件下,水文过程之间的联系和反馈;② 生物圈和水循环之间的相互作用;③ 人类活动通过影响水资源供需而改变水循环的过程。

为了最大限度提高流域试验的代表性,减少观测误差,正确验证试验假设,从而发现多变量之间的因果关系,流域试验设计必须遵从3个基本原则(Chang, 2002)。

(1) 对照控制试验。要想确定一个或者多个因素的变化对流域水文或其他生态功

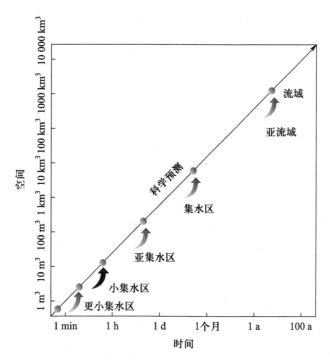

图 25-2　不同流域管理单元在空间和时间上的关系

能的影响,需要建立对照流域。由于很难找到与"处理"流域自然条件一致的对照流域,流域尺度的试验常需要进行校对。这一原则与小尺度(点、小区)的试验研究有所不同。

（2）随机性。试验设计中随机选取试验对象能降低主观性,它是正确检测和确定植被、土地利用变化等"处理"对流域影响的基础。由于流域面积较大,受地质、土壤、植被以及人为因素等条件的限制,完全随机选择试验流域不太可能。在这种条件下,应尽量选取一组在流域特征上相似的流域,然后随机确定哪些作为"对照"流域,哪些作为"处理"流域。

（3）重复试验。重复试验是指在不同的地理类型或同一地区重复基本的流域试验,以提高试验结果的可靠性,获得流域响应的"平均"数据。例如,在不同坡向进行的流域试验可能得出不同的结论。重复试验在科学研究上有重要意义。某种试验方法或结论提出后,只有后来的研究者能重复使用该方法或证明结论具有普遍性,才能说明试验方法或结论可靠。

25.3　流域试验的方法

传统的流域试验方法可分为两类:配对流域法和单一流域法。不论采取哪种流域试验方法,要想获得可靠的流域试验结果,通常需要 5~10 年的观测时间,因此需要长期稳定的经费支持。上面提到的两类方法均把流域作为一个"黑匣子"对待,重点关心的内容是植被变化对流域出口处水文的影响。

25.3.1 配对流域法

配对流域试验是森林水文和流域管理科学发展的基础。瑞士学者最早对 Sperbelgraben 和 Rappengraben 流域进行流域试验,但是真正意义上的配对试验是美国人于 1910—1926 年在科罗拉多州的 Wagon Wheel Gap 开展的专门研究植被对洪水影响的试验。之后,根据自然地理分布,美国各地开展了 500 多个流域试验,遍及 50 多个试验站点。其中,由联邦政府管辖的林务局(USDA Forest Service)试验站和农业研究局(Agricultural Research Service)积累了长期观测资料和丰富的流域研究经验,许多试验站点成为世界范围长期生态研究网络(LTER)主要站点。图 25-3 和表 25-1 列出"小流域科学联盟"流域试验站概况,表 25-2 列出 Coweeta 水文站研究内容。这些流域包括有着悠久历史、世界上非常著名的森林水文试验站,如 Coweeta 水文站(图 25-4,图 25-5)、Hubarrd Brooks、H. J. Andrews、Fernow 森林试验站等,涵盖 20 种不同的自然地理区域。

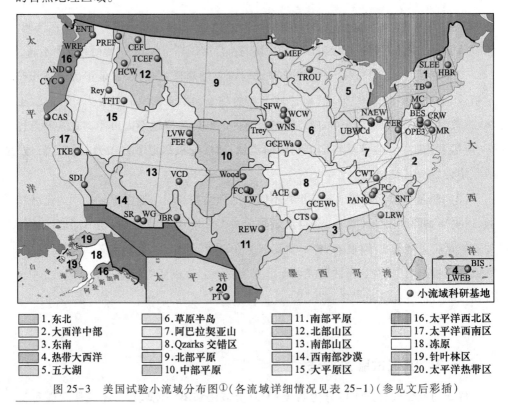

1.东北	6.草原半岛	11.南部平原	16.太平洋西北区
2.大西洋中部	7.阿巴拉契亚山	12.北部山区	17.太平洋西南区
3.东南	8.Qzarks 交错区	13.南部山区	18.冻原
4.热带大西洋	9.北部平原	14.西南部沙漠	19.针叶林区
5.五大湖	10.中部平原	15.大平原区	20.太平洋热带区

图 25-3　美国试验小流域分布图①(各流域详细情况见表 25-1)(参见文后彩插)

---

① http://www.fsl.orst.edu/climhy/。

表 25-1　流域水文站和气象站概况

编码	站 点 名 称	水文站数	气象站数	最早数据
AND	H. J. Andrews Experimental Forest	10	6	1952-10-1
ARC	Arctic Tundra	3	1	1983-7-15
BES	Baltimore Ecosystem Study	10	3	1957-2-1
BNZ	Bonanza Creek Experimental Forest	0	2	1988-6-1
CAP	Central Arizona-Phoenix	0	30	1986-1-1
CAS	Caspar Creek Experimental Watersheds	2	4	1962-8-1
CDR	Cedar Creek Natural History Area	0	1	2000-3-22
CWT	Coweeta Hydrologic Laboratory	2	1	1936-11-1
FCE	Florida Coastal Everglades	11	5	1931-1-1
FER	Fernow Experimental Forest	7	1	1951-5-1
FLE	Fleming Creek Watersheds	4	0	1972-11-3
FRA	Fraser Experimental Forest	2	1	1940-3-19
GCE	Georgia Coastal Ecosystems	1	3	1931-10-1
GRE	Great Basin Experimental Range	0	1	1940-4-1
HBR	Hubbard Brooks	9	17	1955-10-20
HFR	Harvard Forest	0	2	1964-1-1
HOR	Horse Creek Study Watersheds	2	0	1965-10-1
JRN	Jornada Basin	0	2	1994-6-1
KBS	Kellogg Biological Station	2	1	1983-5-5
KNZ	Konza Prairie	5	1	1982-4-22
LUQ	Luquillo Experimental Forest	8	3	1975-1-1
MAR	Marcell Experimental Forest	12	3	1961-1-1
MCM	McMurdo Dry Valleys	17	12	1969-12-5
MEF	Maybeso Creek Experimental Forest	1	1	1949-5-1
NEV	Neversink Valley	2	0	1983-11-1
NTL	North Temperate Lakes	7	4	1969-1-1
NWT	Niwot Ridge	2	3	1989-6-12
PAL	Palmer Station	0	1	1989-4-1
PIE	Plum Island Ecosystem	3	2	2000-1-1
PIN	The Pine Watersheds	3	0	1958-2-1
SBC	Santa Barbara Coastal	13	12	1977-10-1
SEV	Sevilleta National Wildlife Refuge	0	10	1989-1-1

续表

编码	站 点 名 称	水文站数	气象站数	最早数据
SGS	Shortgrass Steppe	0	2	1969-1-1
SIL	Silver Creek Experimental Watersheds	1	0	1965-10-1
SNT	Santee Experimental Forest Watersheds	2	2	1989-11-15
TEN	Tenderfoot Creek Experimental Forest	11	2	1992-10-1
VCR	Virginia Coast Reserve	0	3	1989-4-3
YEF	Young Bay Experimental Forest	1	1	1958-8-1
	ARS Mahantango Creek Exp. Watershed			1967
	Town Brook			1997
	Manokin River			2001
	N. Appalachian Experimental Watershed			1937
	ARS Choptank Watershed			—
	ARS OPE3			1998
	JPC(J. Phil Campbell Sr. Nat. Res. Cons. Center)			1907
	Little River Watershed, GA			1967
	Twin Falls Irrigation Tract			2005
	Upper Big Walnut Creek-A1			2004
	Upper Big Walnut Creek-B1			2004
	Upper Big Walnut Creek-C1			2004
	Upper Big Walnut Creek-D1			2004
	ARS Goodwater Creek Exp. Watershed			1971
	ARS Goodwin Creek Exp. Watershed			1981
	Cabin-Teele Sub-Watershed			1998

注:水文气象数据可免费下载,实现不同研究部门数据共享。ARS,农业研究局。

表 25-2　Coweeta 水文站配对试验处理方法和历史概况(流域编号参见图 25-4)

流域编号	试验处理简况
1	1942 年 4 月,整个流域诊断性火烧; 1954 年开始,连续 3 年把流域河滨带内所有硬木类树和灌木用化学药物杀死,处理面积占流域 25 %,即减少森林 25 %胸径面积; 1956—1957 年,所有树和灌木被砍伐、火烧,但不移走残积物; 1957 年种植白松,之后使用化学药物和砍伐方法控制硬木植物与其竞争,以形成松林

续表

流域编号	试验处理简况
3	1940 年,采伐所有植被,火烧后运出流域; 之后连续 12 年在 6 hm² 范围采用无节制山地农业和放牧; 之后农地上种植黄杨和白松
6	1941 年,采伐木本植被,将胸径面积降低 12 %,采伐物撒在距河溪垂直距离 5 m 带; 1958 年,皆伐,木材被移出流域,火烧堆积在一起的残余物,表层土壤受到破坏; 1965 年,流域种草、撒石灰和化肥;1966 年和 1967 年,采用除草剂杀死草,植被恢复演替
7	1941—1952 年,流域下部每年有 5 个月的时间用于放牧(6 头牛); 1977 年,商业性皆伐,采用缆绳运送木材
8、9、16	混合流域,包括对照和处理流域
10	1942—1956 年,采用掠夺性间伐,降低 30 % 流域森林总胸径面积
13	1939 年,砍伐了所有木本植物,就地放置,之后允许植被自然演替; 1962 年,重新皆伐,伐木就地放置
17	1940 年,皆伐了所有的木本植被,之后至 1955 年,其间多数年份每年砍伐再生植被,伐木不移出流域; 1956 年,种植了白松,使用采伐方法或化学物质控制硬木植物与其竞争
19	1948—1949 年,砍伐月桂属(Laurel)和杜鹃花属(Rhododendron)亚冠层植被,降低流域 22 % 胸径面积
22	1955 年,使用化学除草剂,每隔 10 m 进行条带处理,降低了 50 % 流域树木胸径面积;1956—1960 年,重复处理以控制植被生长
28	森林多重目的展示采伐试验,包括 77 hm² 商业性皆伐、39 hm² 山谷林择伐、保留 28 hm²;采伐物被移出流域
37	1963 年,砍伐了所有木本植物,但不移出流域
40	1955 年,商业择伐 22 % 的胸径面积
41	1955 年,商业择伐 35 % 的胸径面积
2、14、18、21、32、34(控制流域)	混合硬木林自 1927 年以来未受人为干扰
27、36(控制流域)	设计为控制流域,但在 1972—1979 年受秋尺蠖虫害感染,部分树木落叶

图 25-4 Coweeta 水文站流域试验布设示意图（流域试验概况见表 25-2；Coweeta 水文站建于 1934 年,是美国森林水文学研究历史最悠久、目前小流域森林水文观测实力最强的实验室之一）

图 25-5 Coweeta 水文站流域试验布设实体模型（图中的浅色部分代表不同试验处理,深色为对照流域）

配对流域法就是遵从上述试验设计的基本原理,选择自然条件(地质、地貌、土壤、植被)相似、地理位置相邻的两个流域,把其中一个作为"对照",另外一个作为"处理",来确定植被变化或土地利用方式的改变对流域水文、水质的影响。由于大、小流域的环境条件差异较大,在选择对照流域时,两个流域的面积大小要基本接近,国际上配对流域试验多控制在 100 hm² 内。如 Coweeta 水文站最小流域面积为几公顷,最大不超过 100 hm²(图 25-4)。流域面积太小,容易出现流域地下水不闭合问题;流域面积太大,很难选择相似的两个流域,很难确定流域空间降水分布,很难精确测定径流,而且在实际操作中很难维护处理流域。

在对处理流域进行植被改变前,需要同时对两个流域进行观测,建立两个流域水文水质变量之间的经验关系。这一"流域校正"(calibration)过程常需要包括多种水文年份(如干旱或湿润年),以减少气候年季变化对两个配对流域关系的影响。植被的影响,或称为水文响应,就是处理流域观测值与由流域校正方程确定的预测值之差(图 25-6)。

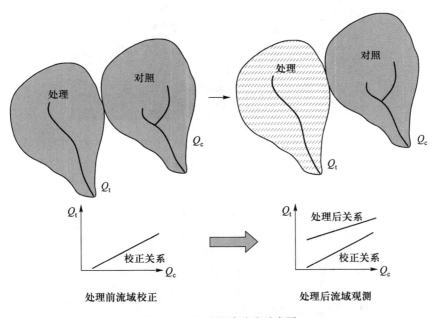

图 25-6 配对流域试验示意图

流域处理前,对照流域和处理流域流量之间关系常用下面的线性方程表示:

$$Q_t = a + bQ_c \tag{25.1}$$

式中,Q_c 为对照流域流量;Q_t 为处理流域流量;a 和 b 为回归方程系数。

其他较为复杂的校正方程有:

$$Q_t = a + bQ_c + cQ_c^2 \tag{25.2}$$

或者当两个流域降水量差异较大时,可采用下式建立径流系数之间的关系:

$$Q_t/P_t = a + bQ_c/P_c \qquad (25.3)$$

当两个流域流量关系充分建立起来之后,就可以实施改变植被的"处理"措施了(图25-7,图25-8)。在继续观测两个流域的基础上,用下式计算流域水文响应,即"处理"作用(treatment effect):

$$处理响应 = 观测值(Q_o) - 预测值(Q_c) \qquad (25.4)$$

上面的公式以河川总径流作例子,也同样适用于其他水文变量,如洪峰流量、洪水总量、基流等。

图 25-7　位于美国北部某山区的两个处理流域。对照流域为未受干扰的流域
（在处理流域左侧）（照片由 C. A. Bolster 提供）

图 25-8　在 Coweeta 进行的由落叶硬木林改成白松林的流域林种改变配对试验

25.3.2 单一流域法

单一流域法是指根据流域植被状况或土地管理模式,把一个流域整个观测的时间序列分成校正和处理两个阶段。在校正阶段,通过多元回归统计分析建立气候(降水和气温等)与径流的关系方程。采用该方程可预测处理阶段在土地利用没有变化的条件下的水文状况。这样,通过比较在处理阶段获得的观测值与由回归方程计算的预测值,来确定植被的水文学作用。该方法的基本假设是两时段内的气候-径流关系特征基本保持稳定,因此不同时段内的水文变化可认为是由植被和气候变化造成的,但是气候的影响可以通过流域校正阶段建立的气候-径流关系剔除。例如,Chang和 Sayok(1990)根据美国得克萨斯州东部一个面积 80 km² 的流域 8 年的资料建立了下面的公式,用于确定其后 11 年间流域城市化对水文的影响。研究表明,流域部分城市化造成流域河流年平均径流量增加 82.5 mm。

$$Q = a + b(P/T^2) \tag{25.5}$$

式中,Q 为河流年径流量(mm);P 为年降水量(mm);T 为年平均温度(℃);a 和 b 为经验性参数。在该项研究中,a 和 b 值分别为 -396.16 和 194.23。

单一流域法最关键的步骤是建立校正和处理两个阶段良好的气候-径流关系;这种经验关系在干旱地区径流变化幅度较大的条件下,并不容易获得。因此该方法常需要较长的观测时间才能把预测误差减少到最小,从而实现确定植被变化对水文影响的目的。此外,试验还受外来不确定性因素的影响,如火烧、病虫害的威胁以及长期经费支撑的困难,在操作上很难维持。因此,在条件允许下尽可能用配对流域试验。

25.4 统计分析方法

针对较大的流域(大于几百平方千米),因为很难找到两个相似的流域,故配对流域试验方法难以应用。在数据得到满足的前提下,统计分析的方法也是一种重要的科学研究思路。研究者在过去几十年开发了不少方法用来研究流域(特别是大流域)中森林或土地利用变化对径流的影响。Wei 等(2013)对这些方法做了一个较详细的综述。

采用统计分析方法来确定长时间序列水文变化的影响因素包括两个步骤:① 检验水文要素的变化趋势,并确定有显著变化的时间转折点;② 确定气候、土地利用与植被覆盖变化单独和联合的影响。下面介绍几种较常用的方法。

（1）水文长时间序列非参数 Mann-Kendall's 趋势检验分析

非参数 Mann-Kendall's 趋势检验方法（Kendall,1975）已被广泛应用于水文气候资料趋势变化分析，成为研究气候变化及其对水文影响的工具之一（Hirsch 等,1982）。与参数检验相比，非参数 Mann-Kendall's 趋势检验可应用于不具备正态分布特性的水文气象观测序列，且对于数据缺失或具有极大值、极小值等异常观测值的观测序列无严格限制条件（王盛萍,2007）。

设非参数 Mann-Kendall's 趋势检验统计量为 Z,根据公式（25.6）计算产生：

$$Z = \begin{cases} \dfrac{S-1}{[\operatorname{Var}(S)]^{1/2}}, & S>0 \\ 0, & S=0 \\ \dfrac{S+1}{[\operatorname{Var}(S)]^{1/2}}, & S<0 \end{cases} \qquad (25.6)$$

式中,

$$\operatorname{Var}(S) = n(n-1)(2n+5) - \sum_t t(t-1)(2t+5)/18 \qquad (25.7)$$

$$S = \sum_{i=1}^{n-1} \sum_{j=i+1}^{n} \operatorname{sgn}(x_j - x_i) \qquad (25.8)$$

$$\operatorname{sgn}(\theta) = \begin{cases} 1, & \theta>0 \\ 0, & \theta=0 \\ -1, & \theta<0 \end{cases} \qquad (25.9)$$

式中,x 为观测变量,序列具有 n 个独立且随机分布的观测样本;t 为任意对偶值（即 x_j 和 x_i）比较时对应序列长度。

若 $-Z_{\alpha/2}<Z<Z_{\alpha/2}$（通常 α 取 0.01、0.05 和 0.1）,则接受原假设 H_0,即观测序列无显著变化趋势;若 $Z<-Z_{\alpha/2}$ 或 $Z>Z_{\alpha/2}$,则拒绝原假设 H_0,认为观测序列具有显著变化趋势。当 Z 为正值时,表示观测序列为增加趋势,反之为减少趋势。如果时间序列存在线性变化趋势,单位时间的变化程度可认为是所有变量配对变化率的中位数,用下式表示：

$$\beta = \operatorname{median}\left[\frac{x_j - x_i}{j-i}\right] \qquad (25.10)$$

式中,$1<i<j<n$。

确定观测序列趋势变化转折点可采用 Pettitt（1979）提出的非参数统计法。该方法采用 Mann-Whitney 法统计 $U_{t,N}$,来验证样本 $x_1,\cdots,x_t$ 和 $x_{t+1},\cdots,x_n$ 来自同一种群。

$$U_{t,N} = U_{t-1,N} + \sum_{j=1}^{N} \operatorname{sgn}(x_t - x_j) \qquad (25.11)$$

式中,$t=2,\cdots,N$。同时满足：

$$
\mathrm{sgn}(\theta) = \begin{cases} 1, & \theta > 0 \\ 0, & \theta = 0 \\ -1, & \theta < 0 \end{cases} \tag{25.12}
$$

$U_{t,N}$ 检验结果提供了第一组数值超过第二组数值的次数。Pettitt's 检验 $k(t)$ 的非假设条件为时间序列一直没有显著变化和变化转折点。$k(t)$ 由下式计算：

$$
k(t) = \mathrm{Max}_{1 \leqslant t \leqslant N} \left| U_{t,N} \right| \tag{25.13}
$$

其概率由下式计算：

$$
p \cong 2\mathrm{e}^{\left\{ \frac{-6kN^2}{N^3 + N^2} \right\}} \tag{25.14}
$$

（2）基于敏感度的方法（sensitivity-based approach）

河流年平均径流量（$\Delta\overline{Q}_{总}$）的变化可以认为主要由气候变化或土地利用变化引起（Li 等,2007）。那么,观测到的总径流变化为两种作用分别引起的变化（$\Delta\overline{Q}_{气候}$ 和 $\Delta\overline{Q}_{土地利用}$）的总和：

$$
\Delta\overline{Q}_{总} = \Delta\overline{Q}_{土地利用} + \Delta\overline{Q}_{气候} \tag{25.15}
$$

式中,由气候引起的径流变化 $\Delta\overline{Q}_{气候}$ 可认为主要是由降水（P）和潜在蒸散发（PET）的变化引起的。$\Delta\overline{Q}_{气候}$ 可由 Milly 和 Dunne（2002）提出的方法计算：

$$
\Delta\overline{Q}_{气候} = \beta\Delta P + \gamma\Delta\mathrm{PET} \tag{25.16}
$$

式中,β 为径流对降水变化的敏感度；γ 为径流对土地利用变化的敏感度。这两个参数分别由下式计算（Li 等,2007；Zhang 等,2001）：

$$
\beta = \frac{1 + 2x + 3wx}{(1 + x + wx^2)^2} \tag{25.17}
$$

$$
\gamma = -\frac{1 + 2wx}{(1 + x + wx^2)^2} \tag{25.18}
$$

式中,$x = \mathrm{PET}/P$,常称为干燥指数；w 为与植被、土壤有关的经验系数,可从流域水文观测资料中获得。

在获得了气候变化对水文总变化的贡献后,即可计算土地利用变化对观测到的水文总变化的影响,即

$$
\Delta\overline{Q}_{土地利用} = \Delta\overline{Q}_{总} - \Delta\overline{Q}_{气候} \tag{25.19}
$$

（3）基于双重质量曲线的方法

双重质量曲线是指两个气象水文变量的累积值之间的曲线。该曲线常用来检验两个变量之间的一致性及它们之间趋势的改变。Wei 和 Zhang（2010）利用该方法来区分气候变化与森林变化对年径流量变化的相对贡献,并在不少流域中得到较好的

应用（例如，Zhang 和 Wei，2013；Liu 等，2014；Liu 等，2015；Li 等，2018；Giles-Hansen 等，2019）。该方法是建立累积年径流量与累积的有效年降水量（年降水量－年蒸散发）之间的曲线。采用累积的有效年降水量是用于消除气候变化的影响，那么在曲线上出现了拐点就意味着径流量改变的量是由森林变化所造成的（图 25-9）。然后用总径流量的变化减去由于森林变化造成的径流量变化，便可知道气候变化的相对贡献量。因此，森林变化与气候变化对年径流量变化的相对贡献得到了量化。

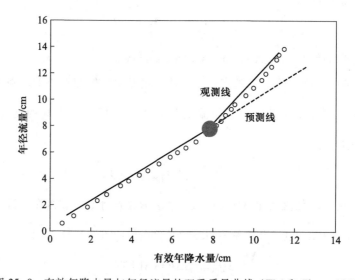

图 25-9 有效年降水量与年径流量的双重质量曲线（Wei 和 Zhang，2010）

参 考 文 献

王盛萍. 2007. 典型小流域土地利用与气候变异的生态水文响应研究. 博士学位论文. 北京：北京林业大学.

Borah, D. K. and Bera, M. 2003. Watershed-scale hydrologic and non-point source pollution models：Review of mathematical bases. Transactions of the ASAE, 46(6)：1553–1566.

Chang, M. 2002. Forest Hydrology：An Introduction to Water and Forests. Florida：CRC Press, 373.

Chang, M. and Sayok, A. K. 1990. Hydrological responses to urbanization in forested LaNana Creek watershed. In：Krishna, J. H. Tropical Hydrology and Caribbean Water Resources. Herndon：Am. Water Resour. Assoc., 131–140.

Gan, T. Y. 1998. Hydroclimatic trends and possible climatic warming in the Canadian Prairies. Water Resources Research, 34：3009–3015.

Giles-Hansen, K., Li, Q. and Wei, X. 2019. The cumulative effects of forest disturbance and climate variability on streamflow in the Deadman River watershed. Forests, 10(2)：196.

Hirsch, R. M., Slack, J. R. and Smith, R. A. 1982. Techniques of trend analysis for monthly water quality data. Water Resources Research, 18:107-121.

Kendall, M. G. 1975. Rank Correlation Methods. London: Charles Griffin.

Li, L. J., Zhang, L., Wang, H., et al. 2007. Assessing the impact of climate variability and human activities on streamflow from the Wuding River basin in China. Hydrological Processes, 21:3485-3491.

Li, Q., Wei, X., Zhang, M., et al. 2018. The cumulative effects of forest disturbance and climate variability on streamflow components in a large forest-dominated watershed. Journal of Hydrology, 557:448-459.

Liu, W. F., Wei, X. H., Fan, H. B., et al. 2015. Response of flow regimes to deforestation and reforestation in a rain-dominated large watershed of subtropical China. Hydrological Processes, 29: 5003-5015.

Liu, W. F., Wei, X. H., Liu, S. R., et al. 2014. How do climate and forest changes affect long-term streamflow dynamics? A case study in the upper reach of Poyang River basin. Ecohydrology, 8(1):46-57.

Milly, P. C. D. and Dunne, K. A. 2002. Macroscale water fluxes 2. Water and energy supply control of their interannual variability. Water Resources Research, 38(10):1206.

Pettitt, A. N. 1979. A nonparametric approach to the change-point problem. Applied Statistics, 28:126-135.

Wang, S., Zhang, Z., Sun, G., et al. 2008. Long-term streamflow response to climatic variability in the Loess Plateau, China. Journal of the American Water Resoure Association, 44(5):1098-1107.

Wei, X. H., Liu, W. and Zhou, P. 2013. Quantifying the relative contributions of forest change and climatic variability to hydrology in large watersheds: A critical review of research methods. Water, 5:728-746.

Wei, X. H. and Zhang, M. 2010. Quantifying stream flow change caused by forest disturbance at a large spatial scale: A single watershed study. Water Resources Research, 46: W12525.

Zhang, M. and Wei, X. 2013. Contrasted hydrological responses to forest harvesting in two large neighbouring watersheds in snow hydrology dominant environment: Implications for forest management and future forest hydrology studies. Hydrological Processes, 28(26):6183-6195.

Zhang, L., Dawes, W. R. and Walker, G. R. 2001. Response of mean annual evapotranspiration to vegetation changes at catchment scale. Water Resources Research, 37:701-708.

第 26 章　森林流域水文模拟模型

　　由于森林的生命周期很长,大尺度上的森林植被的水文作用需要十几年或几十年的时间才能观测到。传统的严格配对流域试验研究(Brown 等,2005)常常需要几代人的努力和稳定的财力支撑才能成功。另一种流行的单一流域法,通过对某一个流域不同时段的长系列水文气象进行统计分析,从而检验植被变化对水文的影响,常受到植被历史不清、植被变化不明显或对比时段气候变化太大等条件限制。

　　作为一种重要的水文研究和流域管理工具,流域水文模拟模型越来越为水文工作者所接受和使用(Graham 和 Butts,2005;Singh 和 Woolhiser,2002;吴险峰和刘昌明,2002)。国外自 20 世纪 60 年代中期开发出著名的"斯坦福水文模型"以来,流域水文模型一直是水文学研究的核心内容之一。我国在该领域的研究近年来也得到加强(邓慧平等,2003),发展迅速。适合我国流域环境条件的流域水文模型不断涌现(杨大文等,2004;程根伟等,2004)。

　　本章主要内容包括三个方面:① 简要介绍流域水文模拟模型基本概念和研究进展;② 利用实例探讨水文模拟模型的主要作用;③ 探讨模拟模型在水文学研究中的应用前景和主要问题。

26.1　水文模拟模型的基本概念

　　同任何其他科学领域的数学模型一样,流域水文模拟模型是使用数学符号对自然界流域尺度的水文过程的简化和抽象。简单地讲,水文模型就是根据生态系统质量、动量、能量守恒原理,或根据经验观测,采用数学公式表达整个水循环过程,包括从大气降水至流出流域的流量的时空动态过程。单一水文过程的数学模型较为简单,例如经典的描述植被蒸散发的模型、Penman-Monteith 方程、描述降水入渗和土壤水分再分布的 Richard's 方程及描述地下水运动的 Darcy 定律都属于早期开发的、有物理意义的水文模型。一个完整的流域水文模型就是把这些单一过程模型整合起来,综合表达大气降水在植被、土壤、岩石层中的传输动态过程及各种状态(state)水分在流域中的时空分布。森林水文模拟模型中最主要的水文变量(variable)包括:林冠降水截留、林木蒸腾、土壤含水量、地下水位深度、某一河流断面径流流量等。这些变量比较容易观测,因此也常用于模型校正(model calibration)和模型验证(model validation)。模型校正是指通过调整不随时间而变化的模型参数(parameter)而使模型模拟的变量结果与观测数据匹配达到最佳。而模型验证是指采用另外一组新的独立观测数据对已经校正好、参数已优化的模型进行检验,来确定模型的精度和可靠性。模型敏感性检验(sensitivity analysis)就是检查输入(input)变量和模型参数对模型输出(output)结果的相对影响力。敏感的模型输入变量或参数在模拟资料准备工作中最为重要。评价、检验模型模拟相对于观测结果好坏的标准有很多,例如偏差、平均误差平方根、模拟标准误差与观测值标准误差之差、模拟和观测之间的相关性(R^2)等指标,但常用的方法是 Nash-Sutcliffe 有效性(E)(Nash 和 Sutcliffe,1970)。E 的最大值为1.0,表示模型拟合最完美的模拟;E 值为 0 时说明模拟结果与观测数据的平均值相似。而 E 为负值时说明模型作为预测工具价值不大。

$$E = \frac{\sum_{1}^{N} (Q_{oi} - Q_0)^2 - \sum_{1}^{N} (Q_{oi} - Q_{si})^2}{\sum_{1}^{N} (Q_{oi} - Q_0)^2} \qquad (26.1)$$

式中,E、Q_{oi}、Q_{si}、Q_0 和 N 分别为模型拟合效率、观测值、模拟值、观测平均值和观测次数。

26.2　水文模拟模型的分类

从 20 世纪 60 年代中期以来,随着电子计算机在水文科学领域的应用和普及,世界各地开发了数目、种类繁多的流域模型。Singh 和 Frevert(2002a,2002b)编辑出版了两本流域水文模型的论文集,分别详细介绍了国际上流行的小流域和大流域水文模型。Borah 和 Bera(2003)综述了流域尺度的水文和非点源污染模型。了解流域模型分类方法有助于对各种不同类型进行比较,从而正确选择和使用模型。根据模型开发原理、用途和特征,表 26-1 列出了有代表性的模型和主要参考文献。

表 26-1 流域水文模型类型及特点

分类方法	模型类型	特点	代表性模型
按主要研究领域	森林水文模型	森林占土地利用的主体。考虑到森林冠截留、林地土壤大空隙、管流等林地特殊水文过程和 Hortonian 地表径流为非主要产流机理，模型多基于 Hewlett"可变水源概念"	BROOK90（Federer, 1995）；DHSVM（Wigmosta 等, 1994；Beckers 和 Alila, 2004）；PROSPER（Swift 和 Swank, 1975）；FLATWOODS（Sun 等, 1998）
	农业水文模型	农地占土地利用的主体。Hortonian 地表径流多为主要产流机理	SWAT2000（Arnold 和 Fohrer, 2005）；ANSWERS-2000（Beasley 等, 1980）；DRAINMOD（Amatya 和 Skaggs, 2001）
	城市水文模型	透水性差的城市用地占土地利用的主体。Hortonian 地表径流为暴雨洪水系统汇流过程，包括城市排水系统汇流过程	MIKE URBAN（DHI, 2008）；HUC-HMS（US Army Corps of Engineers）
	水质（泥沙、养分）模型	比单纯水量模型更复杂，主要目的是模拟径流污染物浓度和排放总量。这类模型同样需要正确模拟水文过程	WEPP；ANSWERS-2000（Bouraoui, 1994）
	地下水模型	深层地下水的运动	MODFLOW（McDonald 和 Harbaugh, 1988）
	地下水模型	地下水-地表水相互作用	MIKE SHE, MIKE 11（Refsgaard 和 Storm, 1995）
	生态系统模型	主要目的是模拟生态系统生产力，碳、氮循环及蒸散发。重点在模拟碳和氮平衡、树木蒸腾、碳-水相互作用，简化水分在土壤中的运动过程，多为集总模型。流域产水量多定义为径流流出根系层的水分总量，不考虑地下水和沟道汇合过程	PnET（Aber 等, 1995）；BIOM-BGC（Running 和 Hunt, 1993），RHESys（Band 等, 2001）

续表

分类方法	模型类型		特点	代表性模型
	空间	时间		
按模拟空间、时间尺度	集总式		假定流域空间性质均一，所需模型参数较少，但必须校正	BROOK90(Federer,1995)；DRAINMOD(Amatya 和 Skaggs, 2001)
	分布式		考虑流域空间异质性，将流域网格化处理	MIKE SHE(DHI, 2008)；DHSVM
		日或更短时段	用于模拟洪峰或日水量平衡，需要日或更短时段气象输入数据	
按计算方法	经验方法(基于历史资料)		较简单，需要流域参数少，预测结果较好，但是不能反映变化条件下的水文规律	Wheater 等，1993；Lu 等，2003；Zhang 等，2001，2004；Zhou 等，2008
	基于自然规律和水文过程机理的理论模型		构建较复杂，有物理意义，有利于揭示影响大气-土壤-水文要素的因果关系	
按模型参数	确定性		模型输入、输出结果确定。这类模型可以是基于物理过程模型，也可以是经验性，例如回归模型	
	随机，非确定性		模型输入、输出结果有随机性，包含概率分布	

26.3 水文模拟模型的作用

作为一种现代、新型的水文研究手段,与传统基于野外水文观测研究相比,流域水文模拟模型具有互补功能,并拥有特殊的作用。主要表现在以下几个方面。

(1) 流域水文模拟模型是野外数据综合分析和尺度转换的有效手段

流域水文模拟模型是采用系统的观点把非线性的水文方程用数学公式串联起来的一个综合系统,所以任何单一水文要素的观测结果都可用于模型检验,而模型也可模拟各个水文分量。野外水文观测多针对单一水文过程或要素。只有把流域作为一个系统,综合分析各个水文变量,才能确定某一要素在整个水文系统中的作用。但是,在实际的流域试验研究中,即使世界上最完善的森林水文试验站也很少能够对所有水文过程或要素进行观测。借助模型可在观测变量的基础上对非观测或数据零星的变量提供补充。在模拟-数据检验的过程中,很容易发现哪些数据是无效的(由于人为或仪器失灵),哪些变量是极为敏感和关键的,哪些变量漏测了,从而对野外水文观测提供指导作用。

模拟模型也许是水文尺度转换的唯一手段。目前水文观测多在点、山坡、小流域尺度进行,大流域和区域尺度的经验观测研究较少。可以说,对大尺度上的森林与水的关系知之甚少。但是,许多宏观管理措施是建立在大尺度上的。大流域和区域尺度模型是建立在简化的小尺度水文过程原理基础上,考虑水循环与大气的水、能量交换和相互作用。这类模型需要大量遥感和地理信息系统资料作为输入。

(2) 流域水文模拟模型可用于检验科学假设,深入了解水文机理

具有物理意义的模型可以揭示因果关系,因此在建模中就可以充分加入人们的想象力,通过模型验证来确定科学假设的正确性。例如著名的"可变水源概念"(variable source area concept),最初提出就是由于野外水文观测结果(暴雨径流)与传统的水文计算模型不符。Hewlett 和 Hibbert(1963)随后建立了一个山坡实体土壤模型,回答了山坡尺度的暴雨径流来源。随着计算机技术的发展,Bernier 和 Hewlett(1982)又开发了小流域尺度的暴雨径流模型来验证"可变水源概念"在山麓森林地区的适用性。Beven 和 Kirkby(1979)采用类似理论开发了第一代基于可变水源理论的计算机模型。真正具有物理意义的模拟模型可用于各种地理类型(如平坦的湿地和陡峭的山地),也不受降水强度特征的限制。这样将一个模型应用到自然环境条件不同的多个流域,对深入了解这些流域水文机理的差异有很大帮助。

(3) 流域水文模拟模型预测干扰条件下的水文响应,为流域管理服务

传统的水文模型主要用于预报极端水文事件(洪水、干旱)。模型的这种作用对无观测条件的地区更为重要。模型的另一作用是预测未来人为或自然干扰条件下的

水文响应。例如预测人工造林和水土保持措施对水量和水质的影响,对目前大规模流域生态重建有重要指导意义。据 Sun 等(2006)模拟研究结果,退耕(草)还林、植被完全恢复在我国北方局部地区会减少高达 50 % 的陆地产水量。

流域干扰来自许多方面,包括生物因素(例如病虫害、植被演替、土地利用)和非生物因素[例如气候变化、大气化学成分(臭氧、CO_2)、火灾等]。在流域出口某一站点观测到的河川径流水量和水质反映了流域内诸多因素(如气候、植被)的综合影响。要想辨别单一因素的独特作用,常需要长系列的水文观测资料,或采用费用昂贵的对比流域研究。流域水文模拟模型可以模拟许多假想的情形,通过固定某个或几个输入变量来分辨,确定某一种因素对流域水文的影响。例如,通过模型可以确定植被恢复中植被本身和土壤改良分别对河川径流的影响。

(4) 流域水文模拟模型是培训水文研究工作者的有效手段

一个完整的流域水文模拟模型包括大气降水从降落到地表至流出沟口或返回大气的所有水文过程。准确描述流域多种因素对水分运动的途径和通量的影响,量化水分库之间的关系,需要水文研究者清楚地了解水分在陆地生态系统各个成分中运动的主要影响机理,并综合已有研究文献研发一系列数学方程反映水文变量与影响因子之间的关系。同时,大量时间将用于组织模型输入资料,从而迫使研究者必须熟悉模型输入(如气候、植被、土壤)是如何得到的。模型参数化的过程使研究者更加深入了解参数的物理意义。另外,通过分析计算机模型输入-输出的响应关系,流域水文模拟模型为系统定量理解水文动态过程提供了一个直观、有效的教学工具。

26.4 森林流域水文模拟模型的开发和应用过程——以 MIKE SHE 为例

开发模型首先要明确模型要解决的主要问题、主要目标是什么,是为了实用预测还是过程机理研究? 预测模型不能有太多的输入变量或模型参数要求,否则就失去了预测模型的意义。而研究水文过程和机理的流域模型要尽可能采用物理意义明确的数学方程来表达水文过程。同时,分布式水文模型比集总式模型在模拟过程机理方面显得更有优势。另外,水文模型首先应包含所有的关键水文过程,如地下水运动、地表水-地下水交换、植物蒸腾、不同层次土壤含水量的变化。其次要明确模型要模拟的空间和时间尺度。大流域、区域模型需要大量大尺度的空间和长时间数据,因此受输入资料分辨率(resolution)限制,不太可能模拟小尺度的水文过程,常需要简化小尺度水文过程。而小尺度模型多用于研究单一因素对点、山坡或有一级沟道的小流域水文规律的影响。这类水文模型目前发展日趋成熟,逐渐与生物地球化学模型耦合,如 RHESSys 生态水文模型(Band 等,2001)。下文将以国际上流行的 MIKE SHE 模型为例,介绍分布式模型的构成和在中、小流域尺度上的应用(图 26-1)。

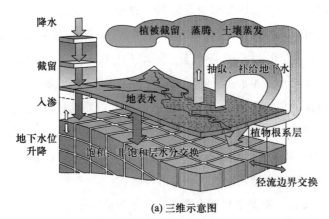

(a) 三维示意图

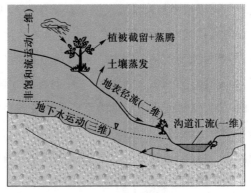

(b) 侧剖面示意图

图 26-1　MIKE SHE 模型结构示意图

　　MIKE SHE 是 20 世纪 80 年代中期由欧洲科学家开发的第一代流域尺度的分布式水文模型(Abbott,1986a,1986b)。近年来,丹麦水利研究所(DHI,2008)将其商业化,已被广泛应用于水文学研究和水资源管理。该模型的主要优点:① 大部分子模型具有物理意义;② 综合模拟整个流域的水文过程,包括地下水与地表水的相互作用;③ 以网格为单元模拟水文变量在空间和时间上的分布;④ 完全与 GIS 数据库耦合,并有用户友好输入-输出界面。该模型被广泛应用于欧美(Tague 等,2004;Lu,2006),并逐步在我国开始得到验证和应用(王盛平,2007)。下面对 MIKE SHE 主要模拟理论做简要介绍。

　　(1) 蒸散发。实际蒸散发计算以潜在蒸散发为基础,考虑叶面积指数、土壤含水量的动态变化对植物蒸腾、植物降水截留和土壤蒸发的影响。潜在蒸散发作为最大可能流域蒸发损失,可采用 FAO Penman-Monteith(Allen 等,1998)或其他方法预先估算作为模型输入。叶面积指数需预先由遥感估算或实地测量,土壤含水量由模型模拟。

（2）降水入渗、非饱和流在土壤中的运动。从理论上讲,水分在土壤中的运动是由土壤总水势决定的。MIKE SHE 根据模型使用者的需要和水文系统特点,提供三种选择计算非饱和流在土壤中的垂向运动:① 如果非饱和土层深厚,土壤含水量对蒸散发影响较大,可选择 Richard 方程。这种方法充分描述了水分在土壤中运动的非线性过程,需要计算时间最长。② 为降低非饱和流运动计算时间,假定水力梯度为 1.0,即只考虑水分的重力作用。③ 对于湿地系统,非饱和层一般较薄,因此没有必要采用计算复杂的 Richard 方程。为此,MIKE SHE 提供了简单的两层土壤水量平衡法(水箱法)。

（3）饱和流和地下水运动。森林流域地表径流通常占总径流的比例很小,流域径流主要来源于浅层地下水。MIKE SHE 采用类似于著名地下水文模型 MODFLOW 的办法来模拟饱和流在地下水中的三维运动。蒸散发和非饱和流过程都会影响地下水的补给,从而影响地下水位在空间和时间上的变化。MIKE SHE 模拟地下水的功能对于以湿地为主的流域最为重要。

（4）地表水和地下水交换及相互作用。MIKE SHE 模拟地表水-地下水相互作用,除了表现在蒸散发和非饱和流对地下水位的影响外,还体现在陆面(山坡)地下水与沟道地表水的相互影响上。MIKE 11 作为一个独立的沟道汇流模型(Saint-Venant 方程)与 MIKE SHE 耦合后,可以有选择性地对河流断面水文过程线进行演算。

美国东南区包括海岸平原、山麓地带和山区。为了检验 MIKE SHE 在不同类型流域应用的可靠性,Lu(2006)对该区包括 Coweeta 水文站在内的 4 个典型森林小流域进行了模拟对比研究。结果表明,MIKE SHE 能反映两种不同类型的水文过程:在海岸平原湿地区,浅层地下水位控制河流源头流域产流过程,河流总径流以地表径流为主;而在山区,由于山坡坡度大,浅层地下水位很难达到地表,河流源头流域产流过程以地下径流为主。研究同时采用 MIKE SHE 模拟了砍伐森林和气候变化对两种地理类型流域水文的影响。结果表明,砍伐森林降低了生态系统能量收入(净辐射减少)和叶面积指数,导致生态系统总蒸散发量降低,从而导致湿地地下水位比林地高,流域总径流量增加 100~400 mm,为径流的 40%~60%。流域水文对气候变化有直接响应,温度升高 2℃ 或降水量减少 10%,可降低 10%~30% 的河川径流。模拟表明,由于美国东南区气候湿润,土壤含水量通常较高,潜在蒸散发与实际蒸散发差距不大。而且树木有较深的根系,即使在干旱年份其生长也不会受到水分胁迫,这样森林对地下水位和河流流量的影响在旱季或干旱年份更为明显。这种情形与干旱、半干旱地区有所不同。干旱、半干旱地区潜在蒸散发与实际蒸散发差距较大。森林植被在较湿润年份对水文的影响可能会更明显。图 26-2 举例展示了模型输出结果之一,包括浅层地下水位和水流方向在空间上的分布。图 26-3 为对三个不同湿地水塘水位模拟与观测的对照结果。

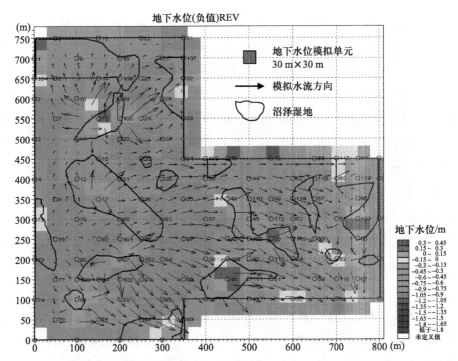

图 26-2 在佛罗里达州海岸平原湿地松流域 MIKE SHE 模拟地下水位和水流方向的结果。横、纵坐标表示距离研究区参考坐标点(0,0)的距离。地下水位正值表示水位高于地表,负值表示低于地表。箭头大小显示水力梯度高低(参见文后彩插)

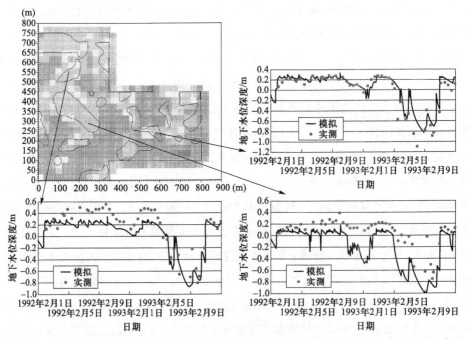

图 26-3 MIKE SHE 在佛罗里达州海岸平原湿地松流域的检验结果。左上图横、纵坐标表示距离研究区参考坐标点(0,0)的距离

26.5　流域生态系统水资源和碳平衡评价模型——以 WaSSI (Water Supply Stress Index) 为例

流域管理的目的之一是加强生态系统服务功能,提高人类福祉。主要的生态系统服务功能包括提供清洁生活饮用水和生产用水,减少洪水灾害,生产木材,增加碳汇和生物多样性,这些功能都与水有关(Sun 等,2017)。例如,为减缓气候变暖的影响,通过大规模人工植被建设,开展"百万棵树"运动,以吸收空气中的保护碳。这一运动已被《联合国气候变化框架公约》和 IPCC 等作为重要的举措之一(Bastin 等,2019;Griscom 等,2017)。但是,如何进行植被恢复,植被恢复对水资源和生物多样性是否构成威胁,受到了大家的质疑(Cao 等,2011;Schwärzel 等,2020)。据估计,美国森林植被流域可吸收碳排放的 20%~30%,提供 50% 的淡水资源,这样的公益功能需要丰富的水、土、气资源做保证(Sun 等,2017)。同样,我国在过去的十几年间,以"绿水青山就是金山银山"为指导思想改变土地利用方式,大规模实施退耕还林还草和天然林保护等林业工程,以及能源结构等社会经济改变,使过去水土流失很严重的地区的植被逐渐恢复,重新变绿了。我国承诺在 2005 年的基础上,净增森林面积 4000 万 hm² 和林木蓄积 13 亿 m³,通过增加森林碳汇为减缓气候变化做出贡献(孙鹏森等,2016)。因为碳、水循环密切相连,它们之间具有相互作用、相互耦合(于贵瑞等,2014)和交易的关系(Jackson 等,2005)。规模巨大的植被恢复工程必将对流域和区域水量平衡和水土资源产生重要的影响,有可能超过当地水资源承载力,例如在我国的黄土高原干旱区(Feng 等,2012,2016),水资源短缺和水资源供需不平衡的危机加剧(McVicar 等,2007;Sun 等,2006)。总之,森林生态系统的碳循环与水循环过程并不是孤立发生。一方面,森林生态系统作为调节区域气候和水文过程的媒介,其覆盖度的增加能起到涵蓄水源和保持水土的作用;然而另一方面,森林生态系统也是水分的消耗者,因此森林固碳与产水效益之间存在着天然的矛盾关系。但是要量化在多种植被类型共存、气候变化协同影响下水与碳之间的关系,仍然缺乏可靠的有效工具。

26.5.1　WaSSI 模型概况

WaSSI(水供应压力指数)模型是 Sun 等(2011a)开发的一个以水文模拟为核心的月尺度生态系统模型,是由水分供需计算模型(Sun 等,2011a)和水碳经验模型构成的月尺度生态系统集成水、碳耦合模型。开发 WaSSI 模型的主要目的为:① 开发一个能描述陆地生态系统主要水文过程的模拟模型,从而提供一个能简便计算区域或国家尺度的水资源供给平衡的工具(Sun 等,2008);② 模型可同时计算水量平衡、碳通量平衡和大尺度生物多样性指标,探讨主要生态系统服务功能的相互作用(图26-4)。

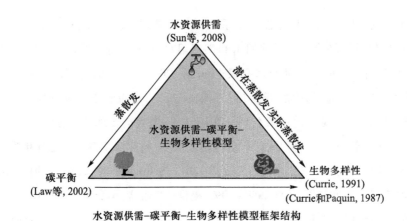

图 26-4　生态系统水资源供需、碳平衡、生物多样性相互作用:WaSSI 模型指导思想

WaSSI 模型以流域为基本单位进行计算,可对包括流域蒸散发、总径流、土壤含水量、生态系统总生产力(GEP)和生态系统呼吸消耗量(Re)在内的水、碳通量参数根据土地利用/土地覆盖特征进行模拟(图 26-5)。其中,水–碳关系模型是基于 FLUXNET测定全球三百多个观测站的月水、碳通量,再利用统计分析方法构建的水、碳耦合的经验模型;土壤水文过程模型——萨克拉门托土壤湿度计算模型(Sacramento soil moisture accounting model)是 20 世纪 70 年代初由美国加利福尼亚州萨克拉门托河流预报中心研制的一个确定性、概念性的集总参数模型,以土壤水分的贮存、渗透、运移和蒸散特性为基础,用一系列具有一定物理概念的数学表达式描述径流形成的各个过程,模型中的状态变量代表水文循环中一个相对独立的特性,模型参数具有明确的物理意义,可以根据流域特征、降水量和流量资料推求。WaSSI 模型的核心是蒸散经验模型和月尺度碳循环经验模型(Sun 等,2011a)。其中,蒸散经验模型基于涡度相关法和树干液流法实测的蒸散数据、降水数据和 MODIS 的叶面积指数数据。月尺度碳循环经验模型则基于 FLUXNET 中 NEE、GEP、Re 的通量数据,利用线性回归模型进行关系构建。WaSSI 模型详细描述见 Sun 等(2011b)、Caldwell 等(2012)和模型使用手册①。

———————————————

① https://web.wassiweb.fs.usda.gov/。

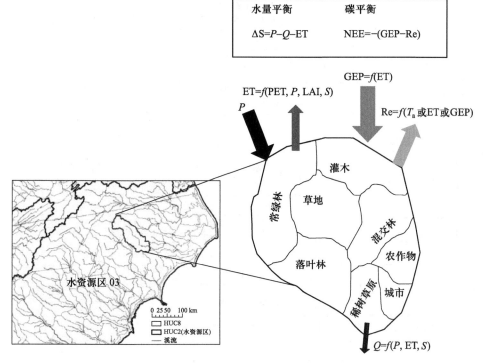

图 26-5　以水为中心的生态系统碳、水平衡和服务功能评价模型 WaSSI 示意图（Sun 等，2011a）。将美国划分为 88 000 个流域（12 级水文单元，HUC12）或 2100 个 HUC8 流域

26.5.2　WaSSI 模型理论

WaSSI 模型主要由三部分组成：植被蒸散发，土壤水文循环，碳循环（图 26-6）。这三个部分通过蒸散发和土壤含水量紧密联系。模型输入包括：月降水量、月平均温度、当月植被叶面积指数和每个流域土地利用组成（针叶林、阔叶林、混交林、农地、草地、湿地、灌木地、城市用地）。模型输出包括：月和年尺度流域产水量、蒸散发、GEP、REC 和流域出口径流量等。

（1）流域蒸散发模型

植物蒸散发包括物理和生理过程，主要受气候（能量）、生物量和土壤水供给控制。WaSSI 采用一种简便的经验方法估算实际月蒸散发量。首先估算植被不受极端土壤水分限制条件下的蒸散发，其次根据土壤含水量限制蒸散发损失量。水体蒸发量取为潜在蒸散发。

（2）土壤水文模型

WaSSI 模型采用美国本土开发的萨克拉门托土壤湿度计算模型计算降水入渗、各个土壤水库含水量的变化以及形成流域总产水量的三个成分：地表径流、补充基流和

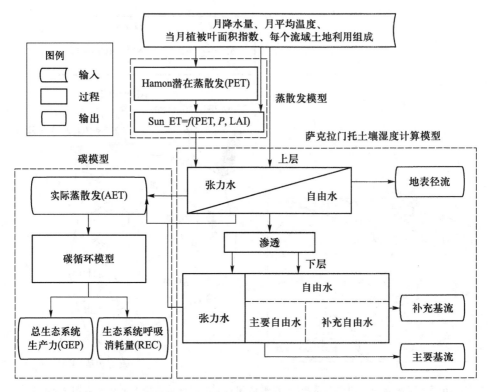

图 26-6　WaSSI 模型模拟流程结构、输入输出和模拟过程示意图（刘宁等,2013b）

主要基流。萨克拉门托土壤湿度计算模型已在美国的水文预报中广为应用,也是水文模型中较为成熟的模型。该模型根据土壤垂向分布的不均匀性,分为上下两层计算土壤水分动态,将 WaSSI 模型计算的 ET 值作为该模型的蒸发潜力输入参数,其模拟的主要水文过程有蒸散发、地表径流、壤中流和地下径流。其中,蒸散发的水分来自上层土壤和下层的束缚水。模型中地表径流直接进入河网;壤中流和地下径流按线性水库调蓄后进入河网;各种水源的总和扣除时段内的水面蒸发,即得河网总入流;河网总入流经河网调蓄后形成出口断面流量过程。该模型由于在基本单元的划分过程中考虑了自然地形对水文过程的影响,因而成为具有较高模拟效果的集总式水文模型。萨克拉门托土壤湿度计算模型具有一定的物理意义,需要 11 个固定参数,可从常用的土壤普查数据获得。

（3）碳平衡模型

自 20 世纪 90 年代世界各地开展生态系统通量研究以来,许多研究同时观测碳、水平衡,表明碳、水通量紧密耦合。从理论上说,通过计算植物耗水(蒸散发,ET)就可以估算碳;通过碳吸收(光合作用,第一性生产力)也可估算生态系统蒸散发量和产水量。根据这一基本理论,WaSSI 模型在模拟月实际 ET 的基础上,模拟月 GEP。GEP

与 ET 的线性关系是基于全球通量网络中的数据构建的,强制使拟合关系曲线通过坐标原点,从而使 GEP 与 ET 回归模型的斜率代表基于 GEP 的水分利用效率(WUE)。WUE 被广泛用于评价区域水、碳资源平衡的关系。从理论上讲,WUE 具有空间和时间异质性,这与大气 CO_2 浓度影响有关。

26.5.3　WaSSI 模型应用实例

WaSSI 模型已被成功应用于美国(Duan 等,2016)、卢旺达(Bagstad 等,2018)、澳大利亚(Liu 等,2018)、墨西哥以及中国长江上游(刘宁等,2013a,2013b;孙鹏森等,2016)和塔里木河流域(侯晓臣等,2019a,2019b)。下面以美国和中国的应用实例来说明,模型作为一种工具在量化流域和国家尺度上水、碳平衡受环境的影响时所起的作用。

(1) 美国国家尺度流域水量平衡与碳通量分布及对干旱的响应

Sun 等(2011b)根据历史气候和土地利用资料,利用美国地质调查局长期径流观测和 MODIS ET 遥感产品验证 WaSSI 模拟流域径流和蒸散发的能力,在此基础上估算了全美国 2100 多个 HUC8 大流域的碳水平衡,并且系统分析了干旱对于碳、水的影响。WaSSI 作为研究工具已被广泛应用于探讨全球气候变化 (Duan 等,2016)、极端干旱 (Sun 等,2015a)、城市化(Caldwell 等,2012; Li 等,2020)、森林火烧(Sun 等,2019)和森林间伐(Sun 等,2015b)对流域产水量的影响。

从美国主要水资源区对 WaSSI 模型 2100 多个大流域(图 26-7b,d)统计结果看,美国南方(水资源区#3)的碳交换值最大,能达到 $600 \sim 1000\ g \cdot m^{-2} \cdot a^{-1}$,同时该区域径流量也较高。而美国西北(水资源区#17)降水较多,但是温度较低,因此,虽然该区域产水量较高,但是森林生长缓慢,NEE 值较低。从碳汇角度上看,美国东部水资源区#5 和#6 的水分利用效率(WUE = NEE/ET)最高。WaSSI 模型很好地描述了国家尺度上生态系统供水和碳汇在不同气候带上的差异和主要控制因子。

(2) 中国长江岷江流域 25 年间森林植被水、碳平衡变化

孙鹏森等(2016)基于 WaSSI 模型研究了 1982—2006 年岷江杂古脑河上游 22 个子流域内不同植被类型空间分布对水、碳平衡的影响并分析了其耦合关系。这项研究在应用 WaSSI 时没有采用流域作为模拟单元,而是根据模型优化结果确定为 85 km^2 的网格而进行的 (刘宁等,2013a)。流域的降水输入根据岷江上游区域及周边 51 个雨量站收集的降雨数据,并利用一个四变量的插值方式获得。植被分类数据来源于 TM 影像的分类结果(2000 年)。WASSI 所需土壤参数从中国科学院南京土壤研究所的区域土壤基础数据库提取。碳循环过程的植被数据(例如 NDVI、LAI 等)来源于 MODIS 全球共享数据。

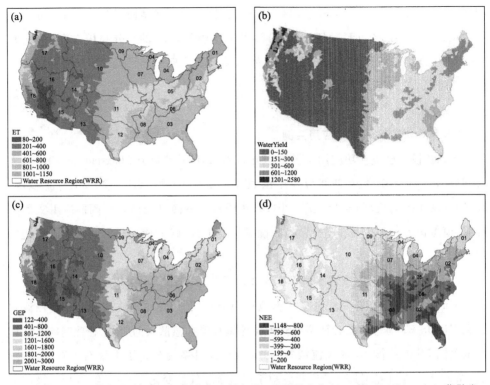

图 26-7　WaSSI 模拟的美国 2100 多个大流域年水、碳通量分布（Sun 等，2011b）。（a）蒸散发；
（b）产水量；（c）总生产；（d）净碳交换

这项模拟研究发现：

① 针叶林主导的流域在生长季土壤水分入渗的功能明显高于其他植被类型主导的流域，但不足以补偿其高蒸散发带来的水分消耗，因而其年平均土壤含水量明显低于高山草甸和针阔叶混交林主导的流域；且森林土壤含水量随着森林覆盖率的升高而降低。

② 在过去 25 年中，土壤蓄水变量的平均值，高山草甸主导的流域为 -44 mm，针阔叶混交林主导的流域为 -18 mm，针叶林主导的流域为 -5 mm，说明川西亚高山植被的整体维持稳定产水量及其潜力在下降，其中高山草甸流域下降趋势尤为显著。

③ 流域产水量（Q）和净生态系统生产力（NEP）具有显著负相关性（图 26-8）。不同植被类型对固碳和产水效益的转化规律不同。高山草甸主导的子流域具有较高的产水量和较低的固碳能力，针叶林主导的子流域具有较高固碳能力和较低产水量，且森林覆盖率越高，产水量越低。三种植被类型的 NEP 在 25 年的研究期间均呈现上升趋势，且高山草甸主导流域的上升趋势最为显著。

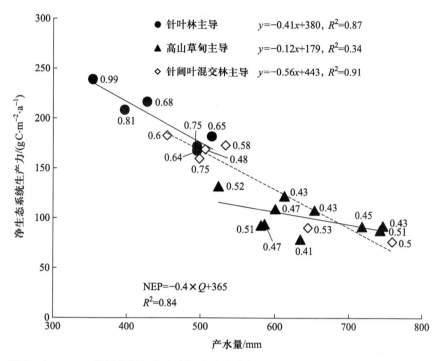

图 26-8 WaSSI 模拟的岷江杂古脑河上游流域各子流域的产水量与净生态系统生产力的关系（图中数字标志为森林覆盖率）（孙鹏森等,2016）

参 考 文 献

程根伟,余新晓,赵玉涛 . 2004. 山地森林生态系统水文循环与数学模拟 . 北京:科学出版社 .

邓慧平,李秀彬,陈军锋,等 . 2003. 流域土地覆被变化水文效应的模拟——以长江上游源头区梭磨河为例 . 地理学报,58(1):53-62.

侯晓臣,孙伟,李建贵,等 . 2019a. WaSSI-C 模型在焉耆盆地的适用性改进与应用 . 甘肃农业大学学报, 54(3):108-116.

侯晓臣,孙伟,李建贵,等 . 2019b. 塔里木河干流上游区 WaSSI-C 生态水文模型的适用性评价 . 干旱地区农业研究,37(2):202-208.

刘宁,孙鹏森,刘世荣,等 . 2013a. WASSI-C 生态水文模型响应单元空间尺度的确定——以杂古脑流域为例 . 植物生态学报,37(2):132-141.

刘宁,孙鹏森,刘世荣,等 . 2013b. 流域水碳过程耦合模拟——WaSSI-C 模型的率定与检验 . 植物生态学报,37(6):492-502.

孙鹏森,刘宁,刘世荣,等 . 2016. 川西亚高山流域水碳平衡研究 . 植物生态学报,40(10):1037-1048.

王盛平 . 2007. 典型小流域土地利用变化与气候变异的生态水文响应研究 . 博士学位论文 . 北京:北京林业大学 .

魏晓华,李文华,周国逸,等 . 2005. 森林与径流关系——一致性和复杂性 . 自然资源学报,(20)5:761-770.

吴险峰,刘昌明.2002.流域水文模型研究的若干进展.地理科学进展,21(4):341-348.

杨大文,李翀,倪广恒.2004.分布式水文模型在黄河流域的应用.地理学报,59(1):143-154.

于贵瑞,王秋凤,方华军.2014.陆地生态系统碳-氮-水耦合循环的基本科学问题、理论框架与研究方法.第四纪研究,34(4):683-698.

Abbott,M. B.,Bathurst,J. C.,Cunge,J. A.,et al. 1986a. An introduction to the European Hydrological System-Systeme Hydrologique Europeen "SHE" 1:History and philosophy of a physically based distributed modeling system. Journal of Hydrology,87:45-59.

Abbott,M. B.,Bathurst,J. C.,Cunge,J. A.,et al. 1986b. An introduction to the European Hydrological System-Systeme Hydrologique Europeen "SHE" 2:Structure of a physically based distributed modeling system. Journal of Hydrology,87:61-77.

Aber,J. D.,Ollinger,S. V.,Feder,C. A.,et al. 1995. Predicting the effects of climate change on water yield and forest production in Northeastern U. S. Climate Research,5:207-222.

Allen,R. G.,Pereira,L. S.,Raes,D.,et al. 1998. Crop evapotranspiration:Guidelines for computing crop water requirements. FAO Irrig. and Drain. Paper No. 56. Rome,Italy:United Nations FAO.

Amatya,D. M. and Skaggs,R. W. 2001. Hydrologic modeling of pine plantations on poorly drained soils. Forest Science,47(1):103-114.

Arnold,J. G. and Fohrer,N. 2005. SWAT2000:Current capacities and research opportunities in applied watershed modeling. Hydrological Processes,19:563-572.

Bagstad,K. J.,Cohen,E.,Ancona,Z. H.,et al. 2018. Testing data and model selection effects for ecosystem service assessment in Rwanda. Applied Geography,93:25-36.

Band,L. E.,Tague,C. L.,Groffman,P.,et al. 2001. Forest ecosystem processes at the watershed scale:Hydrological and ecological controls of nitrogen export. Hydrologic Processes,15:2013-2028.

Bastin,J. F.,Finegold,Y.,Garcia,C.,et al. 2019. The global tree restoration potential. Science,365(6448):76-79.

Beasley,D. B.,Huggins,L. F. and Monke,E. J. 1980. ANSWERS:A model for watershed planning. Transactions of the ASAE,23(4):938-944.

Beckers,J. and Alila,Y. 2004. A model of rapid preferential hillslope runoff contributions to peak flow generation in a temperate rain forest watershed. Water Resources Research,40:1-19.

Bernier,P. Y. and Hewlett,J. D. 1982. Test of a revised source area simulator (VSAS2). Can. Hydrol. Symp. Assoc. Committee on Hydrol. Natl. Res. Counc. Can,Federation.

Beven,K. and Kirkby,M. J. 1979. A physically-based variable contributing area model of basin hydrology. Hydrological Sciences Journal,24:43-69.

Borah,D. K. and Bera,M. 2003. Watershed-scale hydrologic and non-point source pollution models:Review of mathematical basis. Transactions of ASAE,46(6):1553-1566.

Bouraoui,F. 1994. Development of a continuous,physically-based,distributed parameter,nonpoint source model (ANSWERS2000). PhD dissertation. Blacksburg:Virginia Polytechnic Institute and State University.

Brown, A. E., Zhang, L., MCcNahon, A., et al. 2005. A review of paired catchment studies for determining changes in water yield resulting from alterations in vegetation. Journal of Hydrology, 10: 28−61.

Caldwell, P. V., Sun, G., McNulty, S. G., et al. 2012. Impacts of impervious cover, water withdrawals, and climate change on river flows in the conterminous U. S. Hydrology and Earth System Sciences, 16: 2839−2857.

Cao, S., Sun, G., Zhang, Z., et al. 2011. Greening China Naturally. Ambio, 40(7): 828−831.

Currie, D. J. 1991. Energy and large-scale patterns of animal and plant species richness. The American Naturalist, 137: 27−49.

Currie, D. J. and Paquin, V. 1987. Large-scale biogeographical patterns of species richness of trees. Nature, 329 (6137): 326−327.

DHI. 2008. MIKE SHE: An Integrated Hydrological Modeling System-User Guide.

Duan, K., Sun, G., Sun, S. L., et al. 2016. Divergence of ecosystem services in US National Forests and Grasslands under a changing climate. Scientific Reports, 6: 24441.

Federer, C. A. 1995. BROOK90: A simulation model for evaporation, soil water, and streamflow, version 3. 1. Computer freeware and documentation. Durham: USDA Forest Service.

Feng, X. M., Fu, B. J., Piao, Sh. L., et al. 2016. Revegetation in China's Loess Plateau is approaching sustainable water resource limits. Nature Climate Change, 6(11): 1019−1022.

Feng, X. M., Sun, G., Fu, B. J., et al. 2012. Regional effects of vegetation restoration on water yield across the Loess Plateau, China. Hydrology and Earth System Sciences, 16(8): 2617−2628.

Graham, D. N. and Butts, M. B. 2005. Chapter 10 Flexible integrated watershed modeling with MIKE SHE. In: Singh, V. P. and Frevert, D. K. Watershed Models. Florida: CRC Press.

Griscom, B. W., Adams, J., Ellis, P. W., et al. 2017. Natural climate solutions. Proceedings of the National Academy of Sciences of the United America, 114(44): 11645−11650.

Hewlett, J. D. and Hibbert, A. R. 1963. Moisture and energy conditions within a sloping soil mass during drainage. Journal of Geophysical Research, 68(4): 1081−1087.

Jackson, R. B., Jobbágy, E. G., Avissar, R., et al. 2005. Trading water for carbon with biological carbon sequestration. Science, 310(5756): 1944−1947.

Law, B. E., Falge, E., Gu, L., et al. 2002. Environmental controls over carbon dioxide and water vapor exchange of terrestrial vegetation. Agricultural and Forest Meteorology, 113: 97−120.

Li, C., Sun G., Cohen E., et al. 2020. Modeling the impacts of urbanization on watershed-scale gross primary productivity and tradeoffs with water yield across the conterminous United States. Journal of Hydrology, 583 (2020): 124581.

Liu, N., Shaikh, M. A., Kala, J., et al. 2018. Parallelization of a distributed ecohydrological model. Environmental Modelling and Software, 101: 51−63.

Lu, J., Sun, G., McNulty, S., et al. 2003. Modeling actual evapotranspiration from forested watersheds across the Southeastern United States. Journal of the American Water Resources Association, 39(4): 887−896.

Lu, J. 2006. Modeling hydrologic responses to forest management and climate change at contrasting watersheds in the Southeastern United States. PhD dissertation. Carolina: North Carolina State University.

McDonald, M. C. and Harbaugh, A. W. 1988. A modular three-dimensional finite difference groundwater flow model: U. S. Geological Survey Techniques of Water Resources Investigations. book 6, chap. A. 1, 586.

McVicar, T. R., Li, L. T., Van Niel, T. G., et al. Developing a decision support tool for China's re-vegetation program: Simulating regional impacts of afforestation on average annual streamflow in the Loess Plateau. Forest Ecology and Management, 251: 65−81.

Nash, J. E. and Sutcliffe, J. V. 1970. River flow forecasting through conceptual models. Part 1. A discussion of principles. J. Hydrol., 10: 282−290.

Refsgaard, J. C. and Storm, B. 1995. MIKE SHE. In: Singh, V. P. Computer Models of Watershed Hydrology. Water Resources Publications. Colorado: Highlands Ranch, Co., 809−846.

Running, S. and Hunt, E. R. 1993. Generalization of a forest ecosystem process model for other biomes, BIOME-BGC and an application for global scale models. In: Ehleringer, J. R. and Field C. B. Scaling Physiological Processes: Leaf to Globe. New York: Academic Press.

Schwärzel, K., Zhang, L., Montanarella, L., et al. 2020. How afforestation affects the water cycle in drylands: A process-based comparative analysis. Global Change Biology, 26(2): 944−959.

Singh, V. P. and Frevert, D. K. 2002a. Mathematical Models of Small Watershed Hydrology and Applications. Water Resources Publications. Colorado: Highlands Ranch, Co.

Singh, V. P. and Frevert, D. K. 2002b. Mathematical Models of Large Watershed Hydrology. Water Resources Publications. Colorado: Highlands Ranch, Co.

Singh, V. P. and Woolhiser, D. A. 2002. Mathematical modeling of watershed hydrology. Journal of Hydrologic Engineering, 7(4): 270−292.

Sun, G., Alstad, K., Chen, J., et al. 2011b. A general predictive model for estimating monthly ecosystem evapotranspiration. Ecohydrology, 4: 245−255.

Sun, G., Caldwell, P. V., Noormets, A., et al. 2011a. Upscaling key ecosystem functions across the conterminous United States by a Water-Centric Ecosystem Model. Journal of Geophysical Research, 116: G00J05.

Sun, G., Caldwell, P. V., Steven, G., et al. 2015b. Modeling the potential role of forest thinning in maintaining water supplies under a changing climate across the Conterminous United States. Hydrological Processes, 29(24): 5016−5030.

Sun, G., Hallema, D. and Asbjornsen, H. 2017. Ecohydrological processes and ecosystem services in the Anthropocene: A review. Ecological Processes, 6: 463−469.

Sun, G., Hallema, D. W., Cohen, E. C., et al. 2019. Effects of Wildfires and Fuel Treatment Strategies on Watershed Water Quantity across the Contiguous United States. J FSP PROJECT ID: 14−1−06−18.

Sun, G., McNulty, S. G., Moore Myers, J. A., et al. 2008. Impacts of multiple stresses on water demand and supply across the Southeastern United States. Journal of the American Water Resources Association, 44: 1441−1457.

Sun, G., Riekerk, H. and Comerford, N. B. 1998. Modeling the forest hydrology of wetland-upland ecosystems in Florida. Journal of the American Water Resources Association, 34(4): 827−841.

Sun,G.,Zhou,G.,Zhang,Z.,et al. 2006. Potential water yield reduction due to reforestation across China. Journal of Hydrology,328:548-558.

Sun,S. L.,Sun,G.,Caldwell,P.,et al. 2015a. Drought impacts on ecosystem functions of the U. S. National Forests and Grasslands: Part I. Evaluation of a water and carbon balance model. Forest Ecology and Management,353: 260-268.

Swift,L. W. Jr. and Swank,W. T. 1975. Simulation of evapotranspiration and drainage from mature and clear-cut deciduous forests and young pine plantation. Water Resources Research,11(5):667-673.

Tague,C. L.,McMichichael,C.,Hope, A.,et al. 2004. Application of the RHESSys model to a California semiarid shrubland watershed. Journal of the American Water Resources Association,40:575-589.

Troendle,C. A. 1979. A variable source area model for stormflow prediction on first order forested watersheds. Ph D. dissertation.Georgia:University of Georgia.

Wheater,H. S.,Jakeman, A. J. and Beven, K. J. 1993. Progress and directions in rainfall-runoff modelling. In: Jakeman,A. J.,Beck,M. B. and McAleer,M. J. Modelling Change in Environmental Systems. New York:Wiley, 101-132.

Wigmosta,M.,Vai,L. and Lettenmaier,D. 1994. Distributed hydrology-vegetation model for complex terrain. Water Resources Research,30(6):1665-1679.

Xiao,J. F.,Zhuang,Q. L.,Law,B. E.,et al. 2010. A continuous measure of gross primary production for the conterminous United States derived from MODIS and AmeriFlux data. Remote Sensing of Environment,114: 576-591.

Zhang, L., Dawes, W. R. and Walker, G. R. 2001. Response of mean annual evapotranspiration to vegetation changes at catchment scale. Water Resources Research,37:701-708.

Zhang,L. K., Hickel, W. R. and Dawes, W. R. 2004. A rational function approach for estimating mean annual evapotranspiration. Water Resources Research,40:1-14.

Zhou,G.,Sun,G.,Wang,X.,et al. 2008. Estimating forest ecosystem evapotranspiration at multiple temporal scales with a dimension analysis approach. Journal of the American Water Resources Association,44(1):208-221.

第 27 章 地理信息系统、遥感和大数据分析在流域研究和管理中的应用

　　流域生态系统本身在空间上具有很强的异质性,在时间上有动态变化性,它的过程受不同尺度上多种复杂因素的控制。对流域生态系统调控及管理常需要采用综合措施。随着电子计算机和信息技术的普及,地理信息系统(GIS)、遥感及全球定位系统在流域科学研究和管理中得到广泛发展和应用,同时对流域生态系统科学的发展和流域管理实施起到巨大的推动作用。地理信息系统、遥感及全球导航卫星系统最早都发源于土地测量。另外,随着大量数据的采集及累积,大数据分析也逐渐得到重视及广泛的应用。

27.1　基本概念

　　地理信息系统(GIS)的定义根据其应用领域不同而不同。有的定义比较狭窄,有的比较广泛。最常用的定义是:GIS 是硬件、软件、地理数据和人员的综合体,是用于搜集、储存、更新、处理、分析和展示空间数据的工具。通常 GIS 包括以下几个组成部分:

　　(1) 硬件设备。包括计算机、数字化仪、打印机等。

　　(2) 软件。例如常用的 ESRI 公司生产的 ARC/INFO、ARC/VIEW、ERDAS Imagine、IDRISI、GRASS。

　　(3) 数据库。管理和分析空间坐标的数据是 GIS 的核心。数据分为矢量形式和栅格形式两大类。如常用的数字高程模型(DEM)数据常以栅格形式出现,而河流网

络数据以矢量形式存在。GIS 数据的特点是其属性都与空间坐标相连。流域研究和管理需要的主要模型和数据包括：数字高程模型（digital elevation model，DEM）、数字地形（即等高线）模型（digital terrain model，DTM）、数字线划图（digital line graph，DLG）；道路、河流数据；TIGER 人口清查、卫星影像数据（例如美国地质勘探局 EROS 数据中心提供的 AVHRR 土地覆盖数据）等。GIS 最重要的功能就是对数据进行空间分析，例如重叠、查询、近邻分析等。

（4）GIS 操作员（分析员）。这类人员不仅要有良好的计算机信息技术背景，而且要有一定的相关领域的专业知识。

遥感是指通过某种传感器，在不与被研究对象直接接触的情况下，远距离获取其特征信息，并对这些信息进行提取、加工、表达和应用的一门科学和技术。传感器可以是装载于飞机上的照相机，也可以是搭载在宇宙飞船或卫星上的传感系统。现代遥感技术则关注卫星系统和对卫星数据的分析。近年来，随着计算机和空间技术的发展，传感器可记录几乎所有的波段，信息空间精度比传统遥感精度有较大提高（例如 IKONOS 产品精度可达 1~4 m）。不同的传感器能反映地表或近地表的丰富信息。例如热传感器能测量地表温度，而微波传感器则测量非传导性的特征，如降水、湿度、土壤表面信息等。遥感技术在大流域研究和管理中的应用更加广泛。

最常用的遥感数据处理软件主要来自下列公司：ESRI、ERDAS、MapInfo、AutoDesk、RSI ENVI 等。

27.2　GIS 和遥感技术在流域科学中的主要应用

27.2.1　流域特征分析

流域最基本特征（例如面积、形状、河网排水网络、亚流域分布、坡度和坡向的空间分布）和水文特征［例如"地形湿润指数"（topographic wetness index）等］均可通过 GIS 很方便地推导出来。流域地质、土壤、植被和土地利用乃至社会经济状况在流域中的分布和彼此之间的联系通过 GIS 的"叠加"功能可以得到综合表达。

27.2.2　流域土地利用的规划和管理

可以说 GIS 和遥感技术是随着土地测量和土地利用规划的需要发展而来的。规划很重要的一个步骤是提出未来各种土地变化的情形，涉及多行业、多部门、多领域、多次循环变化的过程。GIS 技术通过提供随时可更新的土地利用规划图表大大方便了各方面的交流和协作。同样，管理流域的水土资源需要随时监测其时空变化规律和多种影响因素,从而提出相应对策。例如,遥感和 GIS 已被广泛应用于减少非点源污染的"最佳管理措施"(BMPs)的实施。

27.2.3 水质监测

根据水体吸收和反射光的特性,通过遥感影像可以确定水中溶解物和悬浮物的状况。通常,水体表面悬浮物的浓度、浑浊度和叶绿素 a 浓度都与某波段光的吸收有很好的线性关系。例如,Shafique 等(2008)用下列方程描述光波变化与不同水质参数的关系。图 27-1 为美国北部某段 Ohio 河采用遥感监测到的水质结果。

$$\text{叶绿素 a 浓度} = 48.849 \times (705\text{nm}/675\text{nm})^{①} - 34.876 \qquad \text{单位:} \mu g \cdot L^{-1} \qquad (27.1)$$

$$\text{总磷浓度} = 0.1081 \times \log(554\text{nm}/675\text{nm})^{②} - 0.0371 \qquad \text{单位:} mg \cdot L^{-1} \qquad (27.2)$$

$$\text{浑浊度}(turbidity) = 186.59 \times (710 \sim 740 \text{ nm}) + 8.5516 \qquad \text{单位:} NTU \qquad (27.3)$$

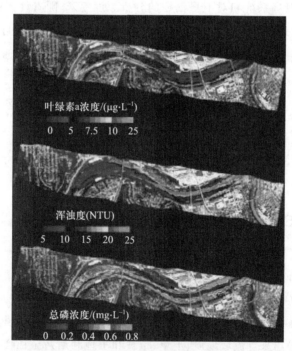

图 27-1　美国俄亥俄州辛辛那提市附近 Ohio 河水质图(高浓度叶绿素 a 和
浑浊水体位于河流交汇处)(参见文后彩插)

27.2.4　遥感监测生态系统生产力动态

美国 MODIS 和其他卫星遥感数据包含了大量的信息,通过耦合生态系统模型和气象数据观测,能够计算全球在时间(8 天)和空间(小于 500 m)上高精度土地利用变

---

　①②　纳米波段比值。

化以及生态系统植被、土壤和生产力的动态变化,为实施决策(例如森林病虫害监测、防火乃至禽流感防治)提供有效工具(Potter 等,1993;Xiao 等,2002a,2002b,2004)。美国国家航空航天局(NASA)生态预报实验室可以根据陆地观测和预测系统(terrestrial observation and prediction system,TOPS)发布某一时段全球植被叶面积指数(图 27-2)、土壤含水量(图 27-3)和总生态系统生产力(GPP)的情况(图 27-4)(《TOPS 白皮书》;Nemani 等,2003)。

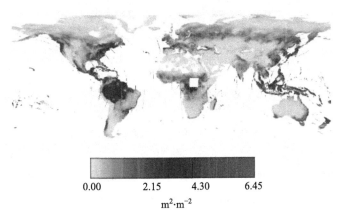

0.00   2.15   4.30   6.45

$m^2 \cdot m^{-2}$

图 27-2　根据遥感数据和 TOPS 模型模拟的全球植被叶面积指数。从图中可以看出,植被叶面积指数与降水密切相关(空间精度 0.5°)(参见文后彩插)

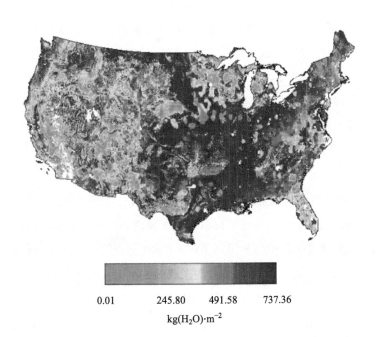

0.01   245.80   491.58   737.36

$kg(H_2O) \cdot m^{-2}$

图 27-3　根据遥感数据和 TOPS 模型模拟的土壤含水量(2007 年 10 月 24 日)(空间精度 8 km)(参见文后彩插)

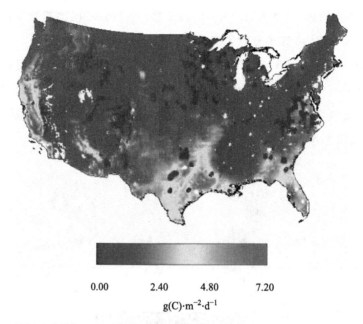

$$0.00 \qquad 2.40 \qquad 4.80 \qquad 7.20$$
$$g(C) \cdot m^{-2} \cdot d^{-1}$$

图 27-4　根据遥感数据和 TOPS 模型模拟的总生态系统生产力。该图显示,水热条件是
影响 GPP 的主要因素(空间精度 8 km)(参见文后彩插)

27.2.5　估算大尺度流域蒸散发

流域蒸散发主要受近地面气象和植被特征控制。采用遥感手段(例如 MODIS 产品)通过提取地面生物和气象特征数据,再结合蒸散发模型,可以对大尺度(例如美国大陆)(Yang 等,2006)或全球尺度(Mu 等,2007)陆地生态系统蒸散发进行估测(图27-5),从而实现对区域性水量平衡尤其是干旱程度的动态监测。该类模型常需要采用湍流通量法测定的地面蒸散发数据校核。如何有效地结合地面测量和遥感手段准确、快速地估算区域尺度蒸散发是生态水文研究的重要课题之一。

27.2.6　在水土流失调查、预测和治理中的应用

以遥感、地理信息系统和全球定位系统为主要内容的现代空间信息技术,在我国水土流失普查、监测和治理中逐步得到了应用(李锐等,1998)。例如,自 20 世纪 80 年代以来,以遥感为主要调查手段,基本查明了我国的水土流失状况。《1:1500 万中国土壤侵蚀图》与《1:1500 万中国水土保持图》为宏观决策提供了基础资料。各地开发的小流域尺度(面积 10 km²)的土壤侵蚀监测与管理信息系统为小流域治理和定位试验更加科学化、模式化奠定了基础。这种系统多采用图像航摄彩红外资料、土地系列制图资料及试验观测资料等,经过多种处理,最后用于资源清查及评价、决策与规

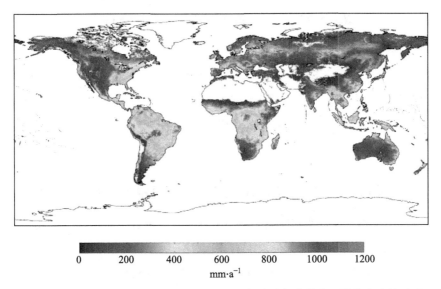

图 27-5　采用 MODIS 遥感数据估算的 2001 年全球年蒸散发。计算方法得到了
地面通量塔数据验证(Mu 等,2007)(参见文后彩插)

划和土壤流失量预测预报。而采用多层遥感监测与地面常规监测相结合的技术建立的区域性水土保持信息系统包括空间数据库(DTM、图像、专题地图等)、属性数据库和模型库,是一个集数据采集、数据管理和规划设计等功能于一体的多功能复合系统。区域系统提供系列化、动态化的侵蚀环境数据(图、表格、文字等),并做出预测预报,然后对土地利用规划、水土保持规划和水土保持效益评价等提供辅助决策支持。

　　遥感和地理信息系统在我国水土保持中的应用可归纳为以下 4 个方面(李锐等,1998):① 实施国家水土流失与水土保持的动态监测,建立国家水土流失基本数据库,为各级水土保持管理和研究部门提供信息支持;② 建立水土流失与水土保持监测指标体系,分析研究水土流失的过程、影响因子以及水土流失类型和强度的区域分布特征。建立国家水土流失动态监测与评价指标体系,逐步完成监测技术规程,开发不同尺度的水土流失定量评价模型系统;③ 以已有地面监测网络为基础,对重点地区的水土流失实施长期定位监测。同时利用遥感技术,开展区域水土流失的大面积连续实时监测和快速调查,为水土保持信息系统的建设提供连续的数据支持;④ 建立国家水土保持管理信息系统。

　　Sun 等(2002)根据长期月降水气候数据以及 Renard 和 Freimund(1994)计算降水侵蚀力的方法,采用 GIS 预测了我国国家尺度降水侵蚀力(R)。关于 R 的计算方法:

$$R = 0.073\ 97F^{1.874} \qquad\qquad 当\ F < 55\ \text{mm} \qquad (27.4)$$

$$R = 95.77 - 6.081F + 0.4770F^2 \qquad 当\ F \geqslant 55\ \text{mm} \qquad (27.5)$$

式中，R 的单位为 $\text{MJ} \cdot \text{mm} \cdot \text{hm}^{-2} \cdot \text{h}^{-1} \cdot \text{a}^{-1}$；

$$F = \sum P_i^2 / P \qquad (27.6)$$

式中，P 为年降水量（mm）；P_i 为月降水量（mm）。

该方法在我国水土流失预测中的适用性还有待检验。

27.3 GIS 与分布式流域水文模型、土壤侵蚀预报模型耦合

径流和土壤侵蚀的分布在时间和空间上具有很强的异质性。为了描述径流形成机制和过程，确定流域内水土流失发生的"热点""非点源污染"来源，世界各地开发了各种各样的"分布式"水文水质和土壤侵蚀计算机模拟模型。从 20 世纪 90 年代开始，比较流行的水文模型 SWAT、WEPP、AGNAPS、MIKE SHE 都注重建立用户友好界面并与 GIS 和遥感数据紧密联合。有关非点源污染流域水文模型的详细情况可参考 Borah 和 Bera（2003）。当前，GIS 与模型耦合多数为松散型，即 GIS 作为空间数据（地形、植被、土壤分布方面）处理工具，主要用于模型参数提取、输入数据准备和空间模拟输出结果展示。真正实现 GIS 与复杂水文模型完全耦合的系统还未成熟。但是，GIS 和遥感技术与水文模拟之间的耦合大大增强了传统流域水文模型的功能，使模型在数据输入、参数准备、结果输出和解释分析时更加方便，使水文模型的信息源更广泛、及时和准确（毕华兴和中北理，2002）。同时，由于在数据组织、操作以及不同尺度多渠道空间数据可视化的巨大作用，地理信息系统有力地支持了工程设计和水资源管理，成为当前流域管理领域中开发决策支持系统的重要组成部分（图 27-6）。

下面给出了一个简单的实例用以说明 GIS、遥感数据与水土流失方程（USLE）联合用于预测土壤侵蚀（Sun 和 McNulty，1998）。

USLE 的数学表达方程式为

$$M = R \cdot K \cdot LS \cdot C \cdot P \qquad (27.7)$$

式中，M 为年土壤流失量（$\text{t} \cdot \text{hm}^{-2} \cdot \text{a}^{-1}$）；$R$ 为降水–径流因子（$\text{t} \cdot \text{hm}^{-2} \cdot \text{a}^{-1}$）；$K$ 为土壤侵蚀力因子（m^{-1}）；LS 为地形因子，坡长（L）和坡度（S）；C 为地被物因子；P 为管理因子，如等高耕作，梯田。式中，M、K、LS、C、P 均可用 GIS 数据，在该例中空间精度为 30 m×30 m。

　　USLE 方程计算的是毛土壤侵蚀量的空间分布,要得到实际输移至河流中的泥沙量,需要根据地形和地表状况计算泥沙在坡面上运动的输移比在空间上的分布(图 27-7,图 27-8)。

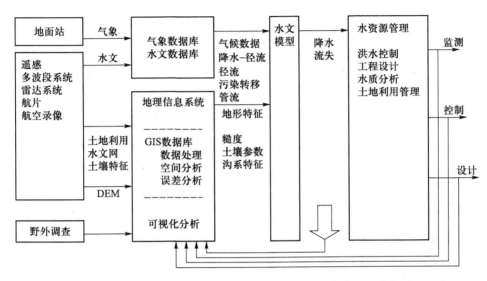

图 27-6　遥感与地理信息系统和水文学整合研究框架(毕华兴和中北理,2002)

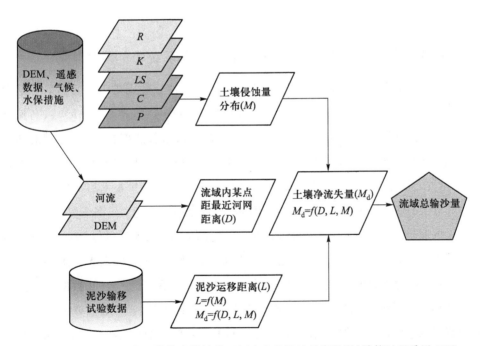

图 27-7　基于 USLE 方程计算流域输移至河流中的泥沙量流程图(计算过程采用 ARC、INFO 软件中的 GRID 运算)

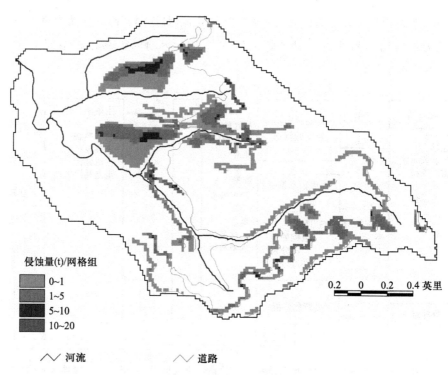

侵蚀量(t)/网格组

- 0~1
- 1~5
- 5~10
- 10~20

0.2　0　0.2　0.4 英里

河流　　　　　　　　道路

图 27-8　基于 USLE 计算的土壤侵蚀分布图,图中网格为 30 m×30 m(参见文后彩插)

27.4　未来大数据分析及其在流域生态系统中的应用

大数据的数据量巨大,传统的工具无法应对。它涉及数据的采集、处理、存储及分析各方面。大数据具有"4V"特征:超规模性(volume)、多样性(variety)、高速性(velocity)及价值性(value)。其中高速性表现在数据增长速度快,要求处理的速度快。由于现代技术(如遥感、通信技术)的大量开发与应用,数据发生了爆发性的增长。同时,随着云计算、人工智能(如机器学习、深度学习)和物联网等技术的不断开发,数据处理和分析的能力得到飞速的发展,但总体来讲,数据的采集能力远高于数据的分析能力。大数据分析能力主要受制于数据的兼容与共享的不足、分析手段与方法的不完善及对大数据价值认识的缺乏。尽管如此,目前是大数据利用与分析的飞跃期,应为探讨与发现大数据所隐含的规律、趋势和关系提供平台与手段。我们已进入"大数据"时代。

流域生态系统(特别是大流域)是一个非常复杂的系统,涉及各种物理、化学、生物过程以及它们的相互作用,在空间上与时间上有着明显的尺度性。因此,研究与管理流域生态系统需要大量的、多种的数据及多个学科的高度综合与分析。流域生态系统的综合分析与管理已是非常"老"但仍提倡的一个途径,其根本原因是我们仍对各方面数据所代表的过程无法进行有效的综合分析,在分析能力与方法上都有严重的不足,致使我们在系统的综合方面举步维艰。大数据、人工智能技术及模拟能力的不断发展为我们研究与管理流域生态系统提供了重要手段,为实现真正的流域综合管理提供了技术上及数据上的可能性。它既可帮助我们进一步认识各个生态过程以及它们的相互作用,也可构建不同空间尺度的、动态的系统综合模型。

参 考 文 献

毕华兴,中北理.2002. 遥感和地理信息系统与水文学整合研究进展. 水土保持学报,16(2):45-49.

李锐,杨勤科,赵永安,等.1998. 现代空间信息技术在中国水土保持中的应用. 水土保持通报,5:2-6.

Borah,D.K. and Bera,M. 2003. Watershed-scale hydrologic and non-point source pollution models:Review of mathematical bases. Transactions of the ASAE,46(6):1553-1566.

Mu,Q.,Heinsch,F.A.,Zhao,M.,et al. 2007. Development of a global evapotranspiration algorithm based on MODIS and global meteorology data. Remote Sensing of the Environment,111(4):519-536.

Nemani,R.R.,Keeling,C.D.,Hashimoto,H.,et al. 2003. Climate driven increases in terrestrial net primary production from 1982 to 1999. Science,300:1560-1563.

Potter,C.S.,Randerson,J.T.,Field,C.B.,et al. 1993. Terrestrial ecosystem production:A process model-based on global satellite and surface data. Global Biogeochemical Cycles,7:811-841.

Renard,K.G. and Freimund,J.R. 1994. Using monthly precipitation data to estimate the R factor in the revised USLE. Journal of Hydrology,157:287-306.

Shafique,N.A.,Fulk,F.,Autrey,B.C.,et al. 2008. Hyperspectral Remote Sensing of Water Quality Parameters for Large Rivers in the Ohio River Basin. In:Proceedings of the 1st Interagency Conference on Research in the Watersheds.Benson:216-221.

Sun,G. and McNulty,S.G. 1998. Modeling soil erosion and transport on forest landscape. In:Winning Solutions for Risky Problems:Proceedings of Conference 29. International Erosion Control Association,187-198.

Sun,G.,McNulty,S.G.,Moore,J.,et al. 2002. Impacts of climate change on water availability and rainfall erosivity in China during the next 100 years. Proceedings of the 12th International Soil Conservation Organization. Beijing:244-250.

Xiao,X.,Boles,S.,Frolking,S.,et al. 2002a. Observation of flooding and rice transplanting of paddy rice fields at the site to landscape scales in China using VEGETATION sensor data. International Journal of Remote Sensing, 23:3009-3022.

Xiao,X.,Boles,S.,Liu,J.Y.,et al. 2002b. Characterization of forest types in northeastern China,using multi-temporal SPOT-4 VEGETATION sensor data. Remote Sensing of Environment,82:335-348.

Xiao,X.,Hollinger,D.,Aber,J.D.,et al. 2004. Satellite-based modeling of gross primary production in an evergreen needleleaf forest. Remote Sensing of Environment,89:519-534.

Yang,F.,White,M.A.,Michaelis,A.R.,et al. 2006. Prediction of continental-scale evapotranspiration by combining MODIS and AmeriFlux data through support vector machine. IEEE Transactions on Geoscience and Remote Sensing,(44)11:3452-3461.

第28章 量化河道内生态需水

28.1 概念与背景

河道内生态需水的英文是 instream flow need。因为河道内的需水往往是出于对实现生态目标或功能维持的考虑(例如,维持河道内某一种或多种生物的需要),所以从本质上来讲,河道内的需水就是河道内的生态需水。河道内生态需水的概念其实很简单,是指维持河道内生物与生态功能所需要的水量。尽管概念比较简单,但学术界仍没有一个统一的名称,比较常见的有 instream flow、environmental flow、fish flow 等等。在我国,也有生态需水、生态环境需水、生态用水或环境需水等不同的提法(夏军等,2004),且这些概念有不同的内涵。由于人们对河流内生态与生物认识的不断深化,再加上大众对环境保护的要求不断加强,河道内生态需水概念和生态保护的范围也就不断扩大。例如在北美,20世纪60—70年代,河道内的需水主要是满足大马哈鱼的生长与发育,其他生态方面基本不考虑。而现在的河道内生态需水则既要满足大马哈鱼及其他生物的需求,又考虑泥沙冲刷、水质维持及湿地、支道(side channel)连接的目的。所以,河道内生态需水的概念在不同的时期有着不同的生态目标和范围。

河道内生态需水这一课题是由人们对河流中的水资源不断开发与利用所引发的。在人类文明或工业革命之前,人类对河流中的水资源利用较少,大部分河流中的水基本上是自然的,水量能够满足水生生物的需要,也能维持河道系统的基本生态功能。随着工业革命的不断发展和人口的不断增加,对水的需求量也随之增加,主要表现在修坝拦水发电、工业用水、农业灌溉用水和城市生活用水等,而且用水之间的冲突也加剧。这种对水资源利用与开发的增长,使得地球上许多河流出现水量不足,其结果是水生生物多样性的减少以及河流生态系统功能的退化,有些河流由于污染或严重缺水甚至成为没有生物的"死河"。正是由于这些生态问题的出现与加剧,维持河道内一定的水量以满足河流生物与生态的需要,正成为许多地区在科研与管理方面的一个重要课题。在加拿大不列颠哥伦比亚省,有些环境保护组织甚至喊出了"给大马哈鱼用水执照"的口号。

认识河道中水的生态重要性,就意味着必须解决好水在生态、经济与社会方面的矛盾与冲突。不解决与处理好它们之间的冲突,维持河道内的生态需水就是一句空话。但要做到这一点并非易事,这主要有以下两方面的原因:① 水的经济利用早于水的生态保护。在许多发达国家,水的使用需要法律意义上的用水执照。在未充分考虑水的生态背景下,这些用水执照已发给了那些从事工农业生产的个体与单位,这些执照具有法律的保障。而要取消这些用水执照,从而维持河道的生态需水是十分困难的。在许多国家,由于许多依赖水的工农业布局已形成,为了实现河道中生态需水的要求而放弃或改变部分工农业的生产,往往不易为社会所接受。② 河道内生态需水量是多少,又怎么合理确定,仍是一个有争议的问题。在后面会谈到,目前确定河道内的生态或环境需水有 200 多种方法,但没有一种是大家都认可的方法。这种方法上的不一致往往导致河道内生态需水量估算的不确定性。

尽管确定与实施河道生态需水是一个挑战性的难题,但是充分认识河道生态需水并采取适当的管理措施,对保护河流系统具有十分重要的意义:① 必须认识到,河流生态系统中有些过程是可以恢复或更新的,但也有些资源(例如物种)是不可能恢复的。一种水生生物因河道长期缺水灭绝了,就意味着它永远消失。因此,必须通过维持河道内适当的生态需水而保持生物多样性;② 实施河道内生态需水有助于在未来规划河流附近的工农业生产布局时,做到"量水而行",而不至于盲目地开发水的经济价值,忽略水的生态功能;③ 在一些较发达的地区,确定生态需水有助于建立一些河道生态恢复的项目。

北美在研究与管理河道内生态需水的初期,往往采用"单一物种,最低流量"(single species and minimum flow)作为河道内生态需水的目标。其本质是通过维持河道内最低的流量来保持某特定物种(例如大马哈鱼)的生长与发育的需要。后来许多的研究发现,仅保持最低流量是不够的,应该考虑河道内水文变化的格局(regime),这种格局是指水文变化的 5 个重要参数:水量、频率、持续时间、发生时间和变化速率(Poff 等,1997)。例如,大的河道流量对于冲刷泥沙、更新鹅卵石与河滨植被等具有重要的作用。如果缺乏这种大流量的水,河流的功能就会退化(即使有最低流量的维持)。同时,单一物种的保护也是不够的,因为一个物种得到保护并不意味着其他生物就安全了。现代的提法是多物种覆盖(multi-species umbrellas)的途径(Lambeck,1997),就是用几个物种来指示系统的功能。因为不同物种指示不同的功能,如果这几个物种得到维持与保护,那么河流系统的生态功能就得到保护。因此,过去的"单一物种,最低流量"的目标已被现代"多物种水文变化格局"的目标所替代。

28.2 河道内生态需水的重要性

河流生物与生态保护逐渐得到广泛的重视。河流系统的结构与功能是由水文、河流形态、生物、水质和连接性5个因素所确定的。要确定与应用河道内生态需水,就必须了解这5个因素的相互作用及它们对河流系统完整性的关系。

28.2.1 水文

水流在河道系统中是最活跃的过程,它的一些基本参数(流速、深度、宽度)是不断变化的,可以说在各个时间尺度上(日、月、季节、年)都具动态性。一条特定河道中的生物群落的结构与功能在不断进化中与河流中的水文变化格局取得了适应性的平衡。当水文格局由于人工用水或其他干扰而改变时,其相应的生物群落的结构与功能便会发生重组,并与水文变化格局相适应。Poff 等(1997)在一篇具有里程碑意义的文章中,分别阐述了水文中5个要素对河流生态功能的重要性。这5个要素是:水量(magnitude)、频率(frequency)、持续时间(duration)、发生时间(timing)和变化速率(rate of change)。这5个要素相互作用构成了河流水文的格局(regime)。任何一个要素发生非自然的变化,都会影响格局的变化,进而影响河流系统和生物群落的结构与功能。人类的活动,例如土地利用、人工渠道修建、抽水灌溉等,都会改变水文格局。这方面的例子是非常多的。

既然河流生态系统的功能取决于水文变化的格局,那么最低的、最高的流量都具有生态作用。以往人们多从负面的角度来看洪峰流量,因为洪峰流量常引起水灾,但现在认识到洪峰流量也有重要的生态作用,它可冲刷泥沙,维持或更新河滨植被带,也有助于高质量河床基质构造的形成。Junk 等(1989)提出的洪峰脉冲概念(flood pulse concept)就是强调河流中由于洪峰周期性的形成和退却而形成与此相适应的生物生产力与物种变化的格局。另外,经常性的河岸溢满流量(bankfull discharge)有助于维持河滨植被带的生物群落与结构。如果上游修建水坝使下游的径流很难达到河岸溢满流量(相当于1.5~3.0年一遇的径流),那么河岸植被带的生物群落就有可能发生变化,甚至退化。

28.2.2 河流形态

河流水生生物的栖息环境,例如河床基质、深潭(pool)、河道内倒木等,是由河流地貌与形态所决定的。而这些河流地貌与形态则取决于河道内的流量变化、泥沙输入与搬运及河滨植被带的植物群落。可见,水的流量对河流形态及与形态有关的栖息地有重要的影响。例如,对于大马哈鱼在淡水河流系统洄游,完成产卵、孵化等重要生命过程来讲,它们需要适当的河流生境。水量过小或过大都会对大马哈鱼的产卵与孵化过程造成不利的影响。水量过小时,大马哈鱼洄游所需的水深不够,河道中用于产卵的鹅卵石也因水量较小不能被利用,导致适于产卵的单位面积较小。另外,水量太小也易造成水温较高,易出现被捕食者捕食等问题。然而水量过大,还可能造成流速过快,影响大马哈鱼的洄游。同时,大马哈鱼产卵所需的鹅卵石由于水深较大而不能被利用;且水深较大时,含氧量会降低(由于缺少扰动)。大马哈鱼在河流系统中对洄游、产卵和孵化的生境条件的较苛刻要求,解释了为什么大多数大马哈鱼会选择特定的季节来完成这些生命过程。而特定季节的选定是由自然河流中的水量与水温所决定的。可以想象,当自然河流中的水量被人类活动或未来气候变化改变时,河流形态和生境条件就会发生变化,大马哈鱼的生命过程就会受到影响。

适当的水量(例如河岸溢满流量)对维持河道及冲刷泥沙进而改变河床基质构成都具有决定性的作用。河岸溢满流量冲刷深潭中的细泥沙并将其沉积于浅滩上,从而有助于维持河道中深潭-浅滩的序列构成,而深潭-浅滩的序列构成是自然河流中(特别是较低级河流)的一个重要的健康指标。在确定河道内生态需水时,除了考虑河岸溢满流量的作用外,还应考虑河道的迁移、泥沙的搬运、冲刷及植被的侵入等许多与河流形态有关的因素。

28.2.3 生物

确定并实施河道内生态需水的最主要目的是保护河流中的生物。但河流中的生物是很多的,不可能针对每一种生物都采取相应的保护措施。那么,什么是目标生物? 什么是濒危物种? 什么样的物种最可能被人类活动所影响? 这些问题都是在研究河道内生态需水时必须考虑的。例如,在北美许多地区,大马哈鱼往往是最重要的保护物种。同时,物种不仅是保护的目的,它们本身又是河流生态环境的重要指示。某些物种的状况直接反映了河流的健康与完整性水平。试想,如果某些当地物种都不能正常生长,那么还能认为该河流生态系统健康吗? 不同的物种可能指示不同的河流功能指标。因此,利用几个物种(而不是单一物种)便可综合指示河流系统的主要功能(Lambeck,1997)。所以,在考虑河道内生态需水时,应尽可能多考虑几个物种并对这几个物种与系统功能的联系有充分的了解。

所有水生生物的生活史都适应自然河流中水量的季节变化。例如,有些鱼种(例如鲑鱼)在春季发生产卵过程,主要是由于春季的高径流量能形成更多必需的浅滩栖息环境。而其他一些鱼种(例如太阳鱼等)由于不能适应高的流速,故在春季的后期孵化,这样它们孵化出来的小鱼便可避免高的流速。而当河流中水量的季节变化被人类活动改变后,许多河流内的水文与形态指标便发生了变化,物种或其生活史的某些阶段就会受到影响,甚至不能适应或完成。

不同的流量对鱼种来讲有不同的意义。一般来讲,基流有助于浅滩栖息环境变异的形成,这对于小嘴巴斯鱼和米诺鱼等鱼种有利,但基流不能形成较高的浅滩栖息地。高流量则有助于浅滩栖息地的形成,这对河流食物生产及无脊椎动物有重要作用。高流量也有助于鱼类(例如碧古鱼、鲫鱼、镖鲈等)产卵。中度流量一般可提供更多类型的栖息地(深潭、浅滩等),因此在确定河道内生态需水时,从生物角度就应考虑,根据目标生物在各个生活史阶段(或季节)对栖息环境的不同要求设立不同需水量。很显然,那种适于单一物种、仅提供最小流量的保护措施是不够的。低流量(干旱)或高流量(洪峰)对一些生物来讲,既有负面的作用,又有正面的作用。只要它们持续的时间较短,它们的负面作用就不会对生物产生灾难性的影响。从较长的时间尺度上讲,其整体作用是正面的。因此,在确定河道内生态需水时,既要考虑较小的流量,又要考虑较大的流量。这也是对自然河流中的流量季节格局的模拟。

28.2.4 水质

水质包括水的物理、化学与生物特征。水的流量是影响水质的因素之一。流量可通过下列几个方面影响水质:① 高的流量,例如洪峰,可冲刷大量的泥沙,从而增加水的浑浊度使水质下降。但高的流量也可将一些污染物稀释。相比高的流量,基流特别是来自地下水的水流,往往具有较好的水质。② 流量的多少直接影响水的温度。水温是河流生态系统中影响所有生物的一个重要环境因素,水温直接影响生物的新陈代谢、生长与发育的快慢,水温还可影响水中可溶性氧的含量。流量越高,则水温的变化越慢,反之,水温则有较大的变化。在大马哈鱼洄游与产卵季节,如果流量较低,水温就会升高,且可溶性氧含量就会降低。高的水温与低的可溶性氧含量对大马哈鱼的洄游与产卵是十分有害的。③ 流量的多少在冬天有时能决定河流的结冰状况,而河流的结冰对许多鱼种都是不利的,甚至可能导致鱼的死亡。

28.2.5 连接性

河流系统的水不仅是一种资源,它本身是一个连接许多过程的纽带。许多研究者(Amoros 等,1987;Ward,1989)提出水文的四维概念。它包括纵向(longitudinal)连接(从源头河流至下游口)、侧向连接(从河流至漫滩区)、垂直连接(从河床至地下水)及时间的连接。这些连接是由流域中的气候、地质、河流地貌及人类活动决定的。

这些连接性也极大地影响着河流系统的生物与生态功能。例如,侧向连接对河流及漫滩系统(包括一些湿地、侧河道等)的功能具有决定性的影响。大量的养分及有机物质从漫滩系统进入河流系统,为水生生物提供必需的物质与能量。季节性的洪峰甚至可把陆地上的养分与有机物质带入河流中。又如,垂直连接是指河道中的地表水与潜流层及地下水之间的交换。这种交换直接影响水的化学特征、水的温度及生物构成。与地下水相联系的河流,其水温的变化就不会因水量减少而发生太大的变化。

人类的活动对河流系统的连接性有重要的影响。过多活动使用河流中的水会减少下游河流水量,严重时甚至还会造成断流,将河流上下游的联系割断。过多地抽取地下水,特别是靠近河流的地下水,会使地下水位降低,减少地下水对河流的补给,间接影响地下水与地表水的相互交换。另外,在人类活动中,修筑道路和排水道及森林采伐都有可能改变水量及水流的途径,进而影响河流系统的连接性。因此,在确定河道内生态需水时,必须考虑河道系统的各种连接性,才能真正地维持河流系统的生态与生物多样性。最近,大自然保护协会(The Natural Conservancy,TNC)非常关注环境径流对流域生态的影响,启动了全球可持续水资源项目(sustainable waters program)。图 28-1 显示了河流环境流量与整个生态系统的基本关系。

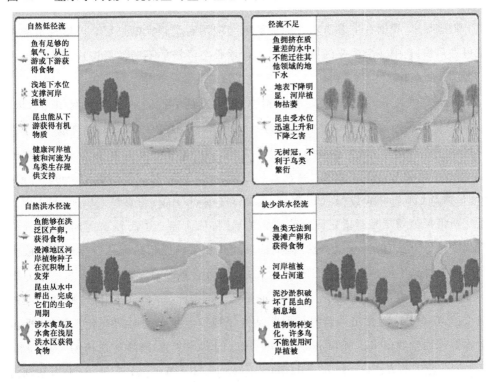

图 28-1 河流高、低流量对生态系统的重要影响(参见文后彩插)

28.3 方法

确定河道内生态需水的方法很多,据 Tharme(2003)的综述,至 2003 年全世界范围内已有 207 种确定生态需水的方法。不同的研究者根据不同的河流和不同的保护或恢复的目的,采用不同的方法来确定河道内生态所需的水量。尽管人们对确定生态需水的方法进行了长期的研究与探索,至今仍没有一种可适合任何河流、大家都认可的方法。然而,在确定生态需水方法方面有下列的趋势与特征:① 确定生态需水的目的从过去的满足鱼类保护需要到满足河流生态整体性保护的需求。一个较好的方法应考虑上一节提到的河流系统中的 5 个重要因素。② 生态需水也由过去的最低流量变为考虑流量变化的需要。这种流量变化包括能够冲刷泥沙及维持河道系统连接性的高流量,也包括能够维持许多物种生存与生长所需的中等或低流量。③ 由于没有一种大家都认可的方法,再加上保护的目的不断增加,人们开始使用综合性较强的方法或把几种不同的方法结合起来使用。④ 在生态需水方法方面,美国开发出来的方法较多,应用也较普遍。据 Tharme(2003)估算,大约 37% 的方法来自美国。近十几年来,澳大利亚、南非等国家在这方面也做出了许多有价值的探索,并开发了一些方法。

近些年来,我国在生态需水方面的研究与应用有了很大的进展。可以说虽起点低但进步快,其中一个重要的推动力是人口增长与经济的不断发展造成不少地区水资源的严重匮缺。

不同的研究者将这些确定生态需水的方法做了不同的归类。例如,Tharme(2003)把 207 种方法归纳为水文、水力(hydraulic)、栖息地(habitat)模拟、综合性(holistic)以及结合(combination-type)等类别。河道内生态需水委员会(Instream Flow Council,2004)在高层次上将河道内生态需水方法归为标值设定(standard setting)、叠加(incremental)与模拟相结合、监测(monitoring)与诊断(diagnostic)几大类。所谓标值设定是指设定限定值或相关规则,从而建立生态需水的阈值,这方面有代表性的方法有 Tennant 方法、湿周法等。叠加与模拟相结合是指分析一个或多个变量并评估不同河道内生态需水的关系,从而确定最合适的生态需水。这方面的方法有河道内流量增量方法(instream flow increment method,IFIM)、物理生境的模拟(PHABSIM)等方法。监测与诊断是指评判指定状态的时间变化。例如,根据生物整体性指数(index of biotic integrity,IBI)的动态变化,确定河道内的生态需水。又如变化范围的方法(range of variability approach)(Richter 等,1997)。这些方法都需要长期观测的资料。河道内生态需水委员会又根据目标资源的不同将河道内生态需水的方法区分为水文、河流地貌、水质、生物与生境等不同类别。由于确定河道内生态需水方法很多,不可能一一介绍,下面只对几种有代表性的方法做一个简单的介绍。

28.3.1 Tennant 方法

Tennant 方法是 Tennant 于 1976 年提出的,又称 Montana 方法。该方法基于流量与水生生境的关系(水深、水宽、水速、基质、生物等),认为在一定季节或月份保持一定流量(年平均流量的百分比),就可以维持与其相联系的生物与水生栖息地生境。根据对美国东、中、西部(主要是西部)的溪流的 12 个河流生境参数的大量观测,该方法列出了不同年平均流量百分比与其对应的生境质量的关系(表 28-1)。

表 28-1 Tennant 方法

生 境 质 量	推荐的流量——年平均流量的百分比/%	
	4—9 月	10 月—次年 3 月
冲刷流量	200(48~72 h)	
最佳流量范围	60~100	60~100
极好生境	60	40
很好	50	30
良好	40	20
一般	30	10
较差	10	10
很差或退化	<10	<10

注:引自 Instream Flow Council,2004。

不同的研究者还根据当地河流或生物不同的特点,对 Tennant 方法的基本推荐做出适当的校正以满足他们的特定需要。例如,加拿大不列颠哥伦比亚省根据大马哈鱼不同月份对水流的要求,选择不同的年平均流量的百分比。又如,Tessmann(1980)采用 Tennant 的季节流量推荐并做适当的调整,从而使这些百分比的选定更适合当地河流生境与水文的需要。这些调整见表 28-2。

表 28-2 Tessmann(1980)对 Tennant 方法做出的调整以适合特定河流的需要

状 况	最低月流量/%
MMF<40%MAF	MMF
MMF>40%MAF 和 40%MMF<40%MAF	40%MMF
40%MMF>40%MAF	40%MAF

注:MMF,月平均流量;MAF,年平均流量。

Tennant 方法比较容易使用,不需要野外的观测,便宜且快速。但该方法需要有水文数据,有年平均流量及月平均流量便可确定。如果没有该河流的水文数据(自然的河流流量),就必须依靠一些附近河流的水文资料并通过一些方法估算这些参数。这些方法可能包括统计回归方法、模拟方法或区域化(regionalization)等方法。Tennant 方法的缺点是它只是根据水文资料确定的生态需水,然而这些确定的生态需水量与河流生物多样性和生境的关系并不清楚。每条河流的生境都不一样,很难用一个标准来推广至所有河流。尽管该方法有许多缺陷,它仍是北美很常用的方法之一。

28.3.2 鱼周期法(fish periodicity)

该方法是加拿大不列颠哥伦比亚省环境署根据不同大马哈鱼种类在不同季节对河流中水量与生境的要求,使用不同的年均径流量(mean annual discharge,MAD)的百分数作为确定河道内生态需水的标准,可以说这个方法是一种改正的 Tennant 方法,其主要目的是满足目标鱼种(例如大马哈鱼)的生态需要与保护。

该方法与 Tennant 方法的不同之处是要考虑特定鱼种在河流中不同生命阶段(洄游、产卵、孵化或幼年期生长发育)对水量及相关的生境要求。要做到这一点,就必须向当地的鱼类专家进行咨询,收集目标鱼种的资料。下面以一个实例来说明此方法(表 28-3)。我们在 Okanagan 流域的 McDougal 溪流中根据鱼周期法确定河道中鱼对水量的需要,其主要目的是决定该溪流中是否还有足够的水量来支持额外的用水执照。目标鱼种是彩虹鳟鱼(rainbow trout)。河道中在不同月份是否有支持额外用水执照的水量可由下列方程决定:

水量余额=月流量-现有的执照用水-鱼的生态需水

如果水量余额是正值,则意味着该溪流在此月份有剩余的水支持额外的用水执照。反之,就意味着该溪流没有水量来支持额外的用水执照。

表 28-3　用鱼周期法确定 McDougal 溪流的生态需水以及支持额外用水执照的可能性

项目	1月	2月	3月	4月	5月	6月	7月	8月	9月	10月	11月	12月	全年
自然月流量/(m³·s⁻¹)	0.025	0.025	0.036	0.136	0.547	0.342	0.122	0.048	0.041	0.037	0.034	0.027	0.119
自然月流量占 MAD 的百分比/%	21	21	30	115	460	287	103	40	35	31	28	23	
现有流量/(m³·s⁻¹)	0.019	0.019	0.032	0.124	0.434	0.263	0.053	0.001	0.001	0.021	0.03	0.022	0.085
现有流量占 MAD 的百分比/%	16.0	16.0	26.9	104.2	364.7	221.0	44.5	0.0	0.8	17.6	25.2	18.5	
保护量占 MAD 的百分比/%	20	20	20	46	100	100	40	30	25	20	20	20	
保护量/(m³·s⁻¹)	0.0238	0.0238	0.0238	0.0547	0.119	0.119	0.0476	0.0357	0.02975	0.0238	0.0238	0.0238	0.042
执照用水/(m³·s⁻¹)	0	0	0.002	0.017	0.057	0.065	0.102	0.104	0.058	0.016	0	0	0.035
水量余额/(m³·s⁻¹)	0.0012	0.0012	0.0102	0.0643	0.371	0.158	-0.0276	-0.0917	-0.0466	-0.0028	0.0102	0.0032	0.042
现有流量-保护量	0	0	0.01	0.073	0.324	0.153	0.009	-0.033	-0.027	-0.001	0.008	0	
彩虹鳟鱼													
小鱼洄游					xxxx	xxxx							
成熟鱼洄游				xx	xxxx	xxxx							
产卵					xx	xxxx							
孵化					xx	xxxx	xx						
孵化出的小鱼							xx	x					
小鱼生长							xxxx	xxxx	xxxx	xxx			
大鱼生长					xxxx	xxxx	xxxx	xxxx	xxxx	xxx			
越冬	xxxx	xxxx	xxxx	xxxx					xxxx	xxxx	xxxx	xxxx	

注：MAD，年均径流量；x 表示每周出现 1 次。水量余额＝自然月流量－保护量－执照用水。

28.3.3 湿周法(wetted perimeter)

湿周法是根据湿周与流量的曲线关系,在该曲线上选择切点确定河道内生态需水量的方法。湿周是指在一个河道断面上以河道的湿边作为起点,沿着河床至另一河道的湿边的总长度。为了建立该湿周与流量的关系,需要在不同流量时测定流量及其对应的湿周长度,由这些测定数据画出湿周与流量的关系图(图28-2)。根据此图,就可选择一切点,该切点所对应的流量即是该溪流所需的生态水量。在建立湿周与流量关系时,除了野外测定外,还可采用计算机并根据 Manning 方程来建立。在野外测定时,由于浅滩处往往有较高的水生食物生产,一般选择浅滩来作为断面,所以该法有时又称为浅滩分析法。如果确定的生态需水能够保证浅滩的食物生产,就有可能维护河道内鱼的生长与发育。这也是该方法的出发点或假设。

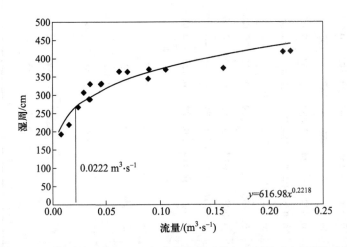

图 28-2　湿周法中的湿周(WP)与流量的关系及切点的选定(本图为作者对
加拿大不列颠哥伦比亚省 McDougal 溪流的研究)

湿周法只适用于在低流量季节确定低流量的需要,同时,该方法考虑河流系统中其他方面(例如河道形态),这样确定生态水量更有保护的价值与代表性。另外,该方法不能解决不同年份之间或年内的不同季节间的差异性。对于一些较特定的河道形态(例如具有大泛涝区的河流、V 形河流等),因不能很好找出曲线上的切点,故对该方法的应用有一定的限制。

28.3.4 河道内流量增量方法

IFIM 是一组分析、模拟方法的集合。该方法定量确定总栖息地面积与流量在空间与时间尺度上的关系,且这些关系允许评价不同水量管理方案对栖息地总面积的影响。在 IFIM 中,栖息地定义为两种不同尺度的形式:宏观栖息地与微观栖息地。宏观栖息地参数是指沿着河道纵向剖面的参数,例如河流形态、水质、流量和水温;而微观栖息地参数是指水深、水速、基质构成和覆盖。IFIM 通过 PHABSIM 将这两种形式的栖息地参数综合起来,确定栖息地可使用的综合指标,并将这种综合指标与流量建立关系(图 28-3)。从这种关系中可确定能够获得最大栖息地综合指标的最佳流量。

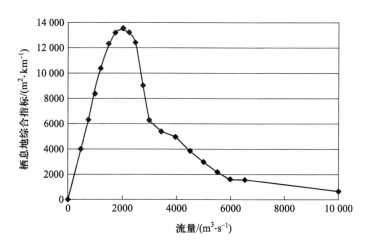

图 28-3 IFIM 中的栖息地综合指标与流量的关系

IFIM 较复杂,应用时需要大量的实测数据(宏观与微观的各种栖息地参数)。在此基础上,还需要通过模拟建立在时空尺度上的栖息地综合指标与流量的关系。该方法可以说是目前最复杂、综合性最强的确定河道内生态需水的方法,尽管方法费时、费力,但只要建立起来,对综合评价不同水量与河流系统的栖息地的关系则是十分准确与完整的。

参 考 文 献

夏军,等. 2004. 西北地区水资源配置生态环境建设和可持续发展战略研究. 见:刘昌明. 生态环境卷:生态环境需水量研究. 北京:科学出版社.

Amoros, C., Roux, A. L., Reygrobellet, J. L., et al. 1987. A method for applied ecological studies of fluvial hydro-systems. Regulated Rivers: Research and Management, 1: 17-38.

Instream Flow Council. 2004. Instream Flows for Riverine Resource Stewardship (revised edition). Cheyenne: Instream Flow Council.

Junk, W. J., Bayley, P. B. and Sparks, R. E. 1989. The flood pulse concept in river-floodplain systems. In: Dodge, D. P. Proceedings of the International Large River Symposium. Special Publication of the Canadian Journal of

Fisheries and Aquatic Sciences, 106:110−127.

Lambeck, R. J. 1997. A multi-species umbrella for nature conservation. Conservation Biology, 11(4):849−856.

Poff, N. L., Allan, D., Bain, M. B., et al. 1997. The natural flow regime. BioScience, 47:769−784.

Richter, B. D., Baumgartner, J. V., Wigington, R., et al. 1997. How much water does a river need. Freshwater Biology, 37:231−249.

Tennant, D. L. 1976. Instream flow regimens for fish, wildlife, recreation and related environmental resources. Fisheries, 1(4):6−10.

Tessmann, S. A. 1980. Environmental assessment, technical appendix E in environmental use sector reconnaissance elements of the western Dakotas region of South Dakota study. Brookins, SD: South Dakota State University. Water Resources Research Institute.

Tharme, R. E. 2003. A global perspective on environmental flow assessment: Emerging trends in the development and application of environmental flow methodologies for rivers. River Research and Applications, 19:398−441.

Ward, J. V. 1989. The four-dimensional nature of lotic ecosystems. Journal of the North American Benthological Society, 8(1):2−8.

再版后记一

撰写这本书的初衷（十多年前）是将我们在国外学到的知识介绍到国内，帮助国内在流域生态与治理方面得以提升。这次再版仍是坚持这个初衷，因此增补的材料仍以国外的研究为主。可喜的是国内近十多年在科学研究上的投入不断加大，积累了大量的科学研究成果，与世界发达国家的研究差距在不断缩小，有些方面甚至出现了赶超。

把流域作为生态系统来论述它的生态过程及管理是我们的一次大胆的尝试，即使在国外也属首次。流域生态系统相当复杂，涉及各种生态过程及其相互作用。流域生态系统的核心是综合，然而其最大的难点也是综合，包括研究与政策两方面。如何研究与管理流域生态系统中主要功能过程的相互作用、反馈及其在各种不同时空尺度下的变化，仍是十分具有挑战性的问题，这既有方法论上的不足，也有知识积累的局限。困难也就意味着机会。我们期望本书能对国内的流域保护与发展事业有一定的推动作用。既然是尝试，就有不足之处，盼各位专家、学生及管理人员多提宝贵意见。

感谢孙阁研究员共同完成本书以及再版，感谢李威、郝璐和谭香参与部分章节的撰写，也感谢高等教育出版社李冰祥、柳丽丽及殷鸽在出版方面给予的帮助与指导。我将本书献给一直支持我的家人（刘伟、魏浩铧、魏瀚洋）。

魏晓华

2019 年 10 月

再版后记二

2009—2019 年,中国在经济继续高速发展的同时,生态环境在大悲大喜中演变。以"雾霾"为标志,严重的空气污染已深远地影响到人们的"幸福感"和身体健康。看不见的水土污染和北方大面积地下水耗竭令人担忧。但中国植被恢复的努力和城市化使过去的荒山"变绿了"也是不争的事实,世界瞩目。环境保护顶层设计,全民渐渐觉醒,世界上没有哪个国家比中国对"生态"这个词汇更崇拜的了。这是环境向好的方向逐步改善的基础。

中国的生态科学发展如其他科学一样,日新月异,高速发展。中国正在向科技大国迈进。每年我都有幸参加在中国举办的有关生态环境、水文和气候变化的国内或国际学术会议,深感中国的科研水平在大幅度提高。例如 2018 年第一届中国生态水文论坛在四川大学召开,标志着生态学正在与传统学科领域融合。近年来,中国相关领域的出版物数量呈指数增长,质量明显提升。中国的生态科学家在气候变化和可持续发展等国际学术界热点领域有了更高的地位,可喜可贺!

流域生态过程与管理学一直关注人类活动对流域功能的影响并为流域优化管理对策提供服务。中国是全球气候变暖的敏感区之一,如何应对气候变化是流域科学新的议题之一。以快速城市化为代表的土地利用变化和大规模生态恢复为流域生态学在中国的发展提供了契机。本书的再版也是在这个大背景推动下,增加了有关章节和补充了最新文献,试图体现国际上尤其是作者的最新研究成果,起到抛砖引玉的作用。

日转星移,十年一瞬间。我将本书献给 2015 年谢世的父亲。

孙阁
2019 年 10 月

后 记 一

　　记得在 10 年前与一些在海外留学或工作的朋友讨论国内与国外在研究生态与森林水文方面的差异时,大家都有一种十分无奈的感叹。感叹的不仅仅是差异,更多的是国内在研究方法与试验设计上所走的弯路。比方说,配对流域(paired watersheds)试验是研究森林与径流关系的最经典、最可靠的方法,在发达国家进行了一百多年,大量的研究成果来自数百个配对流域试验。但在我国,我们虽然经历了 40 多年的研究,但仍拿不出几个经过严格设计的配对流域试验,其后果是研究得出的结论往往不可靠、受质疑,甚至造成学术上的混乱。从那时起,我就有一种强烈的愿望,那就是把自己在国外学到的知识介绍到国内,为加快国内在生态水文与流域管理方面的研究做些有益的事情。随着我国经济的快速发展,环境问题更加严峻,我的这种愿望也就更加强烈。

　　我是在大学时代开始喜欢生态学的。生态学中的各种相互作用,包括物种对环境的适应策略、结构与功能、过程与功能等,对我有着巨大的吸引力。但生态学没有一个明确的学科边界线,具有包罗万象的特征,生态系统可以是一滴水,也可以是整个地球或宇宙。记得我在东北林业大学读研时,导师王业蘧教授就在 20 世纪 80 年代中期提到物理生态学、化学生态学、分子生态学及涉及社会的人类生态学、犯罪生态学,等等。生态学到底是什么? 是一门多学科交叉的边缘科学? 是一门介于社会科学与自然科学(农业、林业等)之间的桥梁学科? 从事生态学管理或研究的人也许都有体会,对生态系统中某个方面或过程的研究较易掌握,但对于整个系统的特征与行为往往难以深入研究,这是因为系统中有众多的相互作用(生物与环境、生物与生物、环境与环境),且这些相互作用又呈现明显的空间变异性及时间的动态性。尽管如此,生态学或生态系统学对于我们研究或管理环境问题、协调环境与社会经济的关系是十分重要的。生态管理的实质就是跨学科、跨领域的综合管理。生态管理、生态模式、生态技术等已成为当代的流行术语。特别是当今全球正面临气候变化、水资源短缺的严峻挑战，运用生态学原理、站在系统的高度也许是我们必须采取的最重要的策略。

三年前，当高等教育出版社编辑邀请我为我国环境写一本书时，我就与孙阁博士商量决定写一本关于流域生态系统方面的书。这有几方面的考虑。第一是国内在这方面的书籍非常少。虽然我国在小流域水土流失治理方面取得了较重要的成绩，但真正从生态系统角度来探讨流域的书籍几乎没有。第二是国外（尤其是北美）在这方面积累了许多成功的模式与经验。第三是我与孙阁博士在国内有过求学经历，从事过大量的研究，对国内的情况较熟悉。我们两人又分别在美国与加拿大有15年左右的研究和工作经历，对国外的流域水文与管理方面也熟悉。可以说，共同撰写本书有我们的优势。

写好本书也有较大的难度。首先，国外在流域生态系统方面的书籍也很有限。其次，流域生态系统是一门综合性很强的学科，涉及内容多、范围宽。我们不可能在每个方面都是专家，有些方面是边写边学，有些方面（例如水生生物）只能放弃。从这个意义上讲，本书是生态学与流域水文、管理相结合的一个尝试。既然是尝试，就有不足之处。在此，我们希望国内的同行与朋友提出宝贵意见，为我国的流域生态系统研究与管理共同努力。

在完成本书之际，我要特别感谢孙阁博士的合作。我们俩各自分担一半的写作任务。在写作与讨论过程中，他严谨的科学态度及协作精神给我留下深刻的印象。在三年写作期间，我几乎所有工作之外的时间都花在本书的写作上。我要特别感谢家人对我的理解与支持，没有他们的无私奉献我是不可能完成本书的。另外，我应感激高等教育出版社李冰祥博士的鼓励与耐心，她把工作当事业来追求的精神令人敬佩。最后，我还要感谢国内外一些好友在写作过程中提供的无私关怀与帮助。我将这本书献给一直寄予我厚望的年迈母亲。

魏晓华

2008 年 6 月

后 记 二

我国在过去 30 年的社会发展举世瞩目,但生态环境的恶化状况也是空前的。我认为,水资源的逐渐枯竭将是 21 世纪北方地区生存的最大威胁。对此,我本人就是极好的见证。

我从小在典型的冀东平原上长大,一直到 20 世纪 80 年代初赴京上大学。我在小学的作文中描绘河北老家的情景是:"在风景如画的还乡河畔,有个美丽富饶的村庄——渠梁河村。"还乡河发源于燕山东北部的迁西县,经唐山市丰润区、玉田县流入蓟运河,最终入渤海,是海河流域的一部分。童年的我是喝着还乡河的水、吃着还乡河的鱼长大的,在河边的芦苇湿地和片片柳树林下度过了无忧的美好时光。1976 年 7 月 28 日,那场人类历史上罕见的、夺走了 24 万人生命的唐山大地震发生了。震后降雨连绵不断,还乡河洪水泛滥,家乡大面积地区受淹。之后,政府组织改造还乡河,动用大批人力物力,占用大量农田挖出了一条又直又宽的人工渠,以为从此会告别祖祖辈辈受到的洪水威胁,一劳永逸。然而,在之后的多年中,这条河并没有发挥其防洪效益,上游修建水库(邱庄水库),城市大量引水使地下水位下降,上游来水很少。开始农民还能用还乡河被取直时遗留下来的弯弯曲曲的河套地作为池塘养鱼,之后这些池塘受周围地下水位逐年下降的影响,逐渐枯竭;后来人们开始在这干枯的河床上开垦种植农作物。而这条人工渠近年来受两岸小企业排出污水的影响,河水连牲畜都无法饮用。还乡河,这条贯穿于有千年历史的玉田县的一条主要河流,就这样在 21 世纪成了华北地区"有水皆污,有河皆枯"的代表之一。可以想象,多少曾经依靠这条河的生物将因此在此地消失。地表水消失后,华北平原人们赖以生存的地下水也不是取之不尽的。每年下降 1 m 的地下水位迫使人们频繁更换水井,加深抽水深度。随着气候变暖,干旱趋势加剧,这种恶性循环何时能停止?

我记忆中的还乡河对于我的家乡人来说,早已成为并不太遥远的美丽传说了。每次回到家乡探望父母,美味佳肴、乡音乡情固然好,但令人担忧的水环境和由此带来的健康问题常使我感到不安。我能够做些什么呢?

大概在 2005 年春,远在加拿大的魏晓华博士约我一起写本流域管理方面的书,介绍国外这方面的研究现状。出于对魏博士的尊重,信口就答应了。当时虽未与魏博士见过面,但对他在森林水文方面的许多优秀工作并不陌生。答应这事儿之后的三年多点灯熬夜的"业余"时间里,才感觉到责任重大,写书难度之高。值得欣慰的是在撰写过程中,不时要逼着自己去了解不熟悉的知识,同时温故而知新,促使自己去思考各个生态系统之间的联系,收获不菲。

从一开始,我们就对本书的特色定了基调:重点介绍流域尺度上以水循环为主的生态系统过程,在此基础上讨论流域管理的基本原理和实践。对于这样综合性的主题,在浩瀚的文献中精选、综合出符合主题,不仅要适合中国国情,而且要反映当前流域科学前沿的内容,的确不是一件一蹴而就的事。我们定下了一个目标,就是本书要给读者抛砖引玉,读者通过本书能够了解流域科学的发展历史和现状。根据我们的研究背景,我们做了简单分工:我来起草流域过程和研究方法方面的章节,他则着重流域干扰和管理方面的内容。我们有意识地避免面面俱到,着重介绍在流域尺度上,在自然和人为干扰情况下,生态系统的反应以及如何采用综合性的流域管理措施和途径实现生态系统的多种服务功能。

虽然在过去的 20 年间我参与多项森林水文研究项目,接触了世界上多种类型的森林生态系统,但是在对水文生态系统的理解上,收获最大的还是在攻读硕士和博士学位期间的独立思考。年轻时艰苦的环境磨炼让我终身受益。位于赣西北山区的修水县森林水文站是张增哲先生带领北京林业大学师生在 20 世纪 80 年代初建立的亚热带地区少有的试验点。当时就是在租住的老乡家茅草房中的烛光下,我阅读了当时国家图书馆中可以检索到的有限的国内外森林水文方面的文献,从中了解了不少美国著名的 Coweeta 水文站的工作,例如亚热带湿润地区流域产流机理、山坡水文学等理论,为顺利完成硕士论文和之后在美国的学习奠定了坚实的基础。在佛罗里达大学,我师从 Hans Riekerk 博士,对森林湿地进行了 5 年多的研究,对森林流域水量平衡、地表水和地下水的关系有了新的认识。在建立分布式流域水文模型的实践中,对流域水文通量各个组成、植被-水分的相互作用以及流域空间异质性有了更深入的感悟。后来能够加入美国林务局这个号称世界上最大的林业研究机构,尤其是参与具有悠久历史的 Coweeta 等长期水文站的工作,深感幸运。本书中多个章节都涉及 Coweeta 的研究成果,读者可以对该站的情况有一个大致的了解。事实上,在过去的 8 年中,我多次接待了国内的合作伙伴和同行到该站取经。我和林务局的科学家也数次访问中国。无疑,75 年来 Coweeta 在"配对流域"方面的长期生态水文研究成果和经验值得我们认真学习和应用。

流域科学还是一门崭新的综合性学科,在许多方面个人的认识常常是片面的,甚至有时是谬之千里。如果读者能够从本书中收获流域生态系统的某些过程和管理方面的基本知识并获得启迪,我们就认为读者对我们三年多的努力打了一个及格分。我们将聆听读者的反馈意见和建议,读者对流域科学的关心是将来我们进一步完善本书最大的动力。

最后,借此书一角,向过去多年来支持我在学术上成长的老师、同事和学生表示感谢。我要特别感谢所有家人的理解、支持、无私奉献和关怀,你们是我不懈追求的原动力。我将本书献给于 2002 年谢世的母亲。

孙阁

2008 年 6 月

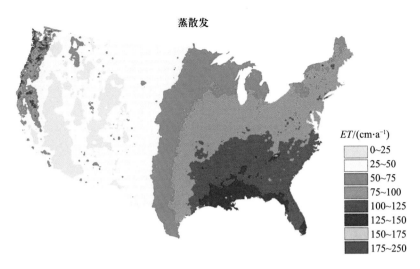

蒸散发

$ET/(\mathrm{cm \cdot a^{-1}})$

0~25
25~50
50~75
75~100
100~125
125~150
150~175
175~250

图 2-9　美国大陆多年年平均实际蒸散发分布

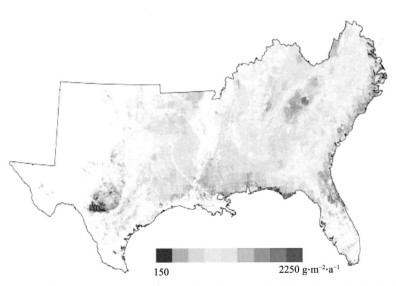

150　　　　　　　　　2250 $\mathrm{g \cdot m^{-2} \cdot a^{-1}}$

图 4-3　由森林生态系统模型 PnETII 估计的美国南方森林 NPP（NPP 与区域性的降水和
温度分布关系密切）

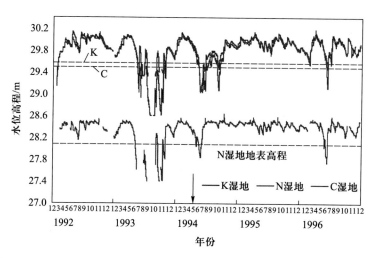

图 10-8　大西洋沿岸某森林湿地地下水位的动态变化(虚线表示湿地表面高程,箭头表示砍伐 K
　　　　湿地和 N 湿地的日期,C 湿地为对照,未受干扰。该项研究见 Sun 等,2000)

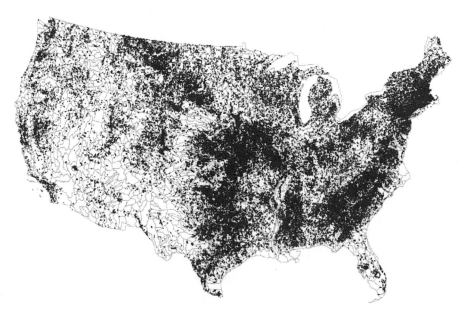

图 11-1　美国本土水坝、水库分布(美国陆军工程兵团,USACE,1996)

图 13-1　火烧后土壤表层出现的难透水层

图 13-5　加拿大不列颠哥伦比亚省 Okanagan 森林公园火烧后造成水的
浑浊度增加

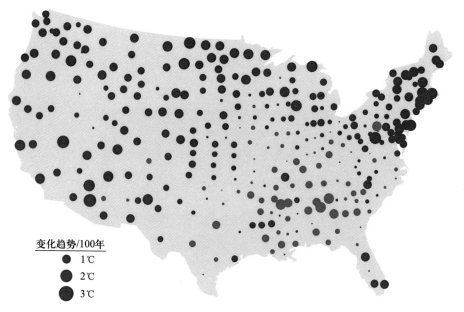

图 15-3 1901—1998 年美国本土气温变化趋势。红色表示气温升高,蓝色表示气温降低。东南地区气温下降与该地区空气污染有关(资料来源:Joyce 和 Birdsey,2000)

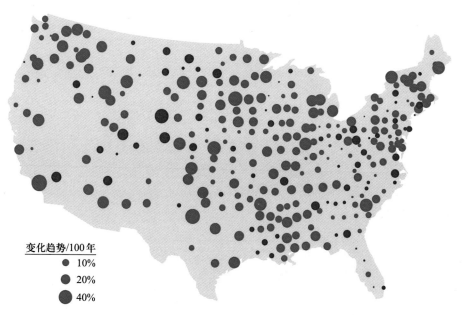

图 15-4 1901—1998 年美国本土降水变化趋势。蓝色表示降水增加,红色表示降水减少。多数气象站观测结果显示降水有增加趋势(资料来源:Joyce 和 Birdsey,2000)

自然保护
火炬松种植类型
天然林保护
新增造林土地类型
新增草地改良类型
自然草地
草地改良区

图 19-5　澳大利亚新南威尔士州 Tallaganda Shire 流域的土地利用图

（最后的流域平衡规划图）

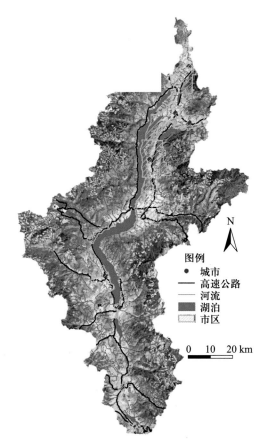

图例

● 城市
—— 高速公路
—— 河流
▨ 湖泊
▨ 市区

0　10　20 km

图 22-2　Okanagan 流域

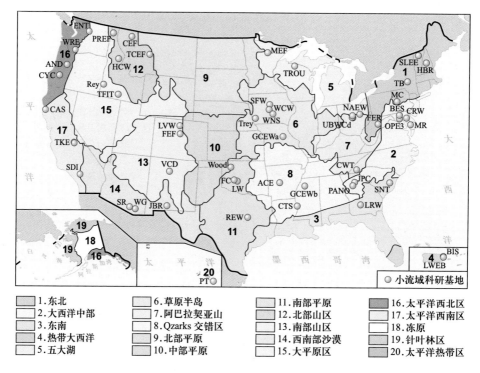

图 25-3   美国试验小流域分布图(各流域详细情况见表 25-1)

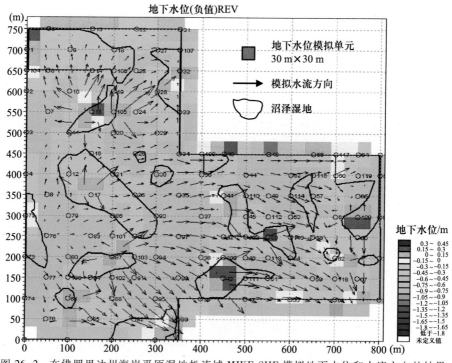

图 26-2   在佛罗里达州海岸平原湿地松流域 MIKE SHE 模拟地下水位和水流方向的结果。横、纵坐标表示距离研究区参考坐标点(0,0)的距离。地下水位正值表示水位高于地表,负值表示低于地表。箭头大小显示水力梯度高低

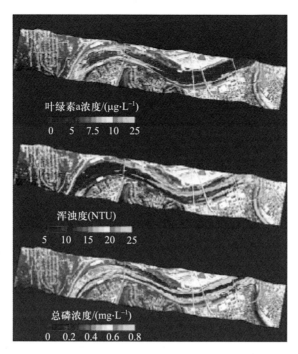

图 27-1　美国俄亥俄州辛辛那提市附近 Ohio 河水质图（高浓度叶绿素 a 和
浑浊水体位于河流交汇处）

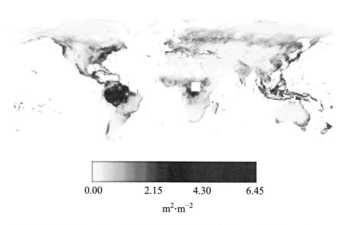

图 27-2　根据遥感数据和 TOPS 模型模拟的全球植被叶面积指数。从图中可以看出，
植被叶面积指数与降水密切相关（空间精度 0.5°）

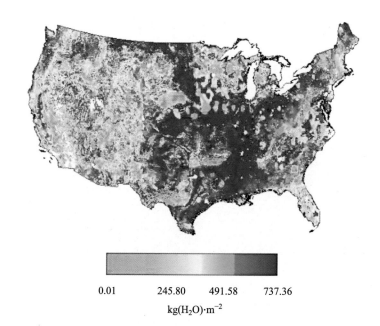

0.01   245.80   491.58   737.36

$kg(H_2O)\cdot m^{-2}$

图 27-3　根据遥感数据和 TOPS 模型模拟的土壤含水量（2007 年 10 月 24 日）

（空间精度 8 km）

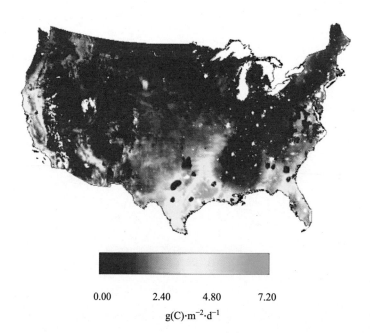

0.00   2.40   4.80   7.20

$g(C)\cdot m^{-2}\cdot d^{-1}$

图 27-4　根据遥感数据和 TOPS 模型模拟的总生态系统生产力。该图显示,水热条件是

影响 GPP 的主要因素（空间精度 8 km）